本书受中国人民大学科学研究基金项目暨中央高校基本科研业务费专项资金支持

BAIJIALANG WENCONG

百家廊文丛

浮天载地

清代京畿水环境

赵珍◎著

中国人民大学出版社
·北京·

序　言

中国人民大学建校八十年，也是中国共产党创办新型高等教育的八十年。从 1937 年到 2017 年，从延安的陕北公学，到晋察冀边区的华北联合大学、正定的华北大学，再到北京的中国人民大学，八十年历史沧桑，斗转星移，中国人民大学始终与党和国家同呼吸、共命运。八十年来，几代学人进行了殚精竭虑的学术探索，在治学方面取得了令人瞩目的杰出成就。

改革开放以来，中国人民大学的学者在马克思主义指导下，努力继承中华传统文化精粹，发扬老一辈学者的笃实学风，同时借鉴了西方学术研究的新方法、新成果，解放思想，大胆创新，有力推动了我国人文社会科学的深入发展。经过数十年的建设与积淀，中国人民大学在人文社会科学各领域内学科门类建设齐全，研究领域日渐拓宽，研究水准不断提升，呈现出人才辈出、欣欣向荣的繁荣景象。

2017 年 9 月，经国务院批准，教育部等部门下发了《关于公布世界一流大学和一流学科建设高校及建设学科名单的通知》，中国人民大学入选 A 类一流大学建设名单，哲学、理论经济学、应用经济学、法学、政治学、社会学、马克思主义理论、新闻传播学、中国史、统计学、工商管理、农林经济管理、公共管理、图书情报与档案管理等 14 个一级学科入选一流学科建设名单。入选学科除统计学为理学学科外，其余全部为人文社会学科。

中国人民大学入选“双一流”建设高校和 14 个学科入选“双一流”

建设学科，体现了党和国家对人文社会科学的重视，对中国人民大学八十年发展成就的充分肯定，是鼓励和认可，更是鞭策和期许。我们感觉肩上的担子更重了。

习近平总书记指出："人类社会每一次重大跃进，人类文明每一次重大发展，都离不开哲学社会科学的知识变革和思想先导。"如果我们将"双一流"的入选视为中国高等教育在新的历史阶段开启新征程的信号，那么，当前中国人民大学已经站在了新的历史坐标点上。我们需要总结历史，更需要开拓未来。

2016 年，学校科研处的同志与我们谈起，他们准备在校庆年启动一项名为"百家廊文丛"的持续支持工程，希望通过多年连续性的资助，把学校的在各学科卓有成就的学者撰写的代表性学术成果择优出版，系统性地展示中国人民大学近年来的整体学术水平。科研处作为管理和服务教师科学研究的机构，一直把提升科研品质、打造学术精品作为部门的责任。但是，客观地讲，中国高校的文科科研经费投入还是有限的，怎样把有限的资源配置到最需要、最出成效的地方，是中国人民大学多年来一直认真思考的问题。为了把"好钢用在刀刃上"，科研处做了许多有益的谋划，推动了学校科研事业的蓬勃发展。

在校庆年首度推出"百家廊文丛"，具有几层特殊的意义。首先，"百家廊文丛"反映了中国人民大学在人文社会科学方面的深厚学术实力。本年入选的多部著作各具特色，有的资料翔实，有的论述细密，有的条理畅达，有的富有文采，都彰显了中国人民大学近年来的学术实绩。其次，"百家廊文丛"体现出中国人民大学学者持续关注和深入研究我国发展面临的重大理论和实践问题的浓厚人文情怀。有的学者耐得住寂寞，苦坐书斋；有的学者读万卷书，行万里路，遍寻一手数据。最后，丛书是一个对外交流的窗口，在人大学者与国内外的学者之间架起了一个交流的平台。"百家廊文丛"如能坚持下去，就是一项规模较大的学术文化工程，值得期待。

大学因学术而显厚重，因学者而富气象。"百家廊文丛"首批推出的著作，选题丰富多元，特别是对基础学科和学科基础中的一些重要问题进行了专题研讨。强调和看重"基础学科和学科基础"，一直以来都是我校科研工作的指导方针。“百家廊文丛”如果能做到叫得响、传得广、留得住，就成功了。好的学术成果一定要能沉淀下来，而非过眼云烟。

2016 年，习近平总书记在哲学社会科学工作座谈会上的讲话中指出：“这是一个需要理论而且一定能够产生理论的时代，这是一个需要思想而且一定能够产生思想的时代。我们不能辜负了这个时代。自古以来，我国知识分子就有‘为天地立心，为生民立命，为往圣继绝学，为万世开太平’的志向和传统。一切有理想、有抱负的哲学社会科学工作者都应该立时代之潮头、通古今之变化、发思想之先声，积极为党和人民述学立论、建言献策，担负起历史赋予的光荣使命。”中国人民大学长期秉持立学为民、治学报国的优良传统，始终践行着实事求是的学术良知。不论是在抗战烽火中还是在新中国成立伊始，不论是遭受了“文革”的磨难还是在改革开放中凤凰涅槃，中国人民大学的学者一方面坚守书斋、甘于清贫，另一方面又关心国家、民族的命运，关心社会的进步。中国人民大学的命运从来与党和国家的命运休戚相关，而人大学者从来志向远大，他们为构建具有中国特色、中国风格、中国气派的哲学社会科学作出了积极贡献。今天，我们推出这套文丛，正是传承中国人民大学八十年文脉，弘扬砥砺奋进、实事求是精神的有益之举。

“百家廊文丛”的名字，非常契合中国人民大学的实际。因为“百家廊”是中国人民大学校内的著名风景，在李东东同志创作的《人民大学赋》中有云：“百家廊，檐飞七曜，柱立八荒，凝古今正气，汇中外学术。”我们认为，这几句话就是对即将面世的“百家廊文丛”的最好诠释。“百家廊中百家争鸣”，这套文丛是献给历经岁月沧桑、培育桃李芬芳的中国人民大学八十年校庆的一份心意，祝愿这所伟大的学校在新的历史征程中继往开来、再续辉煌。

是为序。

靳诺　刘伟

目　录

导　论

水环境（water environment）[①] 是就水资源和人类社会可利用水体这一大综合系统而言，既包括自然的水，也涵盖人类社会。选择清代京畿水环境问题作为研究对象，就是要将自然的水与被赋予了政治、经济、社会资源的“水”结合起来进行考察，突破传统的水利史视角，探究水在人类社会中的地位，尝试对人与水、人与自然的关系进行新的诠释。人类社会系统已被国际水文科学协会（International Association of Hydrological Sciences，IAHS）视为水循环过程中的重要因子，在这一背景下，愈发需要展开对人类社会系统与水的作用机制的研究。[②] 由是，本书引入学科发展演进中“生态”这一新概念，关照新知识体系中的理论核心，检识与吸纳史学既有研究成果的合理成分，在搜求整理一手档案史料的基础上，结合生态系统的跨学科视角，综合运用相关数据的数字化处理作为有力的辅助工具，创建尊重史实且符合逻辑的科学主题结构与理念。

一、研究概念与界定

选择清代京畿水环境作为研究对象，与历史学科新的增长点——环境

① 若从生态学的概念出发，则水环境与水生态（hydroecology）有别，后者是指水因子对生物的影响和生物本身的适应。本书以人类与水资源利用的关系为主要研究内容，偏重人与水的生态系统含义。

② 尉永平，张志强．社会水文学理论、方法与应用．北京：科学出版社，2017.

史（environmental history）[①] 的发轫与发展有极大的关系。尤其在人类对原生态自然资源的依赖越来越强的今天，对水资源利用及人—水关系生态系统的可持续发展层面给予重点关注，更具有迫切性。兹就本书所讨论的水环境及其相关概念、京畿区域界定加以阐释。

（一）水环境释义与京畿水环境

环境史是二十世纪五六十年代兴起的学科研究新领域，因环境问题的出现而引起了各个学科的关注。历史学则以生态学的理论与方法作为基础指导，以环境保护作为开端，尤对以往围绕人的研究加以反思，更加重视人的活动及其与狭义自然界的互动关系，认识到这种互动关系处于一个复杂的巨系统中。关注水环境，特别是从人类利用水资源的视角对人与自然生态系统的变迁及其驱动因素等问题加以检视，探究中国北部城市尤其是特大城市发展中的缺水问题，对人类可持续发展十分有益。

水环境是人类社会赖以生存和发展的场所，也是受人类干扰和破坏最严重的自然资源领域。对水环境的定义，目前有多种说法。先从运用广泛与较有科普意义的辞书与教材及目前的网络定义中抽取几种说法罗列于下。

就辞书而言，相对权威的《大辞海》对水环境给出的定义是：地球上分布的各类水体和与其密切相关的各环境要素，如河床、海岸、植被、土壤等的综合体，主要由地表水环境和地下水环境两部分组成。地表水环境包括河流、湖泊、水库、池塘、沼泽、冰川、海洋等。地下水环境包括泉水、浅层地下水、深层地下水等。[②]《环境科学大辞典》《资本主义大辞典》除了界定范畴表象，还特别强调了水环境与其他环境要素——土壤环境、生物环境、大气环境等——构成一个有机的综合体，某一区域的水环境状况被改变或破坏，必然会引起其他环境要素发生变化。[③] 这种解释表

---

① 关于其名称，目前也有生态史（ecology history）或历史生态学（historical ecology）之称法，有待在学科演进中完善，或给予更科学合理的统一称法。

② 夏征农，陈至立. 大辞海·建筑水利卷. 上海：上海辞书出版社，2011：293.

③《环境科学大辞典》编辑委员会. 环境科学大辞典. 北京：中国环境科学出版社，1991：616；罗肇鸿，王怀宁. 资本主义大辞典. 北京：人民出版社，1995：1067.

明了水环境的基本含义，且趋于精准。然而，辞书由于编纂修订周期较长，对学科发展新成果的吸收相对迟缓。

二十一世纪初，杨达源主编的《自然地理学》指出，“水环境”是近二三十年才出现的新名词、新术语，可概为水文、水质、水的理化特性、水循环、水量平衡诸要素以及多方面的变化，包括外围生态特征的综合。该书将中国水环境分为陆地水环境和海洋水环境，其中陆地水环境的显著特点是不稳定，受季风气候、地形走势及人类活动深刻影响，从大气降水到河湖泄流，都具有特别高的变率和特别大的瞬间变化，经常造成重大的灾害损失。该书强调中国水环境研究任务艰巨，特别需要从过去、现在和将来等多维度研究其发展变化。[①] 吴吉春、张景飞主编的《水环境化学》将水环境解释为与水密切相关的各种自然因素和社会因素的综合体。它不仅可以提供水资源、生物资源、旅游资源等，还具有发电、航运、排水等诸多功能。[②]

互联网上有关水环境的说法大致有三种：一是指自然界中水的形成、分布和转化所处空间的环境；二是指围绕人群空间及可直接或间接影响人类生活和发展的水体，以及该水体正常功能下的各种自然因素和有关社会因素的总体；三是指相对稳定的、以陆地为边界的天然水域所处空间的环境。

由上可见，水环境主要是指自然界中各类水体和与之密切相连的环境要素的综合体，极具系统性，亦具有独特的环境特性，与大气环境、土壤环境、地质构造等紧密相连、相互影响，与各社会因素联系密切。人类对水的利用更多的是以水资源的形式表现。所谓水资源（water resources），就是指自然界中存在的可被人类利用的水体，是水环境的重要组成部分。

实际上，如上解释所涉及的主体内容和新概念，在中国古代文献中也能追寻到踪迹。中华文明的发祥与繁荣离不开良好的水环境和充足的水资源，古人也注意到水环境的自然性与其深刻含义及与人类社会的关联，为自然的水赋予了深刻且重要的政治、经济和社会意义。《国语·周语》记

---

① 杨达源. 自然地理学. 北京：科学出版社，2006：136.

② 吴吉春，张景飞. 水环境化学. 北京：中国水利水电出版社，2009：9-10.

载："昔伊、洛竭而夏亡，河竭而商亡。今周德若二代之季矣，其川原又塞，塞必竭。夫国必依山川，山崩川竭，亡之征也。"① 将水环境变迁状况与国家政权的兴亡更替相联，显示了对水资源和水环境的重视及其与人类社会关系的密切程度的认识。《管子》中亦视水为"万物之本原也，诸生之宗室也""集于天地，而藏于万物"②。给予流动的水和水环境的象征地位之高，可见一斑，呈现出对水的认识理念的时代感。生活在西汉武帝时的公孙弘，则强调了水与植物植被的相互辅助关系，写出了"嘉禾兴，朱草生，山不童，泽不涸"③ 的相生相关警句，反映出彼时人类对生物环境与水环境关系的认识程度。西汉末年的贾让则说：

> 古者立国居民，疆理土地，必遗川泽之分，度水势所不及。大川无防，小水得入，陂障卑下，以为污泽，使秋水多，得有所休息，左右游波，宽缓而不迫。④

主张国家治民理政、划分田土，要根据山泽形势因势利导，顾及水体本身的水文特征，合理利用水资源。阐明了水与人类的共生关系。尽管这样的理念是在表明十分朴素的人地关系，与今天意义上的生态含义有别，可是其至少反映了中国古代先民对水资源的认识程度。

而探讨人类与水环境相关的历史活动，尚需要从区域的角度审视与考察，需要立足于该区域内特定的历史水环境状况，以区别时空尺度下的不同环境特质。区域的历史地理环境构成了该区域内自然地理与人类历史活动的场景。京畿水环境状况复杂，所包含的内容也十分丰富，水环境状况既有与当今相似之处，也存在差异，且差异的比重更甚。如从影响制约水环境的气温和降水出发而分析冷暖和降水变化，进而透视区域水环境的重要内容，包括河流、湖泊和地下水等，并在此基础上强调京畿水环境的三大特性，即河流径流量年内分布不均且年际变化大、水旱灾害频仍以及河流的封冻期漫长，十分必要。也正是这些特性构成了区域人类活动的水环

---

① 左丘明，撰，徐元诰，集解．国语集解・周语．北京：中华书局，2002：27.

② 管子：卷 14"水地"．校注本．北京：中华书局，2004：813.

③ 汉书：卷 58"公孙弘卜式兒宽传第二十八"．点校本．北京：中华书局，1962：2613.

④ 汉书：卷 29"沟洫志第九"．点校本．北京：中华书局，1962：1692.

境自然场景。以此结合中华文明自古以来对水环境重要性的强调，将水资源、水环境与国家兴亡、社会民生相关联，主张合理利用水资源，就显得非常及时和应景。

以生态学的理论为指导，从环境史学视域使用水环境一词并展开清代京畿地区人与水相关问题的讨论，则主要关涉与南粮北调的漕运相关的北运河、作为北京母亲河的永定河及其溢出带的湖泉等，尤其强调自然水体的特征与变化，如水文、水灾、干旱以及形成特征和引起变化的诸因素，包括气候影响、人类活动扰动等层面，充分探究清人在利用水资源环境中的举措与应对调适，以及对水资源利用与认识的理念与思想，进而阐明自然水体与人类社会系统的关联。

（二）河流湿地含义与京南平原湿地生态系统

湿地是全球三大生态系统之一，是介于水体与陆地间的生态交错区。由于湿地涵盖内容广泛、对象众多各异，目前还没有形成为各方所共同认可的定义。寻其认识轨迹，较早的是美国鱼类和野生动物保护协会于1956年提出的湿地概念：被浅水和有时被暂时性或间歇性积水覆盖的低地。当下比较权威的定义，是《湿地公约》中提出的，该公约是1971年2月2日于伊朗拉姆萨尔签署的全球性政府间湿地保护公约，其中定义湿地是指不问其为天然或人工，长久性或暂时性的沼泽地、湿原、泥炭地或水域地带，有静止或流动，或为淡水、半咸水体，包括低潮时深度不超过6米的水域。另外，加拿大、印度等国家也有相关定义。① 虽然各种定义的表述略有不同，可是其中都包含湿地的基本特征，强调湿地是分布较广且较浅的水域。

《湿地公约》将湿地分为滨海湿地、内陆湿地与人工湿地三个大类。其中，内陆湿地主要分为湖泊湿地与河流湿地两类。湖泊湿地往往发育于湖泊的边缘，枯水期水深在2米之内，且总面积不低于8万平方米。如果浅水湖泊淤积过浅，整个湖泊都可以看作湖泊湿地。河流湿地是指长期或至少定期洪水泛滥的河缘区域，通常洪泛区域水深不超过2米。一些发育

① 崔保山，杨志峰．湿地学．北京：北京师范大学出版社，2006：1，5，9．

比较完全的河流湿地已经看不出原来河流的面貌；或者河流时明时暗，潜伏于湿地植物之内。也有一些河流湿地呈现散流的状态，已没有明显的河道。在降水季节分配不均的地区，湖泊湿地与河流湿地的水位也相应呈现季节变动。至于人工湿地，则是人类社会为了达到或满足某种需要所构建的湿地生态系统，往往是通过生态工程的建造，充分发挥生态系统的自我组织能力、自我维持能力、自我更新能力，以恢复已退化的湿地。如果设计合理，恢复的湿地生态系统能够满足生态服务的预期设想。① 湖泊湿地、河流湿地与人工湿地是湿地生态中最为重要的三种类型。

永定河的下游位于京城南部平原，本书简称"京南平原"②，这里的河流流量季节变化大，"一交冬令，水乃渐涸，或有壅沙，高出河身。及夏秋水发，不由故道而行，遂至溃散，淹没田庐"③。即枯水期时，水势微弱，散漫难寻，甚至下游断流。丰水期时，尤其是伏秋二汛，水量充足，往往漫出河道，在两岸平原形成大面积的洪泛区，"辄淤长或十余里，宽或百余丈，浅者三四尺，深者六七尺。舟行则胶，徒涉则陷。纯沙则板，污泥则泻"④，时常也会出现"散漫于数百里之远，深处不过尺许，浅止数寸"⑤ 的河漫滩。所以，永定河的这种"汪洋弥漫，潴而为渊，拥而为沙，蔽原塞野，莫知底止"⑥ 的特性，显示其为季节性河流湿地。

在京南平原上的淀泊，大多是浅水湖泊，侯仁之指出："华北平原的浅湖，都叫做淀。"⑦ 如清代时，在平原上自西向东流淌的会同河，于苏家桥以东分为三道，流速较缓，时人称为东淀。其东西亘 160 余里，"南

---

① 陆健健，何文珊，等．湿地生态学．北京：高等教育出版社，2006：7，27，30，38．

② 本书特指北京以南的平原地带。永定河流域是土质疏松的缓坡平原，亦有北京小平原之称，是华北平原的重要组成部分。

③ 清圣祖实录：卷 256（康熙五十二年十月丙子）．影印本．北京：中华书局，1985：535．

④ 周振荣，章学诚．乾隆《永清县志》图三"水道图第三"．乾隆四十四年刻本．

⑤ 陈琮．永定河志：卷 13"奏议四"//续修四库全书：第 850 册．影印本．上海：上海古籍出版社，2002：374．

⑥ 陈琮．永定河志：卷 19"固安县修堤建龙王庙碑记"//续修四库全书：第 850 册．影印本．上海：上海古籍出版社，2002：611．

⑦ 侯仁之．历史地理学的视野．北京：生活·读书·新知三联书店，2009：171．

北二三十里或六七十里，为七十二清河之所汇潴”，水域面积较广。另外，平原东部自北向南还依次分布着沙家淀、叶淀、三角淀等淀泊，其中三角淀周长200余里，为渤海巨浸，是畿辅诸水所借以停蓄游衍之处。① 叶淀与沙家淀也较广阔，叶淀“周一百三十余里”，沙家淀是宛平、大兴、东安和武清四地沥水汇集之处。② 东淀与三角淀、叶淀、沙家淀连为一体，“水发则漫无涯涘，水退则芦荻弥望”③，水位季节变化较大。平原淀泊面积广阔且水浅，按照湿地定义与分类，属于季节性湖泊湿地。在少有人为干扰的情况下，京南平原上有季节性河流湿地与季节性湖泊湿地构成的广阔的湿地生态系统。

（三）京畿区域设定与水环境的地理范畴

京畿一词的字面含义，是指王都及其临近的周边地方，周边称为畿辅。清人言：“畿辅封域，半跨晋疆，旁延于齐卫，东则永平，南则河间、天津，北则宣化，西则保定，又西南则正定、顺德、广平、大名。”④ 本研究所讨论的清代京畿地区，是在清人行政建置概念的基础上，叠加山川形胜，特指以北京城郊为中心的泛概念。从地理环境而言，大致为侯仁之所倡导的“北京湾”⑤ 区域。该概念是对北京西、北、东三面环山，南面敞向华北平原的地理构造特征的描述，且将三山环绕范围称为北京小平原。三山所指的西部山地属太行山山脉北段，因位于北京之西，称为西山；北部和东北部山地属燕山山脉；中部与东南的平原，是北京及其周边地区的缓坡平原，位于华北平原北端。北京湾的大致范围是：西至北京西山，东至北京平谷、天津蓟州一带的山地，北到燕山，南到永定河流域。

---

① 穆彰阿，潘锡恩，等. 嘉庆重修大清一统志：卷7“顺天府二・山川”//续修四库全书：第613册. 影印本. 上海：上海古籍出版社，2002：157.

② 王履泰. 畿辅安澜志：永定河卷2“故道”//续修四库全书：第848册. 影印本. 上海：上海古籍出版社，2002：210.

③ 同①154.

④ 唐执玉，李卫. 雍正《畿辅通志》卷15“形胜疆域”//景印文渊阁四库全书：第504册. 台北：台湾商务印书馆，1986：275.

⑤ 1903年，美国地质学家贝利・维理斯（Bailey Willis）来中国考察，1907年出版《中国研究》，其中提出“北京湾”概念。1949年，侯仁之在其博士论文《北平历史地理》中使用此概念。

京城坐落于北京湾的西南部，靠近西山。

由三山环绕的北京小平原位于面积辽阔的华北平原上，该平原的形成与长期以来永定河水的搬运和堆积作用有关。该平原在行政隶属上包括北京市昌平、顺义、通州、大兴等区域，还包括天津大部及河北廊坊，自然地理上涉及西到太行山东麓、南到大清河、东到渤海、北到燕山的广泛地区。北京小平原地形是西北高、东南低的自西北往东南向的缓坡平原，其山前泉水与古河道较多，河湖密布，地下水资源丰富，土壤肥沃，是人类文明的重要发源地之一。

西山是太行山山脉的北端余脉，与太行山主体部分相连，大体指北京西部房山、门头沟、石景山、昌平一带，号称“拱卫神京”。永定河贯穿西山之中，与其他贯穿太行山区的河流在华北平原形成海河水系。西山植被覆盖率较高，林海苍茫、郁郁葱葱。由于长期地质作用，西山富含大量的煤炭资源，是北京地区重要的能源产地。西山的泉水也较为丰富，水质清冽，为京城提供优质水源。

燕山山脉经长期地质作用逐渐形成。燕山山势陡峭，由西北向东南倾斜，呈现西北高、东南低的地形特征。这里沟长谷深，在白河、潮河等河流的切割作用下，山体地表被流水侵蚀明显。东部多为低山丘陵，海拔较低，植被覆盖率较高，林木资源较为丰富。西部海拔较高，植被覆盖率较低，多为山间草地与低矮灌丛。

从上述地理范畴的“京畿”界定，着眼于清代北京城区及围绕其的周边地方，主要行政区域为清代顺天府辖境，兼涉天津府、遵化、易州等地。顺天府是京畿地区的核心地带，康熙二十七年（公元 1688 年），顺天府辖设东、西、南、北四路厅二十四州县。

西路厅领宛平、大兴、良乡、房山各县及涿州，其中宛平、大兴是顺天府附郭县，与顺天府同城而治。良乡是京师南下的第一站，人烟稠密，交通繁忙，县治在今房山区。位于太行山东麓的房山，于雍正五年（公元 1727 年）前属涿州；是年，涿州降为散州，不再领县，房山直属顺天府。

北路厅领平谷、怀柔、顺义、密云各县与昌平州。清初，平谷属蓟州，乾隆八年（公元 1743 年），划顺天府直属。昌平州所辖怀柔、顺义、密云三县，于雍正六年（公元 1728 年）直属顺天府，昌平州降为散州，不再领县。

东路厅领三河、武清、宝坻、宁河、香河各县及通州、蓟州。顺治十六年（公元1659年），通州辖三河、武清、宝坻诸县。雍正六年（公元1728年），三河、武清、宝坻诸县直属顺天府，通州降为散州，不再领县。雍正九年（公元1731年），宁河自宝坻析置设县。至于蓟州，在清初时辖丰润、遵化、玉田与平谷诸县，康熙十六年（公元1677年），遵化、丰润脱离蓟州，置遵化州，辖丰润。乾隆八年（公元1743年），玉田脱离蓟州，归并遵化州。平谷直属顺天府，蓟州降为散州，不再领县。

南路厅领保定、文安、大城、固安、永清、东安诸县与霸州。霸州辖文安、大城、保定三县。雍正六年（公元1728年），文安、大城、保定三县直属顺天府，霸州降为散州，不再领县。固安、永清、东安则直属顺天府。清初，保定属有易州、涞水，广昌属山西大同府蔚州。雍正十一年（公元1733年），易州升为直隶州，辖涞水、广昌。

天津县在清初属顺天府，雍正三年（公元1725年）由县迁为直隶州，属河间府，辖武清、静海、青县。雍正九年（公元1731年），天津自直隶州改为府，仍辖原诸州县，并入沧州及其属南皮、盐山、庆云诸县。①

在讨论水环境问题时，研究区域基本以上述清代政区辖境成熟格局为背景，以水环境自然地理范畴为基础。② 比如对于漕运河段的讨论，主要考察漕船自天津到通州、通州到大通桥及漕粮由大通桥入仓。如此划定，一是根据漕粮运输到达京师，除在顺天府辖境内的运输外，在天津府的运输也是漕粮抵京运输中极其重要的一环，天津地区的水环境复杂，对河道的运输和漕船行进都有重大影响。二是京通各仓粮食除供应京城皇室、八旗、官员外，还向畿辅陵寝、驻军调配粮豆，辐射范围涉及更广阔的区域。雍正元年（公元1723年）设立的北仓，尽管于雍正九年（公元1731年）时改属天津府，可是在整个仓场管理体系及漕粮运输中发挥着重要作用，特别是在截漕和运输进程调控中占有重要地位，也需要纳入考察范围。此外，为维护京师稳定，发挥畿辅对京师的

---

① 以上内容参考：侯仁之. 北京城市历史地理. 北京：北京燕山出版社，2000；霍亚贞. 北京自然地理. 北京：北京师范学院出版社，1989。

② 谭其骧. 中国历史地图集：第8册“清时期”. 北京：中国地图出版社，1982：7-8.

拱卫作用，对水旱灾害频发的畿辅区域，清廷还需要经常拨仓场米粮赈济。同理，对永定河流域的考察，也是以其所流经流域的京南平原为范围，并将北京城及其京郊腹地置于更广阔的京畿地区进行考察，以深化区域史研究。

二、与水环境相关的学术史研究层面

关于清代京畿水环境及其相关问题的研究，成果丰富。其中既包括水利工程的研究，也包括水源、水系变迁乃至北京城市供水的研究，尤以侯仁之、蔡蕃等人为代表，对北京城市水源开发的重大水利工事及水资源利用的各个方面进行了细致入微的分析。对于水源与生产、水源与美学之间的关联，也有学者专门论述。从包括北京在内的华北平原整个河湖水系环境入手的研究成果异彩纷呈，均为本研究的展开奠定了基础，以便关照水环境与人类社会关系这一巨系统的生态变迁。

既有相关研究涉及清代北京的水资源状况、水利工程兴修维护、漕运状况、农业经济、宫苑园林建造等，大致可以归为三类：一是从历史地理学的角度，对清代北京气候、灾害、河湖变迁的研究；二是有关清代北京水利、园林、城市研究中对水资源的关照；三是新近有关环境史概念视角的研究。兹尤对与京畿水环境主旨相关联的人地争水、人类生产与生活利用水资源及其与水生态的关系等方面加以回溯与梳理。

（一）气候、灾害、河湖变迁等的研究

涉及北京气候、灾害、河湖变迁的既有研究，除了区域限定北京外，多是从海河流域、直隶等较广范围的考察，这些前期成果均可作为了解清代北京水资源状况的重要参考。

在关于清代气候、冷暖分期及灾害与水资源的关联方面的既有成果中，以竺可桢为代表，其依据考古资料、物候资料、方志记载和仪器观测记录，对中国历史上近五千年来的气温冷暖变化做了分析论证。[①] 在竺可桢研究的基础上，又有学者对冷暖期划分的具体时段提出不同观点，如以

① 竺可桢．中国近五千年来气候变迁的初步研究．考古学报，1972（1）．

长江流域的河湖在冬季结冰程度判断气温高低。满志敏的研究对学界关于三个寒冷期划分的不同意见进行了检视与总括，展示了既有研究成果的阶段性特点。① 王绍武对明代洪武十三年（公元 1380 年）以来华北气温序列进行重建，认为就冬季而言，与竺可桢以华东、华南的物候资料得出相对寒冷期的时间不同，华北与中国南部的寒冷期不同。② 从气温状况来看，清代北京气温低且偏干燥。

就现有成果中北京气候变化对水资源影响方面的研究而言，竺可桢很早就注意到直隶地区的水灾多发与地理环境的关联，统计出直隶是 1～19 世纪中国水灾发生次数第二多的地区，并从自然因素中的气候、地形、地质与人文因素中的人口、农业着手，论述了直隶水灾多发的原因。③ 还分析了华北干旱是由山脉阻隔、东南季风与华北海岸线平行、冬季中西伯利亚高压等因素造成，强调华北干旱与屡受灾害的关系。④ 唐锡仁、薄树人从干旱频次、大旱百分比、干旱分区、受旱季节、旱型、干旱周期等要素入手，概括性分析了明清时期包括北京在内的直隶地区的干旱情况。⑤杨持白讨论了 1700—1950 年间海河流域特大洪涝情形及其成因，其中乾隆二年（公元 1737 年）和乾隆五十九年（公元 1794 年）暴发较严重山洪，受灾范围均在 80 个县以上。⑥

龚高法、张丕远等统计了雍正二年（公元 1724 年）至 1987 年间北京地区丰水期和枯水期的持续时间、频率以及与气候的关系；在与本书相关的时段中，该研究提出了雍正二年（公元 1724 年）至乾隆三十九年（公元 1774 年）是枯水期、干旱多发，乾隆四十年（公元 1775 年）至嘉庆二十年（公元 1815 年）是丰水期、干旱较少的论断。⑦ 与此类似的有方修

① 满志敏．中国历史时期气候变化研究．济南：山东教育出版社，2009：282.

② 王绍武．公元 1380 年以来我国华北气温序列的重建．中国科学，1990（5）.

③ 竺可桢．直隶地理的环境和水灾．科学，1927（12）。该文还收入《竺可桢全集》第 1 卷（上海科技教育出版社，2004）第 580～587 页。

④ 竺可桢．华北之干旱及其前因后果．李良骐，译．地理学报，1934（2）。该文还收入《竺可桢全集》第 2 卷（上海科技教育出版社，2004）第 176～181 页。

⑤ 唐锡仁，薄树人．河北省明清时期干旱情况的分析．地理学报，1962（1）.

⑥ 杨持白．海河流域解放前 250 年间特大洪涝史料分析．水利学报，1965（3）.

⑦ 龚高法，张丕远，张瑾瑢．北京地区气候变化对水资源的影响//环境变迁研究：第 1 辑．北京：海洋出版社，1984：26-34.

琦等对华北平原在小冰期即18世纪末至19世纪初数十年间的气候所进行的考察，他们认为在此阶段，本地区经历过一次以从暖到冷为主导的气候转冷，并且伴随极端旱涝灾害的频率明显增加。① 段天顺的研究指出，北京地区容易发生水旱灾害与这里西北高东南低的地理环境、降雨集中的季风气候以及永定河的泛滥有关。② 李辅斌分州县统计了直隶地区的洪涝灾害频次，分时段论述了清朝对各主要河流的治理活动。③

尹钧科等的《北京历史自然灾害研究》，叙述了北京历史上的自然灾害，其中关于清代部分水旱灾害的讨论占到全书篇幅的一半，对了解清代北京地区的水旱灾害极具参考价值。④ 此外，北京市气象局气候资料室研究认为，在季风气候影响下，华北地区降水有效率较差，年际降水量变率也极高。⑤

在关于河湖变迁的研究成果中，就海河水系的河流、湖泊变迁而言，谭其骧详细论述了海河水系的形成和发展过程，其主编的《中国历史地图集》是考察中国历史行政区划、河流水道等的基本工具。⑥张修桂对海河水系形成、演变的历史过程和时间节点也有深入研究。⑦中国科学院组织编写的《中国自然地理·历史自然地理》⑧、邹逸麟主编的《黄淮海平原历史地理》⑨，均论述了海河水系主要河流和湖泊的历史变化。谭徐明从河道、湖泊、地下水等方面介绍了海河流域水环境演变的情况，分析了降

---

① 方修琦，萧凌波，魏柱灯．18～19世纪之交华北平原气候转冷的社会影响及其发生机制．中国科学，2013（5）．

② 段天顺．谈谈北京历史上的水患．中国水利，1982（3）．

③ 李辅斌．清代直隶地区的水患和治理．中国农史，1994（4）．

④ 尹钧科，于德源，吴文涛．北京历史自然灾害研究．北京：中国环境科学出版社，1997．

⑤ 北京市气象局气候资料室．北京气候志．北京：北京出版社，1987：48．

⑥ 谭其骧．海河水系的形成与发展//历史地理：第4辑．上海：上海人民出版社，1986：1-27．

⑦ 张修桂．海河流域平原水系演变的历史过程//历史地理：第11辑．上海：上海人民出版社，1993：89-110．

⑧ 中国科学院《中国自然地理》编辑委员会．中国自然地理·历史自然地理．北京：科学出版社，1982：152-181．在此书基础上，邹逸麟、张修桂主编有《中国历史自然地理》（科学出版社，2013）。

⑨ 邹逸麟．黄淮海平原历史地理．合肥：安徽教育出版社，1997；邹逸麟．历史时期华北大平原湖沼变迁述略//历史地理：第5辑．上海：上海人民出版社，1987：25-39．

水、黄河河道北徙、人类活动对海河流域水环境的影响。①

就北京地区范围内的湖泊而言，蔡向民等从地质角度入手对包括昆明湖在内的北京城湖泊成因进行考察，由此解释北京西部泉水资源丰富的原因。② 历史地理视角的研究较为丰富，尹钧科通过对北京历史上的河湖状况进行考察，认为历史上北京的水环境相当优越，可是，在人与自然界相处和激烈斗争的过程中，水环境逐渐恶化。③ 关于北京水环境恶化的原因，黄盛璋、钮仲勋认为金至清时期昆明湖及其周边湖田争水导致水域面积缩减。④ 邓辉从城市与水资源的关系着手，指出北京城市建设对地表湖泉水系的影响。⑤

在从长时段入手，自海河水系与华北水系考察湖泊变迁的研究成果中，有陈茂山对海河流域从先秦至20世纪的河流、水系、湖泊洼淀等水环境变迁的考察，其分析了气候、植被、人口增长、流域开发等影响水环境变迁的自然和社会因素，认为经济社会发展对水资源的需求超过了水资源环境的承载力，加速了湖泊水体的减少。⑥ 潘明涛对自明代以来600多年海河平原水利从渠道灌溉到井水灌溉变迁过程的考察，将水利置于具体的水环境背景下，探究水环境变迁。⑦ 也有一些学者注意到了永定河工程、农田水利对河流湖泊的影响。⑧

在关于北京的水资源与水患灾害的既有研究中，早在20世纪80年代，李文海等探讨永定河水患，全面梳理了永定河泛滥对京津冀一带造成

---

① 谭徐明. 海河流域水环境的历史演变及其主要影响因素研究. 水利发展研究，2002（12）.

② 蔡向民，等. 北京城湖泊的成因. 中国地质，2013（4）.

③ 尹钧科. 北京河湖的盛衰兴替. 地图，2009（C1）.

④ 黄盛璋，钮仲勋. 昆明湖. 地理知识，1973（6）.

⑤ 邓辉.《水经注》时期以来北京平原河湖水系的变化//北京论坛（2013）文明的和谐与共同繁荣——回顾与展望：“水与可持续文明”圆桌会议论文. 北京，2013；邓辉，罗潇. 历史时期分布在北京平原上的泉水与湖泊. 地理科学，2011（11）.

⑥ 陈茂山. 海河流域水环境变迁与水资源承载力的历史研究. 北京：中国水利水电科学研究院，2005.

⑦ 潘明涛. 海河平原水环境与水利研究（1360—1945）. 天津：南开大学，2014.

⑧ 主要有：邹逸麟. 历史时期华北大平原湖沼变迁述略//历史地理：第5辑. 上海：上海人民出版社，1987：25-39；张芳. 明清时期海河流域的农田水利. 中国历史地理论丛，1995（4）；王长松，尹钧科. 三角淀的形成与淤废过程研究. 中国农史，2014（3）.

的水灾，将永定河水患放到晚清社会动荡的时代背景下考察其造成的灾害问题，这是永定河在灾荒史研究中的体现。[①] 叶瑜等从救灾响应的角度，分析晚清永定河泛滥造成的影响及国家的应对措施。[②]

（二）水资源与北京水利、园林、城市研究

北京水利史、城市史的研究成果非常丰富。研究者中，最杰出的当属侯仁之，其主编的《北京历史地图集》《北京城市历史地理》及其用英文写作的博士论文《北平历史地理》等成果，对北京的地形、水系、聚落、仓场分布、水路对外交通和漕运等都有全面介绍和记载。[③] 此外，侯仁之还撰写专文介绍北京的城市与水源以及两者之间的关系，其中包括早在1946年对金水河源流的考证，对海淀附近的地形、水道与聚落的研究，对历代都城建设中的水源与河湖水系利用及各引水工程等的研究[④]，指出昆明湖是北京历史上的第一个人工水库，对昆明湖的开发、变迁以及价值均作了精辟论证。[⑤] 侯仁之的《历史地理学的视野》一书中收录了以北京地区的水文环境为具体事例的论文，以论述复原历史时期区域地理环境的理论与方法，对北京河湖水系的研究具有重要的参考价值；其关于金元时期永定河开发与漕运水道的论述，对清代永定河的研究也有参考意义。[⑥] 在侯仁之的相关研究成果中，尤其对考察西山与永定河上游感受的描述，反映了新中国成立初期永定河流域经济建设的成就与当时学者的知识水平。

---

① 李文海，等. 晚清的永定河患与顺、直水灾. 北京社会科学，1989 (3).

② 叶瑜，等. 1801年永定河水灾救灾响应复原与分析. 中国历史地理论丛，2014 (4).

③ 侯仁之. 北京历史地图集（二集）. 北京：北京出版社，1997；侯仁之. 北京城市历史地理. 北京：北京燕山出版社，2000；侯仁之. 北平历史地理. 邓辉，申雨平，毛怡，译. 北京：外语教学与研究出版社，2013.

④ 以上参见：侯仁之. 北平金水河考. 燕京学报，1946 (30)；侯仁之. 北京海淀附近的地形、水道与聚落. 地理学报，1950 (1-2)；侯仁之. 北京都市发展过程中的水源问题. 北京大学学报（哲学社会科学版），1955 (1)；侯仁之. 北京历代城市建设中的河湖水系及其利用//环境变迁研究：第2、3合辑. 北京：北京燕山出版社，1989：1-18。

⑤ 侯仁之. 北京城最早的水库昆明湖//侯仁之. 北京城的生命印记. 北京：生活·读书·新知三联书店，2009：162-165；侯仁之. 昆明湖的变迁. 前线，1959 (16).

⑥ 侯仁之. 步芳集. 北京：北京出版社，1962；侯仁之. 历史地理学的视野. 北京：生活·读书·新知三联书店，2009.

蔡蕃关于北京水源的研究也有大成，其对北京定都以来西北水源的开发利用有详细的梳理考证，探究了北京的水资源状况、历代对北京水资源的开发与漕运、通惠河的工程与管理以及历代京城供水排水状况。① 吴文涛梳理了北京城市发展的历史与其水源供给及水利开发存在的密切相互关系，注意到永定河筑堤使得北京地区河流、湖泊、地下水的补充水源减少，应该说是对北京特定区域内的水利现象和水利实践进行的集大成的研究。②

城市史中关于北京居民用水问题的研究成果不少。熊远报利用北京有关水买卖的档案文书深入讨论了清代至民国送水夫对水道产权的转让。③ 邱仲麟则考察了明清北京的用水环境与供水产业之间的关联，以及卖水业与民生用水的关系。④ 周春燕讨论了明清时期包括京师在内的华北各大小城市居民用水状况，包括用水环境、水资源的政治性、水与卫生以及节水办法等。⑤ 明清时期北京城市居民用水水质差的状态直到清末自来水公司成立之后才逐渐有所改变。对清末自来水公司创建的过程，田玲玲有一个较为完整的叙述，包括确定水源、筹集资金、购买设备、规划人事四个方面。⑥ 此外，王伟杰等还介绍了明清时期北京城的地下水、地表水、粪便与垃圾、大气、动植物等环境状况。⑦

永定河作为北京的母亲河，学界所给予的关注度较高，学术成果与研究方法异彩纷呈。侯仁之以现代历史地理学的视角对永定河研究的很多观

---

① 蔡蕃．北京古运河与城市供水研究．北京：北京出版社，1987；蔡蕃．元代水利家郭守敬．北京：当代中国出版社，2011.

② 吴文涛．北京水利史．北京：人民出版社，2013；历史上永定河筑堤的环境效应初探．中国历史地理论丛，2007（4）；昆明湖水系变迁及其对北京城市发展的意义．北京社会科学，2014（4）；永定河：从水脉到文脉．前线，2017（6）.

③ 熊远报．清代民國時期における北京の水賣業と「水道路」．社会经济史学，2000，66（2）：47-67.

④ 邱仲麟．水窝子：北京的供水业者与民生用水（1368—1937）//李孝悌．中国的城市生活．北京：新星出版社，2006：203-205.

⑤ 周春燕．明清华北平原城市的民生用水//王利华．中国历史上的环境与社会．北京：生活·读书·新知三联书店，2007：234-258.

⑥ 田玲玲．简析清末京师自来水公司的创立．首都师范大学学报（社会科学版），2009（1）.

⑦ 王伟杰，等．北京环境史话．北京：地质出版社，1989.

点，对北京城市及周边环境变迁的研究展开极具启发性。① 20世纪50年代，寿儒主编《把永定河水引进首都》，主要是基于北京水源短缺现实问题的考量，体现了为生产建设服务的主旨。②

尹钧科提出，永定河是北京的母亲河，没有永定河就没有北京城；指出在北京城兴起、发展的历史进程中，由于城市发展而造成永定河流域植被破坏、水土流失、水患不断的后果；集中探讨了各历史时期永定河与北京城发展的关系。尹钧科还认为，永定河泛滥是导致北京地区水患的主要因素，而且讨论了清代应对永定河水患的工程措施。③ 孙靖国以永定河上游桑干河流域为研究对象，论述了历史上永定河上游流域内城镇发展变迁的历程，讨论了流域内自然环境特征与城市发展的关系。④

清代皇家园林与北京水资源关系密切，在既有的园林史研究成果中都离不开对河流湖泉的关照。张宝章在对北京西郊皇家园林的介绍中，尤其关注对周围水资源状况的考察。⑤ 樊志斌对包括万寿山、玉泉山、香山在内的“三山”皇家园林进行探究时，没能绕开西山泉源与水系，且对乾隆时期修建的西山引水工程加以讨论。⑥ 园林造景离不开水系，既有研究已经注意到西山水域条件与园林建造之间的相辅相成关系。钟贞以昆明湖、玉泉山水利建设为线索，探讨了昆明湖、水田风光与园林景观的相互依赖关系。⑦ 高大伟、孙震从生态视角着手，阐述了清漪园的自然美景、水生植物、生态景观与西郊水利工程及帝王生态美学观之间的和谐关系。⑧

---

① 侯仁之. 历史地理研究：侯仁之自选集. 北京：首都师范大学出版社，2010；吴文涛. 还永定河生机莫忘防洪治理——关于历史上治理永定河的几点思考. 北京联合大学学报（人文社会科学版），2011（4）.

② 寿儒. 把永定河水引进首都. 北京：北京出版社，1956.

③ 尹钧科. 论永定河与北京城的关系. 北京社会科学，2003（4）；尹钧科，吴文涛. 历史上的永定河与北京. 北京：燕山出版社，2005；尹钧科. 清代北京地区特大自然灾害. 北京社会科学，1996（3）.

④ 孙靖国. 桑干河流域历史城市地理研究. 北京：中国社会科学出版社，2015.

⑤ 张宝章. 京西名园探踪. 北京：中央文献出版社，2011.

⑥ 樊志斌. 三山考信录. 北京：中央文献出版社，2015.

⑦ 钟贞. 乾隆清漪园与北京西郊水利建设研究. 中国园林，2016（6）.

⑧ 高大伟，孙震. 颐和园生态美营建解析. 北京：中国建筑工业出版社，2011.

（三）永定河治理思想与实践

近些年来，永定河研究成为多学科交叉汇集的领域，有很多物理、化学、生态学与环境工程等自然科学领域的学者从事永定河方面的相关研究。毛海颖等通过实地采集样本，进行化学实验，并分析数据后建立模型，探讨了永定河水的化学元素与流域土壤的组成成分。① 于森等采用数据模型，探讨了1954—2008年永定河北京段水资源、1980—2005年水环境变迁与社会经济发展对永定河流域的影响，属于生态学、环境科学领域的研究成果。②

相比于自然科学领域而言，从历史自然地理入手对永定河进行研究的成果较多，这些成果更侧重于对历史时期永定河水文特性的分析。潘威、满志敏等利用清代志桩档案与雨雪分寸等资料，结合近现代器测水文与降雨数据，发表了系列论文；根据永定河志桩水位记录，重建了永定河石景山、卢沟桥段入汛时间序列；将同一时期中国东部夏季风的强度进行量化处理，通过探讨永定河汛期径流量，并与太平洋西部海水温度两组数据进行对比，寻找内在关系；认为永定河夏季入汛时间在7月16—20日，相对于黄河、沁河入汛期，永定河的稳定性较大，进而探讨华北地区的自然环境变迁。③ 这些研究集中体现出以自然地理学方法研究永定河水文特征的典型性。

20世纪80年代，丁进军梳理了康熙时期永定河治理的相关措施，认为康熙帝修筑河堤及其相关措施，有助于缓解河患，造福民众。④ 21世纪初，宋开金则进一步结合康熙时期治理永定河对后世产生的影响，得出康熙帝在永定河两岸筑堤是其为政的败笔的结论。宋开金又从金门闸入手，

---

① 毛海颖，冯仲科，巩垠熙，于景鑫．多光谱遥感技术结合遗传算法对永定河土壤归一化水体指数的研究．光谱学与光谱分析，2014（6）．

② 于森，等．永定河（北京段）水资源、水环境的变迁及流域社会经济发展对其影响．环境科学学报，2011（9）．

③ 潘威，满志敏，庄宏忠，叶盛．清代黄河中游、沁河和永定河入汛时间与夏季风强度．水科学进展，2012（5）；潘威，萧凌波，闫芳芳．1766年以来永定河汛期径流量与太平洋年代际振荡．中国历史地理论丛，2013（1）；潘威，郑景云，萧凌波，闫芳芳．1766年以来黄河中游与永定河汛期径流量的变化．地理学报，2013（7）．

④ 丁进军．康熙帝与永定河．史学月刊，1986（6）．

阐释康熙、乾隆两朝治河思路的转变，并对两种不同的治理思路进行比较分析，认为乾隆时期“筑堤束水”，人给水让地，取得了治理成效。[①] 宋、丁二人所持观点相左，反映出时代与学术理念变化具有相关性。诚然，乾隆时期的永定河治理思路与康熙时期相比有很大不同，这一转变在朝臣孙嘉淦、方观承的治水实践中表现得比较明显。王建革在论述晚清华北地区生态与社会时，分析了乾隆时期孙嘉淦的治河实践，认为孙氏的方案对永定河特性考虑不足，以失败告终。[②]

宋开金与王建革对乾隆时期的永定河治理的看法也有些许不同。这对于本研究理解乾隆朝永定河治理方案具有较重要意义。与此相同，王洪波对康熙至乾隆年间永定河治理理念及实施措施，包括康熙时的“束水攻沙”到乾隆时的“不事堤防”进行了梳理与讨论。[③] 也有学者对乾隆中期方观承治理永定河的各项措施及其效果有所讨论。[④]

(四) 北运河漕运及仓场的相关研究

有学者已对漕运史研究做过学术综述[⑤]，也不乏从京杭大运河入手全局性考察漕运制度、漕运兴衰以及其社会影响等方面的学术专著[⑥]，清朝断代研究，如对嘉道以后漕粮海运与社会变迁的考察也有专著问世[⑦]，对

---

① 宋开金. 论康熙朝永定河治理问题. 华北水利水电大学学报（社会科学版），2015（2）；宋开金. 从金门闸看清代永定河治理思想的演变. 北华大学学报（社会科学版），2015（3）.

② 王建革. 传统社会末期华北的生态与社会. 北京：生活·读书·新知三联书店，2009：15-16.

③ 王洪波. 清代康乾年间永定河治理理念与实施. 河北师范大学学报（社会科学版），2018（3）.

④ 汪宝树. 方观承治理永定河. 水利天地，1992（2）；张艳丽. 方观承治理永定河的思想与实践. 兰台世界，2011（28）.

⑤ 胡梦飞. 近十年来国内明清运河及漕运史研究综述（2003—2012）. 聊城大学学报（社会科学版），2012（6）；高元杰. 20世纪80年代以来漕运史研究综述. 中国社会经济史研究，2015（1）.

⑥ 其中具有代表性的是：李文治，江太新. 清代漕运. 北京：中华书局，1995；李文治，江太新. 清代漕运. 修订版. 北京：社会科学文献出版社，2008；彭云鹤. 明清漕运史. 北京：首都师范大学出版社，1995；吴琦. 漕运与中国社会. 武汉：华中师范大学出版社，1999；李巨澜. 略论明清时期的卫所漕运. 社会科学战线，2010（3）。

⑦ 倪玉平. 清代漕粮海运与社会变迁. 上海：上海书店出版社，2005；周健. 仓储与漕务：道咸之际江苏的漕粮海运. 中华文史论丛，2015（4）.

区域漕粮运输、水次仓储和社会文化等方面的研究成果也不少①。对京师漕运和仓储系统的研究，如于德源《北京漕运和仓场》，论述了清代北京漕粮运输，对通惠河、密云运河、昌平运河、蓟运河也给予了足够重视，详细考察了京、通各仓沿革，尤其强调了京、通仓的利弊。② 吴琦论述了漕粮对于京城的社会功用以及截漕、漕限问题。③ 此外，前述侯仁之主编《北京城市历史地理》、蔡蕃《北京古运河与城市供水研究》对仓场着墨甚多，值得参考。新近问世的陈喜波关于北运河治理与变迁的研究，以时间为轴，从河道治理视角，对北运河与漕运关系进行了细致全面的考察，尤对清代北运河的治理与变迁进行了详细阐释。④

关于水资源与交通运输问题，主要以粮食运输为主，有比较详细的论证成果。⑤ 韩光辉、贾宏辉探讨了北京城的粮食供应和消费，以及依赖漕粮、粮食匮乏对京城乃至王朝的威胁⑥，陈喜波、韩光辉分三个时期探讨了京通运河水系变化对码头变迁的影响，对漕运码头与运河漕运、京通二仓之间的关系进行了详细梳理。⑦ 李孝聪考察和论述了明代北京城的仓场因水运分布在东城，至清代部分仓场移建于东城墙外，在城墙与护城河之间增修官仓。⑧

以上各成果对北京地区水环境、河道漕运和仓场都有十分翔实的讨论，既有全局性、整体性考察，也有区域性研究，对于漕运与经济、社会变迁等的关联也有学者专门论述，为本书的展开奠定了坚实基础。可是，就学科增长点而言，还是留有余地，如从水资源本身变迁与自然环境、人

---

① 相关研究有：李俊丽. 天津漕运研究（1368—1840）. 天津：天津古籍出版社，2012；郑民德. 明清京杭运河沿线漕运仓储系统研究. 北京：中国社会科学出版社，2015。

② 于德源. 北京漕运和仓场. 北京：同心出版社，2004.

③ 吴琦. 清代漕粮在京城的社会功用. 中国农史，1992（2）；吴琦，王玲. 一种有效的应急机制：清代的漕粮截拨. 中国社会经济史研究，2013（1）；吴琦. 清代漕运行程中重大问题：漕限、江程、土宜. 华中师范大学学报（人文社会科学版），2013（5）.

④ 陈喜波. 漕运时代北运河治理与变迁. 北京：商务印书馆，2018.

⑤ 尹钧科. 北京古代交通. 北京：北京出版社，2000：123-132.

⑥ 韩光辉，贾宏辉. 从封建帝都粮食供给看北京与周边地区的关系. 中国历史地理论丛，2001（3）.

⑦ 陈喜波，韩光辉. 明清北京通州运河水系变化与码头迁移研究. 中国历史地理论丛，2013（1）.

⑧ 李孝聪. 中国城市的历史空间. 北京：北京大学出版社，2015：204.

类活动的视角来分析京畿地区的人与自然关系系统，特别是将人类利用水资源环境与漕运、城市发展、社会经济活动结合起来讨论，十分必要。同时，水环境在漕粮运输和仓场中的重要作用尚值得深入探究；对以京畿地区漕运、仓场为切入点的河道变迁的研究，也有深入展开的必要。本书借鉴前人对北京水环境、水利史的研究，结合漕运史和北京城市史的研究成就，从水资源、河流水文和水旱灾害等角度审视清代京畿地区的漕粮运输和仓场，特别是对北运河一段和天津地区的漕运周期、河岸仓场选择等问题进行了考察，凸显自然因素在社会活动中的作用及其关联。

（五）环境史学的相关研究

近年来，有关环境史学或者说由生态学与历史方法相结合的历史生态学研究异军突起，相关成果不断增多，这些成果多探讨人类活动与周围环境之间的相互作用关系。黄盛璋、钮仲勋简介了金至清时期昆明湖及其四周环境的变化，强调了水田与湖水之间的辩证统一关系。① 在北京水资源利用问题上，夏成纲有三篇专文，对大承天护圣寺、功德寺与昆明湖之间的位置关系变迁的过程进行了全面探讨。② 此外，缪祥流介绍了昆明湖的生态功能。③ 潘明涛将水利工程置于具体的水环境背景下，考察了水利兴衰和灌溉方式嬗变的环境及社会政治经济因素。④ 高大伟、孙震对颐和园营建的生态美学进行了探究，更能说明园林与水域景观对于环境的生态效益。⑤ 岳升阳探究了海淀环境与园林建设之间的相互依赖和影响。⑥ 钞晓鸿从环境与水利的关系出发，围绕西山煤窑与泉源的关系进行了探讨，认为煤窑的开采和排水使地下泉水及其赋存环境发生变化。⑦

---

① 黄盛璋，钮仲勋．昆明湖．地理知识，1973（6）．

② 夏成纲的系列论文《大承天护圣寺、功德寺与昆明湖景观环境的演变（上）（中）》、《大承天护圣寺、功德寺与昆明湖风景区的演变（下）》，分别参见：《中国园林》，2014年第8期、第12期和2015年第3期。

③ 缪祥流．颐和园昆明湖的历史和生态功能．城乡建设，2006（6）．

④ 潘明涛．海河平原水环境与水利研究（1360—1945）．天津：南开大学，2014．

⑤ 高大伟，孙震．颐和园生态美营建解析．北京：中国建筑工业出版社，2011．

⑥ 岳升阳．海淀环境与园林建设．圆明园学刊，2012（12）．

⑦ 钞晓鸿．环境与水利：清代中期北京西山的煤窑与区域水循环//戴建兵．环境史研究：第2辑．天津：天津古籍出版社，2013：73-89．

清代永定河治理引起了该流域环境的变化。关于北京及其所在的华北平原区域人类利用水资源过程中出现的问题，引发中外学者较为集中地探究。学者们或依据社会学的理论，完全从社会治理层面论述水利治理①；或认为尽管长期有效治理水环境而投入的财力物力人力成本使国家背负了较大的经济压力，可是灾害依然不断，引发生态危机，水环境失调不可避免，水利治理常常陷于无效的怪圈中，难明其究，在无可奈何之下，只能通过周而复始的水利工程来加以维持②。另外，吴文涛对清代永定河筑堤对水环境的影响及筑堤的环境效应的研究，全面地揭示了永定河治理措施对周边环境造成的各种影响③；陶桂荣突破永定河治理中的筑堤局限，比较全面地论述了治理工程措施及其对环境的影响，尽管侧重点在对工程措施的论述上④，却均有助于从环境变迁的现象出发考察清代永定河治理的不同实践结果。

从环境史的视角看待清代永定河治理，相较于自单纯的水利工程与筑堤措施进行考察与分析，能够更全面地探讨永定河流域的环境变迁，有助于取得研究领域的突破，有利于促成新的学科增长点。王建革从水环境与清代大清河的变迁角度讨论治理的环境效应，涉及永定河及其环境变迁，尤从雍正时期所采取的“清浊分流”措施入手，考察了由此引发永定河流域水文环境的变迁。⑤ 王长松、尹钧科系统地梳理了历史时期三角淀的形成、发展与消亡，也分析了清代永定河治理措施在三角淀消亡过程中起到的作用，表明由于人类活动影响水环境变化的特例。⑥ 王培华探讨了清代由于人类活动造成的永定河尾闾河湖淀泊的环境变迁，是对近些年永定河

---

① 魏特夫．东方专制主义：对于极权力量的比较研究．徐式谷，奚瑞森，邹如山，译．北京：中国社会科学出版社，1989.

② 相关研究参见：彭慕兰．腹地的构建：华北内地的国家、社会和经济（1853—1937）．马俊亚，译．北京：社会科学文献出版社，2005；李明珠．华北的饥荒：国家、市场与环境退化（1690—1949）．石涛，李军，马国英，译．北京：人民出版社，2016；马立博．中国环境史：从史前到现代．关永强，高丽洁，译．北京：中国人民大学出版社，2015。

③ 吴文涛．清代永定河筑堤对北京水环境的影响．北京社会科学，2008（1）；吴文涛．历史上永定河筑堤的环境效应初探．中国历史地理论丛，2007（4）.

④ 陶桂荣．清代康乾时期永定河治理方略和实践分析．海河水利，2015（4）.

⑤ 王建革．清浊分流：环境变迁与清代大清河下游治水特点．清史研究，2001（2）.

⑥ 王长松，尹钧科．三角淀的形成与淤废过程研究．中国农史，2014（3）.

流域环境研究的阶段性总结。[①] 邓辉、李羿从人地关系视角，以文献与数字化的有机结合，对京津冀平原东淀湖泊群的时空变化作出了极有价值的考察讨论。[②]

也有学者专门探讨北京地区的水环境变迁。邢嘉明、王会昌论述了京津唐地区的水系、海岸线、森林等环境的历史变化和灌溉农业的开发[③]；于希贤讨论了北京的历史环境变化，强调了森林破坏与永定河水的泛滥以及气候变干旱、耗水增加造成的清代井水利用情形恶化等[④]；孙冬虎从水系变迁、城址与水源、泉水的利用、水灾等方面专门论述了北京的水环境变化[⑤]；邓辉、罗潇从整体上讨论了北京平原历史上分布的泉水与湖泊，分析了其主要类型和人类活动对泉水、湖泊的改造[⑥]。另外，以本著者为主的研究团队在开展研究工作的过程中，也先后对京畿水环境相关问题加以梳理与探讨，指导完成硕士学位论文多篇[⑦]，也有部分前期成果已面世刊载[⑧]。

综上学界既有研究成果，对于清代北京水资源及利用、水利工程、水环境均有涉猎，既有全局性、短时段的研究，也关注了水资源的"量"与"质"，但后者还留有深入探讨的余地。比如对井水水质差的既有研究，多着重于对现状的描述，关于其原因只是一笔带过；对于清代供水格局形成

---

① 王培华．清代永定河下游的沧桑之变．河北学刊，2017（5）.

② 邓辉，李羿．人地关系视角下明清时期京津冀平原东淀湖泊群的时空变化．首都师范大学学报（社会科学版），2018（4）.

③ 邢嘉明，王会昌．京津唐地区自然环境演变与区域开发过程//地理集刊：第18号"古地理与历史地理"．北京：科学出版社，1987：1-19.

④ 于希贤．北京市历史自然环境变迁的初步研究．中国历史地理论丛，1995（1）.

⑤ 孙冬虎．北京近千年生态环境变迁研究．北京：北京燕山出版社，2007：73-121.

⑥ 邓辉，罗潇．历史时期分布在北京平原上的泉水与湖泊．地理科学，2011（11）.

⑦ 主要有：董延强．清代京郊资源与城市——以水资源为中心的考察．北京：中国人民大学，2013；郑敬明．清乾隆朝京畿漕运、仓场与水环境．北京：中国人民大学，2017；聂苏宁．清代北京城市供水格局与水环境．北京：中国人民大学，2019；崔瑞德．清代京南湿地生态与永定河治理．北京：中国人民大学，2019。

⑧ 主要有：赵珍，崔瑞德．清乾隆朝京南永定河湿地恢复．清史研究，2019（1）；赵珍，聂苏宁．清乾隆朝北京西郊水资源利用的生态效益//北京史学，2018年秋季刊（总第8辑），北京：社会科学文献出版社，2019；赵珍，刘赫宇．清代北京西山人工水系与生态恢复力．山东社会科学，2021（1）；苏绕绕，赵珍．16世纪末以来北运河水系演变及驱动因素．地球科学进展，2021（4）；赵珍，苏绕绕．清代北运河杨村剥运与水环境．中国历史地理论丛，2021（4）.

后为何城市居民用水条件仍无改观，缺乏全面解释。尤其对于清代供水格局的长时段发展状况、水生态变迁的不同状况及其对城市供水状况的影响、水利工程系统与生态恢复力（即城市水系工程韧性）、城市发展与郊区生态腹地的关系、漕运与河道水量盈缩的关系、人类在利用水资源过程中趋利避害的治理行为与水生态关系系统的稳态持久与否，都缺乏相对集中的探讨，这些也基本上是本书将要讨论、考察和回应的方面。

三、研究思路与方法

资源利用是环境史研究的核心价值。从资源环境的角度出发，考察分析区域社会发展进程及其各种关系，无疑是历史学的功用使然，更是当下全球范围内历史生态学或者说环境史学研究的重要方面。京畿地区水资源的开发与利用是都城建设、政治、经济及社会发展的重要内容，长期备受学界关注与重视，成果颇多。这集中体现在三个方面：一是从北京自然水体基础出发，考察水源、供水、漕运、排水体系形成，以及水渠、闸坝等引水工程与都城的供水关系。二是探究影响水环境变迁的诸因素及其与自然灾害的关系，间或论及相应的环境影响。三是从水资源利用所引发的社会关系展开，讨论生活用水、卖水业、饮水卫生等问题，角度新颖。

另外，环境史或者说生态史是20世纪五六十年代兴起的史学新方向。渐渐形成的“历史生态学”一词，其涵盖范畴至少包括四个学科，即历史学、生态学、地理学和人类学，“尽管这一领域的研究没有统一的方法论，不同学科背景的研究者以不同的方式描述和定义，但是所有的研究者似乎都已经达成共识，认为历史生态学关注的是自然与人类文化的历史相互联系”①。故而，从自然与人类关系的视角，既有研究已打下了基础，同时也留下了需要更集中深入展开进一步研究的余地。以往的研究表现在：(1) 注重了水资源开发利用的连贯性，所关注时段较长，却忽视了具体朝代京城水资源开发利用的综合情况，无法表现某个时段中突出大概率事件所透露的具体特征。(2) 侧重于对自然水体、城市供水、水利设施等方面

---

① SZABÓ P. Historical ecology: past, present and future. Published in final edited form as: Biol Rev Camb Philos Soc. 2015 November; 90 (4): 997－1014. doi: 10. 1111/brv. 12141.

的研究，如永定河的研究即是历来关注的重点，可是对因水而起的人类社会的分配调控、矛盾纠纷、解决机制等方面关注不足。(3) 有对永定河治理思想的研究，可是对清人利用水资源的理念在实践中的形成过程以及认识程度的讨论，尚需要进一步作实证研究。(4) 对清代北京地区水资源利用的研究，将视角放在区域史的考察上，忽视了北京作为京畿都城的功能，忽视了清朝帝王在治水、用水中的直接指导和参与实践的决策引领作用，这些需要作进一步的论证。(5) 对距离今天最近的清代的丰富档案史料的发掘和利用不够，还有对北京原生态的水质、缺水情形、人口增长等因素不能作全面考量，均影响着研究体系的架构、研究的深度和广度。仅在国家清史数据库以“永定河”为关键词的档案就有 3 117 条，其中朱批奏折有 1 258 条。尽管这些零散资料的阅读整理过程相对烦琐，可是其能够反映历史基本事实，解决既有研究中的疑问，甚而填补研究空白。由于牵扯到水环境问题，如何处理史料中有关水势、水志的数据乃至文字描述，将其结合量化史学方法与地图数据库的优势加工成图表格式①，是需要进行深入思考和探索处理办法的方面。

本书关注环境史学研究层级中的水资源剖面，专注于从清代京畿水资源与人类社会关系的角度展开研究，主要基于以下几点考虑：第一，缺水和水质较差在明清时期即已凸显，为此，清廷在沿用前朝已有水利体系的同时，采取相应的补救措施，开辟水源，创建了较为完备的系统，包括水的分配管理机制的形成、水的分层利用的多样化等，可资借鉴。第二，由水资源利用的占地、占房、占林等引发的水利移民等问题，水资源的社会分配上的城郊用水、内外城用水、农田和园林用水等一系列的矛盾与纠纷的处理协调，对今天北京水资源利用中存在的问题的解决也有参考价值。第三，立足于水环境与人类社会相结合的系统研究，特别是京城普通民众生活用水问题，如从事卖水业者、用水观念和饮水卫生等，是从环境史的视角对个体民众生活的关注，对当下用水、节水等有益。总之，在科学技术高度发达的今天，当水环境问题危及北京社会稳定，进而危及人类社会可持续发展时，重新认识水资源的重要性、对其研究的迫切性也就不言而喻了。

---

① 个别示意图因图书出版之故删除，或以另见它刊的方法处理。

多年来，众多学者在该领域孜孜不倦的研究和对相关史料的收集整理，为完成本书准备了必要条件，而前人研究中存在的薄弱环节和未涉及处则需要充实和填补。本书的研究思路，是通过对清代京畿水资源与人类社会问题的研究，以唯物史观为指导，以实事求是的精神，充分吸收学术界现有的研究成果，在爬梳了中国第一历史档案馆所藏的清朝档案及掌握大量其他资料的前提下展开，基本做到了全面、系统、准确、动态地反映清代京畿水资源体系形成演变的总体情况，以及与地文和人文的互动关系，为清代以来北京水环境研究提供了一项实证性科研成果。当然，在研究过程中，尽量摆脱了以往仅从水利史模式角度来概括北京水环境利用的状况，而结合区域断代的水生态特点，注重个案分析，以探讨北京水资源环境与人类社会系统的关系，以西山泉湖、北运河、永定河以及都城中心几大板块架构主体，找出了清代京畿地区缺水、解决用水、水利用系统工程变迁的动因等多项问题的普遍性与特殊性，对这里水环境的自身规律、各项引水工程的变化及特征，应该说，做出了自己的判断。

基于以上思路和技术路径，本书在具体操作处理过程中，遵循和呈现了以下基本观点：第一，清代京畿地区水体变化较大，包括水质问题与缺水常态等局面的形成，不仅仅是兴建水利工程、城镇发展、人口增加、用水需求多样化等社会问题所致，也与清代以前对一些水源的利用过度以及引起气候、水文特征的变化有关。当然，水与社会之间，在大多数时候不单表现为互动关系，也可能或共振或延时，具有复杂的结构关系。值得重视的是，有清一代不断投入人力物力兴建水资源利用的各类各项工程，表明水资源存量不断减少的趋势已经凸显。第二，清代水利工程的不断兴修维护，一定是为了更好地利用水资源。因而，在考察中，本书围绕各项用水工程而展开的人类行为的史实与实证研究，是反映京畿地区水环境变化的重心。也由于水的重要，因其而派生的各种社会功能凸显。具体体现在清廷不断调控的政治性、以水为生的经济性、为解除旱情而建庙祈祷的宗教性等方面。还有水资源利用与人类社会实践活动的关系问题，包括因水而起的诸如经济活动与制约、社会制度与措施制定及实施的利弊选择、自然灾害与应对赈济等一系列问题。第三，因为是王畿之地，京城水的分配又是社会分层的标准，包括不同阶层、不同部门、不同行业的使用。由是，水又成为协调各种社会关系的重要标的，从某种程度上而言，是构成京畿社会网的主线。

围绕京畿水环境主题，在研究方法上，坚持历史唯物主义与辩证唯物主义，以科学理论为指导，博采学科演进中各直接学科的新思想新方法，进行实事求是的分析。坚持传统的实证方法，注重档案、方志、方略、政书、文集等史料的收集和利用，吸收优秀的传统史学研究方法，重视史料校勘考订，注重吸收自然科学研究成果，兼顾定量与定性分析，在研究过程中爬梳了中国第一历史档案馆所藏清代各类档案，且这部分是本书研究考察的重心。同时，也利用与创造条件，检索了台湾“中央研究院”历史语言研究所内阁大库档案以及台北“故宫博物院”等单位所藏档案，弥补了研究资料的缺项。同时，利用清代档案中的水势水位记载，结合当下信息系统的数字化优势，整理出图表，更立体清晰地反映清人在水资源利用中的各项举措与选择。所以，本书的主客观目标均是经过努力，将整个研究建立在扎实的史料收集整理、分析比对工作的基础上。在研究过程中，主要依据了生态学的理论方法，以环境史的研究为注脚，采取多学科视角，利用历史地理信息系统，对清代京畿水资源利用与人类社会进行多层次、更直观和全方位的综合分析研究，尤其对北运河、永定河水位记载档案进行量化处理，使本书结论具有创新性。

本书以清代京畿水资源的开发利用与由此引发的社会行为作为主要考察对象，力求对前人的研究有所突破和推进。具体来说，考察对象主要包括以下几个方面：

（1）清代京畿水体系统。从永定河、北运河、温榆河、潮白河、昆明湖、西山等河流、湖泽、泉水等自然水体概况入手，关注河湖水体存在的地理基础，介绍清代北京地区的水资源环境状况和水体利用系统，进而讨论本区气候环境与河流的水文特征及利用的方便与限制，兼及水质问题与缺水常态的成因，比如由历史开发造成的水源短缺、枯竭，由用水需求的多样化等造成的缺水常态，这也是清代各项引水工程展开的根本原因所在。

（2）各项水利工程与社会治理。以前辈学者对引水、排水系统以及湖渠漕运等水利工程的复原研究为基础，如对昆明湖的扩建工程、通惠河的闸坝结构等的研究，进一步探讨具体水利工程兴修及其所引发的占地、占林、占房等导致的水利移民问题，包括人力物力财力成本等问题和相应的解决策略，以及显见的水利工程的岁修制度、物力采办对河道沿岸村落环境及人口处境的影响等。尽管这些均是水利工程建设中所具有的普遍性问题，可是就清代京畿地区而言，所有的大水利工程都是在国家意志的层面主持与展开的，比如永定河的命名与治理，就是在康熙帝的直接过问和主持下进行的。康熙帝很明确地对李光地说，永定河治理的经验，是未来治理黄河中需要推广与否的方面。再如北京城内蓄水库及人工水系的疏通创建，直接的策划者就是乾隆帝本人。这些特殊性与水环境体系稳态且持续存在之间的关系不言自明，这些都是本书做出了具体回答的方面，也是本书所揭示的亮点所在。

（3）用水工程治理中的自然与社会。本书完全本着以用水系统形成过程中的大概率事件为重心的原则，探讨水利工程变迁的驱动力。北运河的张家湾段河流改道，原本就是一个极其常见的河道自然裁弯截直现象，可就是这一极其普通的水流变迁与北运河周边的社会民生境况关系匪轻，对北运河漕运及京畿社会经济的影响重大，既反映了人类利用水资源过程中所遵循的趋利避害宗旨，也是京城粮食供给线是否与以往一样正常循环往复的关键。为此，清廷从国家利益的层面直接过问，拨给帑项，不惜人力物力，多次施工，最终还是顺从了河道的自然流淌。还如，对于由于缺水引发的人们沿途截流，引水系统年久渠废、水流不畅，煤矿开采妨碍水源，异常气候导致的用水调控，极端灾害对水渠河坝的影响等问题，笔者均在本书的撰写过程中，本着深挖档案资料的态度，给予深入讨论和细致思考，作为重点问题予以考察与解析。这些也是学界在以往研究中未能给予解答的难题。

（4）京畿水资源的利用与调控。由于京畿社会分层的特殊性，有必要考察京畿水资源利用和分配的多样性问题，包括北京城区与郊区的用水差别，城内皇室、官员与普通民众的日常生活用水（主要是饮用水），郊区园林、农业生产、花卉种植和漕运用水的分配问题，以及用水引发的社会矛盾、纠纷和解决机制，并兼顾北京地区的用水管理制度等。所有这些问题使人类社会与水资源直接而密切地关联在一起，更是清代北京地区客观存在的生态问题，影响着京畿社会的稳定与发展。本书通过在理论和实践上结合考察，得出了较为符合历史事实的研究结果。

（5）水资源存量与京城人口。清代以来，城镇发展、人口增长既是全国性的问题，也是北京社会所具有的特殊问题，而结合水资源存量对其加以考察，更能反映和折射出人类赋予水资源的政治、经济和社会功能，剖析国家对水资源调控的权力体现。当然，本书对京城发展中必须正视的作为商品的水及卖水业、用水卫生，还有用水、节水观念等层面和问题也进行了必要考察。这些均对清代京畿地区乃至全国的社会发展和稳定有一定的影响。

（6）以清代京畿水资源利用中最具典型性的北运河、永定河为主轴，以展示清人对水资源利用及其与人类社会的关系的认知程度，以及在水资源利用中所实施的趋利避害之举，包括因此所关联的社会运转与调控能力。

以上内容，至少在学术层面反映出水资源与人类社会矛盾等一系列问题有着扯不断的联系，这些是在研究过程中引起足够重视的客观实在问题。事实上，当今的南水北调工程更是北京发展规模与资源供应矛盾问题处理中的重要措施之一。

诚然，本书在研究着手之初，就立足于生态史或者说历史生态学这一学科发展的前沿，以学术新观念的立场为起点，围绕如何利用与结合学界既有成果，而又不拘泥于研究现状的角度展开思考，尤对清代在对永定河治理中的客观实践活动加以检视，结合现代生态湿地理念加以考察。并且，在对以颐和园为中心的人工水系构建的梳理过程中，本书运用生态恢复力原理，剖析人工水系的有效循环、适时维护与衰败，探究人工水系运转与清廷国家政治气数的正相关性，指出清廷在政治治理处于上升期时，有条件加大人力物力财力投入，水系能够有效运转，且具有较强的自组织恢复能力，反之，则弱化。另外，在清廷对西山水资源利用过程中，其构建的西郊皇家园林体系因地制宜，收到良好的生态效益。如此，从学术传承的视角而言，即吸收传承了学界既有研究成果的精华，又不失时机地传播了现代学科发展中的新理念与新思想；从弘扬与传承中国传统文化的层面而言，对历史上人类的水利经验既有吸收也有弘扬传承，尤其是昆明湖等一些作为中国乃至世界文化遗产的水体，其本身所涵盖的自创建至发展过程中的恢复力理论等，也是本书在理论与方法上的新尝试，是本书对客观历史现象在学理层面的回答。

第一章　京畿水环境及其关联要素

水环境主要是指自然界中各类水体和与其密切相连的环境要素的综合体，具有独特的环境特性，与大气环境、土壤环境、地质构造等都紧密相连、相互影响，与各社会因素也联系密切，尤与人类的生存和发展息息相关。人类的活动既依赖水环境，又影响并改变水环境。明嘉靖时人陈全之对京畿水系与京城地理方位的关系有过论述：

> 北京青龙水为白河，出密云，南流至通州城。白虎水为玉河，出玉泉山，经大内出都城注通惠河，与白河合。朱雀水为卢沟河，出大同桑乾山，经太行入宛平界，出卢沟桥至通州与白河合。其玄武水为湿余、高粱、黄花镇、川榆河，俱绕京师之北，而东与白河合。[①]

清人对此进行解读时，认为玉河本为高梁河之上游，陈全之在记载中误将二者辨为两条河流，虽有牵强附会、主观臆测之嫌，却道出京郊诸水系与京城位置选择的密切关联。[②] 诸河流多流经或位于近郊平原地带，便于引灌汲取，历来都是京城生产和生活最直接也是最重要的用水来源。

一、水资源基础与利用中的趋利避害

北京地区水资源较为丰富。北有温榆河、白河，东有通惠河、北运河、潮白河，西及西南是永定河，西山、燕山山地及中部与东南的平原泉眼湖泊众多，市区水井亦不少，如此丰富的水源是北京城繁荣兴盛的重要

---

① 陈全之．蓬窗日录：卷1“寰宇一”．上海：上海书店出版社，2009：14.

② 于敏中．日下旧闻考：卷5“形胜”．北京：北京古籍出版社，1981：81.

保障。可是，北京地区水源丰沛的几条大河，由于地势落差与水势不稳定，很难直接为城市所利用。故而，北京自建都以来，用水短缺一直是困扰其发展的难题。

北京地区的河流从东到西主要有蓟运河、北运河、永定河和大清河。河流渗漏及地下水和湖泊也是水环境的重要组成部分，在区域水循环中发挥着重要作用，共同构成京畿水系。

（一）主要河流水系

河流是陆地表面经常或间歇有水流动的线形天然水道，是陆地上最活跃、最有生气的起着侵蚀、搬运和沉积作用的地质营力。如果说山川是地球伟岸的骨骼，那么河流便是地球奔腾的血液。不同类型的河流塑造了完全不同的神奇世界。

畿辅地区的河流均属海河水系[①]，关于其河流概况，乾隆二年（公元1737年）八月，暂署直隶河道总督、协办吏部尚书事务的顾琮有一份奏章，其中说道：

> 畿辅诸河，俱汇津归海。漳、卫二水，来自西南，合为南运河。潮、白二水，来自东北，合为北运河。桑干、洋河二水，自西北合万山之水，入水关为永定河。釜阳经南、北二泊，会滹沱为子牙河。唐、沙、磁诸水，俱入西淀。拒马、琉璃等河，会于龙门口，为白沟河，亦入西淀。西淀之水，由玉带河达东淀。而牤牛入于中亭，中亭乃玉带之支流，分而复合。永定、子牙亦入东淀，俱由淀达津，至西沽与北运河会，抵三汊口，会南运河，合流东南入海。[②]

顾琮所述京畿地区河流汇合流经情况清晰明了，对照《中国历史地图集》清时期直隶水系[③]，再结合奏章内容，可以准确地把握清代京畿地区的河流水系轮廓。

---

① 海河水系的历史变迁可参考：谭其骧．海河水系的形成与发展//历史地理：第4辑．上海：上海人民出版社，1986：1-27；张修桂．海河流域平原水系演变的历史过程//历史地理：第11辑．上海：上海人民出版社，1993。

② 清高宗实录：卷49（乾隆二年八月乙酉）．影印本．北京：中华书局，1985：838.

③ 谭其骧．中国历史地图集：第8册“清时期”．北京：中国地图出版社，1996：7-8.

清代流经北京地区的河流大多都是由北向南或由西北向东南，穿过军都山及西山进入平原地带，最后抵天津，由海河入海。北运河上游是潮白河和温榆河，二河在通州北关汇合，在北关闸下又与通惠河相汇。这三条河流构成北运河水系，且与清代京畿漕运关系密切。另外，蓟运河通向东陵，承担着供应陵糈的重要作用；永定河更是流经北京的重要河道，对京南平原及大兴南苑围场的影响非同小可。

1. 北运河及其水系与京畿社会的关系

北运河　人工改造自然河流而形成的运河，既保留了自然河流的特性，又有人为干预的因素，处于中国古代京杭大运河的最北段，在历史上承担着繁重的漕运任务。其干流是隋代开凿的永济渠的北段。隋唐时期北运河上游有三支水系，即东支鲍丘水（潮河）、中支沽水（白河）、西支温榆水（温榆河），都在通州北合流。之后，潮河和白河的合流点不断北移，在通州以上称潮白河，以下为潞河。

北运河在通州北关闸汇三河之水，向东南流经香河、武清，与永定河、大清河、子牙河、南运河合流，形成海河，注入渤海。清代时，将从通州至天津这一段称北运河，其上游有合流后的潮白河、温榆河以及汇集了西山诸泉之水而经护城河所连接的通惠河。

> 北运河在通州东，受潮、白二河之水。温余河及西山诸泉之流为大通河者，亦自西北来注之。径州南至张家湾，会凉水河。又南径故漷县北，又折而东径香河县西，又南径武清县东，又南至天津县界，合大清河入直沽，达于海。①

北运河作为漕运进京的必经河道，因河床淤淀，尾闾不畅，经常出现溃决，所谓“源高水激，盈减无常，易致冲决”，不仅延误漕运，还经常泛滥成灾，淹没民田。清初几任帝王均亲自过问，主持建设闸坝，或减水，或固堤。康熙三十八年（公元1699年），北运河决于武清筐儿港，康熙帝“令于决处建减水石坝二十丈，开引河，夹以长堤”。雍正七年（公元1729年），“山水暴至，河西务又决”，雍正帝“遣官于河西务上流青龙

---

① 穆彰阿，潘锡恩，等．嘉庆重修大清一统志：卷7“顺天府二・山川”//续修四库全书：第613册．影印本．上海：上海古籍出版社，2002：151.

湾建坝四十丈，开引河，注之七里海，运道乃安”。乾隆二年（公元1737年），“移青龙湾石坝于王家务”，乾隆帝又多次下令疏浚两引河，整饬加固河堤，力图保障北运河河道稳定和漕运通畅。[①]

北运河河道上的河西务、杨村、张家湾等河段是其漕运咽喉之地，均因漕运而形成人口较为密集的城镇，盛极一时。

通惠河 呈东西走向，主要流经北京城东南，连接北京内城与通州，是元初由郭守敬主持开挖的漕运河道。元世祖赐名“通惠河”，寓意“通漕运，惠民生”。通惠河水源主要来自西山泉水。郭守敬引西山泉水汇集至今昆明湖的前身瓮山泊一带，再向东引至积水潭，连通通惠河，作为通惠河的补给水源。通惠河在通州与北运河连接，漕船自北运河经通惠河，直达北京城下。今北海、什刹海一带，为大运河的终点，也是京城的商业中心。

入明以后，通惠河改称御河，两岸商贸兴盛，店铺鳞次栉比，是京城的繁华地段。由于通惠河从京城东至通州，河道高程逐渐降低，漕船须逆河而行，因此，河上置水闸24座，用以控制水量，保障漕运。清前期整治西山泉湖资源，添设闸坝5座，以完成南粮北运的最后一程，通惠河很大程度上成为保障京城粮食来源的生命线。清末海运逐渐兴起后，通惠河的济漕功能依然在行使。咸丰九年（公元1859年），“海运漕船渐次抵通”。然而，受来水影响，通惠河水势微弱，“平上闸亏水二尺五寸有余，平下闸亏水一尺有余，普济闸亏水一尺六寸有余，葫芦头亏水九寸有余，其长河自广源闸至朝阳门一带蓄养之水全行放罄”，加之天旱，“河身干涸，多年失浚，淤垫过高”，以致“必须水势充盈，方足以资浮运”。清廷只得派专人自昆明湖放水，挑挖长河沿线河道以期补水。[②] 后因水源供给减少，通惠河逐渐断流。

潮白河 由潮河与白河汇合而成。潮河发源于河北丰宁北部燕山山地，南流经古北口进入密云。白河发源于河北沽源北部燕山山地，南流至赤城，又转而东流，进入延庆。潮河、白河在密云合流后，称为潮白河。

① 穆彰阿，潘锡恩，等. 嘉庆重修大清一统志：卷7“顺天府二·山川”//续修四库全书：第613册. 影印本. 上海：上海古籍出版社，2002：151-152.

② 录副奏折，奉宸苑卿乌勒洪额，奏报查看通惠河等处水势情形并请挑挖事，咸丰九年四月初一日，档号：03-4502-015。另：本书文内所引档案未特别标注者，均源自国家清史工程数据库。

所以，潮河和白河原本不是一个水系。

据《水经注》记载，时名为鲍邱水（鲍丘水）的潮河和名为沽水的白河，在潞县即通州北合流。[①] 此后，合流地点不断北移，至辽代时，合流于顺义北部牛栏山。明嘉靖三十四年（公元 1555 年），为了通漕密云，“遏潮河，不使入顺义，遂竟由密云县境合白河”[②]，时人周梦旸也说：“密云河，本白河上流，自牛栏山下与潮河会”。驻密云的蓟辽总督刘涛因“从通州至牛栏山以车转饷，劳费特甚”，遂“发卒于密云城西杨家庄筑塞新口，开通旧道，令白河与潮河合流至牛栏山，水势甚大，故通州漕粮直抵密云城下”[③]。清代文献记载：

> 潮河，源出口外，自古北口流入密云县界，西南流至县东南，合白河。其故道旧自密云，流经怀柔县东，至顺义县北与白河合，复自白河分流，经通州东三河县、西南宝坻县，东合泃河入海，即古鲍邱水也。[④]

合流后的潮白河也曾多次改道，在北运河与蓟运河之间摆动。雍正朝修《畿辅通志》载，潮白河“原无恒流，上受通州三河雨潦之水，泛溢而下，下流淤塞断续，无路消泄，香河首受其浸，而宝坻地形如釜，一遭淹没，经年不涸，为害尤剧”。雍正四年（公元 1726 年），三河被“分道挑挖，或循旧流，或取直，迳绕县之南北，皆会于王补庄”，“自林亭口别开直河一道，至尹家庄宽江入蓟运河”，截弯取直，开河入蓟运河分流，使香河、宝坻二县免受泛滥之虞。[⑤]

仅就潮河而言，水势变换不定，“宽处可三里，狭处可一二丈”，“水流湍悍，时作响如潮声”；一入汛期，时常冲决河岸，危及密云县城。乾隆时期，组织人力多次筑坝固堤、疏浚河道。乾隆十年（公元 1745 年），“以南山碎石倾堕，故道填淤，河流改冲北岸，于是筑荆国坝以护古北口

---

① 水经注疏：卷 14. 杨守敬，熊会贞，注疏. 南京：江苏古籍出版社，1989：1217.

② 洪亮吉. 乾隆府厅州县图志：卷 1. 嘉庆八年刻本.

③ 周梦旸：《水部备考》，参见：穆彰阿，潘锡恩，等. 嘉庆重修大清一统志：卷 7“顺天府二·山川”//续修四库全书：第 613 册. 影印本. 上海：上海古籍出版社，2002：151。

④ 穆彰阿，潘锡恩，等. 嘉庆重修大清一统志：卷 7“顺天府二·山川”//续修四库全书：第 613 册. 影印本. 上海：上海古籍出版社，2002：153.

⑤ 唐执玉，李卫. 雍正《畿辅通志》卷 45“河渠”//景印文渊阁四库全书：第 505 册. 台北：台湾商务印书馆，1986：67-68.

提督营署”。乾隆十六年（公元1751年），疏浚旧河，“又于菜園高滩筑石坝一道”，“径直处别浚一河，长一百三十三丈”，以导水势，达到“堤固河安，民赖其利”的良好效果。①

白河位于北运河上游，汉代称沽水②，唐代名潞水，明代称独石水。清人洪亮吉记有“沽水，今名白河，源出宣化府赤城县，自古北口西流入（密云）县西，又东南经怀柔、顺义、通州、香河、武清，入天津府界，由直沽入海。亦名潞水，今亦名北运河”③，将白河、潞河与北运河统称。白河不似潮河经常冲决改道。

潮白河南流经怀柔、顺义、通州，在北关闸与温榆河相汇，入北运河，再南流入廊坊，经武清，汇入海河，注入渤海。潮白河是北京年径流量最大的河流。流经燕山山地时，因山地坡度大，水势较强；俟出山地，地势平坦，河谷开阔，水势减缓。汛期时，河道常决溢泛滥。

温榆河 古灅余水，亦名榆河。《水经注》称湿余水，以关沟为正源。《汉书·地理志》载：“温余水东至路，南入沽”④，沽即为白河。《辽史》载，顺州“有温渝河”⑤。元代称榆河。《嘉庆重修大清一统志》载：“温余河，自居庸关南流，经昌平州西，又东南经顺义县西南，又东南至通州北入白河。一名湿余河，亦曰榆河，俗名富河。”⑥ 河源于八达岭南麓，东南流经居庸关峡谷，水出峡谷处，名为“下口”或“南口”。温榆河东南流入京城北，有大小支沟39条，在昌平沙河镇与北沙河汇流，再东流与东沙河、南沙河汇流。北沙河、南沙河、东沙河是温榆河的三大支流。温榆河主干再东南经顺义、朝阳，入通州，与通惠河交汇，至北关闸入北运河（参见图1-1）。

---

① 以上引文均见：穆彰阿，潘锡恩，等．嘉庆重修大清一统志：卷7“顺天府二·山川”//续修四库全书：第613册．影印本．上海：上海古籍出版社，2002：153。

② “沽水出塞外，东南至泉州入海，行七百五十里。”汉书：卷28“地理志”．点校本．北京：中华书局，1962：1623.

③ 洪亮吉．乾隆府厅州县图志：卷1．嘉庆八年刻本．

④ 汉书：卷28“地理志下”．点校本．北京：中华书局，1962：1623.

⑤ 辽史：卷40“地理志四”．点校本．北京：中华书局，1974：496.

⑥ 穆彰阿，潘锡恩，等．嘉庆重修大清一统志：卷7“顺天府二·山川”//续修四库全书：第613册．影印本．上海：上海古籍出版社，2002：152.

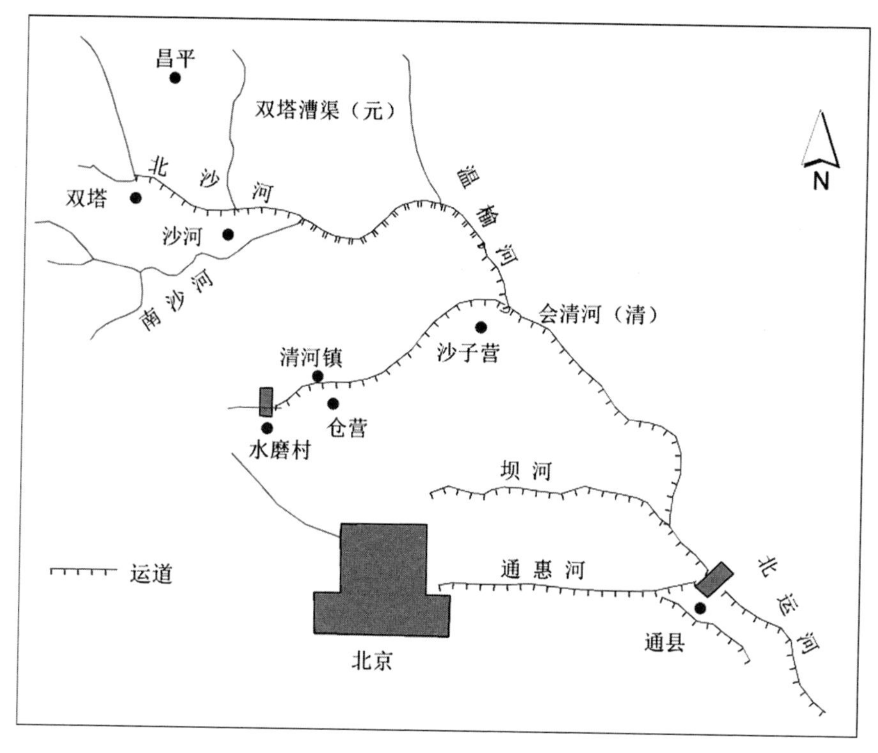

图 1-1 温榆河历代通漕路线示意图

资料来源：据蔡蕃《北京古运河与城市供水研究》（北京：北京出版社，1987）第 54 页原图改绘。

温榆河通漕历史较早。元建大都以后，北面昌平及其以北的居庸关及地理要冲，由驻军把守。为了解决军需粮饷问题，在北沙河上疏凿双塔漕渠。《元史·河渠志》载，双塔河“源出昌平县孟村一亩泉，经双塔店而东，至丰善村，入榆河”①。至元三十年（公元 1293 年），郭守敬建通惠河时，引白浮泉至瓮山泊，截断山麓泉水，包括一亩泉，“榆河上源筑闭，其水尽趋通惠河”，双塔漕渠“不能胜舟”②。明代，称昌平河，隆庆六年（公元 1572 年），疏浚温榆河运送军粮，“起巩华城外安济桥，抵通州渡口。袤百四十五里，其中淤浅三十里难行”，遂“大浚，运给长陵等八卫

---

① 元史：卷 64“河渠志一”. 点校本. 北京：中华书局，1976：1592.

② 同①1597.

官军月粮四万石，遂成流通”[①]。时商船也能达巩华城。明人蒋一葵《长安客话》载：“沙河东注，与潞河合。每雨集水泛，商船往往从潞河直抵安济桥下贸易，土人便之。”[②] 入清后的记载显示，通州北门外，旧有温榆河一道，贴近石坝楼前，为各省粮船起卸之所。[③]

温榆河的主要支流有清河、坝河，都曾通漕。清代八旗驻军多在清河镇附近。康熙四十六年（公元1707年），“开通惠河，起水磨闸，历沙子营至通州石堤止。中建七闸，闸夫一百二十名。运通州米由通流河至本裕仓”[④]。这里的通流河指通州外北运河一段，本裕仓在今海淀清河东南仓营村。运粮船由通州石坝起，至清河口，再溯清河达本裕仓。

乾隆三十八年（公元1773年），温榆河上游“山水涨发，河形东徙，与潮白河合流为一，下游遂致干涸”[⑤]。温榆河上游果渠村段至石坝以下是通州行漕运的关键地段。嘉道以来，不断在石坝及其上游果渠村段施以人力物力财力，挑挖河道、加培筑埽，以免石坝受淤而不利于漕运。[⑥] 即便如此，临汛时期，这里河段仍时常被水漫溢。嘉庆十五年（公元1810年）七月十三日，温榆河水势盛涨，果渠村及通州一带堤坝埽工受涨水冲刷，情形危急。据载，七月初三、四、五等日，大雨如注，山水暴涨1.8丈[⑦]，连底水共深2.9丈有余，地方官员率众竭力抢护，“无如风狂溜急，水高堤顶六七尺不等，将西旧土堤四十七丈，连护涯边埽全行漫过，以致带刷龙门西首埽面均长十五丈”，“又斜刷西大坝约长八丈，并将堤上汛房冲塌无存”，幸而埽底修筑结实，新筑土堤尽管被水冲刷严重，但是“具

① 明史：卷86“河渠志四”．点校本．北京：中华书局，1974：2113.

② 蒋一葵．长安客话：卷4“郊垧杂记”之“沙河”条．北京：北京古籍出版社，1982：88.

③⑤ 录副奏折，仓场侍郎达庆，仓场侍郎邹炳泰，奏请开挖北运河引河事，嘉庆八年十月初三日，档号：03-2069-001。

④ 王履泰．畿辅安澜志：大通河“修治”//续修四库全书：第849册．影印本．上海：上海古籍出版社，2002：556.

⑥ 朱批奏折，奏为温榆河上游石坝以下河槽挑挖如式完竣果渠村一带挑工勒限月内完竣事，嘉庆朝，档号：04-01-05-0160-011。

⑦ 1丈约等于10尺。据梁方仲和吴承洛所采用的方法，清代1尺换算成0.32米。又据赵德馨主编《中国经济史辞典》（湖北辞书出版社，1990，82～83页），1尺为32～35.3厘米。

属稳固”。朱批：实力查办，切勿讳饰。①

嘉庆二十五年（公元1820年），温榆河水涨异常，果渠村一带水深3丈有余，新旧河道并坝工已成一片，坝上水深四五尺，自果渠村河头至石坝小口两岸，俱已出漕，下游一带与潮白河汇流之处，水势更强，沿河村庄均有漫水。② 故而，道光时期，这里已经成为循例动帑岁修挑挖筑埽的关键河段。③ 咸丰七年（公元1857年），清廷对温榆河上游果渠村一带的河道进行了加镶加高旧土格，拆修培厚大坝旧龙门东、西沿线各边埽，并挑挖摆渡口淤滩一段。④ 至光绪时，挑挖筑埽各工依然循环往复进行，光绪十四年（公元1888年），在果渠村段仍修培土埽。⑤

温榆河接纳了来自西山、燕山山地的河流以及山地前缘的降水及泉水，形成面积广阔的水系网，亦因别源数多，水系复杂，有“百泉水”之称。其上游流经山地，地势陡峻，河道比降大；中下游地势低平，暴雨后雨水潴积，经常泛滥成灾。至嘉庆年间，温榆河两岸附近并无村庄，向皆多种高粱，庄稼常常受灾。⑥

高梁河　或称高梁水、高良河，是北京城建史上最为重要的水源和引水通道，京城绝大部分河流汇入高梁河，注入北运河。大约西汉以前，高梁河是永定河出西山后的一条干流。东汉以后，永定河河道南移，上源仅余约位于今紫竹院公园湖“西北平地泉”的一条小河，称为高梁河。《水经·㶟水注》载：

高梁水“出蓟城西北平地，泉流东注，径燕王陵北，又东径蓟城

---

① 朱批奏折，直隶总督温承惠，奏为果渠村水涨漫刷堤埽情形等事，嘉庆十五年七月十三日，档号：04-01-05-0274-022。

② 朱批奏折，奏为果渠村及通州被水漫溢情形事，嘉庆二十五年，档号：04-01-05-0288-017。

③ 录副奏折，直隶总督讷尔经额，奏为岁修通州境内温榆河上游果渠村坝埽等工循例动项挑修事，道光二十四年十二月初九日，档号：03-9569-048。

④ 朱批奏折，谭廷襄奏，档号：04-01-05-0170-003；又录副奏折，呈温榆河上游里渠村应行镶工各埽并挑挖淤滩等工丈尺银数清单，咸丰七年，档号：03-4500-086。

⑤ 录副奏折，直隶总督李鸿章，呈温榆河果渠村应行修培土埽等丈尺银数清单，光绪十四年正月二十五日，档号：03-9969-003。

⑥ 朱批奏折，直隶总督温承惠，奏为果渠村水涨漫刷堤埽情形等事，嘉庆十五年七月十三日，档号：04-01-05-0274-022。

> 北，又东南流。《魏·土地记》曰：'蓟东十里有高梁之水'者也。其水又东南入㶟水"①。

显示高梁河发源于蓟西北，是永定河的一条古河道。至蜀汉延熙十三年(公元250年)，刘靖镇守蓟州，开凿车箱渠导引湿水，即有了后来所相传的古高梁河入永定河。

蔡蕃的研究显示，高梁河上游主要有两条支流，一条源自蓟城西北，另一条与永定河相连。这两条水道在今白石桥附近汇合，沿长河流至德胜门，又分为两支：一支是南行的"三海大河"，过前门、天坛东北，出左安门，经十里河又注入湿水；另一支自德胜门沿今北护城河向东，经过今坝河，至通州入温榆河。②

为了开辟水源，以便利航运、灌溉和城市供水，金元明清各朝均力图开辟高梁河上流水源。元代先导引今昆明湖西北山麓的玉泉水，后导引温榆河上源白浮、瓮山等诸泉，为大都漕运提供水源。元大都漕运段充分利用了高梁河东段南北两支河道，其南支是从通州到大都的通惠河。《元史·河渠志》载：

> 导清水，上自昌平县白浮村引神山泉，西折南转，过双塔、榆河、一亩、玉泉诸水，至西门入都城，南汇为积水潭，东南出文明门，东至通州高丽庄入白河。……首事于至元二十九年之春，告成于三十年之秋，赐名曰通惠。③

其北支扩为坝河，漕船从通州经坝河直达大都城北。明清之际，白浮、瓮山引水河因疏于治理而湮废，坝河因水源不足而衰为京城排水沟。只是，入清后对瓮山泊的扩建和引西山诸泉的工程，都以元代引水为基础，甚而有所扩展，保障了京城供水，通惠河则成为通州往城河的唯一济漕河道，连通北运河。

纵观整个清代京畿北运河及其水系河道变迁，北运河作为京杭大运河的北段，承担着繁重的漕运任务，温榆河与潮白河汇入北运河，成为济北

---

① 杨守敬，熊会贞. 水经注疏：卷13. 南京：江苏古籍出版社，1989：1196.

② 蔡蕃. 北京古运河与城市供水研究. 北京：北京出版社，1987：13.

③ 元史：卷64"河渠志一". 北京：中华书局，1976：1588-1589.

运河水量的补给水源，与北运河水量的盈缩息息相关。乾隆时期，温榆河因水势过强，东移与潮白河汇合，使其下游水势减弱，影响了北运河来水。清廷在通州以北进行局部疏浚，试图恢复温榆河故道，然而效果甚微。嘉庆八年（公元1803年）起，连续数年疏浚温榆河，一定程度上扭转了温榆河供水不足的情况。而潮白河中游流经区域地势略微向东倾斜，河道极易东徙，不能有效补给北运河水量。道光、光绪等多个时期，为防止潮白河东徙，清廷也曾大规模修筑潮白河堤防，人为引河入运济漕。然而，完全由人工开凿的通惠河，由于缺乏自然河流补给，时常面临水源不足的困境。乾隆时期，清廷集聚西山泉水，汇集于万寿山下瓮山泊中，扩建成昆明湖，又引湖水经长河入护城河，连通惠河，西山泉水由此也成为通惠河的补给水源。

2. 蓟运河与河道变迁

蓟运河属于海河水系，其上源支流有州河和泃河，均发源燕山山脉。泃河流经蓟州、平谷、三河，在宝坻向东流经张古庄，至九王庄与州河汇合，称为蓟运河。河入今天津宝坻，再经宁河、塘沽、汉沽，由北塘入海。该河也因是清代主要的漕运水道，亦担负着清东陵的粮糈供应，亦名运粮河。《嘉庆重修大清一统志》称："漕运南来者，由此达蓟州，故名。"①

历史上的蓟运河经常改道。北魏时，泃河、庚水成为鲍丘水的支流水系，大致由今蓟运河至宁河入海。隋唐以后，鲍丘水入北运河，蓟运河纳泃水、庚水成为独流入海水系。明代前期，鲍丘水仍有一部分余水循今窝头河、箭杆河入蓟运河。天顺二年（公元1458年），由北塘开新渠，天津粮船由蓟运河可上溯至蓟州。嘉靖三十四年（公元1555年），为了保证北运河漕运，遏鲍丘水上游潮河于密云城南合于白河，鲍丘水全部入注北运河。直至清末，蓟运河又完全独流入海。②

因河道多流经平原洼地，河槽纵比降小，河道弯曲平浅，下游洼淀棋布，泄洪速度慢，极易泛滥，有"九曲十八弯，泄九十二条支流入海"之说。雍正四年（公元1726年），因"河水沟涌，宝坻地最洼下"，修筑长

① 穆彰阿，潘锡恩，等. 嘉庆重修大清一统志：卷7"顺天府二·山川"//续修四库全书：第613册. 影印本. 上海：上海古籍出版社，2002：152.

② 邹逸麟，满志敏. 中国历史自然地理. 北京：科学出版社，2013：406-407.

堤 180 里，始免水患。[①]

3. 无定浑浊的永定河

永定河被称为北京的母亲河，发源于山西忻州宁武管涔山北麓，流经山西朔州、大同，经河北张家口阳原、蔚县、涿鹿、怀来，流入北京，经门头沟、石景山、大兴，再入河北，经廊坊、固安、永清，自天津武清与北运河合流，终汇成海河，注入渤海。永定河为京津冀地区最重要的一条河流，在北京段汇入其的河流主要是大兴南苑的凤河。详见图 1－2。

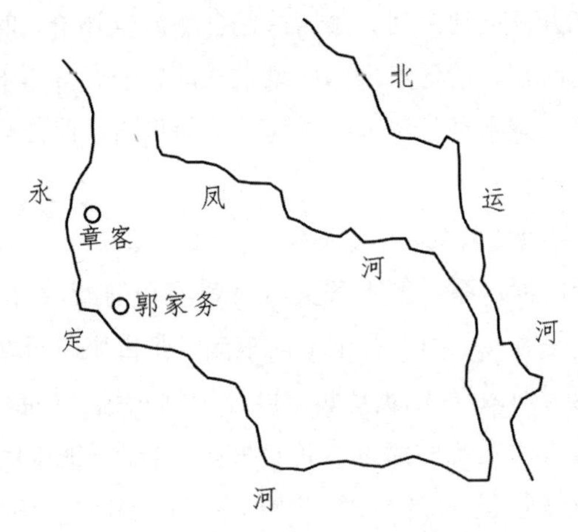

图 1－2　南苑凤河水系位置示意图

资料来源：谭其骧．中国历史地图集：第 8 册“清时期”．北京：中国地图出版社，1996.

据谭其骧主编的《中国历史地图集》“清时期”中的相关地图可知，永定河自西北向东南流至武清萧家庄，与源出南海子的凤河相汇入海。所以，南北走向的凤河就是横亘于永定河与北运河间的一道堤坝，防止永定河水挟带泥沙涌入北运河而影响漕运。雍正三（公元 1725 年）、四（公元 1726 年）年间，怡亲王允祥整治凤河武清段，在奏疏中说道：自白河西的旷野平原数十里内，只有自南苑流出之凤河一道，其“涓涓一带蜿蜒而东，至武清之堠上村断流，而河身淤为平陆”[②]，“一有雨潦，不但田庐弥

① 嘉庆重修大清一统志：卷 7“顺天府二・山川”//续修四库全书：第 613 册．影印本．上海：上海古籍出版社，2002：152.

② 吴邦庆．畿辅河道水利丛书・怡贤亲王疏钞．道光四年刻本.

漫，即运河堤岸亦宛在水中矣”。由是，亲历相度，将源自京城西南，贯南苑而出弘仁桥之凉水河，于高各庄分引而南至堠上村，“循凤河故道，开挖入淀，俾积涝有归”，以致“苑囿以南，淀河以北，行潦顺流，杭稻葱郁”①。乾隆初年，建冰窖湿地，澄沙清水防洪。

凤河作为南苑行宫外护围河，其转弯处被称为海子角。清朝末年，南苑解除封禁后，被大面积垦殖，流经南苑的河湖水系受影响较大。民国时期，南苑有三处集中水域，分别为北侧大泡子、南侧眼镜泡子和东侧三海子。20 世纪 50 年代，地势低洼的北侧大泡子还有水域残存。如今的南海子公园就是三海子遗址所在地，大泡子被规划为南苑湿地森林公园的主要景观。

永定河流经区域在地势上跨越黄土高原与华北平原，流域面积较广，流经地区地形复杂，上下游地貌差异较大，河水泥沙含量很高。元时，永定河有“小黄河”之称，明代则称为“浑河”。河流经北京西山时，因山高谷深，河道落差较大，水势猛烈，携带泥沙能力较强。河至“都城西四十里石景山之东时”，又经地平土疏之貌，河水推沙卷土，冲击震荡，蔓延肆溢在地势平缓的华北平原所属之北京小平原上，加之水流骤然减速，所携带的大量泥沙易于沉淀，导致河床淤垫，极易发生决口漫流和改道。尤其步入清代，决徙漫流严重，屡浚屡溢，河道变迁尤为频繁。据不完全统计，有清一代永定河大的改道逾 20 次。② 不断的迁移、改道给周边村庄田园带来沉重的水害灾难，严重扰动人们正常的生产与生活。清廷治理永定河的工程不断加码，治理能力的强弱与清代国势兴衰起伏竟有高度的相关性。

永定河流经华北平原北端的京南平原是典型的暖温带半湿润大陆性季风气候，冬季寒冷，夏季炎热，气温日较差与年较差较大，年降水总量为 700 毫米以下，季节分配高度集中于夏秋，两季降水量占全年降水量的 80%以上。其中，伏秋是雨量最集中的时候，暴雨较为频繁，容易发生洪水灾害。就地形而言，平原海拔较低，基本在 30 米以下，整体是由西向

---

① 吴邦庆. 畿辅河道水利丛书·水利营田图说. 道光四年刻本.

② 全国图书馆文献缩微复制中心. 清代永定河工档案：第 1 册，国家图书馆藏古籍文献丛刊，新华书店北京发行所，2008：1.

东倾斜的缓坡平原，中部属低地，东部接滨海；西部是永定河泥沙堆积而成的洪积冲积扇，也是永定河经常改道决口的泛滥地区，地面有沙地与古河道遗迹，与人类关联最为密切。

（二）泉水湖泊与人类社会的利用及认知程度

北京地区因河流水系地下溢出带的缘故，地下水资源丰富，地上平流泉众多，人们还开凿大量人工水井，以补其不足。故分布广泛、水源稳定的地下水，不仅与河流、湖泊相互补给，还是居民生活用水、牲畜饮水和农业灌溉的可靠水源。城西部的湖泊处于古永定河山前冲积扇面，是泉水溢出带，地下水充足；城东部及东南部湖泊多在河流下游，地势低洼，为河水汇集而成，与河流互为补给。冲积扇形成过程中，由于河水动力作用，细小的沙粒逐渐沉淀，粗大的砾石则更多被保留在地表。层叠在一起的砾石间遍布空隙，更有助于地表水下渗，继而在地下汇集成新的径流。当地下径流的水量超过黏土层高度时，在压力作用下，地下水重新上涌出地表而形成一处处的水泉。通常情况下，在冲积扇黏土带与细沙带接触部，都会有一个较为稳定的泉水带。

在既有研究成果中，邓辉等的研究极具可视化优势，将历史时期北京平原上的湖泊分为北京城周边的湖泉和北京城内部的湖泊。其中北京城周边的湖泉又分为三组：第一组位于北部永定河老冲积扇上，包括瓮山泊、海淀—万泉庄、紫竹院湖泉等；第二组分布在南部古㶟水冲积扇，有草桥、五海子、团泊湖泉；第三组则分布在通州以南的永定河冲积扇前缘，为地势较低的积水洼地形成的湖泊（见图 1－3）。北京平原区泉水、湖泊不仅为生产、生活提供水源，还发挥着涵养水源、补充河流、保障漕粮运输的作用，也是城市水环境系统的重要组成部分，对北京城市兴起和社会发展起着重要作用。

1. 水泉广布与利用认知

西山、燕山山麓有泉水涌出，水质清冽。据《水经注》记载，延庆东北，有泉九十九，“积以成川”。高梁河水出蓟城西北平地，“泉流东注”①。

---

① 杨守敬，熊会贞．水经注疏：卷 23．南京：江苏古籍出版社，1989：2199.

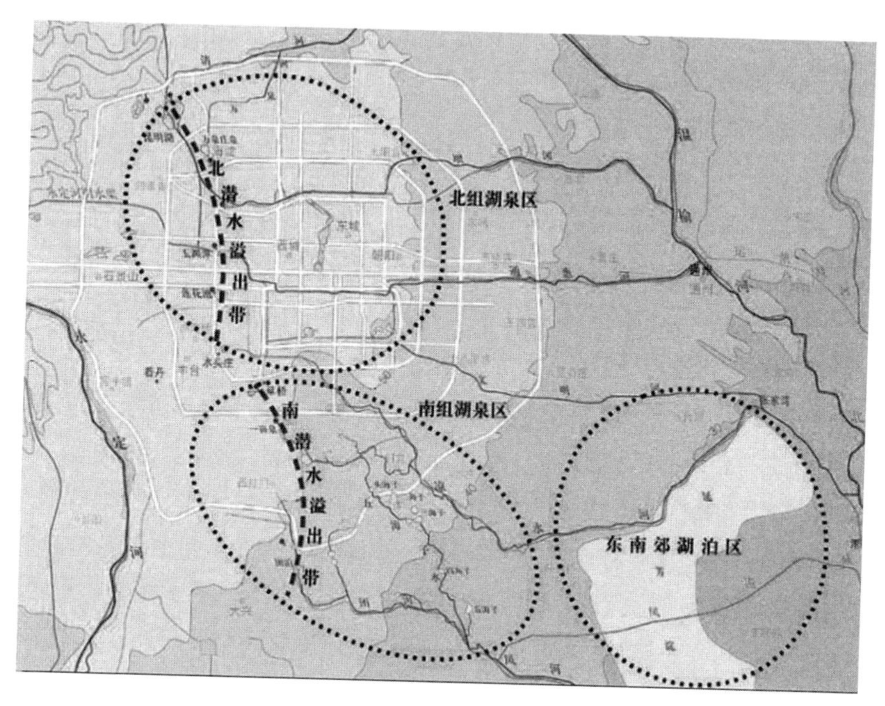

图 1-3　历史时期分布在北京城周边的泉水与湖泊

资料来源：邓辉，罗潇．历史时期分布在北京平原上的泉水与湖泊．地理科学，2011（11）：1356.

元代引温榆河的上源白浮、一亩、马眼等泉，汇入瓮山泊，再经流绕城以济漕运。明代的京西海淀“平地有泉，滮洒四出，淙汩草木之间，潴为小溪，凡数十处。北为北海淀，南为南海淀”①。右安门外南十里的草桥，“方十里，皆泉也。会桥下，伏流十里，道玉河以出，四十里达于潞。故李唐万福寺，寺废而桥存，泉不减而荇荷盛”。这里“土以泉，故宜花，居人遂花为业。都人卖花担，每辰千百，散入都门”②。亦有种水田资以为利者③，尤其是西山泉源专门用于灌溉御稻。

① 蒋一葵．长安客话：卷 4“郊坰杂记”之“海淀”条．北京：北京古籍出版社，1982：69.

② 刘侗，于奕正．帝京景物略：卷 3“城南内外”．北京：北京古籍出版社，1980：119-120.

③ 于敏中．日下旧闻考：卷 90“郊坰”．北京：北京古籍出版社，1981：1531.

西山一带最负盛名的是玉泉山泉水，明人写道："泉出石罅间，潴而为池，广三丈许，名玉泉池。池内如明珠万斛，拥起不绝，知为源也。水色清而碧，细石流沙，绿藻翠荇，一一可辨。池东跨小石桥，水经桥下东流入西湖"。与之毗邻的泉眼还有华严寺之裂帛泉、金山寺之龙泉，泉水绵延不绝，终年涌流。而西湖"去玉泉山不里许，即玉泉龙泉所储"①。玉泉水质极好，被乾隆帝御赐为"天下第一泉"。

康熙帝的《畅春园记》里，记载海淀泉源："都城西直门外十二里曰海淀，淀有南有北。自万泉庄平地涌泉，奔流瀰瀰，汇于丹棱沜。沜之大，以百顷，沃野平畴，澄波远岫，绮合绣错，盖神皋之胜区也。"② 时人吴长元所辑《宸垣识略》也有相似记载，即高梁桥"西北十里平地有泉四出，潴为小溪，凡数十处，北为北海淀，南为南海淀。北海之水来自巴沟。或云，巴沟即南海淀也"，"巴沟之旁，有水从青龙桥河东南流入于淀南五里为丹棱沜"③。百泉溪"在府西南一十里丽泽关，平地有泉十余穴，汇而成溪"④。海淀温泉镇的温泉，可有效治疗皮肤病与关节痛。延至20世纪50年代，北京地质工程勘察院详细考察北京地区的泉源水眼，共有泉1 347眼。⑤

海淀的万泉庄，昌平的百泉庄，泉眼众多，形成规模较大的泉水淀泊群。乾隆年间修纂的《直隶河渠书》中描写了昌平、大兴、宛平的泉水湖泊资源：

> 凡泉池、湖潭、涧井、淀泊、海子之在昌平州、大兴、宛平二县者，曰：白浮泉、一亩泉、马眼泉、玉泉香山泉、丹砂泉、香水院双泉、龙泉、清泉、寒泉、圆通寺泉、卧佛寺泉、裂帛湖、西湖、鱼藻池、玉莲池、莲池、玉渊潭、黑龙潭、白莲潭、清水涧、狼儿涧、大瓟井、满井、苦井、刘井、昊天寺井、义井、金井、郊亭淀、七里

---

① 蒋一葵. 长安客话：卷3"郊垧杂记"之"玉泉山""西湖"条. 北京：北京古籍出版社，1982：47-50.

② 于敏中. 日下旧闻考：卷76"国朝苑囿". 北京：北京古籍出版社，1981：1268.

③ 吴长元. 宸垣识略：卷14"郊坰三". 北京：北京古籍出版社，1982：284.

④ 于敏中. 日下旧闻考：卷91"郊坰". 北京：北京古籍出版社，1981：1538.

⑤ 尹钧科. 应该深入研究历史上北京的水. 北京水利史志通讯，1989（2）.

泊、海淀、燕家泊、西海子、南海子。①

城的出现被看成人类文明的三大标志之一。回溯京畿地区早期城市起源，均与水源结缘。位于今北京西南域的蓟城，依托了其西部的莲花池。至于金中都选址转向今玉渊潭附近，也是出于对水源的考虑。元大都城址北移，不仅引玉泉山诸泉水，还修筑白浮、瓮山引水渠道，利用瓮山泊导引白浮诸泉。到了清代，在元代水源利用的基础上，扩建瓮山泊为昆明湖，并且汇集西山卧佛寺、碧云寺以及香山诸泉，引入昆明湖。② 众多泉水汇集为湖，成为清代北京城大规模皇家园林建设的组成部分和城市生态的重要组成部分。

2. 湖泊资源优势

京畿地区湖沼洼地的形成与河流水系密切相关，湖泊、洼地分布大致有两类。一类是分布在山前洪积或冲击平原的古河道，一般规模较小，集中于燕山、西山山前平原的废河道，以及清河、㶟水和永定河故道，有较好的补给水源；另一类分布于河流下游与滨海平原，如宝坻、武清、霸县一线的东南，是河流下游潴水地带，面积较大，因受气候和河流水文影响较大，容易发生扩张、收缩或者解体。

永定河尾闾在北京小平原南部，这一地区淀泊广布，自南而北依次有东淀、三角淀、叶淀、沙家淀等。这些淀泊在沉淀永定河泥沙、澄清水质等方面发挥了重要作用。北京小平原北部的密云水库，古为金钩淀，是低洼广阔的水泊。位于顺义的母猪泊、朝阳的金盏儿淀，也都是面积较广的湖泊。所以，历史时期本区的湖沼不仅数量众多，而且水体面积也较大。由于气候变化、西部山区森林植被砍伐和人类活动的扰动，一些湖泊逐渐萎缩淤废，水域面积大大减少。据邹逸麟研究：6 世纪以前，华北平原湖沼发育众多，此后开始淤废；10 世纪以后，因人类对河道改造和流域植被利用与砍伐加重，河流含沙量增多，一些湖沼淤废，湖泊因垦种消失。③ 相对

---

① 赵一清，戴震. 直隶河渠书：卷 1“大通河”//刘兆佑. 中国史学丛书：三编第 3 辑. 台北：台湾学生书局，2003：3361.

② 侯仁之. 北京都市发展过程中的水源问题. 北京大学学报（哲学社会科学版），1955 (1).

③ 邹逸麟. 历史时期华北大平原湖沼变迁述略//历史地理：第 5 辑. 上海：上海人民出版社，1987：25—39.

而言，至18世纪，京郊水资源依然十分丰沛。在官私著述中，均能找寻出描述京畿地区淀泊的记载。例如，《日下旧闻考》有：

> 有南淀、北淀，近畿则有方淀、三角淀、大淀、小淀、清淀、洄淀、劳淀、护淀、畴淀、延芳淀、小兰淀、大兰淀、得胜淀、高桥淀、金盏儿淀、苇淀、大莲花淀、小莲花淀、浮鸡淀、白羊淀、黑羊淀、黄龙淀、鹅巢淀、牛横淀、火烧淀、下光淀、大光淀、粮料淀、破船淀、水纹淀、百水淀、五官淀、康池淀、广平淀、陈人淀、武盍淀、洛阳淀、齐女淀、边吴淀、燕丹淀、赵襄子淀、孟宗淀，其他不能悉记，凡九十九淀。①

所以，至少在清代，北京小平原上大大小小的湖泊星坠其间。集中分布在京城内的湖泉主要有什刹海、玉渊潭、莲花池、昆明湖等。莲花池是京城重要的水源地。什刹海也称“后三海”，位于北京中心区。玉渊潭在京城西部。什刹海、玉渊潭都是北京盛夏消暑的好去处。昆明湖在城西海淀颐和园内，清代开挖扩建，是北京城市发展史上最早的人工水库，可蓄水灌田，排洪防旱，调节水运，使漕粮能够由通惠河水运进入京城各仓，为清代北京城供应生活用水，对京城的城市规划、园林建设、运河漕运等均发挥着作用。位于城东南大兴区的南苑，又称南海子、南苑围场，是元明清时代皇家行围狩猎之处，面积广阔。这里因地处古永定河流域，地势低洼，泉源密布。凉水河、龙河、凤河也流经南苑。河水与泉水汇集，形成饮鹿池、眼镜湖、大泡子、二海子、三海子、四海子、五海子等一系列星罗棋布的淀泊。

然而，延至民国时期，北京的水资源状况已多有变迁。对此，《旧都文物略》中有记载：

> 大凡都城附郭，旧时淀泊至多。皆用以潴水，以时宣泄。近年十废七八。农民贪近利，悉垦为田，以至旱潦时至。而城郊内外，向时水系发达，藉以点缀风景者，今亦湮废阻塞。②

---

① 于敏中．日下旧闻考：卷79“国朝苑囿”．北京：北京古籍出版社，1981：1316.

② 汤用彬．旧都文物略：卷9“河渠关隘略”．北京：华文出版社，2004：218.

泉湖的萎缩和河流的淤塞，造成地下水位的降低。

3. 京城水井与时人认知程度

北京处于古永定河的冲击地带，地下水蕴藏丰富，打井以采用地下水成为京城民众用水的重要来源，“京师当天下西北，平沙千里，曼衍无水，其俗多穿井，盖地势然也”①。水井就地凿于居民区内，目的是便于取水。北京城内就分布着非常多的水井，如“苦井在京城内苏州街衙”②，只不过这些水井的水大多属于含盐量较高的苦涩的咸水，不便于饮用。由此，京城出现了专门售卖甜水的卖水行业。

明清时期，北京的水井也有分类，人们将那种水量丰沛的水井统称为“满井”。这种水井，明人多有记载，如蒋一葵在《长安客话》中说，此类水井“径五尺余，清泉突出，冬夏不竭，好事者凿石栏以束之。水常浮起，散漫四溢”③。袁宏道也说满井“于是冰皮始解，波色乍明，鳞浪层层，清澈见底，晶晶然如镜之新开，而冷光之乍出于匣也”④。

乾隆时期纂成的《日下旧闻考》所记载的满井样貌与功用更具体，说道：

> 德胜门之西北东鹰房村有称为满井者，广可丈余，围以砖甃，泉味清甘，四时不竭，水溢于地，流数百步而为池。居人汲饮赖之。蔬畦相错，灌溉甚广。盖郊北之水来自西山，泉源随地涌出。⑤

满井因水源较足，不仅供居民日常饮用，还能灌溉田蔬。王履泰引《帝都景物略》言：“出安定门外，循古濠而东五里，有满井，井面五尺，无收无干。”⑥《宸垣识略》亦辑有：“出安定门外东行五里许，井径五尺余，清泉突出，冬夏不竭。”⑦ 清代后期，满井变少。时人震钧《天咫偶

---

① 郑明选. 郑侯升集：卷21“涌金泉碑记”//四库禁毁书丛刊·集部：第75册. 北京：北京出版社，2000：395.

② 王履泰. 畿辅安澜志：大通河“附载”//续修四库全书：第849册. 影印本. 上海：上海古籍出版社，2002：535.

③ 蒋一葵. 长安客话：卷4“郊垌杂记”之“满井”条. 北京：北京古籍出版社，1982：82.

④ 袁宏道. 满井游记//袁中郎全集. 影印本. 上海：世界书局，1935：29.

⑤ 于敏中. 日下旧闻考：卷107“郊垌”. 北京：北京古籍出版社，1981：1785.

⑥ 同②534.

⑦ 吴长元. 宸垣识略：卷12“郊垌一”. 北京：北京古籍出版社，1982：243.

闻》载："康乾以后，无道及之者。今则破甃秋倾，横临官道。白沙夕起，远接荒村。"[①] 在《京师坊巷志稿》中，详细地记载了各街巷及街巷内水井情况。相关统计如表1-1所示。

表1-1　清末北京城区水井分布概况

区域 水井	内城							外城					
	皇城	中城	南城	北城	东城	西城	合计	中城	南城	北城	东城	西城	合计
水井口数	92	66	85	97	172	182	694	53	24	84	113	325	599
街巷条数	193	149	200	188	347	386	1 463	123	93	167	114	93	590
水井密度	0.48	0.44	0.43	0.52	0.50	0.47	0.47	0.43	0.26	0.50	0.99	3.49	1.02

资料来源：据朱一新《京师坊巷志稿》整理，表中水井密度等于水井口数比街巷条数。

清末，袁世凯、周学熙等人主持于北京东直门开办自来水厂，为民众提供了较为优质的水源，这成为近代引进西方技术造福民生的显例。

二、水环境视角下的京畿气候与降水

水环境与气候环境紧密相连、相互影响，不仅河流的水文特征受到气候条件的深刻影响，气候变化对水环境也有着重要影响。从自然科学层面讲，气候变化会直接影响到水体的温度以及大气水温循环中的降雨和蒸发过程等。[②] 季风气候带下的京畿水资源补给主要来自大气降水，而降水量的多少又直接影响到水资源状况。梳理近百年来北京地区的气象观测资料，对把握了解清代京畿水环境状况也具有参考价值，而且以此为基础，根据前人的研究和清代相关水志资料，能够进一步明了京畿地区的气候环境状况，以呈现气候与水环境的关联。

（一）气候资料

北京地区处于暖温带、半湿润季风气候区，根据既有研究中近百年来

① 震钧．天咫偶闻：卷8"郊垧"．北京：北京古籍出版社，1982：181.

② 李潇，郝春雨．气候变化对水文水资源的影响分析．科学与财富，2017（7）.

的气候统计资料，可知本区最暖年的年均气温是 12.8℃，最冷年的年均气温是 10.5℃，一般年均气温在 11～12℃之间摆动。月平均气温 1 月份最低，7 月份最高，气温年较差在 30℃以上。月平均气温低于 0℃的月份为 12 月、1 月和 2 月。①

此外，北京地区气温变化可以用月平均气温的变化来衡量。根据图 1-4，可以看出，异常年份月平均最低气温（1 月）和最高气温（7 月），相比正常年份月平均气温都或高或低 5℃以上，气温年际变化大，经常出现极端状况。

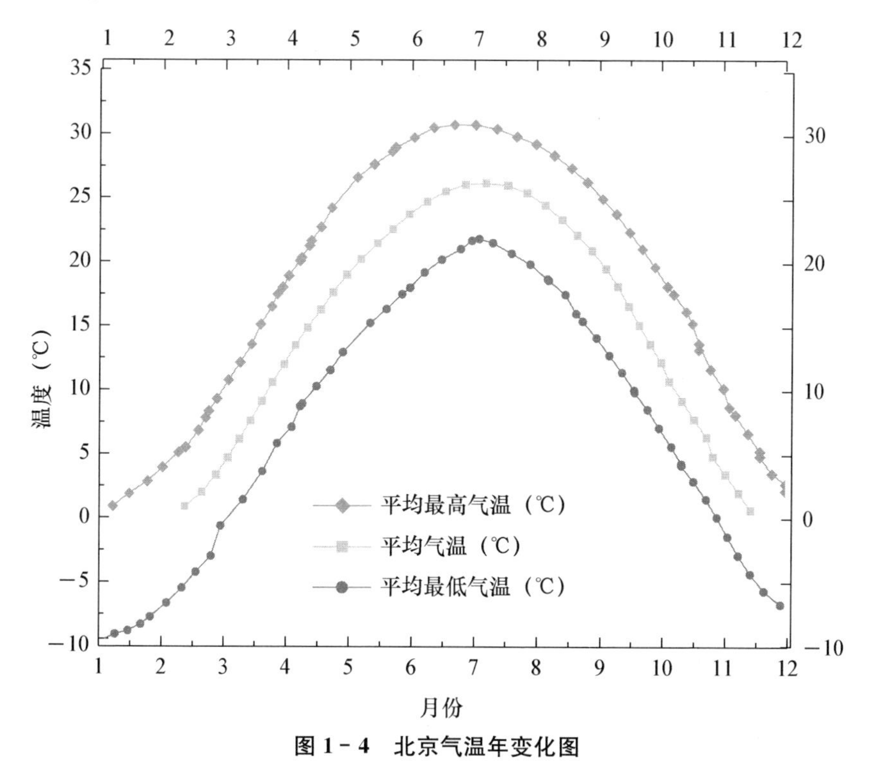

图 1-4　北京气温年变化图

资料来源：据霍亚贞主编《北京自然地理》（北京师范学院出版社，1989）第 103 页原图改绘。

在《北京的气候》中，编者根据 1841—1956 年的气象资料，得出北京年平均降水量为 636.8 毫米，其中冬季（12 月至次年 2 月）降水最少，

① 霍亚贞. 北京自然地理. 北京：北京师范学院出版社，1989：102.

月平均降水量在 5 毫米以下，占全年降水量的 2%左右，夏季（6 月至 8 月）降水最多，占到全年总降水量的 74%，且以 7 月份最为集中，春季和秋季则分别占 10%、14%。① 显见，本区的降水量具有明显的季风气候特征，年内降水分布不均，主要集中于夏季，形成夏季湿润多雨、冬季干燥少雨，且夏季多暴雨的特征。此外，据《北京气候志》中所载北京观象台记录的 1841—1984 年的降水资料，统计分析本区年降水变率，得出北京地区降水不稳定、年际变化大的特征。②

清代气候变化的证据资料十分丰富，不仅有各种地方志、私人笔记小说，还存有大量的与气候密切相关的雨雪粮价、水志的档案资料，特别是《雨雪分寸》和《晴雨录》这两套世界上存世最早的、标准统一而系统的天气观测资料。③众多学者依据这些资料对清代的气温、降水序列进行重建。关于清代京畿地区气候状况，从既有的一些有重要影响力的研究可以梳理出端倪。

（二）冷暖变化

相关研究表明，明清时期是中国历史上的相对寒冷期。在 1400—1900 年间，世界范围内出现了寒冷的气候现象，这一时期通常被称为小冰期。由于这个寒冷时期的大部分时间和中国历史上的明清两代时间相合，因此明清两代也被称为明清小冰期。④

明清时期为寒冷期，并不是说这一时期的气候都处于同等寒冷状态，而是呈现寒冷期内的多次冷暖波动的格局。竺可桢依据考古资料、物候资料、方志记载和仪器观测记录，对中国近五千年来气候冷暖变化做了分析论证，依据方志中记载的太湖、鄱阳湖、洞庭湖、汉水等地冬季结冰情况，判断 15～19 世纪气候寒冷，平均气温比现在低约 1℃。而这五百年中寒冷冬季的年数不均等，温暖冬季在 1550—1600 年和 1730—1830 年的两个时间段，寒冷冬季则在 1470—1520 年、1620—1720 年、1840—1890

---

① 赵天耀．北京的气候．北京：北京出版社，1958：16．

② 北京气象局气候资料室．北京气候志．北京：北京出版社，1987：52．

③ 葛全胜，等．中国历朝气候变化．北京：科学出版社，2010：586．

④ 满志敏．中国历史时期气候变化研究．济南：山东教育出版社，2009：255．

年三个阶段。即 17 世纪和 19 世纪较为寒冷，最寒冷期在 17 世纪，而以 1650—1700 年最冷。①

前文已述，有众多学者在竺可桢的研究基础上，沿用竺可桢判断冷暖期的方法，选取不同地区特别是那些对气候现象或气候影响敏感的地区，依据结冰、花期、雨雪等要素建立气温与旱涝变化序列。诸学者观点一致，只是在寒冷期各地区相对冷暖时段的划分上略微不同。表 1-2 是诸学者对不同地区三次寒冷期起讫时间的比较。由表可知，虽然学者们对寒冷期的划分不一，可是出入不大。如主流以乾隆时期（1736—1795 年）处于第二次和第三次寒冷期中间的相对温暖期，仅有部分学者将乾隆时期的最后几年划入第三次寒冷期。

表 1-2　　明清时期三次寒冷期起讫时间的比较

阶段 地区	寒冷阶段Ⅰ	寒冷阶段Ⅱ	寒冷阶段Ⅲ	来源
全国	1470—1520	1620—1720	1840—1890	竺可桢
全国	1470—1520	1620—1720	1840—1890	张家诚
全国	1500—1550	1610—1720	1830—1900	张丕远
长江下游	1470—1520	1620—1700	1820—1890	张德二
山东	1550—1579	1620—1679	1810—1919	郑景云
全国	1450—1510	1560—1690	1790—1890	王绍武
合肥	——	——	1791—1850 1872—1906	周清波
全国	1400—1495	1654—1690	1791—1906	满志敏
全国	1450—1499	1640—1690	1780—1900	葛全胜

资料来源：满志敏．中国历史时期气候变化研究．济南：山东教育出版社，2009：282；葛全胜，等．中国历朝气候变化．北京：科学出版社，2010：494-496，588-589．在原表基础上有所调整和增加，其中王绍武的划分已根据相应研究做了调整，满志敏的划分根据该书列出，此外还加入了葛全胜的划分。

由表 1-2 可知，虽然诸学者对明清相对寒冷期的划分有些微不同，可是对 1620—1690 年处于寒冷期这一结论基本达成共识，也即顺康时期，全国处于寒冷期，北京也处于寒冷期。此外，竺可桢指出了按世纪划分，17 世纪和 19 世纪较为寒冷，最寒冷期在 17 世纪，以 1650—1700 年为最，

① 竺可桢．中国近五千年来气候变迁的初步研究．考古学报，1972（1）．

正是清初时期。

对于17世纪的寒冷气候，竺可桢论证17世纪中期北京冬季的气温要比现今低2℃。[①]清初之人谈迁在《北游录》中记载，其于顺治十年（公元1653年）阴历九月到天津，那些日子，“连日大风而寒，波涛怒立”，“辛酉，恒阴，又河始冰”，“十月，癸亥朔，河冰益坚”。一次，谈迁下雪天赶夜路，以致“坚冰在须，俄见晨旭，俯仰莹澈”[②]。可见，此时天津地区冬季气候亦较为寒冷。

相对于北方地区而言，17世纪中期的长江流域也处于较寒冷期。顺治十一年（公元1654年），长江下游一带出现大寒，太湖“冰厚二尺，二旬始解”[③]。而该年东海也出现结冰的现象，“十二月，大雪，海冻不波”[④]。康熙九年（公元1670年）十一月，长江中下游出现严寒大雪天气，“大雪，长江冻几合，匝月不解”[⑤]。全国范围内均属于寒冷期，这种情况一直持续到康熙末年，气温才逐渐回暖。康熙五十二年（公元1713年），苏南地区开始试种双季稻并取得成功，此后又不断扩大种植面积。[⑥]双季稻在南京、扬州及里下河等地的种植，表明当时气候与现在接近。葛全胜等人的研究中，重建了1724年以来北京夏季的气温变化序列，指出18世纪20—80年代，北京地区处于相对温暖期，只有个别极端寒冷年份。18世纪90年代，北京又进入下一个以寒冷为主的阶段。[⑦] 南北气候差异过大，直接影响漕运河道。

至乾隆时期，全国气温有所回升。每年十月，乾隆帝出京北行，前往承德木兰围场秋狝，沿途感受气候渐渐变暖，便以“气候”为题作诗，写道：

气候自南北，其言将无然。予年十一二，仲秋必木兰。其时鹿已呦，皮衣冒雪寒。及卅一二际，依例往塞山。鹿期已觉早，高峰雪偶观。今五十三四，山庄驻跸便。哨鹿待季秋，否则弗鸣焉。大都廿年

① 竺可桢．中国近五千年来气候变迁的初步研究．考古学报，1972（1）．

② 谈迁．北游录．北京：中华书局，1997：41-43．

③ 金友理．太湖备考：卷14“灾异”．南京：江苏古籍出版社，1998：539．

④ 张德二．中国三千年气象记录总集：第3册．南京：凤凰出版社，2004：1731．

⑤ 同④1854．

⑥ 陈志一．康熙皇帝与江苏双季稻//农史研究：第5辑．北京：农业出版社，1985．

⑦ 葛全胜，等．中国历朝气候变化．北京：科学出版社，2010：592．

中，暖必以渐迁。[①]

乾隆帝出生于康熙五十年（公元1711年），从中可以看出，大约从康熙五十九年（公元1720年）至乾隆五年（公元1740年）前后，再到乾隆二十五年（公元1760年）前后，不仅鹿鸣的时间推迟，降雪的时间亦延后，乾隆帝深感二十年里气候“暖必以渐迁”。可以推测，彼时北京地区的气候或趋于温暖。

（三）降水情况

中国属于季风气候，降水与夏季风的强弱有关，而冷暖变化又影响到夏季风的强弱。故而，冷暖变化一般也会影响到降水量的多寡。既有研究表明，气候冷暖波动与夏季风强弱有关，继而影响到降水天数与降雨量。郑景云、葛全胜等提出，当气候寒冷时，东亚夏季风会减弱，华北地区降水量会减少，反之亦然。[②] 可知，降水多少与气候冷暖密切相关。

郑景云等认为，当全球处于寒冷期时，西风带扩张南压，东亚夏季风减弱，将会使中国东部降水减少、降水变率加大，使北方旱涝区扩大。反之，全球处于温暖期，西风带向北移动，东亚夏季风增强，从而造成中国东部降水增加，半湿润、湿润区向北移动，进而使旱涝分区的旱涝多发—少发分界线向北摆动。[③] 葛全胜等认为，中国属于典型的季风气候区，温暖期季风环流强，季风雨带北进，华北降水增多；气候寒冷时，季风环流相对弱，雨带南移，华北降水减少，长江流域降水增多。[④] 故而，冷暖变化与降水量的关系，应分区域而论。华北地区由于所处纬度较高，受夏季风变动影响更大，降水波动更大，降水量更不稳定，更容易出现旱涝。

受季风气候影响，中国旱涝分布呈现南涝北旱或南旱北涝的一般规律。故而，区域历史降水量要从本区雨水史料记载中去发掘。张时煌等利

---

① 和珅，梁国治，等．乾隆《热河志（一）》//景印文渊阁四库全书：第495册．台北：台湾商务印书馆，1986：121.

② 葛全胜，郑景云，郝志新，刘浩龙．过去2000年中国气候变化的若干重要特征．中国科学，2012（6）.

③ 郑景云，张丕远．近500年冷暖变化对我国旱涝分区的影响．地理科学，1995（2）.

④ 葛全胜，等．中国历朝气候变化．北京：科学出版社，2010：104.

用清宫档存的《晴雨录》资料，以《雨雪分寸》为补充，重建了北京自雍正二年（公元 1724 年）以来约 260 年的月降水序列，其中显示雍正二年至光绪二十六年（公元 1900 年）北京降雨大致情形：1734—1760 年、1840—1860 年、1900 年以后为少雨期，1724—1734 年、1760—1840 年、1860—1900 年为多雨期。①

张德二、刘月巍利用《晴雨录》和器测降水量值建立了 1724—2000 年北京的降水序列（见图 1－5），1724—1750 年是这一序列北京降水最少

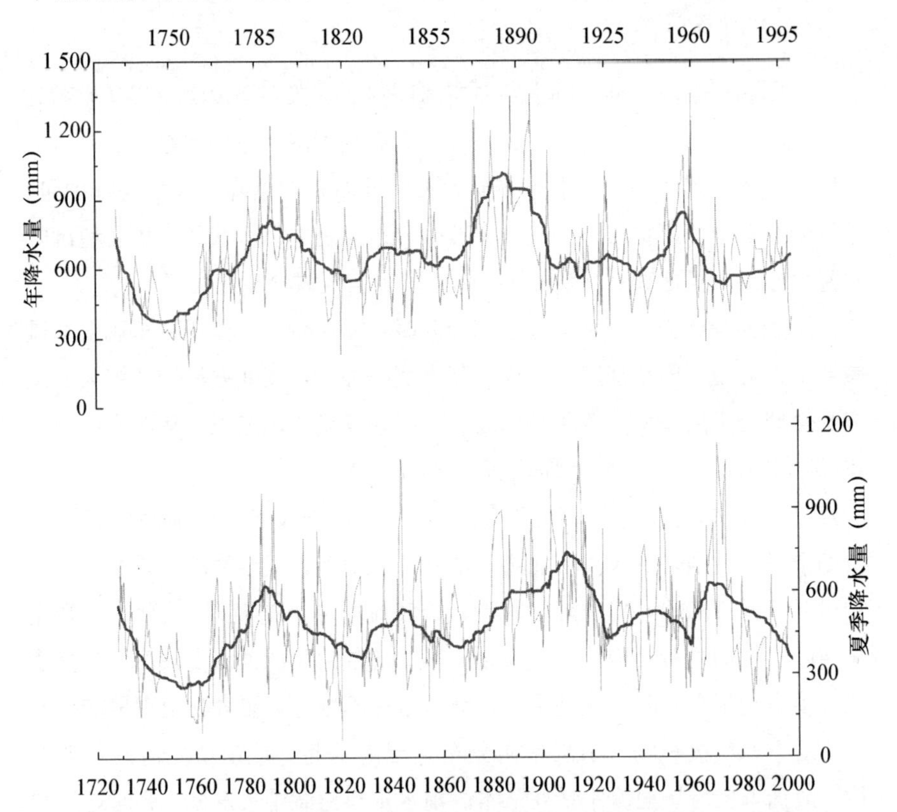

图 1－5　北京 1724—2000 年逐年的年降水量序列和夏季（6～8 月）的降水量序列

资料来源：据张德二、刘月巍《北京清代“晴雨录”降水记录的再研究——应用多因子回归方法重建北京（1724—1904 年）降水量序列》整理绘制。

① 张时煌，张丕远. 降水日数、降水等级与北京 260 年降水量序列的重建//张翼，张丕远，张厚瑄，等. 气候变化及其影响. 北京：气象出版社，1993：28-33.

的时段，该时段年均降水量不足400毫米。之后的1760—1800年为相对多雨期，降水量在波动中逐步增加；而1790—1800年降水量又逐步减少。1810—1860年降水量基本围绕多年平均值上下波动。1870—1890年则是北京过去300年里降水最多的时段，年均降水量达750毫米。1890—1900年的后几年，降水又快速减少，1900年的年均降水量减少到500毫米。①

兰宇等重建了1724—2012年北京雨季（5～9月）的降水序列，与清代相关的时段各有三个，序列显示1724—1742年、1783—1820年和1871—1904年三个时段的降水偏多，而1743—1782年、1821—1870年和1905—1945年三个时段的降水偏少。②龚高法、张丕远、张瑾瑢等统计了1724—1987年间北京地区丰水期与枯水期的持续时间、频率以及与气候的关系，指出与清代相关的1724—1774年是枯水期，干旱多发，1775—1815年是丰水期，干旱较少。③

上述几人的研究对清代北京地区少雨期和多雨期的划分并不十分一致。张时煌与张德二、刘月巍的研究出入不大，以1760年为界，1760年以前为少雨期，此年以后降雨波动增加。兰宇等的划分则有一定出入，其将1736—1742年划入多雨期，1760—1782年划入少雨期。龚高法等则以1774年为枯水期与丰水期的分界线。对比图1-5可以发现，1760—1782年间的降雨量确实存在较大的波动性，呈大幅波动增加状态，容易造成划分不一致的问题；再加上兰宇等建立的是雨季（5～9月）降水序列，对呈现雨季降水量的年际变化更有代表性。

在清代北京降水变化序列上，对于1724年之前的旱涝状况，由于缺乏气候资料，未有专门研究。然而，满志敏依据气候冷暖波动受到夏季风的影响而导致气候与降水之间的关系因分区而不同，分别建立了两千年以来江淮地区与华北地区的旱涝序列，再依据其分析，对1724年之前北京的旱涝情况可有一个相对大致的认识，即：自清入关以来的1644—1700

① 张德二，刘月巍. 北京清代"晴雨录"降水记录的再研究——应用多因子回归方法重建北京（1724—1904年）降水量序列. 第四纪研究，2002（3）.

② 兰宇，郝志新，郑景云. 1724年以来北京地区雨季逐月降水序列的重建与分析. 中国历史地理论丛，2015（2）.

③ 龚高法，张丕远，张瑾瑢. 北京地区气候变化对水资源的影响//环境变迁研究：第1辑. 北京：海洋出版社，1984：26-34.

年，华北地区处于偏旱期。①

综上，清初北京气候冷暖波动与降水变化之间具有明显的关联。清初处于寒冷期，自康熙末年气候逐渐转暖。至于降水，在1700年之前，整个华北地区处于偏旱期，北京的降水量相差无几。1700年之后，据张德二、刘月巍的研究，1730—1750年是枯水期，也是北京降水量最少的年份，该时段年均降水量不足400毫米，河流及水资源存量势必会受到严重影响。至乾隆中后期，则处于明清小冰期的相对温暖期，相对于17世纪与19世纪，气温相对较高。研究表明，乾隆时期本区气温处于一个逐渐上升阶段。一般而言，降水与气温具有正相关性，可是，由于受经纬度带影响，各地区并不一致。由是，乾隆时期北京地区的降水存在一个变化过程，乾隆前期降水相对较少，中期降水量存在较大波动，1760年以后降水波动加大、降水增多。此外，乾隆时期北京降水量年内分布和年际变化特征与现今基本一致，即降水集中于夏季（6～8月），且年际变化较大。

三、京畿水环境与河流的季节性特征

京畿地区的河流具有明显的季节性特征，夏秋水量相对充足，冬春则缺少水源，甚至干涸。受季风强弱变化的影响，河流径流量年际变化也较明显，河流水浅与水势漫大冲决溃堤现象交替性出现。受降水季节性和地形等因素影响，区域内水旱多发。此外，受季节气温影响，京畿地区河流有较长的封冻期。

（一）河流径流量的季节性

京畿地区河流的径流量变化主要受区域气候影响。降水是京畿地区河流的主要补给水源，夏季多雨、冬春少雨的季风性气候使得京畿地区河流径流量也具有明显的季节性特征，呈现年内季节分布不均的现象。北京降雨集中于夏秋，多暴雨，雨水汇集径入河道，河水量增大、水位上涨，形成汛期。与最大降雨量出现在7月（阳历）不同的是，雨水汇集的部分水渗入地下，地下水位升高，再补给河流，至进入河流需要一定的时间，加

---

① 满志敏．中国历史时期气候变化研究．济南：山东教育出版社，2009：327.

之农业生产等用水的消耗，河流径流量在8月（阳历）达到最大。而冬春由于干燥少雨、降水稀少，河流得不到水源补充，甚至出现断流的情况。据竺可桢对民国年间天津雨量与河水关系的研究数据①，可以得出京畿地区河流的流量特征，径流量一般在阳历7月中下旬至9月中旬间较大，水量充足，而5、6月份是水量较小的时期。

历史文献中也留下了对京畿地区河流流量变化特征的记载。清人王善橚有十分贴切的表述："尝观畿辅之间，冬春水涸，大泽名河，多可徒涉。一遇伏秋，山水迅发，奔腾冲突"②。冬春河湖干涸，夏秋则多洪水，年内分布不均的特征明显。这就容易造成夏秋多暴雨，泛滥成灾。如乾隆三十六年（公元1771年）七月，"古北口地方，因潮河盛涨，连年被水，情形较重"③。三十八年（公元1773年），连日下雨，河水骤长，"口外自五月二十一、二等日雨后，滦河及潮白等河，水俱骤长，连日热河雨觉稍稠。闻滦河水势复大，畿辅一带雨水情形大略相仿"④。伏秋降水较多，河流流量较大，水灾频发。

京畿地区主要河流永定河河道决徙不定，与伏秋暴雨致河道水涨有关。而漕运河道北段的北运河水量也很不稳定，不仅年内季节分布不均，也具有年际变化大的特点。光绪《畿辅通志》记载，北运河"雨源皆弱，难免搁浅，自过张家湾后，纳潮、白二河，水势始旺"，"但该河之性，强中有弱，一日忽长，亦一日忽消，山水无根，不能长旺"⑤。所以，北运河水势变幻无常，有时出现河流水浅，造成漕运不济；有时水势过猛而引发河岸堤坝溃决，淹没田庐。故而，康雍乾三朝都极力整治北运河，修建

① 竺可桢．直隶地理的环境和水灾．科学，1927（12）．该文又见《竺可桢全集》第1卷：580-587。

② 贺长龄．皇朝经世文编：卷108//沈云龙．近代史料丛刊正编．第74辑：第731册．影印本．台北：文海出版社，1991：3797.

③ 清高宗实录：卷889（乾隆三十六年七月庚申）．影印本．北京：中华书局，1985：915.

④ 清高宗实录：卷936（乾隆三十八年六月庚寅）．影印本．北京：中华书局，1985：595.

⑤ 李鸿章，黄彭年．光绪《畿辅通志》卷85"河渠"//续修四库全书：第632册．影印本．上海：上海古籍出版社，2002：319.

调节水势的闸坝，力保漕运通畅。[①]

事实上，海河流域的大部分河流处于大致相同的气候区，经常在同一时间受降雨影响而汇流涨水，集于河流下游，使得海河“每岁伏秋之际，波涛汹涌，东赴海门、大沽，不及泄，往往在上流漫溢为害，天津南北洼一潦数年”[②]。而至冬春，则往往降水稀少，常现干旱，河流甚至干涸。可见，受气候影响，降水集中和年际变化较大，是京畿地区河流的主要特征。

（二）水旱多发

京畿地区水旱多发，相关研究成果颇多，前文已经述及。其中值得一提的是水利水电科学研究院水利史研究室编《清代海河滦河洪涝档案史料》[③]，此书以县为单位统计了洪涝频次，按年份编排了各河流洪涝史料，整理出海河流域洪涝状况和河流汛况。根据该资料，有学者统计出清代北京地区平均两年发生一次水灾，可分为三个少发期和四个多发期。三个少发期是康熙至雍正年间（公元1662—1735年）、乾隆后期至嘉庆前期（公元1772—1807年）、道光五年至咸丰八年（公元1825—1858年）。四个多发期为顺治年间（公元1644—1661年）、乾隆前期（公元1736—1771年）、嘉庆后期至道光初期（公元1808—1824年）、咸丰九年至宣统三年（公元1859—1911年）。乾隆前期的水灾相对较多，却没有出现特大水灾。[④]

京畿地区水灾主要发生在夏秋季节，多见于农历五、六、七月，大多是由于连日暴雨致河水盛涨，河道溃决，致使河流下游两岸区域成为水灾多发地带。如通州一带河流汇集，是水灾特别严重区域。竺可桢的研究显示，直隶水灾多发区域与三个自然因素相关，即：降水集中的季风气候，

---

① 苏绕绕，赵珍．16世纪末以来北运河水系演变及驱动因素．地球科学进展，2021（4）．

② 李鸿章，黄彭年．光绪《畿辅通志》卷85“河渠”//续修四库全书：第632册．影印本．上海：上海古籍出版社，2002：317．

③ 水利水电科学研究院水利史研究室．清代海河滦河洪涝档案史料．影印本．北京：中华书局，1981．

④ 尹钧科，于德源，吴文涛．北京历史自然灾害研究．北京：中国环境科学出版社，1997：289-293．

受地形影响河流呈辐射状汇向一点，以及沙质河岸、河床的地质关系。而从人与自然关系视角解析，很明显，京畿地区的农耕及其社会经济活动对淀泊、湿地的侵占，以及人口增加后城市空间拓展、公共用地增加等，均是造成区域水灾多发的原因。

降水集中、季节分布不均和年际变化大等特征，使京畿地区的旱灾十分严重。有清一代近 300 年中，北京地区有 161 年出现不同程度的旱象，60%的年份有旱情。乾隆十年（公元 1745 年），乾隆帝言："朕以德凉，不能感召，十年九忧旱"，"今三庚已届，盈尺未沾"①。乾隆二十四年（公元 1759 年），乾隆帝的祈雨祷文里载："臣承命嗣服，今廿四年，无岁不忧旱，今岁甚焉"②。据统计，乾隆朝共发生 9 次严重旱灾和 26 次一般旱灾。③ 张德二认为，乾隆八年（公元 1743 年），中国东部北旱南涝，从酷热程度、暑热伤害和高温范围、持续时间等判断，言此年华北的炎夏是近 700 年来最严重的高温事件。④

（三）河流封冻期

与气候相关的降水因素影响河流流量，而冬季气候寒冷，则会影响到本区河流结冰。诚然，河流从结冰至封冻有一个渐近过程，京畿地区冬季月平均气温在 12 月至次年 2 月低于 0℃，可是这三个月并非都是河流的封冻期或称冰冻期，大部分时间内表现为结冰期。正如前文所述，虽然清代处于小冰期，可是京畿地区不同时间段的气温也有变化，乾隆时期便处于 17、19 世纪两个寒冷期的中间，与同期其他地区相比，气温相对较高。

竺可桢将 1930—1949 年天津附近杨柳青站记录的结冰期与谈迁《北游录》中记载的顺治十年（公元 1653 年）至十一年（公元 1654 年）北运河结冰期进行了对比，发现近现代杨柳青站记录的平均封冻日期为 12 月 26 日，开河日期为 2 月 20 日，平均每年结冰期有 56 天，而《北游录》中

---

① 清高宗实录：卷 243（乾隆十年六月辛酉）. 影印本. 北京：中华书局，1985：134.

② 清高宗实录：卷 588（乾隆二十四年六月庚申）. 影印本. 北京：中华书局，1985：535.

③ 尹钧科，于德源，吴文涛. 北京历史自然灾害研究. 北京：中国环境科学出版社，1997：345.

④ 张德二. 1743 年华北夏季极端高温：相对温暖气候背景下的历史炎夏事件研究. 科学通报，2004（21）.

记载的结冰期长达107天，此则因于17世纪50年代的寒冷气候。[①] 由此可知，北运河的结冰期应在56～107天，不少于两个月。尽管乾隆时期气温相对升高，可是不一定比1930—1949年高。

河流的冰冻会影响漕运船只的行进，而漕船的起运、回空安排也尽量避开河流结冰期。金代就注意到漕运“其制，春运以冰消行，暑雨毕。秋运以八月行，冰凝毕”[②]。元代，通惠河漕运“自冰开发运至河冻时止，计二百四十日”[③]，在三个月左右的结冰期里不进行漕运活动。明清时期的漕运，也考虑了河流封冻的时间。清廷规定，山东、河南的漕船在次年二月起运，而江西、浙江等地漕船可在本年十二月或次年一月起运，俟漕船抵达河南、山东时，河流正好解冻，充分利用了南北河流结冰期差异。当然，漕运的起运、回空还受到河流水势水量的影响，有时并不能按期抵达京通二仓或按期南返，经常出现冻阻，或破冰行船，或等春开冰解，迟缓严重的甚至会影响到次年漕运。

总之，京畿地区与水环境相关的各要素，诸如河流湖泊、气候降水等相互关联，相互影响，并作为京畿社会经济发展的环境基础，处于同一动态的生态系统之中，相伴共生，循环往复。

---

① 竺可桢．中国近五千年来气候变迁的初步研究．考古学报，1972（1）．

② 金史：卷27“河渠志八”．北京：中华书局，1975：682．

③ 元史：卷64“河渠志一”．北京：中华书局，1976：1590．

第二章　水润京城与水环境

水是生命之源，不可或缺，无可替代。作为基础性的生态资源，优质的水资源和良好的水环境是区域城市可持续发展的关键。清代北京城市用水状况受到局部气候、西山水资源存量及利用状况、城内井水水质等相关层面客观因素的影响。实际上，自元以来，京城为解决用水问题而进行的开发都集中在西山一带；入清后，依旧如故。随着生产生活用水量加大，需水甚亟。而西山及其相连的西南郊广阔区域内的永定河冲击下渗而形成的“潜水溢出带”作为丰富的泉湖资源，为解决京城可供应水与水短缺的矛盾提供了可能，也成为可资利用的丰富优质的水资源来源。清廷采取一系列措施，以提高水资源利用率，在保障优质水源供给的同时，充分利用以往仅“资玉泉一脉”之外的西郊水资源优势，供水济漕，营造优良的园林景观，开展适宜这里水生态的水稻与花卉等作物种植，客观上起到了郊区补充满足城内社会生活之需的作用，使郊区优质水资源区完全成为京城的生态腹地。

清代北京水资源的研究成果丰硕。前文已述，以侯仁之、蔡蕃为代表，对北京城市水源开发的重大水利工事及水资源利用的各个方面均进行了细致入微的分析。然而，对于从水环境的角度来考察清代北京城市供水状况，还有待加强。事实上，清代修建的西郊水利工程不仅仅在于对西山水源的开发、导引与利用。正如侯仁之所说，昆明湖是北京历史上第一座人工水库，因而其主要功能在于蓄水。在前代水源未开的基础上，乾隆时期修建西郊人工水系，该工程连通西山—昆明湖—北京城，形成北京城市供水系统主体，保障了泉湖资源的有效利用。但该工程也受到人类社会及其活动的影响，因此只有正确认识和处理人类社会经济发展与水环境之间的相互关系，才能保障水资源供给。所以，从环境史的角度出发，将清代北京城市供水和围绕水而展开的一系列社会生产活动与水环境相关联，探究人与水这一复杂巨系统的变迁及其影响因素，包括水资源利用过程中人水共生的可持续循环，极有必要。

一、清初京城缺水与需水

水环境的优劣不仅在于水量，还取决于水质。清代京城可资利用的河流水资源较少，主要依赖河流渗漏形成的泉湖平层，这就使得降水量成为可补充水的主要来源，也就是说，降水在极大程度上决定着水资源总量。前文已述，清初以来，京畿地区进入气候寒冷期，干旱期多，降水量少，而西郊山泉湖泊是京城用水的一大宝库，因此，提高西山丰富水资源的利用率，就显得十分重要，解决缺水问题被提上议事日程。翻检史料，可发现记载清代北京水资源状况的资料十分丰富，包括地方志、官书正史、私人日记、笔记文集、清宫档案等。结合各类文献资料及既有研究成果，能够进一步廓清北京城市水环境利用状况。

（一）西山泉湖利用的迫切性与受众的限制性

西山巍峨秀拔，“荟萃玉河之水在玉泉山，泉出石隙中如沸”，潴为西湖。“秋高气清，泓澈停蓄，水光接天，晶然一色”。“其尤奇者，气煦泉甘，木不凋冬，卉不枯霰，居然冀北之江南云”①。元代时，通过修建白浮堰工程，西北区域水资源得到了很好的利用，一定程度上解决了水源问题。然而，至明代，白浮泉断流，唯西山玉泉一脉资用。② 终明一代多次引水疏浚，如嘉靖六年（公元 1527 年），自大通桥起至通州石坝 40 里，

① 赵一清，戴震．直隶河渠书：卷 1“大通河”//刘兆佑．中国史学丛书三编．第 3 辑．台北：台湾学生书局，2003：3260.

② 乾隆帝《御制麦庄桥记》中载：“元史所载通惠河引白浮、瓮山诸泉者，今不可考。以今运河论之，东雉、西勾如俗所称万泉庄其地者，其水皆不可资。所资者惟玉泉一流耳。”参见：于敏中．日下旧闻考：卷 99“郊坰”．北京：北京古籍出版社，1981：1638。

地势高下四丈，中间设庆丰等五闸以蓄水，如此宏大的水利工程才暂时解决某一段河道的水势与供水问题。

入清后，京城水资源利用中，沟洫河渠水道不畅、泥沙淤积、济漕水源不足[①]、供水缺乏等一系列问题凸现。可资利用的西山泉湖，仍只玉泉一脉，且城内居民日常生活所用亦皆赖井水。然井水多苦咸，不堪饮用。加之人口不断增加，农耕面积扩大，尤其表现在京西稻种植与推广，以及静明园、畅春园等皇家园林的建造，供应城市的花卉种植，使缺水之困更甚，渐成常态。而田需水灌溉、景以水取胜，都需要丰沛的水量供给。这使得补充水源与改善水资源供给状况成为维系京城发展与民众生产生活的根本，亦使玉泉一脉及其之外的西山水源显得极其贵重，扩大利用西山泉湖资源之利显得更加迫切。

顺康雍三帝，在重视对玉泉水加以保护的同时，希冀通过开展水利工程建设达到改变用水缺乏与水资源分布不均的局面，以满足和控制分层利用的需要。顺治时，谕令严察永禁一切私决泉水，“京北玉泉山之水，止备上用，其禁甚严。今诸王贝勒以及各官辄皆私引灌田，遂致泉流尽竭，殊干法纪。今后宜严谕禁止，庶泉流不竭矣”[②]。康熙年间，多次修浚玉泉山水道。康熙十二年（公元1673年），“玉泉山河道多淤，浚之。修高梁桥、白石桥诸闸坝”。康熙二十二年（公元1683年）“建玉泉新闸”，为宛平六闸之一。康熙二十九年（公元1690年）筑玉河决口，谕内务府：

> 玉泉山河水，所关甚巨，西山一带，碧云、香山、卧佛寺等山之水，俱归此河。从前此河由青龙桥北汇入清河，后因欲引此水入京城，将高处挑浚，河之两旁，复加谨防固，以分水势。今值霪雨，水势漫溢，堤岸冲决数处。尔等速将闸板启放，工部将冲决处速行堵筑。

康熙三十五年（公元1696年），浚玉河，筑堤，建滚水坝。次年，又浚。[③]

---

① 侯仁之. 北京都市发展过程中的水源问题. 北京大学学报（哲学社会科学版），1955（1）.

② 清世祖实录：卷137（顺治十七年六月壬子）. 影印本. 北京：中华书局，1985：1063.

③ 以上均见：周家楣，缪荃孙. 光绪《顺天府志》卷15“京师志十五·水道”//续修四库全书：第683册. 影印本. 上海：上海古籍出版社，2002：524。

至雍正年间，为保障玉泉水的畅通与供给，加固堤岸与疏浚河道已然成为日常维系事项。显见，能否充分利用玉泉水，对于解决京城生产生活供水问题至关重要。而玉泉之外的西山诸泉湖丰沛的水源亦愈引起关注与重视，文献留痕亦多，参见西山泉湖水源记载状况表（见表 2－1）。

表 2－1　西山泉湖水源记载状况表

泉名	相关水源记载状况
玉泉水	玉泉山泉出如沸，蓄为池，清可鉴毛发。此西湖之源也。 玉泉出于山下，喷薄转激，散为溪池。池上有亭，宣宗驻跸处也。又一里为华岩寺，有洞三，其南为吕公洞，一窍深黑，投以石有水声，莫有穷之者。 （玉泉山）沙痕石隙随地皆泉。 泉出石罅，潴而为池，广三丈许，水清而碧；细石流沙，绿藻紫荇，一一可辨。池东跨小石桥，水经桥下，东流入西湖…… 玉泉山在西山大功德寺西数百步。山之北麓凿石为螭头，泉自口出，潴而为池，莹澈照映，其水甘洁，上品也。 除中间正穴外，南北山麓诸穴不可胜计。 又泉势仰出高三尺余，其腾起水面者又半尺许。[1]
涵漪斋	临水背山处，夏深雨霁时。几闲聊选胜，景谧恰延思。荷气窗间通，漪光座上披。澹怀凭有照，妙理契无为。[2]
涌玉、宝珠、试墨泉	书画舫前有泉出于岩畔，汇为池，高宗题曰涌玉，曰宝珠，又风篁清听前有平池数亩，涌玉、宝珠诸泉自北来汇之，东南流。池西有试墨泉，西山诸泉伏流，从西北注之，入高水湖。[3]
第一泉	金山寺有第一泉，泉栏作方形，天下第一泉之题，没于水中，不能见。别有题碑曰中冷泉者，其别号也。以椀贮泉水，虽高出椀口二三分而不溢，其厚冽与杭州之虎跑泉相类，味极甘美。[4]
龙泉	华严右半里为金山寺，山有玉龙洞。洞出泉，甃石为暗渠，引水伏流，约五里入西湖，名曰龙泉堂。湖亭建其上。[5]
一亩、马眼诸泉	其自西山流注玉泉者，有一亩、马眼诸泉。[6]
溪河	万寿山后溪河亦发源于玉泉，自玉河东流，径柳桥曲折东注。其出水分为三，一由东北门西垣下闸口出；一由东垣下闸口出，并归圆明园西垣外河；一由惠山园南流出垣下闸，为宫门前河，又南流由东堤外河，会马厂诸水，入圆明园内。[7]
裂帛湖	裂帛湖泉仰射如珠串，古榆荫潭上，极幽秀。过赵家堤，水更深碧。裂帛湖从玉泉山根出，溢而为渠。[7]

续表

泉名	相关水源记载状况
西山诸泉	碧云、香山诸寺皆有名泉，其源甚壮，以数十计。然惟曲注于招提精蓝之内，一出山则伏流而不见矣。玉泉地就夷旷，乃腾迸而出，潴为一湖。[8]
玉乳泉	行宫之西，循仄径而上，有泉从山腹中出，清泚可鉴。因其高下，凿三沼蓄之。盈科而进，各满其量，不溢不竭。[9]
碧云寺泉	碧云刹后有泉从石罅出，有声，石壁色甚古，亭曰听水佳处。泉绕亭而出，流于小池……泉复绕之而出，达于廊下。引入殿前为池，界以石梁，朱鱼泼刺，水脉隐见。至寺门迸入于溪。[9]
水源头	在香山之北。两山相夹，诸泉涌出，流至退谷，傍伏行地中，至玉泉山复出。[10]
丹砂泉	在香山下。相传为葛稚川丹井。井二：一泉水上涌；一泉水横流，味极甘冽。[10]
卓锡泉	在甕山之阳。泉傍有寺，曰碧云。其泉涌出，绕寺而出。[10]

1　以上引文分别参见：于敏中．日下旧闻考：卷85“国朝苑囿”．北京：北京古籍出版社，1981：1428-1430。

2　乾隆．御制诗集（三）：卷73“涵漪斋”//景印文渊阁四库全书：第1304册．台北：台湾商务印书馆，1986：381.

3　周家楣，缪荃孙．光绪《顺天府志》卷15“京师志十五·水道”//续修四库全书：第683册．影印本．上海：上海古籍出版社，2002：518.

4　徐珂．清稗类钞：第1册“名胜类·第一泉”．北京：中华书局，1984：142.

5　于敏中．日下旧闻考：卷85“国朝苑囿”．北京：北京古籍出版社，1981：1433.

6　周家楣，缪荃孙．光绪《顺天府志》卷15“京师志十五·水道”//续修四库全书：第683册．影印本．上海：上海古籍出版社，2002：518.

7　“溪河”“裂帛湖”条，参见：于敏中．日下旧闻考：卷85“国朝苑囿”．北京：北京古籍出版社，1981：1404，1433。

8　于敏中．日下旧闻考：卷99“郊坰”．北京：北京古籍出版社，1981：1638.

9　“玉乳泉”“碧云寺泉”条，参见：于敏中．日下旧闻考：卷85“国朝苑囿”．北京：北京古籍出版社，1981：1451，1473。

10　“水源头”“丹砂泉”“卓锡泉”条，参见：孙承泽．春明梦余录：卷69“川渠·水泉”．北京：北京古籍出版社，1992：1343。

资料来源：根据以上相关注释引文出处整理。

清初，聚玉泉山水的瓮山泊湖面虽已较前代萎缩，可“仍然是西北郊最大的一片天然湿地，可以说是西北郊的生态中心”①。若能将玉泉水及其之外的诸泉水最大限度地汇集于一湖，对京城摆脱水缺乏困境大有

① 高大伟．生态视野下的颐和园保护研究．天津：天津大学，2010：10.

裨益。

有道是，在对资源的利用过程中，国家行使着干预、组织和调控的职能，显示了国家权力的作用以及资源利用的核心价值。西山玉泉水由于水质优良，因此供皇家独享。“若大内饮料，则专取之玉泉山也”，“民间不得汲引”[①]。顺治年间，因诸王贝勒以及各官，辄皆私引灌田，“遂致泉流尽竭”，谕令严禁私决泉水，玉泉之水仅供皇室之用，“庶泉流不竭矣”[②]。康熙时期，仍仅限宫中所用，有时亦用来犒赏朝臣。如大学士李光地因饮用城中“卤井”而患腹疾，康熙帝恩谕内官，每日给其“玉泉山水两罐”调理病体。当李光地腹疾渐愈，奏“疾患已平，请停止给发”折后，康熙帝朱批“水亦无多，出暑之后止了”[③]。乾隆帝尤珍视玉泉甘露，钦定为“天下第一泉”，还尝制银斗以量诸泉之水，凡轻者为上。通过对几种泉水的称重测量，得知：

> 塞上伊逊之水亦斗重一两，济南珍珠泉斗重一两二厘，扬子金山泉斗重一两三厘，则较玉泉重二厘或三厘矣。至惠山、虎跑则各重玉泉四厘，平山重六厘，清凉山、白沙、虎邱及西山之碧云寺各重玉泉一分。

唯有“京师玉泉之水斗重一两”，经过称量比对，得出“更无轻于玉泉之水者乎”的结论。不过，较于消融雪水，知雪水“较玉泉斗轻三厘”，只是“雪水不可恒得，则凡出山下而有冽者，诚无过京师之玉泉”[④]。

为限制如此优质的玉泉水的受众层面，清廷将专管御供之权置于“内管领处”，或称掌关防处，御前“每日用膳、饮茶皆用此水”[⑤]；即便是北

---

① 徐珂．清稗类钞：第13册“饮食类·京师饮水”．北京：中华书局，1986：6302.

② 清世祖实录：卷137（顺治十七年六月壬子）．影印本．北京：中华书局，1985：1063.

③ 朱批奏折，大学士李光地，奏为恩谕内官每日给臣玉泉山水调理病体现疾患已平请停止给发事，康熙五十四年，档号：04-01-30-0010-001。

④ 以上引文均见：于敏中．日下旧闻考：卷8“形胜”．北京：北京古籍出版社，1981：122-123；光绪《顺天府志》卷15“京师志十五·水道”//续修四库全书：第683册．影印本．上海：上海古籍出版社，2002：517。

⑤ 吴建雍．北京城市发展史·清代卷．北京：北京燕山出版社，2008：290.

上塞外围猎，也要“载玉泉水以供御”①。宫廷御酒也用玉泉酿制，“御前日用玉泉酒四两”，由内管领处照例送达。② 宫内逢节庆祭奠等活动所用酒，也用玉泉水酿造，即“每岁按春秋二季酿造祭酒、宴酒、烧酒，由良酝署承办”③。比如：

> 祭酒，用玉泉山水酿造，前期行文奉宸苑转饬玉泉山员役，俟本寺取水时即行给发，其取水应用垫板马车三辆，车夫三名，每车用捆桶绳二根，均行文兵部拨给。届期，良酝署官一员，带领厨役车辆，赴玉泉山运回备用。④

皇家园林水域造景离不开西山水资源，况且水是园林造景灵动之魂。清初几位帝王热衷于依山造园，以水景取胜。乾隆帝谕大学士鄂尔泰等人：“都城西郊，地境爽垲，水泉清洁，于颐养为宜。昔年皇祖、皇考皆于此地建立别苑，随时临幸，而办理政务，与宫中无异也。”⑤ 由是，西郊皇家园林布局皆依泉湖水系的流向，自然造势，巧夺天工。如畅春园、圆明园即为康乾时期因水造势的杰作。详见清前期皇家园林兴建与河湖水系关系概表（见表 2-2）。

表 2-2　　　　清前期皇家园林兴建与河湖水系关系概表

园林名称	建造年代	依附水系
畅春园	康熙二十三年（公元 1684 年）	海淀湿地、玉泉水补给
圆明园	康熙四十六年（公元 1707 年）始建	海淀湿地、玉泉水补给
香山	乾隆九年（公元 1744 年）至十一年（公元 1746 年）	双井、碧云寺山泉水
乐善园	乾隆十二年（公元 1747 年）	长河（自昆明湖引西山水）

资料来源：徐冰洁，王劲韬．清代皇家园林建设与京畿水利工程的关系//“明日的风景园林学”国际学术会议论文集．北京：清华大学建筑学院，2013：334.

---

① 陈其元．庸闲斋笔记：卷 9“以水洗水”．北京：中华书局，1989：227.

② 光绪《大清会典事例》卷 1192“内务府·供具”//续修四库全书：第 814 册．影印本．上海：上海古籍出版社，2002：479.

③ 嘉庆《大清会典》卷 58“光禄寺·良酝署”//沈云龙．近代中国史料丛刊三编：第 640 册．影印本．台北：文海出版社，1991：2680.

④ 同③2678.

⑤ 清高宗实录：卷 60（乾隆三年正月乙丑）．影印本．北京：中华书局，1985：5.

实际上，乾隆时期是西郊皇家园林修建的高峰期，利用西山自然景观，辅之以人为造景，使得泉湖资源成为布景的重要元素，成为彼时皇家园林规划布局的特点。乾隆十五年（公元 1750 年）整治玉泉山泉水，扩浚瓮山泊，改称昆明湖，蓄水丰沛后，则以治山水之名，建造清漪园。故时人云："盖湖之成以治水，山之名以临湖，既具湖山之胜概，能无亭台之点缀？事有相因，文缘质起，而出内帑，给雇直，敦朴素，祛藻饰，一如圆明园旧制，无敢或逾焉。"① 这就使园林建造的治水与依水相互统一，对泉湖资源利用及围绕水而造景的重视处于一个顶峰期。

园林修建，以水造景的工程，涉及对水道的选择与疏浚，客观上则不可避免地出现占用周边民用田亩房舍的问题，尤其是规模较大的园林水利工程，河道沿途必要的水利移民导致水地矛盾、人水矛盾。清廷在西郊开挖金河、长河后，稻田厂利用便利灌溉，拓展两岸稻田，以致官田占用民地。为此，清廷不得不择地补偿，以缓和因占地而导致的人地、人水矛盾。

乾隆二十三年（公元 1758 年）、二十六年（公元 1761 年），地方官先后奏报金河、长河两岸官占民用地亩的补偿事宜。先是通州地方申称，"金河西岸开挖稻田"，占用宛平县苏耀宗等民人的地亩，奉文于官地内前后共拨给地 4.68 顷，"每亩征银二分一毫零及三分七□（原文不清。——引者）零不等"，共应征加银 12.321 4 两，且规定"每两均摊丁匠银二钱七厘"，共征均摊丁匠银 2.552 9 两；遇闰之年，"每两均摊丁闰银七厘九毫，共征丁闰银九分七厘九毫，每亩征地闰银一厘一毫"，是为定例。继之，金河西岸改治稻田，占用民人刘二等地亩，以致所有应升粮额缺项。为此，直隶总督方观承就此事奏报清廷，"请将通州动用钮嗣昌等入官北堤寺地内拨补，转饬该州遵照部行查明科则"，依照"占用宛平民人苏耀宗地"之例题报。②

此外，清代西郊水田由内务府奉宸苑所辖稻田厂统管后，该部将所控水田内足够供给御用之外的稻田，租给周边民人耕种纳银。雍正二年（公元 1724 年），清廷以功德寺、瓮山二处水田所得稻已敷一年之用，留此二

---

① 于敏中．日下旧闻考：卷 84"国朝苑囿"．北京：北京古籍出版社，1981：1393．

② 户科题本，户部右侍郎裘曰修，题为遵议拨补直隶通州开挖金河改治稻田占用民人地亩事，乾隆二十三年八月十八日，档号：02-01-04-15156-017。

处官种外，其六郎庄、北坞、蛮子营、黑龙潭等四处稻田租与附近居民征租。所种官地停其额帑，即于地租银内动用。次年九月，又将“稻田厂地亩除官种外，余地皆租与附近居民征租”①。然而，至乾隆年间，随着引水工程开挖扩展，皇家园林占用土地比重大增，稻田厂租与民人的官地被占用，由是清廷也相应出让既得利益，折减民人租地银以缓和人地矛盾。据嘉庆年间记录相关数据统计，各项水利工程与园林水景建造过程中，前后被占部分官田约1 698.49亩，折减民人租银750.554两。详见西郊水利工程与皇家园林水域部分官田被占折减租银概表（见表2-3）。

表2-3　西郊水利工程与皇家园林水域部分官田被占折减租银概表

水利工程事件	占用土地数	折减租银数
广润祠前挖湖	八十一亩二分二厘，蒲地一顷二十亩	五十三两四钱九分一厘
昆明湖一带地方归并清漪园管理	五亩七分	三两九钱九分
清漪园挖河	六亩五分三厘有奇	三两五钱九分六厘有奇
开挖水泡	六顷六十五亩六分	二百八十二两四钱九分
圆明园建斋供房	二亩三分七厘有奇	一两一钱四分
金河南岸开挖水泡	五亩	一两五钱
圆明园挖沟	二亩	九钱六分
耕织图东荷花池归并清漪园管理	八亩二分一厘有奇	五十四两一钱六厘
畅观堂挖河	六亩二分	四两三分
圆明园改挖河泡	七十二亩五分	十八两一钱二分五厘
静明园、倚虹堂堆山	四亩四厘	一两二钱六分六厘
乐善园西紫竹院开挖水泡	一顷十九亩一分六厘	六十一两二钱八分
乐善园改挖水泡	二顷四十七亩四分	八十六两六钱八厘
功德寺建盖官房	二亩七分五厘	六钱八分七厘
建盖左翼营房并挖河	三顷三十三亩七分二厘	一百两一钱一分六厘
长春园修道	四亩四分四厘	七十五两六钱八厘
建造火器营房	五亩四分	一两六钱二分
中坞村开挖旱河	五亩八分九厘	一两四钱七分三厘
合计	1 698.49（亩）	750.554（两）

资料来源：嘉庆《大清会典事例》卷902“内务府·园囿”//沈云龙．近代中国史料丛刊三编：第699册．影印本．台北：文海出版社，1991：7264-7281.

① 嘉庆《大清会典事例》卷920“内务府十八·园囿”//沈云龙．近代中国史料丛刊三编：第699册．影印本．台北：文海出版社，1991：7254-7258.

园林造景与稻田扩展的用水，在一定程度上限制了水资源利用的经济投入。在民，需要水利移民；在官，减少稻田出让银两。同时，这些又在客观上导致了土地占有形式或者说土地资源利用方式的改变，不仅既有的民地被改造为水道或扩为园林，官有田地亦然，官田民地均为泉湖资源的有效利用而让道。当然，不论是引水工程占地的水地矛盾，还是水利移民与官田折租的人地、人水矛盾的解决，均需要官民各自在财力物力方面做出牺牲与让步，这样才能维护社会秩序稳定。

（二）水井质劣与人口增长

尽管西郊泉源丰沛，可是京城居民饮用水的供给，自明以来多仰赖水井。生活于明成化至嘉靖年间之人陆深说："京师地高燥，水泉虽旷野皆难得，况城市乎？"① 万历时人郑明选亦说："京师当天下西北，平沙千里，曼衍无水，其俗多穿井，盖地势然也。"② 清人也有同样认知，据载，"京师地势高垲""近郊二十里，无河流灌溉，故一切食用之水，胥仰给于土井"③。只不过，这些水井水质有甜苦之别，并非都宜饮用。据明嘉靖至万历年间文献记载，京师内外水井虽多，然"往往城中水，不如郊外甘"④，"京师常用甜水，俱近西北"⑤。及至明末，依旧有"京城浊水味多咸，惟有天坛井正甘"⑥ 的说法。明末清初史家谈迁亦言："京师天坛城河水甘，余多苦"⑦。

京师为首善之区，饮料乃卫生所重，而长期汲用劣质水，不仅卫生状况难以保证，且有损生民之发育与健康。城中所供水源不洁，也引起清代

---

① 陆深. 俨山续集：卷10"小沼记"//景印文渊阁四库全书：第1268册. 台北：台湾商务印书馆，1986：722.

② 郑明选. 郑侯升集：卷21"涌金泉碑记"//四库禁毁书丛刊·集部：第75册. 北京：北京出版社，2000：395.

③ 北京市档案馆，等. 北京自来水公司档案史料. 北京：北京燕山出版社，1986：1.

④ 石珤. 熊峰集：卷4"酌泉"//景印文渊阁四库全书：第1259册. 台北：台湾商务印书馆，1986：546.

⑤ 朱国祯. 涌幢小品：卷15"品水". 北京：中华书局，1959：339.

⑥ 陶汝鼐. 忆京华曲·杂纪//四库禁毁书丛刊·集部：第85册. 北京：北京出版社，2000：457.

⑦ 谈迁. 北游录. 北京：中华书局，1997：312.

权贵的关注与民众的不满。顺治六年（公元 1649 年），摄政王多尔衮因“京城水苦，人多疾病，欲于京东神木厂创建新城移居”①，因所需浩繁作罢。康熙年间，黄越以诗文形式记录了京城水质不佳的境况，写道：“城中有井味皆苦，汲取远致河之浒”②。民众对日常饮水“质味恶劣”的状况亦颇有怨言。加之昔日都人好饮茶，“京师井水多苦，而居人率饮之。茗具三日不拭，则满积水碱”③。水质不佳，不利于民众的日常生活与身体健康。

据记载，京城街巷的优质水井，或分布于官府重要机构，或分布于达官显贵居住区。乾隆年间，北京内外城水井总计约为 996 口，其中内城水井占到 73.6%，外城占 26.4%。④ 可问题是，清廷从制度层面限制了一些优质水井的广泛使用，规定不准将城内甜水井之优质水担出城外，即便是卖水者也不被允许。因此，要解决用水矛盾，避免社会纠纷，就需要开发新的水源，补给京城需水。

明清之际，北京内外城“户口殷阗，需水甚夥”⑤。城市居民日常生活用水，随着城区户口殷繁而大增。关于入清以来北京人口数量的研究，成果丰硕。齐大芝等认为，至康熙五十年（公元 1711 年）时，北京城市人口达到了 924 800 人，随着人口数量的不断增长，京师近地，民舍市廛日以增多，“略无空隙”⑥。据韩光辉研究统计，至乾隆四十六年（公元 1781 年）时，北京城市户口，包括内、外城及城属地区，约计 986 978 口。⑦ 伴随人口增长，居民用水需求加大。不仅既有水井不敷供给，而且因向来“京师井水多咸苦，不可饮”⑧，饮用水质堪忧。

（三）水田日辟与通漕济运

步入清代以后，由于京城人口增长，日常生活所需粮食与水等供应量

---

① 清世祖实录：卷 44（顺治六年五月癸亥）. 影印本. 北京：中华书局，1985：349.

② 黄越. 退谷文集：卷 2“刘学士旧井行”//国家清史编纂委员会. 清代诗文集汇编：第 186 册. 上海：上海古籍出版社，2010：409.

③ 震钧. 天咫偶闻：卷 10“琐记”. 北京：北京古籍出版社，1982：216.

④ 侯仁之. 北京历史地图集・文化生态卷. 北京：文津出版社，2013：124.

⑤ 张泽，邬国勋，刘金声，王仁训. 四方荟萃. 天津：天津人民出版社，1992：283.

⑥ 齐大芝，任安泰. 北京近代商业的变迁. 北京：首都经济贸易大学出版社，2014：12.

⑦ 韩光辉. 北京历史人口地理. 北京：北京大学出版社，1996：128.

⑧ 朱一新. 京师坊巷志稿：卷上“东西沿河”. 北京：北京古籍出版社，1982：55.

增加，清廷在大力倡导南粮北运的同时，拓展京畿水田和“京西稻”的扩种与发展，以致人水之争、水地之争问题凸显。就西山泉湖而言，随着水田的开发，水量减少，本就不大的瓮山泊蓄水湖水域面积日渐萎缩，以致水生态恶化。表现在：一是水退干涸的湖滩地被辟为稻田，湖体愈加东摆。二是湖体容水面积缩减，一遇暴雨山洪，湖面水涨漫溢，周遭河道无处泄水，加大溃堤风险。如康熙二十九年（公元1690年）夏季暴雨，西湖溃堤，玉泉河道决口，令内务府补筑。

至乾隆年间，稻田不断扩展，不仅与水争地，湖体储水能力也减弱，泉湖生态几不能维持城内供水与济漕航运。故而，乾隆十五年（公元1750年）、十六年（公元1751年），清廷整治西山诸泉，扩浚瓮山泊为昆明湖①，不断完善与增加水利工程设施。俟蓄供水能力提高后，在关注园林、宫廷用水的同时，更注重于西郊大兴水田。即如大学士傅恒奏称，“高梁桥迤西近河地亩，俱可营成水田，请交与顺天府查明，并派内务府官员勘定经理”②，营田致使“园内自垂虹桥以西，濒河皆水田”。乾隆帝本人欣喜于水田开辟后的成效，十八年（公元1753年）作《溪田课耕》诗云：

疏泉灌稻畦，每过辄与田翁课晴量雨，农家景色历历在目，引泉辟溪町，不藉水车鸣，略具江南意，每观春月耕，嘉生辨秔稻，农节较阴晴，四海吾方寸，悠哉望岁情。③

乾隆二十年（公元1755年），疏浚金河后，乾隆帝又赋诗云：

金河之水高玉河，灌输町畛蓄流波。其初一渠可步踱，岁久淤塞滋芦莪。疏泉因为广其壑，益开稻畦千亩多。④

稻田日多，灌溉用水增加自不待言，故而当有官员奏报春夏之交灌溉

---

① 昆明湖在万寿山下，乾隆十六年导西山玉泉之水，即旧所谓西湖者，广为疏浚，周三十余里。参见：嘉庆重修大清一统志：卷2“京师二·山川”//续修四库全书：第613册．影印本．上海：上海古籍出版社，2002：52。

② 中国第一历史档案馆．乾隆帝起居注：10．影印本．桂林：广西师范大学出版社，2002：196．

③ 乾隆．御制诗集（二）：卷42“溪田课耕”//景印文渊阁四库全书：第1303册．台北：台湾商务印书馆，1986：731．

④ 乾隆．御制诗集（三）：卷57“金河”//景印文渊阁四库全书：第1304册．台北：台湾商务印书馆，1986：169．

水田，湖区蓄水水位下降数寸，请堵截灌田用水时，乾隆帝指出，疏治昆明湖，本就为蓄水以资灌溉稻田之用，令官员不禁灌溉，且言：此正所谓“湖波漫惜减三寸，正为乘时灌稻田”①。后因“迩年开水田渐多，或虞水不足”②，并于二十四年（公元 1759 年）修浚高水湖和养水湖，官种稻田较往时几数倍之③，以致“旷野衍田似南康地”④，“夹岸开稻田百顷，实以灌溉，弥望青畴，宛然水乡风景”⑤。

保障京畿运河水位水势稳态，有益于漕粮北运的顺利完成。而由于自天津以北至京城东面通州的河道高程逐渐抬高，漕船入北运河至通州通惠河段的水路基本呈逆流态势，河道水势强弱、河床水量多寡直接影响载舟浮力与漕船是否顺利行进。可是，自元朝开通通惠河以来，经护城河而至通惠河的补水主要自西山水脉而来，故而西山水源疏浚与漕运关联紧密。对此，明清人均记有：通惠河由郭守敬于元至元年间后所凿，发源昌平州白浮村神山泉，而其实皆自西山一带千岩万壑之水汇于西湖，注大通河，流入高丽庄，入于白河。⑥

梳理自元以来通惠河济运情形，可知元代开通通惠河，导引白浮泉及西山一带泉水，水源充足。终元一代，又有通惠河与坝河相辅，漕运顺通。然至明代，白浮堰断流，济漕之水只资玉泉一脉，加之河道经常淤积，永乐年间时，“诸闸犹多存者，不以转运，河流渐淤”，朝廷不得已加大河道疏浚力度，于成化、正德间“累命疏之，功不果就”。及至嘉靖六年（公元 1527 年）“始浚大通桥起至通州城北之石坝四十里，地势高下四丈，中间设庆丰等六闸以蓄水”，此段漕运始通。然而，相比前代水量的丰沛，来水仍

---

① 乾隆．御制诗集（三）：卷 57“昆明湖泛舟”//景印文渊阁四库全书：第 1306 册．台北：台湾商务印书馆，1986：208.

② 于敏中．日下旧闻考：卷 85“国朝苑囿”．北京：北京古籍出版社，1981：1427.

③ 于敏中．日下旧闻考：卷 71“官署”．北京：北京古籍出版社，1981：1187-1188.

④ 王铎．拟山园选集：卷 41“玉泉寺记”//国家清史编纂委员会．清代诗文集汇编：第 7 册．上海：上海古籍出版社，2010：151.

⑤ 穆彰阿，潘锡恩，等．嘉庆重修大清一统志：卷 2“京师二・山川”//续修四库全书：第 613 册．影印本．上海：上海古籍出版社，2002：52.

⑥ 吴仲．通惠河志：卷上//续修四库全书：第 850 册．影印本．上海：上海古籍出版社，2002：635；王履泰．畿辅安澜志：大通河“原委”//续修四库全书：第 849 册．影印本．上海：上海古籍出版社，2002：525.

然显弱。[1] 学界既有成果中，蔡蕃的研究尤其关注到明代通惠河漕运，其中显示：明初虽修治通惠河，然而最终仍无法扩充水源。为适应水源减少，保证漕运，建成通州石坝后，辅以剥运制，水陆并运。另废弃大量闸坝，只保留五闸二坝，将上游水拦截，实行倒载制，即漕运船只的漕粮由人夫搬至闸坝上游船只，运到都城。[2] 因缺水，其间需要加大人力投入，费时费力。

显见，清初漕运相比明代，运量加大，对水源的需求更甚，可是西山水环境也已经发生变迁，部分泉源堵塞乃至干涸消失，玉泉聚水量减少，加之上游灌溉水田及皇家园林的需水量更大，乾隆朝开展的导流西山、疏浚泉湖，一定程度上解决了济运通漕之水的供给问题。

无论如何，自乾隆朝以来，清廷投入大量财力物力人力构建的京城人工供水系统，是建立在清初北京对水资源需求甚亟，且西郊水资源总量丰富的背景下，有着可开发利用的可能性，是一种以西郊原本自然水系为依托，以满足社会需求的水资源利用方式，是资源利用中趋利避害宗旨的体现。人类所开展的水利工程建设和对周围自然水系的干扰，会对周围自然环境乃至人类本身的社会生活造成一定的影响，发生改变的自然环境在一定程度上亦必将对人类活动产生直接或者间接的影响。而考察和讨论人与水这一生态巨系统变迁的利弊得失，至关重要。

二、西山人工水系与生态恢复力

北京地区城市用水多取自河流潜水溢出带的有限泉湖。清廷通过对西山流泉湖泊的整治，构建了一套完整的人工水系。因出自国家层面的设计，水系受外力干扰时，灵敏性与适应力强，有持续存在的潜力。尤其通过不断整修，增建防洪设施，封闭有碍泉源的煤窑，开拓水源，分配泉水使用层级与范围，引水系统恢复力增强，可是系统不可逆性也增强。该水系的构建是解释适应性循环理论的典范，也诠释了王朝盛衰与生态优劣的正相关性。[3]

---

① 以上引文均见：赵一清，戴震．直隶河渠书：卷1“大通河”//刘兆佑．中国史学丛书三编：第3辑．台北：台湾学生书局，2003：3250，3284。

② 蔡蕃．北京古运河与城市供水研究．北京：北京出版社，1987：90，110，116.

③ 此部分参见：赵珍，刘赫宇．清代北京西山人工水系与生态恢复力．山东社会科学，2021（1）。

“恢复力”英文为 resilience，也译为韧性或者弹性，是生态学家霍林（Holling）在扰动理论中对适应性循环理论的阐释。霍林提出生态系统是一个具有多稳态的动态系统，它在受到冲击或发生变化时仍能继续维持其功能、结构、反馈等不发生质变的能力也即系统的适应力，是系统对非预期或不可预测干扰脆弱性的量度。恢复力与潜力、连通度共同构成适应性循环理论的基本属性。① 继之，皮姆（Pimm）补充了生态系统遭受扰动后恢复到原有稳态的能力也是恢复力的说法。② 近些年，此概念在人类社会系统中得到越来越广泛的运用。诸如城市系统在面对不可预测的极端灾害、异常气候干扰与冲击时的恢复力与适应性循环，也扩展至城市规划、基础设施乃至水文层面。③ 人类开始关注自身社会演进的可持续性，承认生态系统的复杂性、环境的不确定性和自身能力的有限性，注重生态系统的持久性及其功能的延续性，关注生态系统状态变量相互转化的临界点、多重稳态系统及其转换。只是恢复力是有限度的，不是所有的生态系统受到干扰后都能恢复到原有的状态，即状态转化是不可逆的。如此而言，恢复力应该只是指生态系统在某一状态下的恢复力。清代北京西山人工水系的构建及持续存在，与该系统运转过程中恢复力的影响密切相关。

颐和园是西山人工水系中的重要一环，清廷以园中最重要的湖区为核心、依托西山自然泉湖构建人工水系，虽然有人为造景因素在起作用，但更多则是人为利用水资源过程中的趋利避害之举。该系统自初创到各项设施趋于完善，再至水系功能适应性增强以及受煤窑开采、人为截流、暴雨山洪等非预期或不可预测的人为事件与自然事件的冲击与干扰，几至崩

---

① 其中，潜力是指系统接受改变的最大量，决定着系统未来的可能性范围，是系统的财富。而连通度，则指系统各组分之间相互作用的数量和频率，是系统控制自身状态的程度，属系统灵活或僵化的度量，如对外界干扰的灵敏性。HOLLING C S. Resilience and stability of ecological systems，Annual Review of Ecology and Systematics，1973，4-(4)，pp. 1-23；Lance GUNDERSON L H，HOLLING C S. Panarchy：understanding transformations in human and natural systems，2002，Island Press，Washington Covelo London.

② PIMM S L. The complexity and stability of ecosystems. Nature，1984，307（5949）：321-326.

③ 顾朝林. 气候变化与适应性城市规划. 建设科技，2010（13）；李彤玥. 韧性城市研究新进展. 国际城市规划，2017（5）；张明顺，李欢欢. 气候变化背景下城市韧性评估研究进展. 生态经济，2018（10）.

溃。最终，由于京城急需水资源的推动，乾隆以来至咸同光诸朝几代帝王不断投入人力物力财力搜求水源，扩充系统来水，适时解决资源利用中的各类矛盾纠葛，使得引水系统经历动态适应后趋于稳态，并保障了引水系统的有效循环。也正是由于有明确的泉湖水资源利用与维护观念，当引水系统出现问题时，清廷便会不遗余力地对引水渠道进行维护和整治，以排除人类活动与季节降水变化所带来的诸多不确定与破坏因素，增强引水系统的抗干扰与自组织恢复力，维持其不同程度的运转能力。只是这种恢复程度受清廷经济投入和水系本身恢复力的制约，具有较强的不可逆性，该系统最终转化为新的仅作为园囿景观的生态系统。时至今日，西山人工水系的主体部分仍是自然景观与人文景观浑然一体的世界级遗产，体现出该水系具有从发展到衰落，又从衰落到发展的生生不息的适应性循环特征。

对北京西山流泉湖泊水源利用的研究，向来是北京水利史与城市史研究关注的重点，成果丰硕，其中尤以侯仁之、蔡蕃、吴文涛等人的研究最著，这些成果奠定了该领域的研究基础。[①] 邓辉对北京地区河流潜水溢出带与湖泉利用问题的论证，钞晓鸿围绕煤窑与地下水循环关系的探讨，樊志斌对玉泉山西部人工水景营造的讨论，属于涵盖人与自然水生态意蕴的探究，较有新意。[②] 既有成果为讨论西郊泉湖水资源状况与利用方式之间的关系提供了可能，本书遵循恢复力理论，阐明依赖天然泉源构建的引水

---

① 侯仁之最早对历代北京水源开发的尝试及乾隆时期对北京西郊水资源的整治有详细勾勒和深入研究，详见：侯仁之. 北京都市发展过程中的水源问题. 北京大学学报（哲学社会科学版），1955（1）；侯仁之. 昆明湖的变迁. 前线，1959（16）；侯仁之. 北京历代城市建设中的河湖水系及其利用//环境变迁研究：第 2、3 合辑. 北京：北京燕山出版社，1989。蔡蕃从北京城供水角度，对不同历史时期水利工程做过详细讨论，见其《北京古运河与城市供水研究》（北京出版社，1987）。近些年来，关于水利史、皇家园林、水稻与花卉种植等多方面研究均避不开对西山水系和水源问题的关注与讨论。详见：吴文涛. 北京水利史. 北京：人民出版社，2013；吴文涛. 昆明湖水系变迁及其对北京城市发展的意义. 北京社会科学，2014（4）；赵连稳. 清代三山五园地区水系的形成. 北京联合大学学报（人文社会科学版），2015（1）；高福美. 清代直隶地区的营田水利与水稻种植. 石家庄学院学报，2012（1）；岳升阳. 海淀环境与园林建设. 圆明园学刊，2012（12）；董延强. 清代京郊资源与城市——以水资源为中心的考察. 北京：中国人民大学，2013。

② 邓辉. 永定河与南海子之缘. 北京日报，2018-12-20；钞晓鸿. 环境与水利：清代中期北京西山的煤窑与区域水循环//戴建兵. 环境史研究：第 2 辑. 天津：天津古籍出版社，2013：73-89；樊志斌. 香山一带的泉水与水系//樊志斌. 三山考信录. 北京：中央文献出版社，2015：14-28.

系统状态转化与存在的内在规律，以反映清人对流泉湖泊水量的局限性及水势不稳定且随季节而变的认识，同时也回答中国历史生态研究中普遍存在的王朝盛衰与生态状态呈正相关性的设问，以表明自乾隆朝构建至咸同光诸朝时的水系状态改变与自有的恢复力循环相关联，只是也恰好对应了王朝盛衰。

（一）西山人工水系构造与水源头的有效循环

昆明湖是西山人工水系布局的中心，也是京城水源集散点和蓄水库。乾隆十四年（公元1749年）冬，为解除北京缺水困境，谕令整修西郊玉泉水，拓展湖域，汇水入湖，增加蓄水量①，使“昆明湖实际上就成为北京郊区所出现的第一个人工水库”②。时人记载：“昔之城河水不盈尺，今则三尺矣。昔之海甸无水田，今则水田日辟矣。”③ 然而，灌田不仅使湖区水位降低，泛舟功能也明显减弱。常态下“昆明湖水志，以露岸三尺为准”，春夏之交“泄以灌稻塍，每减至一尺有余”④，或“率减数寸”⑤，“湖内或艰行舟”⑥。湖水量不足，不仅影响西郊园林水景，亦妨碍漕运及京城用水。在扩湖十年后⑦，清廷又导引玉泉西北部二源汇之，即“一出于十方普觉寺旁之水源头；一出于碧云寺内石泉”⑧。正如侯仁之所说，此次工程“利用特制的引水石槽汇聚在山脚下，直到玉泉山，汇玉泉山诸泉，东注昆明湖。只是从广润庙东至玉泉山的两公里间，地形下降的

---

① 于敏中. 日下旧闻考：卷99“郊坰”. 北京：北京古籍出版社，1981：1638.

② 侯仁之. 北京历代城市建设中的河湖水系及其利用//环境变迁研究：第2、3合辑. 北京：北京燕山出版社，1989：16.

③ 于敏中. 日下旧闻考：卷84“国朝苑囿”. 北京：北京古籍出版社，1981：1392.

④ 乾隆. 御制诗集（五）：卷83“溪亭对雨”//景印文渊阁四库全书：第1306册. 台北：台湾商务印书馆，1986：615.

⑤ 乾隆. 御制诗集（五）：卷57“昆明湖泛舟”//景印文渊阁四库全书：第1306册. 台北：台湾商务印书馆，1986：208.

⑥ 乾隆. 御制诗集（三）：卷73“昆明湖泛舟至万寿山即景杂咏”//景印文渊阁四库全书：第1304册. 台北：台湾商务印书馆，1986：376.

⑦ 学界对引水工程始自乾隆二十四年的观点一致，完竣时间则说法多种，侯仁之据取乾隆三十八年说（本书从此说），张宝章持乾隆二十二年说，樊志斌持乾隆二十一年十一月前后，均见：樊志斌. 三山考信录. 北京：中央文献出版社，2015：94-95。

⑧ 于敏中. 日下旧闻考：卷101“郊坰”. 北京：北京古籍出版社，1981：1672.

坡度较大，乃架引水石槽于逐渐加高的石墙上，以便引水自流到玉泉山麓”[①]，既补充湖区水量，也营造玉泉山西部之景。

值得注意的是，此处“十方普觉寺旁之水源头”与后来出现的樱桃沟“水源头”有何关系？樱桃沟“水源头”的说法究竟起于何时？在乾隆年间的文献中，为什么没有“樱桃沟”的说法？对于如上问题，目前学界成果或回避或语焉不详，却又认为十方普觉寺“水源头”就是指樱桃沟。[②]侯仁之的研究也仅仅提到水源头在“西山卧佛寺附近”，没有明确说到“樱桃沟”。笔者翻检资料发现，樱桃沟“水源头”说法出现于咸丰年间，确切地说是出现于咸丰九年（公元1859年）四月初三。是时，因自樱桃沟引静明园之泉水故道断流，上谕：“朕闻香山卧佛寺西墙外，地名樱桃沟，有石板一块，下有涌泉，可注于玉泉飞淙阁，汇为瀑布。若此水畅旺，转达昆明，即可提闸济运”[③]。次日，绵勋、钱宝清仔细踏勘了樱桃沟水利旧道，并于所奏的专折中写道：

> 查得卧佛寺西墙外稍向北行，有流泉，泝（溯）泉而上，西北三里许，有庙名五华寺。自卧佛寺起，至五华寺迤北，地名总称樱桃沟。山石纵横，乱流四泻。臣等步行至五华寺西北半里余，见有大石一块，高厚约二丈左右，石边铲平，上镌“志在山水”四字。似即圣谕所指石板之处。泉源正在其下，雨穴并出，虽无涌溅之势，而石隙争流，尚不甚弱。穴口间有碎石塞滞，稍加掏拨，当更通畅。循山涧下行至五华寺前，即有官修石渠，地沟宽约八寸许，深约六寸余，水行渠中，势颇湍急。至卧佛寺，相近其渠，即與（与）地平，而寺前渠道，迤逦向东南而下。循健锐营、镶白旗营房至汇水龙王庙中大池，由池穿渠直达静明园西水门。此樱桃沟泉水引入静明园飞淙阁汇为瀑布之故道也。[④]

从“故道”二字可知，乾隆年间引水工程确系引自卧佛寺以西，并且

---

① 侯仁之. 北京历代城市建设中的河湖水系及其利用//环境变迁研究：第2、3合辑. 北京：北京燕山出版社，1989：16.

② 既有成果中并没有出处与认可理由及史料梳理，参见：樊志斌. 三山考信录. 北京：中央文献出版社，2015：102。

③④ 录副奏折，绵勋、钱宝清，奏为遵旨查勘樱桃沟泉水情形事，咸丰九年四月初五日，档号：03-4502-016。

有“官修石渠”，而此次踏勘则明确了“水源头”起自“樱桃沟”以及其确切位置和名称，即“志在山水”沟口就是所谓的“水源头”。①

再说，乾隆二十四年（公元1759年）引玉泉西北二水源时，施工者于玉泉山静明园外接拓高水湖，俾蓄香山、卧佛及西山一带山涧夏秋积雨下注之水；后于该湖东南、昆明湖西南开养水湖，“俱蓄水以溉稻田”，水量大时可自高水湖北闸汇裂帛诸水调入昆明湖；“复于堤东建一空牐，泄玉泉诸水流为金河，与昆明湖同入长河”②，使水次第蓄泄，人为调供。

为防暴雨山洪，乾隆二十九年（公元1764年），清廷在昆明湖区东、南、北三面兴建了闸坝和涵洞，随时启闭以应变。东堤的东北端设二龙闸，闸南建涵洞四处，以调湖水东泄，亦方便灌田与园林供给；北堤建青龙桥闸，以泄洪水期湖水排往清河；南堤建绣漪桥闸，俟调供城内及漕运之水时，则开闸导入长河。乾隆三十七年（公元1772年），又在香山以东、昆明湖以西的四王府，即广润庙地方，开挖两条泄水河。自四王府东北至静明园外垣往东北一带的泄水河为东北流向，“合萧家河诸水，经圆明园后归清河”。自四王府往西南的泄水河，流经小屯村、东石桥，南流至八里庄，再向西汇入钓鱼台前湖，为正阳、广宁、广渠三门城河之上游。③ 次年，清廷又将钓鱼台前诸流泉“浚治成湖”，“凡西山麓之支流，悉灌注于此”，“以受香山新开引河之水，复于下口建设闸座，俾资蓄泄。湖水合引河水，由三里河达阜成门之护城河”，再分两支，一经城东宣武、正阳、崇文门城河至东便门，入通惠河，另一经广宁、永定、广渠门城河，合通惠河，形成济漕水系。④

整个西山泉源汇入昆明湖的路径有二：一是碧云寺、香山流泉自东西流入静宜园，合双井泉东流至广润庙，与樱桃沟来水合流，直达静明园，再汇玉泉诸水，入昆明湖；一是樱桃沟流泉自五华寺经卧佛寺西，过石水沟，再南流至广润庙，与由碧云寺而来之泉合流至静明园，汇玉泉诸水东入昆明湖。两路来水注入昆明湖之前，均与玉泉水汇聚，再分流为两股，

---

① 明末清初人孙承泽也有水源头“在香山之北。两山相夹，诸泉涌出，流至退谷，傍伏行地中，至玉泉山复出”的记载。参见其《春明梦余录》卷69“川渠·水泉”，第1343页。

② 于敏中．日下旧闻考：卷85“国朝苑囿”．北京：北京古籍出版社，1981：1427.

③ 于敏中．日下旧闻考：卷101“郊坰”．北京：北京古籍出版社，1981：1672-1673.

④ 周家楣，缪荃孙．光绪《顺天府志》卷15“京师志十五·水道”//续修四库全书：第683册．影印本．上海：上海古籍出版社，2002：520.

“一由南闸出，入高水湖。一由北闸出，合裂帛诸泉，达昆明湖”。湖水再自南堤绣漪桥出，下流至长河，经长春桥、麦庄桥、白石桥、高梁桥，经进水闸入护城河，再绕城至东南角，与通惠河汇。①

清廷断断续续完成的整个西山引水工程，似乎并非事先规划，一俟工竣，客观上却呈现出一幅自然水系与城市建设协调相宜的画面。该工程以昆明湖为中心，上承西山、玉泉诸多泉源于一湖，下经长河连紫禁城，巧妙地利用了自然水源，使昆明湖成为集蓄、灌、排于一体的人工水库，基本满足了都城用水、济漕、灌田和园林取景等诸多需要。作为乾隆朝构建的人工引水系统，西山引水工程展现了繁盛时代所对应的优良水系状态，达到了有效循环的目的。西山引水工程概貌详见图 2-1。

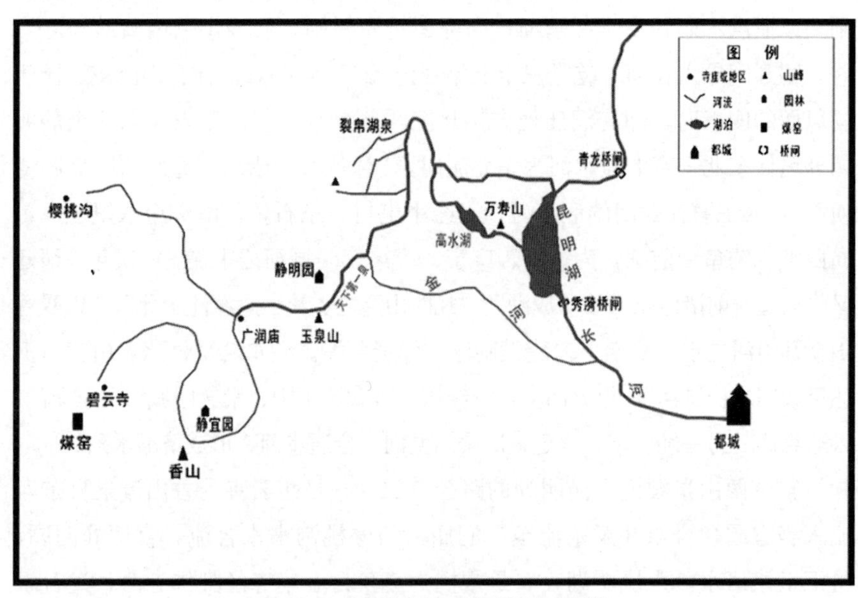

图 2-1　清代京西水源导引示意图

资料来源：录副奏折，呈京西至紫禁城内水源图，同治六年，档号：03-9577-070。该图对流泉走向有详细的文字说明。

（二）水系运行与煤矿开采的纠葛与冲击

依照生态恢复力原理，一种稳态的生态系统或社会系统，如果在偶

① 录副奏折，呈京西至紫禁城内水源图，同治六年，档号：03-9577-070。

然、剧烈的干扰下仍能持续运作，则表明其恢复力超强，具有抗干扰的良好韧性。樱桃沟、卧佛寺、碧云寺诸泉水与玉泉水相互承接汇流于昆明湖，在湖区以西形成了一个相对闭环且动态的人工水系，任何一处泉源受自然影响与人为干扰或堵或截，引水系统便难以运转。何况西山煤窑多分布在碧云寺附近，且与泉道相通，尤广润庙以西以南地势较高，泉源皆采用石槽自低处导引，是为湖区蓄水增量的重要部分。煤窑开采直接影响到碧云寺周边地下水循环系统与潜水赋存状态，污染潜水浅层，乃至使泉水断流。对于闭环水系而言，煤窑开采的偶然性及导致断流的剧烈性，危及昆明湖输水系统的有效稳态，清廷必须在保障蓄水和允许采煤之间做出选择，以增强引水系统的抗干扰能力，保障人工水系的有序运转。

然而，此时京城煤的消费量大增。乾隆四十六年（公元1781年），清廷派员对“西山一带产煤处所，尚有未经开采者”，“逐细踹看，无碍山场，照例召商开采”①。由是，煤窑开采大兴，掘挖愈深，不久即发生“窑商截断来源，以致泉口堵塞”② 的碧云寺等诸泉断流之事。四十九年（公元1784年）三月，园庭官姚良奏称：“静宜园、碧云寺之泉，自上年十二月之后，竟无来水。现将山石拆开，淤泥渣土，全行出净，究不能得水”。清廷派员再三勘察，才辨清缘由。③

兼摄步军统领事务的定亲王绵恩、工部尚书金简赴现场勘察时，因“窑户私雇人于窑内戽水灌入”，绵恩等不知实情，“令加挑浚，水即立至”，遂“据以覆奏”。乾隆帝“疑园亭官役讹索窑户不遂，故意堵塞”，降旨将其褫革，交留京王大臣审讯。大学士阿桂委派直隶布政使吴熊光等人赴步军统领衙门会审无果。有人劝吴熊光依照先前供词“据以定案”，被吴熊光拒绝。吴熊光认为，“察园户之供，既非输服，且山泉如何能堵，决意且迟毋错”，遂“访之园亭官”。孰料园庭员外郎福善对曰：“地底事，谁知详细？惟某日窑坍，寺中立刻水断，求详察”。清廷令暂封窑座，方

① 清朝文献通考：卷32“市糴一”. 影印本. 上海：商务印书馆，1936：5152.

② 录副奏折，定亲王绵恩、工部尚书金简，奏为遵旨加筑窑内土坝工程业经告竣泉水现在畅流事，乾隆四十九年八月初九日，档号：03-1135-012。

③ 录副奏折，定亲王绵恩、工部尚书金简，复奏审办碧云寺泉水污染案件情形事，乾隆四十九年四月初八日，档号：03-1023-005。

使“煤户之奸立破”①。

清廷详察“煤户之奸”缘由并关闭煤窑，共分三步。第一步是查明碧云寺蓄水池水污染情况并展开审讯。碧云寺泉源断流后，于三月十三日“刨挖见水”“该处泉口之外，有小石方池”，按照该寺平日水位管理，向来水池蓄高为1.8尺左右。十六日，苑副明庆发现蓄水高度不够，心疑池水渗漏，先用油灰麻刀粘抹，又令下属填放生石灰、黑土之类，以堵渗水缝隙。事发后，专管官姚良、福善及明庆等人因舞弊罪被斥责革职。② 二十七日，在追责审讯时，福善陈词：“惟闻煤窑与碧云寺泉道相通，两头刨挖泉水，又系窑户动手。现在之水，似有人力灌溉”，“此事原系风闻”，“因三月二十三日泉水复经疏通，闰三月十二日煤窑塌卸，泉即消落，十四日，泉旋复畅流，再四思维，惟有求将窑座暂封，便可明白”。福善的供词揭开了煤窑泄水的盖子。

第二步是查勘煤窑泄水与碧云寺水位的关系。绵恩等认为“以人力灌溉泉流，岂能经久？自当详加复勘”，遂决定暂封煤窑三四天，以观察碧云寺水位。四月初一，相关人员前往查勘煤窑，得知“窑内向系倒坝向东出水，今有新坝一道截水北流，其水不知去向。碧云寺适在煤窑之东北，形迹可疑”，遂“停止窑内倒坝灌水，并将窑座封闭一昼两夜，碧云寺泉水随即消落”。对此，绵恩等认为，“泉源既经流通，不应忽长忽落，何以初二日煤窑甫经封闭，是日碧云寺水势顿落，初四日消至二尺□（原档模糊。——引者）寸，实为可疑”，故继续关闭煤窑数日，以期水落石出，同时对碧云寺内外水道进行详勘③，于寺内旧有龙口处刨挖以疏通泉水，在寺墙外也没发现其他泉源④。这就基本坐实了煤窑泄水与碧云寺水位涨落有关，采煤筑坝、拦截泉源才是寺中泉水池水位下降的根源，也即“上诣碧云寺礼佛，讶池涸，问其故。僧言寺后开煤矿，引水别流，上怒”，令追查主事者下刑部治罪的缘由。⑤ 显见，乾隆帝的重视与过问，对扭转

---

① 吴熊光．伊江笔录：上编//续修四库全书：第1177册．影印本．上海：上海古籍出版社，2002：493.

②③④ 录副奏折，定亲王绵恩、工部尚书金简，复奏审办碧云寺泉水污染案件情形事，乾隆四十九年四月初八日，档号：03-1023-005。

⑤ 清史稿：卷321“王士棻传”．北京：中华书局，1998：10786.

闭环水系系统失衡起到了逆向而稳态的作用。

第三步是封闭堵塞泉源之煤窑。碧云寺泉水源自西南、趋向东北，既然挖煤与泉源断流有关，乾隆帝指示即刻“赔修引沟，接济寺内来水，务使永远接济，不致复有干涸之事”①。绵恩就此从两方面着手实施。一方面对已查明窑内泉源加以求证，探明是窑商因挖煤筑坝截留了旧有泉源，还是窑商所言的于窑内寻得新的活水。② 经勘察，此处并无新的泉源，绵恩决定“俟引沟修浚、泉源复旧时”，将有碍泉水畅流之窑座“即行封闭”③。另一方面，探明自封窑后“泉水虽渐归故道，然土坝之上仍旧满溢向东，是以泉水总不能如曩日旺盛”。为防煤窑坍塌堵塞泉眼，使“泉水不致有涓滴洩泄”，绵恩将窑内新旧土坝全行拆除，换成石砌坝，且将石坝上游所开窑座“迤逦刨挖，绵亘一二百丈”的易于朽烂的柳木窑柱一律更换为柏木，“顶撞严密”以“堵塞横截之患”④，保障流泉顺畅。这也表明，人工水系需要投入大量人力财力物力维护，才能使闭环水系的水生态功能满足昆明湖蓄水需求。

然而，引水与采煤均关乎民生，权衡二者之重，并不容易进行选择与协调。煤窑开采依然兴盛，至嘉庆年间，西山煤窑已有二百余处。可是因前期煤窑被水形成长 880 余丈、深四五尺不等的泄水石沟，影响地下水脉，窑商们不得不借帑修理沟渠以宣泄积水。⑤ 至同治三年（公元 1864 年），官府偏向保护泉源，认为“且云从山生，水由地行，但窑多槽众，挖取年深”，“井泉之水岂足用焉”，故勒石立碑警示。⑥ 可是“玉泉山后煤窑太多，水向外泄”，湖区来水减少，以致“禁城外河水渠干涸”⑦，清

---

①③　清高宗实录：卷 1204（乾隆四十九年四月丁酉）. 影印本. 北京：中华书局，1985：112-113.

②　经绵恩等考察，碧云寺周边并无新泉源，“唯西北山上老爷庙一处，有积水一池，看系由山沟流出，其水亦属微弱，且距碧云寺尚隔山沟一道，似非来源”。参见：录副奏折，定亲王绵恩、工部尚书金简，复奏审办碧云寺泉水污染案件情形事，乾隆四十九年四月初八日，档号：03-1023-005。

④　以上引文均见：录副奏折，定亲王绵恩、工部尚书金简，奏为遵旨加筑窑内土坝工程业经告竣泉水现在畅流事，乾隆四十九年八月初九日，档号：03-1135-012。

⑤　中国人民大学清史研究所，中国人民大学档案系中国政治制度史教研室. 清代的矿业. 北京：中华书局，1983：401，412-413.

⑥　北京市门头沟区文化文物局. 门头沟文物志. 北京：北京燕山出版社，2001：280.

⑦　咸丰同治两朝上谕档：第 16 册（同治五年六月十六日）. 桂林：广西师范大学出版社，2000：165.

廷遂令工部左侍郎魁龄等人搜采水源，办理河道。此从另一层面反映出咸同年间，京城用水加大、煤窑开采等因素使人工水系状态趋劣，且与清朝国势衰微恰好共振。不可忽视的是，咸同二帝对水系的关照，一定程度上有助于人工水系系统恢复与部分趋向稳态。

在处理煤窑开采与水源保护的关系时，魁龄雇用熟悉香山窑座的乡民及静宜园的园工为向导，往香山西北一带查勘。一行人在距静宜园不远处发现包括前尾子窑在内的旧有煤窑“可指名者约数十余座，俱已坍塌封闭，约在五六十年至三四十年不等”，这些窑座“尚无妨碍水源”。至碧云寺所在的聚宝山有两泉，系属 源，一流注入庙内，一流注于庙南，流路均畅。位于碧云寺15里外的后尾子窑仍在开采，只能冬日进人挖煤，天气一暖则“阴气臭味，人不能受，断难进内”。此窑深约二百数十套（弓），“窑内实无漏泄水源之处”。考虑到该窑与早已封闭的数十处窑座均距静宜园不远，亦与碧云寺诸泉“同此一山，脉络自必相同，若任其日久刨挖，不惟与泉源有碍”，故而查封。①

此次尽管封闭旧煤窑，但是探明了来水减少并不完全是采煤所致的实情。② 乾隆后期关停煤窑与开采中重视水脉均有益于水系循环的恢复，因此，至嘉道年间，西山人工水系水量仍较充沛。嘉庆十九年（公元1814年）五月的一则上谕记载：“京畿玉泉山以一泉之水下注至河，环绕京城，复由五闸至通州济运，经流数十里，即遇天旱之年，从无虞匮缺”③。道光年间修理樱桃沟渠道时，下注水量依然很大，仅静明园飞淙阁所汇瀑布“甚形喷薄，从阁前南流，过汜光、垂虹二桥，汇入御湖，由南面水关启放，即归高水湖，其北流即归昆明湖，均可直达长河”④。

---

① 录副奏折，工部左侍郎魁龄，奏报办理河道搜采水源实在情形事，同治六年五月十五日，档号：03-4969-009。

② 时碧云寺后旧有煤窑“久经封闭”，查无基址。碧云寺西天宝山后，有煤窑一座，距离碧云寺较远。参见：录副奏折，呈京西至紫禁城内水源图，同治六年，档号：03-9577-070。

③ 嘉庆道光两朝上谕档：第19册（嘉庆十九年五月初一日）．桂林：广西师范大学出版社，2000：368．

④ 录副奏折，绵勋、钱宝清，奏为遵旨查勘樱桃沟泉水情形事，咸丰九年四月初五日，档号：03-4502-016。

（三）搜采水源与引水系统复修的适应循环

如果说乾隆年间引水系统在香山、碧云寺一线受采煤影响的话，那么咸同以来樱桃沟、卧佛寺一线则常有断流与沟渠损毁情况发生，故而搜采水源和修缮工程也在这一线展开，年久失修、淤塞损毁严重的碧云寺、香山及静明园等处引水石渠得到整修。清廷还特别关注降水与天气等自然因素对引水设施的影响，且派兵看守，以防人为截流。这些举措消除或减轻了对引水系统的冲击，使其原有的功能得到不同程度的修复，强化了水系运转，只是局部状态呈现出不可逆性。

搜采拓展水源，自咸丰九年（公元 1859 年）四月始。当时，樱桃沟至玉泉山段引河已经干涸断流，贝子绵勋等人前往源头查勘疏浚，并奏称“此股泉水所以断流之故”，“实因渠道间有残损，沟身亦不无淤塞，且附近卧佛寺一带居民僧众在上游泄水灌园，是以不复循沟下行”，提出“现当需水甚亟，此股泉源虽不旺，而从高下注，昼夜不息者七八里，若能引归长河，于济运不无裨益”。况且故道沿途“渠道残损处所，其间长者不过丈余，短者仅止数尺。若用木掏挖成槽，间段接续，但期引水通流，不求精美，当不至于繁费”。同时，绵勋等还建议管控上游来水，“晓谕该处居民僧众，除日用要需按时取给外，暂行禁止，不得私自分泄。俟河水充足，再听其便，似于民用亦无窒碍”①。当然，绵勋等人的建议并未付诸实行。

前文所述，同治六年（公元 1867 年）魁龄主持搜采水源，除了确认煤窑开采对水源并无大碍外，还对昆明湖以南泉宗庙至长河的水路进行了考察。泉宗庙经东南斜抄至长河之白石桥，长约五六里许，水流微弱。白石桥河水较泉宗庙处之水，“看似五尺余，似属可引”，但是其中阻滞处多，且“泉宗庙现在流泉无多、干涸，水势太微”，较之春间，若疏浚开挖，徒费无益。② 显见湖区输出之水已然减少。

---

① 录副奏折，绵勋、钱宝清，奏为遵旨查勘樱桃沟泉水情形事，咸丰九年四月初五日，档号：03-4502-016。

② 以上引文均见：录副奏折，工部左侍郎魁龄等，奏报办理河道搜采水源实在情形事，同治六年五月十五日，档号：03-4969-009。

魁龄等人至樱桃沟时，见沟内有一段二三里长的路，多有巨石阻拦，流泉自源头高处引向石簸箕后，始入石沟导引。石沟内陪用铁幔，以防石子壅塞，以便随时清理。可是“无知匪徒在彼肆扰”，“将沟盖石掀动窃去，铁幔一块两旁护帮具有损坏痕迹，并将泉水从源处用石子截堵”，以致山泉径直旁泄，不能尽入石沟。经询问卧佛寺僧人，方知此沟平素未派兵看守，“每年春夏之间，山内五华寺僧人引用此水浇灌玫瑰、樱桃等树，附近旗民男妇人等亦入此沟盥洗衣服。率皆堆积石子，从上游截留，以便私用”。据此，魁龄提出，若不禁止，日甚一日，“此沟必致断流”。为“多得一分之水，即多助一分之流”，以防修整后引水石渠再次被毁和杂物壅塞流水，清廷对水系不同处所采取了相应措施。樱桃沟周边，“由地方官酌量地势，安设堆护”，传令僧录司“凡有泉水经过之庙宇，不准稍有偷漏”，饬知临近驻扎的健锐营该管大臣，兵丁往来不得有损流泉导引设施[①]，且在“志在山水源沟口扼要之地，添建堆拨一处，派兵栖止，昼夜巡查，用资守护。并于沟口迤西、卧佛寺迤西，添建卡墙二道，以防践踏”[②]。同时将静明园内各灰土河桶、新砌石渠明沟并各座新源闸处“交该管官兵小心看守”，随时清理淤塞；卧佛寺、碧云寺庙内石渠明沟，各交该处僧人看护。泉水流经沿途桥洞闸坝可通石渠处及由香山至德胜门水闸 40 余里，“由各该管地官兵就道分段稽查，照料一切”[③]，“倘该处僧俗人等仍蹈故习，即由各该管严拿重惩”[④]。

昆明湖来水减少，除了泉源周边人为私自截流使沟渠断流、日久湮废等因素，还与北京地区降水分布差异、旱涝频仍、雨量变化致上游诸流泉丰枯不一及湖区水量盈缩不定关联。每年夏秋间，西山旱涝频发，水势强弱不定，若遇山洪暴涨则会冲毁输水设施。为保障正常供水，清廷不得不加大人工治理力度。同治三年（公元 1864 年）、四年（公元 1865 年）间，“京师因雨泽稀少，风燥日炎，土地干旱，玉泉山泉眼淤塞”，清廷令“工

---

①④ 以上均见：录副奏折，工部左侍郎魁龄等，奏报办理河道搜采水源实在情形事，同治六年五月十五日，档号：03-4969-009。

② 光绪《大清会典事例》卷 1157“步军统领二·官制·守卫二”//续修四库全书：第 814 册. 影印本. 上海：上海古籍出版社，2002：139-140.

③ 朱批奏折，工部左侍郎魁龄等，奏请饬下步军统领衙门等各地方官随时察拿樱桃沟水源偷窃贼犯事，同治六年，档号：03-4969-015。

部、内务府及顺天府各衙门，认真查勘，赶紧疏浚”①。同治六年（公元1867年）七月，西山暴雨成灾，冲毁引水沟渠，仍由魁龄主持承办修缮事宜。魁龄等人发现，樱桃沟内旱河泄水桥上重新粘修的石沟、四王府拐角的沟身以及碧云寺庙外沟嘴等处均被水冲，“致有掀动折损”。当地人亦称，每年夏秋间“俱有山水，大小无定”，“今年山水大至，一由香山下注，一由樱桃沟下注，至四王府合流，溜急势猛，水中挟带巨石，撞击沟身，立时坍塌”。魁龄看到水冲护沟石料“多在数十丈之外，似此水势狂猛异常”②，为防止培修后再遭水冲，决定另行筑坝或深挑旱河，后共疏浚修缮明暗水沟总长2 990.04丈。③

细析魁龄主修的水系工程，主要有两种情形。一是香山、碧云寺至广润庙的引水石沟相对完整，流泉畅旺，且“由静明园至德胜门长河一路，均水深二三尺至四五尺不等，合流并注，源源不竭”④。二是樱桃沟一路水源断流，沟渠损毁严重。清廷将流泉各工分别缓急后，令魁龄先行试办“所有香山、樱桃沟石渠及各处泉河故道”⑤。魁龄以樱桃沟山水发源处一段损毁情形最重，将其定为急工。

樱桃沟来水，一自西北大山入沟，一自东北五华寺盘道入沟，石渠山石护脚泊岸绵长约数里，沟内有一座二孔桥。同治六年（公元1867年）七月“初七、初八等日雨后，山水大至，劈裂山石，数处水从两面冲击，登时将桥座冲塌，上下沟身遂亦扯断，其石料有冲至一二里之外者”，魁龄遂责令培修石沟，亦修缮旧有桥座。又因旱河历年未经深挖，“河身沙石淤垫过甚，以致此股山水不由河心行走，全向石泊岸前撞击冲汕，日甚一日”⑥。

---

①　以上引文均见：录副奏折，给事中白恩佑，奏为玉泉山眼淤塞祗须挑挖便可通利相应请饬工部内务府等各衙门认真查勘赶紧疏浚事，同治朝，档号：03-9991-009。

②④　以上引文均见：录副奏折，工部左侍郎魁龄，奏为遵旨赔修樱桃沟石渠工程并查明山水冲汕情形请派大员查看变通做法兴修事，同治六年七月二十六日，档号：03-9577-052。

③　国家图书馆藏，样式雷图文档案史料，添修并拆修水沟挑挖河道淤浅综册，编号：373-0369。

⑤　清穆宗实录：卷197（同治六年二月壬寅）．影印本．北京：中华书局，1985：528.

⑥　同治六年（公元1867年），样式雷对南北旱河进行测量抄平，在“卧佛寺旱河工程册”中有：“斜往东南归旱河，砂石一段长六十三丈，至挡水坝，折见方五百四丈。白旗南门外旱河南北宽十六丈。起刨旱（河）滩，清理沮滞砂石顺溜平”，详见：国家图书馆藏，样式雷图文档案史料，卧佛寺至旱河工程册，编号：376-0441。

为使水归故道，两路分流而下，魁龄还疏通挑挖旱河河身，以挑河之土就近加筑土山，作为北面石泊岸之保障。至十月，“所有冲陷石沟地脚，当加筑堆土，另做护脚泊岸”处，一律完竣。而原计划在沟内桥座与石沟两岸“补砌大料石泊岸”的工程，因天气渐寒，“石工浆水不能干透”，“冻活未能坚固”而暂缓。[①] 同治七年（公元 1868 年）二月，施工人员又在樱桃沟内及碧云寺外山水发源处凿打山石，别开水道，以泄水势。[②]

工程进展中，当魁龄因“香山等处工程估需钱粮过巨，恐虚耗国帑，泉水未见流通”而奏请暂缓办理时，同治帝谕内阁转敕，“西山一带泉源，关系京城水脉”，该侍郎奉命复勘，“自当妥筹办法，以期于事有济，岂容为难中止”，不可虚靡，也不可推诿。[③] 这显示了清廷对引水工程的重视，亦加强了水系的适应性循环。

据国家图书馆藏“样式雷图档”记载，该工程由著名的样式雷第七代传人雷廷昌父子“前往经理”，后来光绪年间的添修挑浚也由样式雷承揽完成。其工程计划载：“查得樱桃沟内自来水簸箕起，现有石沟一段，拟拆去抵用横沟一段，石沟两边砂石地面现冲刷一空，拟添砌铺山石趄坡马槽沟二道，均抹油灰，可为保护石沟”。为使山水涨发时流泉通畅，又改建五华寺盘道口被冲塌的原二孔石平桥为三孔。[④] 卧佛寺至四王府旱河段的修浚工程，自四王府分水龙王庙东、西旱河并往南旱河汇流直往西北，至十方普觉寺牌楼西止，包括开刨清理淤滞砂石、改开河道、加堆土山、保护石渠外口、添修迎水山石护脚泊岸等。其中开挖旱河工程，原计划均挖 3 尺，因“钱粮甚巨”，“减深一尺”。此次还在南新村三孔涵洞南口添修了顺水簸箕，在车道口添修了护沟趄坡山石等。[⑤] 同时完成了玉泉山由新闸往西至大虹桥河桶湾长 365 丈、河均宽 8.5 丈、均落深 4 尺的截弯取

---

① 录副奏片，工部左侍郎魁龄等，奏为天气渐寒碧云寺樱桃沟两处石沟工程请缓至明春兴修事，同治六年十月十四日，档号：03-9577-074。

② 录副奏折，工部左侍郎魁龄等，奏为香山樱桃沟等处查有紧要工程请派大臣查估并及早兴修事，同治七年二月二十八日，档号：03-9578-015。

③ 以上引文均见：清穆宗实录：卷 196（同治六年二月戊戌）. 影印本. 北京：中华书局，1985：524。

④ 国家图书馆藏，样式雷图文档案史料，樱桃沟内疏通水道底册，编号：377-0453。

⑤ 国家图书馆藏，样式雷图文档案史料，卧佛寺至旱河工程册，编号：376-0441。

直工程，共计 6 处。[1]

清廷维修疏浚引水工程，费帑费工，但是可资利用的水源依然紧缺，既有引水系统不能满足日益增加的用水需求，寻源补充就显得十分必要。光绪二十八年（公元 1902 年）六月，清廷谕军机大臣等“京师地广人稠，现有井泉不足以供汲饮，著步军统领衙门相度情形，于各处街巷多开水井，以通地脉而便民生”[2]。所以，咸同以来的水系工程囿于财力，仅呈现出水系部分状态的恢复。

北京西山水资源利用是一个人类依赖自然流泉来开拓人工水系的很好标的，也是一个考察人类在遭遇水资源短缺情形下充分利用水资源以优化家园持续发展的典型案例。当人—水这一自然与社会叠加而成的生态系统在循环过程中面对各种自然变迁与人类活动扰动时，清廷为保障供水而采取的多项措施，又显示出人工水系所具有的超强的韧性与恢复力，保障了城市供水。

清人清楚地意识到京西水系运行存在的局限，诸如受季节性因素等影响，河流水势不稳定、含沙量大，供水只能依赖于河流潜水溢出带的湖泉，便从国家层面对西山诸多流泉进行整治与调控，尤其是遵循西山局部气候特点，增设预防山洪的减水闸坝等设施，以规避引发暴雨洪灾的潜在因子，从政策与制度层面排除水源地各种人类活动的扰动，强化引水工程可能遭受的可预测或不可预测的冲击导致的脆弱性因素，一定程度上改善了水资源存量利用状况。然而，保障供水的效果不可避免地受到权力关注程度和财力人力投入多寡的限制，且很多时候资源利用的社会后果又和国家或者集团利用资源的初衷相左，延续性差、恢复力弱、不可逆性强，人与自然生态系统矛盾凸显，陷入分配管控的困境，这也大致与有清一代国势的盛衰相对应。

西山人工水系是一项趋利避害的引水工程，运转过程中，除了要应对自然水源的季节性变化，也需要解决整个社会在利用水资源过程中用水分

---

① 国家图书馆藏，样式雷图文档案史料，玉泉山新闸挖河丈尺图，编号：339-0266。

② 清德宗实录：卷 500（光绪二十八年六月癸卯）. 影印本. 北京：中华书局，1985：617.

配管理与煤炭开采活动相互冲突的矛盾等。而这些均源自水资源短缺引发的人与资源利用之间的生态问题，是人与自然这一生态巨系统中难以避免的连锁反应与应对循环，也是人类历史进程中利用自然富源时普遍存在的问题之一。在推动文明演进的大趋势下，人类如何利用自己的智慧应对原生态资源愈来愈少的局面，使得既有文化遗产得以有效传承，应该是环境史研究的目的之一。

三、西郊水资源利用的生态效益

充足的水源是区域城市可持续发展的关键，而水资源多寡又以河道水环境状况为基础。本部分通过展现自乾隆十五年（公元 1750 年）以来形成的连通西山—昆明湖—北京城的供水河道的水环境以及在此基础上的城市用水状况，从社会与自然的角度出发，集中分析影响水环境的因素和应对水资源减少的人为措施，从而考察人类活动对水环境和水环境对城市用水状况的影响，以及为应对水环境恶化所采取的人类主观能动性活动，从而凸显人类活动—水环境—用水状况之间的影响模式，继而表现人类为寻求水资源存续所进行的不断调整与适应水环境变迁的能力，揭示人类活动与水环境之间的辩证统一关系。

水利工程的修建，其初衷都是利用水资源，进而改善环境、造福人类，实现水利工程的生态效益。可是，水资源利用程度的加大，无疑会对水环境造成不利影响。以往学界相关主要研究大多集中于后者。① 此处所要讨论的生态效益，依托于清前期北京西山水环境原态，在此基础上，对清廷所采取的一系列营造人工水环境和优化水环境状态的工程效益加以讨论。这些水资源利用工程，主要体现在乾隆年间扩挖昆明湖人工水库、营造皇家园林水域景观等方面。凡此，趋利避害，达到水生态与美学的自然结合，使西郊成为北京独特的集自然与人文景观为一体的优质生态区。②

---

① 钞晓鸿．环境与水利：清代中期北京西山的煤窑与区域水循环//戴建兵．环境史研究：第 2 辑．天津：天津古籍出版社，2013：73－89；潘明涛．海河平原水环境与水利研究（1360—1945）．天津：南开大学，2014.

② 此部分参见：赵珍，聂苏宁．清乾隆朝北京西郊水资源利用的生态效益//北京史学：2018 年秋季刊（总第 8 辑）．北京：社会科学文献出版社，2019。

（一）一水贯五园的园林体系

水域景观是皇家园林的灵魂。乾隆年间扩挖昆明湖，引西山、玉泉山水源来汇，“一水通贯五园”，形成以“三山五园”为主体的皇家园林格局。这里所说的“五园”是指静宜园、静明园、清漪园、圆明园和畅春园，五园之水均引自香山、玉泉山，汇聚于万寿山前的昆明湖，形成北京城市供水水库，营建出良好的生物生存环境。

西山引水工程，首先将卧佛寺及香山静宜园碧云寺泉水导入静明园中，归玉泉湖水，形成“园中练影堂、挂瀑檐诸水皆自此来”的景观。水出静明园园墙，则为玉河，东流入清漪园昆明湖。这里的清漪园是以万寿山、昆明湖为中心而兴建的。汇入昆明湖之水来自玉泉山，包括自玉泉山流经万寿山的后溪河归入之水。

为了充分发挥昆明湖蓄水、灌溉与排洪的功能，清廷在昆明湖东南端修建绣漪桥闸，当城内需水之时打开桥闸供水；在北端修建青龙桥闸，以供昆明湖水多之时泄洪之用。此外，为了灌溉东边的稻田以及供给园林水域，清廷还在东北角修建了二龙闸，此处成为圆明园最重要的供水之源。昆明湖水经二龙闸，往东北分流，入圆明园。水流路径为二：一为绕圆明园西垣外河；一流经营市街一带，过马厂桥，汇合附近诸水，再流经西马厂，到达圆明园西南角，从圆明园西南角的一孔进水闸流入。

对此，《日下旧闻考》有详细记载：

> 自玉河东流，经柳桥曲折东注。其出水分为三：一由东北门西垣下闸口出；一由东垣下闸口出，并归圆明园西垣外河①；一由惠山园南流出垣下闸，为官门前河，又南流由东堤外河，会马厂诸水，入圆明园内。

在园内，水势顺着地势由西北流向东南又分为二流。一部分经东北从蕊珠宫北的一孔出水闸，流入北垣的外河，大部分则流经福海，而后东注，

---

① 于敏中. 日下旧闻考：卷84“国朝苑囿”. 北京：北京古籍出版社，1981：1404.

从分隔圆明园与长春园的大门——明春门北边的五孔出水闸泄入长春园诸湖内。水从长春园诸湖环绕后，再经由东北角的七孔出水闸流入清河。①

由是，经清漪园之水通过后溪河、昆明湖与圆明园相通。畅春园来水与以上诸园水源不同，其水源来自万泉庄，水流分为两支：一支向东经水磨村流入清河；另一支向西经马厂桥，向北流入圆明园。② 如此，便使香山静宜园、玉泉山静明园、万寿山清漪园、圆明园、畅春园前后一水可通。经西山引水工程，将玉泉水、昆明湖及圆明园水系连接为一个整体（见图 2-2）。

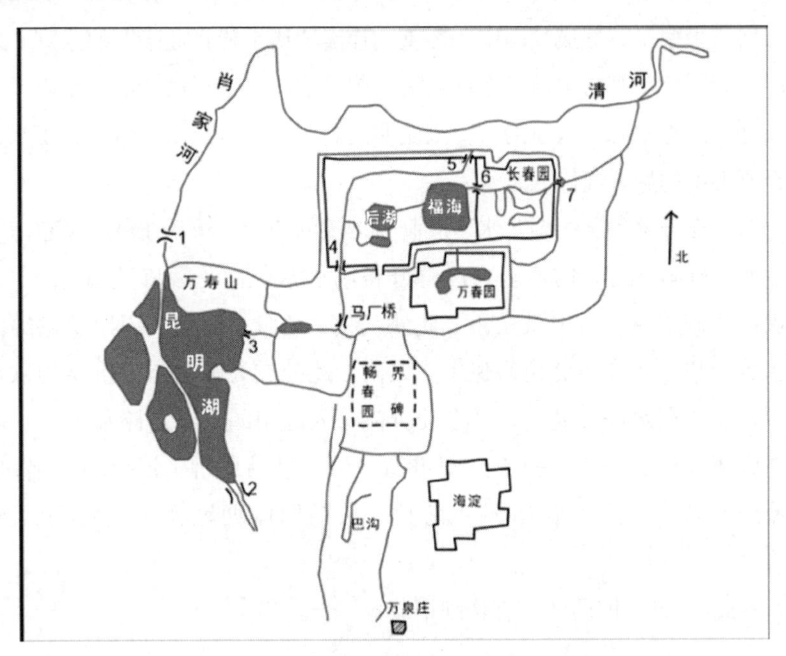

图 2-2 “三山五园”水系形成示意图

注：图上数字分别标识：1 为“青龙桥闸”，2 为“绣漪桥闸”，3 为“二龙闸”，4 为“一孔进水闸”，5 为“一孔出水闸”，6 为“五孔出水闸”，7 为“七孔出水闸”。

资料来源：据蔡蕃《北京古运河与城市供水研究》（北京出版社，1987）第 202 页图改绘。

经如上述的营造勾连，乾隆帝一天之内就可以坐船游遍诸园。正如御

---

① 于敏中．日下旧闻考：卷 80“国朝苑囿”．北京：北京古籍出版社，1981：1324-1325.

② 于敏中．日下旧闻考：卷 76“国朝苑囿”．北京：北京古籍出版社，1981：1275.

制诗《昆明湖泛舟至玉泉山即事》载：

> 欲往香山小驻銮，畅春清晓敬询安。取程水路舟行近，传膳玉泉斋憩宽。此已美哉彼尽善，两无系耳一先盘。指西阿那绿云表，少刻斯为俯镜看。①

也就是说，乾隆帝于清晨往畅春园给皇太后请安后，取程水路，经圆明园、清漪园，在静明园玉泉用早餐，最后到香山静宜园小驻。延展昆明湖而连接护城河的长河有这样的写照：

> 长河两岸无杂树，平流如掌，人行在绿阴芳草间，东有步廊与邮亭，水驿相间，逶迤而北，皆深曲枳篱细露，庭宇名静宜轩，青松绕门，白云入室，遥视耕云亭岸，东阡西陌菱棹桑车，其中种作往来令人然，有问津渔父意也，又转而西竹木中，分石梁旁控达北海之，即景园，盖如出武陵洞口矣。②

因此，长河两岸也被称为小桃源。

（二）对西山水质的保护与优化

水质优劣与否是考量水环境质量好坏的前提与标准，也与水生动植物的生长有直接关系，影响人类社会对水资源的利用。清前期北京西郊水利人工水系的兴修，是以解决北京城市水供给为主要目的，因而讨论水质优劣是理解清前期水资源利用率的前提。

供给皇家用水，是解决北京城市供水问题的内容之一。乾隆十五年（公元 1750 年），扩昆明湖，引玉泉山泉水，是构建北京供水体系的主要步骤，也完全着眼于优良的山泉水质。史书描述玉泉山优质泉水“清可鉴毛发”③，“鸣若杂佩，色如素练”④。乾隆帝曾令专人负责制银斗量水轻重，得到“京师玉泉之水斗重一两”的报告，同时，经与天下名泉之水相

---

① 乾隆．御制诗集（四）：卷 4“昆明湖泛舟至玉泉山即事”//景印文渊阁四库全书：第 1307 册．台北：台湾商务印书馆，1986：312.

② 毕沅．灵岩山人诗集：卷 16“阆风集”．嘉庆四年刻本：155.

③ 于敏中．日下旧闻考：卷 85“国朝苑囿”．北京：北京古籍出版社，1981：1428.

④ 于敏中．日下旧闻考：卷 8“形胜四”．北京：北京古籍出版社，1981：122.

较后，将源于玉泉山之玉泉命名为“天下第一泉”。①

由于玉泉优良的水质，历代在修建西郊水利工程的过程中，都十分重视对玉泉水的使用与保护。元代从玉泉山导引泉水入金水河，使其独流入城。为保证水质不被污染，该渠在穿过金代所开的高梁河西河时，利用“跨河跳槽”技术，以避免与浊水相混。而且，元代也有规定加以管理，“金水河濯手有禁，今则洗马者有之，比至秋疏涤，禁诸人毋得污秽”②。

至清前期，也十分关注利用泉水时的保护。如在玉泉山兴建皇家园林，专供御用，目的就是限制大多数人使用，这在某种程度上收到利用率低的保护效果。乾隆时期，清廷在康熙年间所建静明园的基础上扩建园林，引水进园，表现在将玉泉山及周围诸如东麓的裂帛泉、宝珠泉，东北隅的试墨泉，西南隅的迸珠泉，北侧的山顶泉等全部纳入静明园，客观上将这一水源地纳入皇家园林管控范围，严禁民众入园，也禁止民间沿途引用和截留，达到减少泉水利用和水质不受污染的目的。

为使皇家园林供水源源不断，储备水资源就成为很重要的手段。因而为了扩大昆明湖水量，乾隆三十八年（公元1773年）清廷导引西山碧云寺、卧佛寺等诸泉水，汇入昆明湖。西山山泉水源丰沛，在乾隆年间遭遇大旱时也未断流，水质虽较玉泉之水稍逊，但仍优质甘甜。《试泉悦性山房》载：“倚壁山房架几楹，泉临阶下渫然清。玉泉第一虽当逊，喜是汲来就近烹。”③ 就是这种在烹茶时所用之较玉泉水稍逊的泉水，清廷亦十分珍视。是年，在修筑石渠导引时，“皆凿石为槽以通水道。地势高则置槽于平地，覆以石瓦”④。这样既保证了水质清洁，同时达到了“玉泉一脉溯源头，湖辟昆明潴众流”⑤ 的目的。

---

① 于敏中．日下旧闻考：卷8“形胜”．北京：北京古籍出版社，1981：122-123；光绪《顺天府志》卷15“京师志十五·水道”//续修四库全书：第683册．影印本．上海：上海古籍出版社，2002：517.

② 元史：卷64“河渠志一”．北京：中华书局，1976：1591-1592.

③ 乾隆．御制诗集（四）：卷21“试泉悦性山房”//景印文渊阁四库全书：第1307册．台北：台湾商务印书馆，1986：610.

④ 于敏中．日下旧闻考：卷101“郊坰”．北京：北京古籍出版社，1981：1672.

⑤ 乾隆．御制诗集（二）：卷28“高梁桥进舟达昆明湖川路揽景即目成什”//景印文渊阁四库全书：第1303册．台北：台湾商务印书馆，1986：556.

在扩展昆明湖及将湖水汇入皇家园林的沿途中，为使水质不被污染，清廷也采取了一系列管理办法。一是对年久失挖、泥沙淤积的昆明湖前身——瓮山泊进行修整。乾隆十四年（公元1749年）冬起，清廷扩浚瓮山泊，清挖河底淤泥、拓宽河道和整理泊岸工程，以致“芰苇茭之丛杂，浚沙泥之隘塞，汇西湖之水，都为一区”“新湖之廓与深两倍于旧”①，大大改善了昆明湖的水质。二是在昆明湖储水量增加的基础上建成清漪园，并加强对清漪园的管理与防护，派专员随时对昆明湖进行清淤。

乾隆十六年（公元1751年），清廷加大对清漪园的维护，并传谕：

> 清漪园前昆明湖，向因河道窄狭，并未设有宫殿，又无应役园户，是以本苑酌拨闸军，于行船河路随时芟草浚淤。今湖面宽展，均围绕宫殿之间，关系紧要。现在该园有专管大臣，又设苑丞苑副及园户等役百有余名，请嗣后凤凰墩并昆明湖所有附近水面桥闸，并广润祠、静明园外船坞等处，承应拉纤提闸浚浅各项差务，于本苑酌拨闸军五十名，统归清漪园管理。其凤凰墩至长春桥以及高梁桥一带河道桥闸，并青龙桥夏令看守各闸，仍由苑管辖。奉旨清漪园亦系尔苑应管之地，何必委令一处管理，所奏拨给闸军五十名分令管辖，为数甚少，即拨给百名，亦属无多。②

经过实施一系列措施，昆明湖水质无疑得到了优化。清澈的湖水和优质水生态，在乾隆帝御制诗中多有体现。参见乾隆帝御制诗所载昆明湖水质清澈概表（见表2-4）。

表2-4　　乾隆帝御制诗所载昆明湖水质清澈概表

诗名	诗句	年份	出处
昆明湖上	储泽疏流利下田，宜晴镜碧漾澄鲜	乾隆十五年	二集卷十八
昆明湖泛舟	倒影山当波底见，分流稻接垸边生	乾隆十六年	二集卷二十九
昆明湖上	水天一舸玩空澄，今岁清和景倍增	乾隆十七年	二集卷三十四
泛舟昆明湖遂至玉泉	霜落沧池彻底清，延缘一棹泛昆明	乾隆十七年	二集卷三十七

① 于敏中．日下旧闻考：卷84“国朝苑囿”．北京：北京古籍出版社，1981：1392.

② 光绪《大清会典事例》卷1194“内务府·园囿·奉宸苑杂征”//续修四库全书：第814册．影印本．上海：上海古籍出版社，2002：492.

续表

诗名	诗句	年份	出处
昆明湖上	湖上春深好，漪澜倍艳清	乾隆十八年	二集卷四十
冰泮	冰泮昆明湖，溶溶新水漾	乾隆二十五年	三集卷二
昆明湖泛舟拟竹枝词	冻解明湖漾绿波，新蒲沿雁识春和	乾隆二十五年	三集卷二
西堤	展拓湖光千顷碧，卫临墙影一痕齐	乾隆二十八年	三集卷三十七
清漪园即景	山称万寿水清漪，便以名园颇觉宜	乾隆三十一年	三集卷五十四

资料来源：参见乾隆《御制诗集》，收入《景印文渊阁四库全书》第1303～1306册。

（三）昆明湖生物多样性的保护与营建

乾隆十四年（公元1749年）以来，清廷对万寿山、昆明湖的填挖扩展及随后进行的高水湖、养水湖、西山石渠等一系列工程的修建，奠定了以湖山为主的皇家园林基调。其间兴建的清漪园，即今颐和园，“面水背山地，明湖仿浙西。琳琅三竺宇，花柳六桥堤”①，具有背山面湖的湖山生态景观。

万寿山，明代称为瓮山，彼时这里“土赤坟，童童无草木”②。明代诗人刘效祖云：“迢递荒山下，披荆拜古祠。”至明末，山上庙宇周围有了些许树木。《山行杂记》载：“仁慈庵，入门三百步，两旁椿树夹之”③。入清后，这里逐渐树木森森。乾隆十四年（公元1749年）冬起，清廷扩浚瓮山泊，将挖出的淤泥堆积瓮山上。随后，经人工多年栽植自本地和外地移植的各类树种及长时间的植物自然演替，山湖之中逐渐形成了郁郁葱葱的大片多样树种的杂木林。

整个湖山园内，从山地到平原再到湖泊的旱生、湿生、阴生、水生、沼生等各种植物类型均有分布。据今人对昆明湖底的沉积物植物孢粉分析研究，万寿山、昆明湖地方的植物、植被历史上分属于79个植物科属。乾隆十五年（公元1750年）以前，该地方的植物以松、柏、榆、杨为主，

① 乾隆．御制诗集（二）：卷38“万寿山即事”//景印文渊阁四库全书：第1308册．台北：台湾商务印馆，1986：689.

② 刘侗，于奕正．帝京景物略：卷7“西山下”．北京：北京古籍出版社，1980：307.

③ 于敏中．日下旧闻考：卷84“国朝苑囿”．北京：北京古籍出版社，1981：1408.

自是年起，人工增植多类树种。[1] 五年后，各类树木植被茂盛，以至于“叠树张青幕，连峰濯翠螺”[2]。至乾隆三十三年（公元 1768 年），圆明园、万寿山周围有果松、罗汉松、马尾松、菠萝树、柏树、槐树、木兰芽、明开夜合（合欢树）、千松、若梨树、枫树、家榆树、山桃树、山榆树、杨树、山杏树、红梨花、西府海棠、花红、山兰枝、山丁、千叶杏、珠子花、碧桃、紫丁香、千叶李、白丁香、黄绶带、青信树、垂杨柳等 30 多种树木生长。是年共栽各样杂树 35 314 棵。[3]

在万寿山的植物中，松、柏是植物生态群落的基调树种，松柏成林、郁郁葱葱，“高下移栽五鬣松，郁葱佳气助山容”[4]，既装点了山体，也体现了松树所蕴含的“长寿永固”“高风亮洁”之寓意。御制诗如“苍松傲冻耸孱颜”[5]“松柏参差得径曲”[6]“阴巘雪余皴古松”[7]。万寿山的殿阁轩堂，掩映在松柏绿海中。湖山岸边多树种生态功能尽显，以四季常青的松柏绿海为背景，以不同季节里的山桃、白杏、黄桂、粉白梅等树木花色点缀[8]，有些树旁还植有兰花，如“汀兰岸柳斗青时”[9]。

为适应季节变化，湖山杂种各季树木，有梅树、柳树、枫树、桃树、

---

① 1750—1966 年间，增植栗、胡桃、槭、菱、莲等植物。黄成彦. 颐和园昆明湖 3500 余年沉积物研究. 北京：海洋出版社，1996：111-120.

② 乾隆. 御制诗集（二）：卷 57“首夏万寿山”//景印文渊阁四库全书：第 1304 册. 台北：台湾商务印书馆，1986：158.

③ 三和，等. 奏为圆明园等处栽种树株实用银两事折（乾隆三十三年四月二十日）//中国第一历史档案馆，故宫博物院. 清宫内务府奏销档：第 84 册. 影印本. 北京：故宫出版社，2014：204-214.

④ 乾隆. 御制诗集（二）：卷 76“新春万寿山即景”//景印文渊阁四库全书：第 1304 册. 台北：台湾商务印书馆，1986：416.

⑤ 乾隆. 御制诗集（五）：卷 12“节后万寿山即景得句”//景印文渊阁四库全书：第 1309 册. 台北：台湾商务印书馆，1986：440.

⑥ 乾隆. 御制诗集（三）：卷 70“新正万寿山即景”//景印文渊阁四库全书：第 1306 册. 台北：台湾商务印书馆，1986：413.

⑦ 乾隆. 御制诗集（二）：卷 54“诣畅春园问安后遂至万寿山即景杂咏”//景印文渊阁四库全书：第 1304 册. 台北：台湾商务印书馆，1986：132.

⑧ 乾隆. 御制诗集（二）：卷 47“湖上杂咏”//景印文渊阁四库全书：第 1304 册. 台北：台湾商务印书馆，1986：30.

⑨ 乾隆. 御制诗集（三）：卷 56“昆明湖泛舟作”//景印文渊阁四库全书：第 1306 册. 台北：台湾商务印书馆，1986：192.

杨树、槐树、桑树、梧桐、桂花树、唐花等，在湖岸也植有松、杨、榆、桑、枣、柳、桃、竹等。在御制诗中，各种树的景观功能尽显风采。如“梅心柳眼谁为速，峰态林姿好是闲”①，“已看绿柳风前舞，恰喜红桃雨后开”②，“长堤几曲绿波涵，堤上柔桑好养蚕”③，“桂是余香矣”④，“梧风最引秋”⑤，“律暖堤杨金缕摇，冰融湖水碧澜开”⑥，“岩枫涧柳迟颜色，只觉森森翠益浓”，“唐花底用工熏蕴”，“松竹依然三曲径，柳桃改观六条桥”⑦，“轻烟又傍绿杨低”，“陌上从新桑叶长，新丝缫得过蚕忙”，“竹篱风送枣花香”，“绿柳红桥堤那畔”，“山桃报导烂如霞”，“森森银竹度空寒”⑧。

昆明湖扩浚后，水量增加，水域扩大，岸边水势散漫，逐渐形成浅滩；在池湖富水之处，广植水生植物，有菰（茭白）、香蒲、菱、芦苇、水蓼、蒲苇、白芷、芰、青苔、泽兰等，尤以湖内荷花种植最盛。荷花的香气弥漫整个池塘，微风吹过更是飘香无穷。乾隆帝经常泛舟观荷，留下众多赞美荷花风貌的诗句，如“前轩次第畴咨罢，便泛兰舟一赏荷”⑨，“岸虫入听不为喧，晓露荷香数里繁”⑩，“镜桥那畔风光好，出水新荷放

① 乾隆．御制诗集（四）：卷94“新正万寿山即景成什”//景印文渊阁四库全书：第1308册．台北：台湾商务印书馆，1986：806.

② 乾隆．御制诗集（三）：卷37“仲春万寿山即景”//景印文渊阁四库全书：第1305册．台北：台湾商务印书馆，1986：819.

③ 乾隆．御制诗集（二）：卷63“初夏万寿山杂咏”//景印文渊阁四库全书：第1304册．台北：台湾商务印书馆，1986：238.

④ 乾隆．御制诗集（二）：卷64“仲秋万寿山”//景印文渊阁四库全书：第1304册．台北：台湾商务印书馆，1986：266.

⑤ 乾隆．御制诗集（二）：卷64“新秋万寿山”//景印文渊阁四库全书：第1304册．台北：台湾商务印书馆，1986：256.

⑥ 乾隆．御制诗集（四）：卷86“节后游万寿山”//景印文渊阁四库全书：第1308册．台北：台湾商务印书馆，1986：690.

⑦ 乾隆．御制诗集（二）：卷76“新春万寿山即景”//景印文渊阁四库全书：第1304册．台北：台湾商务印书馆，1986：416；乾隆．御制诗集（二）：卷84“昆明湖上作”//景印文渊阁四库全书：第1304册．台北：台湾商务印书馆，1986：527.

⑧ 乾隆．御制诗集（三）：卷79“自玉湖泛舟至昆明湖即景杂咏”//景印文渊阁四库全书：第1306册．台北：台湾商务印书馆，1986：562；乾隆．御制诗集（三）：卷74“自玉河泛舟至石舫”//景印文渊阁四库全书：第1306册．台北：台湾商务印书馆，1986：474.

⑨ 乾隆．御制诗集（三）：卷83“昆明湖泛舟观荷之作”//景印文渊阁四库全书：第1306册．台北：台湾商务印书馆，1986：622.

⑩ 乾隆．御制诗集（二）：卷59“长河进舟至昆明湖”//景印文渊阁四库全书：第1304册．台北：台湾商务印书馆，1986：184.

欲齐”①，“绿叶撑如油碧伞，红葩擎似赤琼杯”②。湖以西堤为界，西堤以西的荷花最为繁盛，也有“迤西一带多荷花”“西湖花较东湖盛”③ 的诗句。其他水生植物，如“秋月菰蒲万顷烟”④，“甓社菱丝堤畔柳”⑤，“芦丛亦可安栖啄”⑥，“蓼花极渚晚红多”⑦，“满川绿芷漪纹细”⑧，“白芷青蒲带远濆”⑨，“绿蒲红芰荡兰桡”⑩，“柳染青黄苔着绿”，“汀兰岸柳斗青时”⑪，构成一派理想的湿地生态景观。可见，浚湖蓄水对这里植物多样性生成影响较大。

另外，由于昆明湖水源增加，附近水田日辟，种植水稻、小麦、菜花、黍禾等多种农作物。乾隆帝于欣赏间亦常赋诗喻景，如“稻田刚觉水生才，戢戢新秧可布栽”⑫，“麦田收毕黍苗起”⑬，“六桥堤畔菜花黄”⑭，

---

① 乾隆．御制诗集（三）：卷 5“夏日昆明湖上”//景印文渊阁四库全书：第 1305 册．台北：台湾商务印书馆，1986：351.

② 乾隆．御制诗集（三）：卷 83“昆明湖泛舟观荷之作”//景印文渊阁四库全书：第 1306 册．台北：台湾商务印书馆，1986：622.

③ 乾隆．御制诗集（三）：卷 67“过绣漪桥昆明湖泛舟即景”//景印文渊阁四库全书：第 1306 册．台北：台湾商务印书馆，1986：361；乾隆．御制诗集（三）：卷 83“泛昆明湖观荷四首”//景印文渊阁四库全书：第 1306 册．台北：台湾商务印书馆，1986：622.

④ 乾隆．御制诗集（二）：卷 45“晓春万寿山即景八首”//景印文渊阁四库全书：第 1304 册．台北：台湾商务印书馆，1986：11.

⑤ 乾隆．御制诗集（二）：卷 28“高梁桥进舟达昆明湖川路揽景即目成什”//景印文渊阁四库全书：第 1303 册．台北：台湾商务印书馆，1986：557.

⑥ 乾隆．御制诗集（二）：卷 46“自石舫进舟由玉河至静明园溪路浏览即景成短言五章”//景印文渊阁四库全书：第 1304 册．台北：台湾商务印书馆，1986：14.

⑦ 乾隆．御制诗集（二）：卷 29“昆明湖泛舟”//景印文渊阁四库全书：第 1303 册．台北：台湾商务印书馆，1986：574.

⑧ 乾隆．御制诗集（二）：卷 40“凤凰墩放舟自长河进宫之作”//景印文渊阁四库全书：第 1303 册．台北：台湾商务印书馆，1986：709.

⑨ 乾隆．御制诗集（三）：卷 72“昆明湖泛舟即景杂咏”//景印文渊阁四库全书：第 1306 册．台北：台湾商务印书馆，1986：449.

⑩ 乾隆．御制诗集（三）：卷 5“夏日昆明湖上”//景印文渊阁四库全书：第 1305 册．台北：台湾商务印书馆，1986：351.

⑪ 乾隆．御制诗集（二）：卷 60“玉河泛舟至玉泉”//景印文渊阁四库全书：第 1304 册．台北：台湾商务印书馆，1986：210.

⑫ 乾隆．御制诗集（三）：卷 56“昆明湖泛舟作”//景印文渊阁四库全书：第 1306 册．台北：台湾商务印书馆，1986：192.

⑬ 乾隆．御制诗集（三）：卷 57“玉河泛舟”//景印文渊阁四库全书：第 1304 册．台北：台湾商务印书馆，1986：164.

⑭ 乾隆．御制诗集（三）：卷 63“初夏万寿山杂咏”//景印文渊阁四库全书：第 1304 册．台北：台湾商务印书馆，1986：238.

“麦收黍稻均芃茂”①，其所描述的景物构成西郊水乡田园景观。

在湖山与林中有飞翔的黄鹂、燕子、喜鹊、鸢等各类鸟，如“林煦莺迁木，泥香燕贺居”②，“莺罢绵蛮辞树去”，“坐来更不嫌鹊噪，认作檐前报喜声”，“岸柳已藏黄鸟啭”③，“鸢飞鱼跃兴无穷”④，“林翠藏鸟声，啁噍复间关”⑤。林间还隐匿着蝉、蟋蟀、虫、肖翘、蚕等，如“树里鸣蝉清胜弦”⑥，“柳岸忽闻嫩簧响，始知复育化成蝉”⑦，“岸虫入听不为喧”⑧，“蝉声欲让蛩声亮”⑨，“肖翘蠕动柳生稊”⑩，“堤上柔桑好养蚕”⑪，尽显一派水生树生动植物生态景观。

昆明湖水域景观的扩大，为各类动物栖息游乐营造了环境。这里“沙鸥翔集”“沙禽出没”“可钓可渔”⑫；湖水之鱼以各种姿态游荡，如“春来已陟负冰鱼”⑬，“鱼过拨刺卧波顽”⑭，“忘机鱼鸟情何限”⑮，“醉鱼逐

---

① 乾隆．御制诗集（三）：卷82“自长河泛舟至万寿山杂咏八首”//景印文渊阁四库全书：第1306册．台北：台湾商务印书馆，1986：612.

② 乾隆．御制诗集（二）：卷41“仲夏万寿山”//景印文渊阁四库全书：第1303册．台北：台湾商务印书馆，1986：721.

③ 乾隆．御制诗集（三）：卷51“仲夏万寿山”，卷66“雨后万寿山”，卷57“昆明湖泛舟”//景印文渊阁四库全书：第1306册．台北：台湾商务印书馆，1986：114，344，208.

④ 乾隆．御制诗集（五）：卷95“由玉河泛舟至万寿山清漪园”//景印文渊阁四库全书：第1311册．台北：台湾商务印书馆，1986：430.

⑤ 乾隆．御制诗集（二）：卷41“自玉河泛舟至玉泉山”//景印文渊阁四库全书：第1303册．台北：台湾商务印书馆，1986：718.

⑥ 乾隆．御制诗集（三）：卷40“高梁桥放舟至昆明湖沿途即景杂咏”//景印文渊阁四库全书：第1305册．台北：台湾商务印书馆，1986：863.

⑦ 乾隆．御制诗集（三）：卷51“自高梁桥进舟由长河至昆明湖”//景印文渊阁四库全书：第1306册．台北：台湾商务印书馆，1986：115.

⑧ 乾隆．御制诗集（二）：卷59“长河进舟至昆明湖”//景印文渊阁四库全书：第1304册．台北：台湾商务印书馆，1986：184.

⑨ 乾隆．御制诗集（三）：卷7“孟秋万寿山即景杂咏四首”//景印文渊阁四库全书：第1305册．台北：台湾商务印书馆，1986：374.

⑩ 乾隆．御制诗集（三）：卷2“新春游万寿山报恩延寿寺诸景即事杂咏”//景印文渊阁四库全书：第1305册．台北：台湾商务印书馆，1986：310.

⑪ 乾隆．御制诗集（二）：卷63“初夏万寿山杂咏”//景印文渊阁四库全书：第1304册．台北：台湾商务印书馆，1986：238.

⑫ 夏仁虎．旧京琐记．北京：北京古籍出版社，1986：127.

⑬ 乾隆．御制诗集（二）：卷54“新正万寿山”//景印文渊阁四库全书：第1304册．台北：台湾商务印书馆，1986：126.

⑭ 乾隆．御制诗集（三）：卷51“仲夏万寿山”//景印文渊阁四库全书：第1306册．台北：台湾商务印书馆，1986：114.

⑮ 乾隆．御制诗集（二）：卷34“昆明湖上”//景印文渊阁四库全书：第1303册．台北：台湾商务印书馆，1986：630.

侣翻银浪"①。乾隆帝在《西海捕鱼》中写道：

> "唼浪修鳞水面游，争驾扁舟荡双桨。渔人那晓生意多，不捨鲲鲕尽收网"，"劝君解网放群魚，篙撑绿水中流响。花片飞香几处漂，宿鸥眠起冲云上"②。

记录了渔民恣意捕捞、大鱼小鱼（鲲鲕）捕捞忙的情景。

昆明湖面上云集着野鸭、野鸥、野鹅、大雁、鹭等，如"冻解凫鹥乐"③，"春风凫雁千层浪"④，"驾鹅鸥鹭满汀洲"⑤，"凫鸥高下喜冰消"⑥，"取戒多鸥未致惊"⑦，"野鹭迷群伫绿蒲"⑧，都是乾隆帝御制诗里常见的描述。

今人通过对昆明湖底的沉积物进行分析，认为昆明湖自形成至今已经有 3 500 多年的历史。经过演化，昆明湖中现有鱼鳖类以及软体动物、硅藻等水生生物千种以上。1990 年清淤时，发现了 20 余种世界生物新种。⑨

显然，以昆明湖为主体的蓄水库周围营造了良好的水生动植物生态，以至"山水增斯辉，禽鱼得其所"⑩，该地区成为清代北京西郊生物多样性最完整的地区，可谓"沙鸥翔集，锦鳞游泳，岸芷汀兰，郁郁葱葱"，一派沙鸥翔集、水天一色的山水景观。

---

① 乾隆．御制诗集（二）：卷 48"泛舟至玉泉山"//景印文渊阁四库全书：第 1304 册．台北：台湾商务印书馆，1986：41．

② 乾隆．御制乐善堂全集定本：卷 20"西海捕鱼"//景印文渊阁四库全书：第 1300 册．台北：台湾商务印书馆，1986：447．

③ 乾隆．御制诗集（二）：卷 38"万寿山即事"//景印文渊阁四库全书：第 1306 册．台北：台湾商务印书馆，1986：689-690．

④ 乾隆．御制诗集（二）：卷 45"晓春万寿山即景八"//景印文渊阁四库全书：第 1304 册．台北：台湾商务印书馆，1986：11．

⑤ 乾隆．御制诗集（二）：卷 47"湖上杂咏"//景印文渊阁四库全书：第 1304 册．台北：台湾商务印书馆，1986：30．

⑥ 乾隆．御制诗集（三）：卷 70"新正万寿山即景"//景印文渊阁四库全书：第 1306 册．台北：台湾商务印书馆，1986：413．

⑦ 乾隆．御制诗集（二）：卷 47"恭奉皇太后昆明湖观水猎"//景印文渊阁四库全书：第 1304 册．台北：台湾商务印书馆，1986：31．

⑧ 乾隆．御制诗集（二）：卷 48"泛舟至玉泉山"//景印文渊阁四库全书：第 1304 册．台北：台湾商务印书馆，1986：41．

⑨ 黄成彦．颐和园昆明湖 3 500 余年沉积物研究．北京：海洋出版社，1996：111-120．

⑩ 乾隆．御制诗集（二）：卷 28"万寿山新斋成"//景印文渊阁四库全书：第 1311 册．台北：台湾商务印书馆，1986：520．

(四) 对西郊气候的调节

水资源不仅能够满足人类生产和生活所需，还能调节局部小气候环境。也就是说，人类社会对水资源的开发和利用，还表现在对气候的调节、营造景观等方面的作用。① 这是因为水资源本身就属于环境资源的组成部分，与太阳辐射、风、气候、土地等资源关联密切。

从现代科学研究的角度审视水对气候的调节作用，可知水体不仅能调节气温，还能调节湿度。如对水与气温关系的研究表明，大气中的水汽能够阻挡地球辐射量的60%，保护地球不至于被冷却，而且海洋和陆地的水体在夏季时能吸收和积累热量，使气温不至于过高，冬季则能缓慢释放热量，使气温不至于过低。最新的成果表现在：有人利用移动测量与定点观测相结合等一整套现场实测技术，研究城市河道内外河流和大气间热质动态平衡关系，认为随着河流水域面积增加，城市空气温度呈现不同程度降低的趋势。这是由于白天河流吸收太阳辐射，空气温度降低的幅度要远大于夜间的缘故。②

当然，水对气候的调节不仅局限于气温，对湿度也有调节作用。如海洋、湖泊、河流等地表水经蒸发后进入大气，这些进入大气的水分遇冷后形成雨、雪、冰雹，再重新回到地面。同理，地表树木植物吸收的水分，大部分通过蒸发和蒸腾作用也进入大气，孕育云雨、调节气候。林木可以再次分配太阳辐射，当太阳辐射到达林冠时，有79%被林冠吸收，透过林内的光照只有11%。而林木叶面的蒸腾作用又可以大量消耗热能，使气温降低。③

诚然，清代兴建西郊水利工程是出于蓄水增加城市供水的目的，可是也有人工造景实现美化环境的需要，以及选择凉爽之地躲避京城炎热天气的需要。清代前期，北京气候的显著特征就是冬天寒冷、夏天炎热。随着人口陡增，城市热岛效应显现。④ 而自东北严寒之地进京的满洲贵族，很

---

① 李磊，王亚男，黄磊．生态需要及其应用研究．北京：中国环境出版社，2014：3.

② 刘京，宋晓程，郭亮．城市河流对城市热气候影响的研究进展概况//中国工程院第155场中国工程科技论坛——城市可持续发展研讨会论文集．哈尔滨：[出版者不详]，2012：27-33.

③ 李俊清．森林生态学．北京：高等教育出版社，2006：487.

④ 丁蕊．清代北京西郊皇家园林对环境的影响．北京：中国人民大学，2004.

难适应京城夏季酷暑。在顺治年间的酷暑时节，当大臣奉诏入乾清宫觐见顺治帝时，但见“世祖足跣，单纱暑衫禅裙，曳吴中草鞋坐”①。摄政王多尔衮也曾说，“京城建都年久，地污水咸。春秋冬三季尤可居止。至于夏月，溽暑难堪”，且打算择京城外不远处凉爽水美之地，“建小城一座，以便往来避暑”②。

至康熙年间，因天气炎热，皇帝“特奉两宫避暑瀛台”③，即往四面临水的中南海避暑，西郊的畅春园、京南郊的南苑围场及承德避暑山庄等处也成为其常去的消夏之地。雍正帝在夏天则常居圆明园。乾隆时期，京城酷暑难耐，因而清廷于西郊广建园林，“避暑”便是一个非常重要的目的。当昆明湖水域扩展及三山五园体系逐渐形成，西郊更成为清廷历辈帝王避暑与理政相结合的常驻之所。可见，地表存在的大面积水域和树木林地，可以产生降水，增加湿度，净化环境。④兹就乾隆帝御制诗中所描述的夏季紫禁城酷热、西郊湖山凉爽境况梗概制表比较（见表2-5）。抛去诗文的文学浪漫色彩，乾隆帝对夏季酷热时节西郊湖山景观的描述，便是当时人们利用西山水资源营造人文景观所取得的最佳生态效益的体现。

表2-5　乾隆年间御制诗文所载夏季紫禁城与西郊气温境况比较

紫禁城内炎热		西郊凉爽			
诗名	诗句	诗名	诗句	诗名	诗句
热	逢闰立秋迟，秋月仍炎热。旦夕气暂爽，亭午曦偏烈。法宫深九重，涂阁清以洁，几席适起居。书史供怡悦，犹然苦烦嚣。	赏遇楼叠前韵	山静夏无暑，窗虚楼似斋。绿云铺野暗，爽籁韵松佳。	高梁桥放舟至昆明湖沿途即景杂咏	已到清凉无暑处，不妨胜处憩斯须。

① 彭孙贻．客舍偶闻．北京：北京燕山出版社，2013：9.

② 清世祖实录：卷49（顺治七年秋七月乙卯）．影印本．北京：中华书局，1985：393.

③ 康熙．御制文集（一）：卷13“谕部院诸臣”//景印文渊阁四库全书：第1298册．台北：台湾商务印书馆，1986：136.

④ 蒋志学，邓士谨．环境生物学．北京：中国环境科学出版社，1989：32.

续表

紫禁城内炎热		西郊凉爽			
诗名	诗句	诗名	诗句	诗名	诗句
热	岂无九重居，广厦帘垂湘。冰盘与雪簟，潋滟翻寒光。展转苦烦热，心在黔黎旁。	昆明湖泛舟	侵肌水色夏无暑，快意天容雨正晴。	奉皇太后游香山	逭暑山中好，迎秋楼上宜。
夏日养心殿	视朝虽常例，有如爱礼羊。避热而弗行，是即怠之方。怠则吾岂敢，长年益自覆。都城烟火多，紫禁围红墙。固皆足致灾，未若园居良。	香山杂咏	近陇遥阡罨绿云，凭高略得惬清欣。秋前峰色棱棱露，雨后泉声处处闻。野果堪供消夏具，山蝉别有喝秋声。	清可轩	雨足浓皴一屋山，天葩仙药非人间。是中消夏宜长住，笑我无过暂往还。
建福宫题句	忆当元二年廿七月，守制宫居未园居，夏月度两次，炎热弗可当。 少壮禁之易，慈闱祝万龄。然终必有事，图兹境清凉。结宇颇幽邃，庶可逭烦暑。以为日后备，前岁遭大故。畅春奉置，因循乃园居。	方泽礼成回跸御园沿途即景	晓凉发跸爽胜前（宫中斋戒三日颇甚炎热，今乘舆还御园郊外觉凉爽宜人）。	水榭观澜	考盘喜俯泌之洋，落落长松夏亦凉。水阁翻书消夏者，子舆神契十三章。
热	挥扇依然白汗漓，披薰无郙座频移。细旃广厦犹如此，安得穷檐不怨咨。	昆明湖泛舟	雨后明湖生嫩凉，寿峰翠濯水中央。	凤凰墩	拂席一时憩，开窗四面凉。
方泽礼成回跸御园沿途即景	晓凉发跸爽胜前（宫中斋戒三日颇甚炎热，今乘舆还御园郊外觉凉爽宜人）。	玉泉山罗汉洞勒壁	此地堪消夏，忘言礼应真。	吟清籁（倚松为轩谡谡有韵）	是地可消夏，旦夕吟清籁。

续表

紫禁城内炎热		西郊凉爽			
诗名	诗句	诗名	诗句	诗名	诗句
延趣楼	假山真树友忘年，远隔红墙夏飒然。（大内皆黄瓦红墙，夏日睹之愈增炎热。惟此间树木繁荫，遮隔红墙，便觉爽趣飒然。）	讨源书屋作	雨后西山翠映轩，小年佳事略堪论。庭余松竹足消夏，架有诗书藉讨源。	挹香室	书室泠然近水边，益清花气拂文筵。一篇展读当消暑，正是濂溪说爱莲。
		夏日御园即事	薄爽浓阴凑阁斋，优游义府散尘怀。气清松竹有余韵，雨足湖山是处佳。	题藻鉴堂	长虹夹镜两湖潺，一棹界湖桥过湾。遂涉溪堂揽景畅，略消夏昼趁几闲。
		池上居作	半亩方塘上，五间敞榭凉。一时聊复尔，消夏以为常。	玉乳泉得句	轻阴韬日色，弗炎多爽气。路经玉乳泉，驻舆成小憩。

资料来源：参见乾隆《御制诗集》，收入《景印文渊阁四库全书》第1304～1311册。

如前所述，水资源利用工程的生态效益就是指工程竣工后所发挥的调节区域生态系统良性循环，促进区域生态稳态发展，从而改善人类生产、生活和环境条件而产生的有益影响和有利效果。清前期尤其是乾隆朝依托北京西郊的原生态水资源条件，整治玉泉山诸水，扩浚昆明湖，兴建西山引水工程，构建了清代北京城市供水体系，基本解决了当时用水分配困难问题，为营造以“三山五园”为基础的园林体系构建了良好的供水系统，给水丰沛，从而保证与优化水质，建造与美化湖山生态景观，对生物多样性的保护与区域气候调节、实现生态效益的良性循环皆有裨益。

四、京城饮用水的供给与调控

京师地表河流主要用以灌田、皇家园林造景及济漕，城市居民日常饮用水则相对缺乏，加之京城周边的永定河、潮白河等主要水系距城较远，因而能供给城市的河流“来源颇少，较诸沿江沿河情形迥不相同”，以至“近郊二十里，无河流灌润”。明万历年间，城区“大率地几一里，而得一井，人民数十百家”，每日“挈者肩相轧于旁，轳轳累累，旦暮不绝”，“其远不能力致者，辄赁值载之，甚苦”。城市日常生产生活用水不得不更多依赖地下水源的供给，而“京师当天下西北，平沙千里，曼衍无水，其俗多穿井，盖地势然也”[①]。入清后，随着京城人口日渐增多，居民用水难的问题日渐凸显，城市供水压力与日俱增。乾隆年间，西山河湖水系工程的构建一定程度上缓解了城市用水压力。然而，京城大街小巷的水井依旧是城市居民赖以生计的饮水来源，“一切食用之水，胥仰给于土井”[②]的局面一直延续至清末自来水厂建成时才有所改观。

关于明清时期京城水井与居民用水问题，学界多有关注。就井水分布而言，邓辉等人据《乾隆京城全图》中的水井点分布，进行了增补订正，最后绘制出乾隆年间内外城水井的空间分布图，统计共有水井996口。其中内城水井733口，外城水井263口，显示出内城水井分布密度较大，占到总水井的73.6%，外城水井分布密度较小，占总数的26.4%。[③] 这种水井分布密度状况，也与同期的人口分布情况相匹配，即外城人口较内城稀疏，居民主要集中在外城前三门一带，而水井也多分布于此，且呈现出外城西南、东南部大多是菜园、水塘、荒地和坟地的分布格局。有关京城居民用水方面，熊远报、邱仲麟和周春燕等人在各自的研究中，或直接或间接、或多或少地关涉到了清代北京的居民用水问题。其中较早关注该问题的熊远报，其通过对清代北京243件卖水业契约文书的梳理，展现了清代京城卖水业的概貌，关注北京供给水业者与生活用水买卖的所有权、经营权的交易，通过分析契约文书的主要概念对清代至民国北京水买卖的实态、水道路权利在都市空间的分割、商卖境界的成立及卖水业者的出身地及该人群在都市中的生存状态等问题进行了考察。不过，其文所关注问题的核心却在于明中期以来农村人口流入都市及城市化这种复杂的社会变

---

① 以上引文均见：郑明选．郑侯升集：卷21“涌金泉碑记”//四库禁毁书丛刊·集部：第75册．北京：北京出版社，2000：395。

② 北京市档案馆，等．北京自来水公司档案史料．北京：北京燕山出版社，1986：1.

③ 侯仁之．北京历史地图集·文化生态卷．北京：文津出版社，2013：124.

动过程层面。而邱仲麟的研究直接讨论了京城供水业与民生用水境况。周春燕则在考察华北平原城市民生用水问题时，对京城境况着墨甚多。既有的研究对资料爬梳十分细致，基本网罗了目前所能寓目的时人记载，均为本节问题的展开提供了有益参考。① 结合史料以及熊远报对契约文书的考察可知，为北京居民供应饮用水的承运者，主要是来自山东的移民，至清末时，从事该业者约有1万人。②

（一）京城居民饮用水

前文已述，至清代，随着京城户口殷繁，需水量增大。然而，可供人众选择的水源十分有限。城中井水大多咸苦，唯城郊德胜门外、安定门外等处水井清甜③，此外，外城天坛附近"井泉甚甘洌"。相比之下，京郊优质水源的分配供给却"耗资既巨，输运极艰"④，普通居民用水则多备有两缸，以分贮咸、甜二水。

究其原因，一方面是掘井的地质与土壤环境具有差异性以致大多数井水盐、碱等杂质含量偏高，水味苦涩，水质欠佳。另一方面，受打井技术条件的限制，城中所掘之井绝大多数为浅水井，取水限于地下表层潜水。表层潜水由于距离地表最近，虽便于开采，却易受地表渗漏物的土壤环境影响，水质不佳。史载，昔时京师掘井，有专门的辨别水质办法，即"习俗掘井之法，先去浮面之土尺许，以艾作团，取火柱而炙地，视其土色，黄则水甘，白则水淡，黑则水苦。凡见黑，则易其地而掘"⑤。此外，由于城市人口密度大，人居环境中地表污染物渗透浅层水源，其污染程度明显高于郊区，也是造成城区井水水质不佳的又一重要因素。

---

① 熊远报．清代民國時期における北京の水賣業と「水道路」．社会经济史学，2000，66（2）；邱仲麟．水窝子——北京的供水业者与民生用水（1368—1937）//李孝悌：中国的城市生活．北京：新星出版社，2006：203-205；周春燕．明清华北平原城市的民生用水//王利华．中国历史上的环境与社会．北京：生活·读书·新知三联书店，2007：234-258.

② 熊远报．清代民國時期における北京の水賣業と「水道路」．社会经济史学，2000，66（2）.

③ 西城区政协文史委．胡同春秋．北京：中国文史出版社，2002：374.

④ 马芷庠．老北京旅行指南．北京：北京燕山出版社，1997：8.

⑤ 汪启淑．水曹清暇录：卷3"掘井法"．北京：北京古籍出版社，1998：46.

乾隆年间，来京的朝鲜使臣记载了京城井水利用的境况。乾隆三十一年（公元1766年），随使臣来京的朝鲜文人洪大容在其札记中述及京城“井泉极多，水味俱恶，在玉河旁者，皆饮河水。一城隐渠所灌注，秽浊不可近，尤胜于井泉云”①。四十二年（公元1777年），使臣李坤受命来华，将自东北进京的沿途水质加以比较：

东八站则水味清冽，沈阳以后皆是腐水，浑浊味恶，一板门、二道井之间尤甚。至于不能煮粥，关内之水亦然。至于北京城中最难堪，多有土疾。惟江河之水则味好，玉泉山下流极清且冽，其所得名，良以是也。曾闻城中井水，味皆咸苦不可饮，惟玉河东堤岸上詹事府井，其味最佳，汲者甚广，此亦以其玉泉下流而然也。②

相对苦水井而言，城内甜水井因数量稀少、水质甘甜而尤显珍贵。翻检史料，如“文华殿东大庖厨井为第一”③，“惟詹事府井最佳，汲者甚众”④。这些水井地处府邸内院，水质虽好，却非一般百姓所能汲用。而京城数量有限的甜水集中分布于城郊，以西郊、北郊泉源水质为佳。明万历时人袁宏道有载：“自郊畿论之，玉泉第一”，“西山碧云寺水、裂帛湖水、龙王堂水，皆可用。一入高梁桥，便为浊品”，其他如桑园水、满井水、沙窝水、王妈妈井等味道亦可。⑤ 同时期之人朱国祯也说，德胜门外积水潭，“源出西山一亩、马眼诸泉”，其水甘冽，最佳。朱国祯在京三年，烹茶常“取汲德胜门外”⑥ 之水。

至清末时，安定门外水质亦佳，时人震钧有载：

井之佳者，内城惟安定门外，外城则姚家井。次之东长安门内井，再次之东厂胡同西口外井，则劣矣。而安定门外尤必以极西北之

① 洪大容. 京城记略//林基中. 燕行录全集：卷42. 首尔：东国大学校出版部，2001：245.

② 李坤. 燕行记事//林基中. 燕行录全集：卷53. 首尔：东国大学校出版部，2001：110-111.

③ 朱国祯. 涌幢小品：卷15“品水”. 北京：中华书局，1959：339.

④ 朱一新. 京师坊巷志稿：卷上“东西河沿”. 北京：北京古籍出版社，1982：55.

⑤ 袁宏道. 随笔·瓶史//袁中郎全集. 影印本. 台北：伟文图书出版社，1976：20.

⑥ 同③339-340.

井为最，地名上龙，其水值又增于他井焉。[①]

当然，此时的甜水已经具有商品属性，居民平日汲用必须从水夫手中购买；而水夫所担甜水，绝大多数即来自城郊屈指可数的甜水井。

（二）京城卖水业

京城居民用水堪忧及对优质饮用水的迫切需求，催生出极具特色的水井占有者的卖水行业。有一批专门从事卖水业的水夫，或称“担水人”。“凡有井之所，谓之水屋子”，或称为“井窝子”“水窝子”，“每日以车载之送人家，曰送甜水，以为所饮”[②]。居民用水，则“日出钱买井水，苦不可饮，间有甘井，又远在十数里外，非资车马不可致”[③]。水夫们“以车载甜水，至人家鬻之者，日以竹牌计之，月尾取值”[④]，终日奔波忙碌于城郊之间和城内大街小巷，形成“纷纷为利与为名，卧听车轮半夜行。鞭响一声天未白，街头又有水车声”[⑤] 的生计方式。水夫们奔走于街头巷尾，沿街兜售，尤其是水质甚佳的井泉甜水，其价格往往不菲。王士祯竹枝词云：“京师土脉少甘泉，顾渚春芽枉费煎。祇有天坛石甃好，清波一勺买千钱。”[⑥] 即便如此，甜水依旧有旺盛的市场销路。

明清之际的京城担水人“皆系山西客户”，由于送水便利，担水人对用水户的家庭情况十分熟悉，因而“大兴、宛平二县拘水户报名定籍”[⑦]。入清后，“随驾八旗满蒙汉二十四旗分驻内外城，其随营火夫皆山东流民”[⑧]，内城旗民吃水由其供给，街巷水井的管理权随之也由山东籍人形成的帮派掌控，且逐渐划定街巷片区，圈占水井，汲水售卖。山东籍的水夫凭借与清廷大员间的密切关系而把持经营，势力发展迅速，早年从事担

---

① 震钧．天咫偶闻：卷10“琐记”．北京：北京古籍出版社，1982：216.

② 徐珂．清稗类钞：第1册“饮食类·京师饮水”．北京：中华书局，1986：63.

③ 汪懋麟．百尺梧桐阁集：卷3“藏天水记”．上海：上海古籍出版社，1980：302.

④ 李光庭．乡言解颐：卷5“物部下”之“开门七事”条．北京：中华书局，1982：108.

⑤ 杨米人．清代北京竹枝词（十三种）．北京：北京古籍出版社，1982：33.

⑥ 吴长元．宸垣识略：卷9“外城一”．北京：北京古籍出版社，1982：180.

⑦ 史玄．旧京遗事．北京：北京古籍出版社，1986：7.

⑧ 徐国枢．燕都续咏·担水夫沿革考//雷梦水．北京风俗杂咏续编．北京：北京古籍出版社，1987：236.

水的山西水夫便渐被挤出京城供水市场。至清后期，京城“老米碓房、水井、淘厕之流，均为鲁籍”[①]，已然形成“晋人势弱鲁人强，若辈凶威孰与当”[②] 的态势。而俗称“山东人若无生意，除是京师井尽干”[③]，就是山东籍人对京城供水成功垄断的写照。

在学界前期成果中，熊远报的研究中展示了一批清末京城卖水契约文书，从其可知，担水人也经常把其经营的担水权进行交易。光绪二十三年（公元 1897 年）的一份租约显示，该水户承担的送水街区是胭脂胡同路东、路西段。同年九月的一份呈租约中，租约人杜大海承租的是甜、苦水钩担　份，水井、水屋子同坐落在辘轳把，主户坐落在锦什坊街路东、路西一带。水户的供水营生密布于北京街区。熊远报认为：在北京，没有从事水买卖人员“水夫”数量的官方统计，根据水道局和传统给水业并行的民国时代的调查和统计，可能有数千人。熊远报推测，在清末，为了给拥有近 100 万人口以及众多茶馆、饭店、会馆等场所的都市提供用水，在人力搬运的技术条件下，有水夫接近 1 万人，占据北京人口的百分之一，这对于居民日常生活发挥着巨大作用。[④]

然而，这种带有垄断性质的供水方式，却给居民的正常生活带来了诸多不便。清初，京师各巷“有汲者车水相售”，水夫们各自经营自有地段，相互之间不得混汲。至于苦水，则“听之亡论”[⑤]。至清中期后，随着城中水井被分段把持局面的形成，居民即使汲取苦水，也必须支付一定的费用。同时，资源垄断势必会带来价格垄断：卖水者为求暴利，往往人为抬高水价。而用水价格的居高不下，无疑会大大加重居民日常消费负担。

居民日常用水自水市购买已成常态，甜水需从城外转运，价格更贵，一般居民消费不起，只好将甜水与苦水掺和使用。竹枝词“驴车转水自城

---

① 夏仁虎．旧京琐记：卷 9“市肆”．北京：北京古籍出版社，1986：97．

② 徐国枢．燕都续咏・担水夫沿革考//雷梦水．北京风俗杂咏续编．北京：北京古籍出版社，1987：236．

③ 得硕亭．草珠一串・商贾//丘良任，潘超，孙忠铨，等．中华竹枝词全编：第 1 册．北京：北京出版社，2007：144．

④ 熊远报．清代民國時期における北京の水賣業と「水道路」．社会经济史学，2000，66（2）．

⑤ 谈迁．北游录．北京：中华书局，1997：312．

南，买向街头价熟谙。还为持家参汲井，三分苦味七分甘”①，反映的正是当时城市居民买水与用水的无奈。在这种情况下，储存并饮用雨水也不失为一种权宜之计。晚清时期，李慈铭在日记中写道：“都中饮甜井水，入夏以后泥浊尤甚，今日令以盆盎置中庭，承雨水饮之。”②

清末，水价过高的问题愈加严重，京城居民怨声载道。光绪元年（公元1875年）三月，京城“甜水每担京钱八十文，苦水减半”，“即骡驴犊特，饮水一勺，亦需大钱一枚”③。至六月，因降雨稀少，前三门一带的甜水每担涨至160文，且“桶仍奇小，较江浙之挹彼注兹者，仅形四分之一耳”。“至于苦水，既不便饮，又不能炊，衹供洗濯，而每担亦需钱八十文”。时人分析水价上涨是因为天雨稀少与人祸叠加。

> 推原其故，水值之昂，非真由于水之干涸也。京师两月不雨，事所时有，井水之滔滔皆是，不殊平昔。高抬其价，不过井户各分地段，借口天旱以虐人耳，乞真旱魃之虐哉！④

可见，在饮用水紧缺、旱灾叠加的双压下，高昂的水价使原本生计维艰的京城百姓生活雪上加霜，是自然资源短缺反映至社会生态系统的明证。

（三）京城供水的管理与调控

关于水夫与水道以及与京城居民用水之间的关系，学界已有相关研究成果，前文已述，诸如熊远报利用北京水买卖的档案文书，邱仲麟对明清北京用水环境与供水产业之间的关联以及卖水业者与民生用水的关系的考察。⑤ 然而，至于水夫对水井与水道的把持、对用水买水者的勒索、恶意抬高水价等行为，时常引发社会问题，也即对水与人、水与社会间关联

---

① 褚维垲. 燕京杂咏//孙殿起，辑，雷梦水，编. 北京风俗杂咏. 北京：北京古籍出版社，1982：52.

② 李慈铭. 越缦堂日记：第6册. 桃花圣解盦日记：庚集（“同治十二年六月二十九日”）. 扬州：广陵书社，2004：3475.

③ 京师水利. 申报，光绪元年（公元1875年）三月廿一日.

④ 以上引文均见：京都水贵. 申报，光绪元年（公元1875年）六月初十日。

⑤ 熊远报. 清代民國時期における北京の水賣業と「水道路」. 社会经济史学，2000，66（2）；邱仲麟. 水窝子——北京的供水业者与民生用水（1368—1937）//李孝悌. 中国的城市生活. 北京：新星出版社，2006：203-205.

之考察关注不够。实际上，时人对水资源与社会关系问题已经有深刻认识，指出“京师之水，最不适口，水有甜苦之分，苦者固不可食，即甜者亦非佳品。卖者又昂其价，且画地为界，流寓者往往苦之”，故“居长安者不怕米贵而怕薪水贵也”①。

优质水被“井窝子”垄断，扰乱了京城日常社会生活秩序，激化了供应者与使用者之间的矛盾。为此，清廷加以治理整顿。雍正八年（公元1730年），清廷明文规定：

> 嗣后五城地方私立水窝名色，分定界址，把持卖水，不容他人担取者，照把持行市律治罪。该地甲役，知有私立水窝，不即举报者，照不首告律，分别治罪。该司访官不行严禁，照约束不严例议处。②

继之，又补充晓谕“私立水窝之人，照把持行市律治罪。该地甲役通同容隐不报者，笞五十。地方官不行严禁，交部议处”③。

尽管清廷三令五申，严禁水夫把持卖水业行市，然而，因优质水资源匮乏与有利可图，“扛抬揽头，把持勒措，或无藉之徒，私立水窝名色，分定界址，把持卖水，不容他人挑取”的态势依然猖獗，更甚的是数家官府井水亦被挑水之人把持，且任意涨价，霸为世业，私相售卖。对此，乾隆三十年（公元1765年），清廷颁发诏令：

> 该地甲役不即举报，通同容隐者，均照律治罪。傥该地方官不行严禁，听无藉之徒，指称揽头水窝等名色，肆行霸踞勒索者，照约束不严例、降一级调用。④

可是，积习难改，至乾隆三十五年（公元1770年），都察院又奏准：

> 京城向来食水之家，俱系挑水人占定二三十家或十余家不等，起

---

① 佚名．燕京杂记．北京：北京古籍出版社，1986：133．

② 乾隆《大清会典则例》卷150“都察院六・霸占”//景印文渊阁四库全书：第624册．台北：台湾商务印书馆，1986：698-699．

③ 光绪《大清会典事例》卷765“刑部・户律市厘・私充牙行埠头”//续修四库全书：第809册．影印本．上海：上海古籍出版社，2002：424．

④ 光绪《大清会典事例》卷132“吏部・处分例・禁止光棍”//续修四库全书：第800册．影印本．上海：上海古籍出版社，2002：265．

自何人挑送，即成为世业，并可辗转售卖。设挑水人他往，或争长价值等事，稍不遂欲，即勒措食水之家，不准另雇他人挑送，实为相沿恶习。嗣后由五城御史严加革除，凡各井挑水者，如有把持多家，任意增价，及作为世业，转相售卖者，令该户呈首，或经查出，即照把持行市例治罪。①

由于民生饮用井水的需求性抬升，井水被逐利者控制的局面越来越严重，所以，清廷将上述条例作为历朝沿袭的规定，特别加以强调。即：

京城官地井水，不许挑水之人把持多家，任意增长价值，及作为世业，私相售卖，违者许该户呈首，将把持挑水之人，照把持行市律治罪。②

事实上，在优质水资源短缺的市场需求状态下，"井窝子"把持优质甜水井、垄断卖水行业的弊端，延至清末，并未真正得以解决。

值得注意的是，技术进步在水资源利用过程中起到了某种程度的推进作用，使卖水市场与用水者之间的矛盾得以舒缓，水环境恶化的困境得以扭转。庚子之役后，德国的凿井技术传入京城，掘井能够深入地下深水层，所打井之水味道清冽，极大地改善了水质，居民争相汲取。城内甜水井数量增加。据 1929 年北平卫生局统计，市内 485 眼水井中，有甜水井 268 眼，占比超过总量 55%。③

不过，京城用水压力却并未因此消除，由于卖水户"均有售水专道，在所辖势力范围之内，他井户不得越界兜售"，"操是业者皆为山东人，人数极多，势颇不弱"，"每与市民有所冲突，藉端要挟，市民多为所窘，因有水阀之徽号"④。至光绪三十四年（公元 1908 年），经农工商部奏请，清廷正式批准在京筹办自来水公司，由周学熙负责具体事宜。自来水公司水源地选在城郊东直门外 30 里的孙河上游，即"于东直门外迄北，建立

① 光绪《大清会典事例》卷 1039"都察院·霸占"//续修四库全书：第 812 册. 影印本. 上海：上海古籍出版社，2002：421-422.

② 光绪《大清会典事例》卷 765"刑部·户律市厘·把持行市"//续修四库全书：第 809 册. 影印本. 上海：上海古籍出版社，2002：429.

③ 方颐积. 北平市之井水调查. 顺天时报，1929-03-02.

④ 马芷庠. 老北京旅行指南. 北京：北京燕山出版社，1997：9.

水塔，设吸水机。复在城内各街巷埋装水管，以供市民之用”。供水区域“拟内以禁城为止，外以关厢为限”。如此区分的理由在于：

> 惟京师地势高皑，户口殷阗，需水甚多，来源颇少，较诸沿江沿河情形迥不相同，须统计水源，预算食户，确有把握，方能著手。[①]

然而，水少人稠依然是京师城市供水面临的主要问题。为此，选择合适水源建厂成为清末办水厂面临的首要问题。农工商部的奏折中也如是说：

> 至于开办工程，则以筹足水源为第一要务。查京师地广人稠，需水甚多，经该员连日复勘，近郊水道以安定门外沙子营迤下孙河水源尚旺，该河有二源：一为沙河，发源北山；一为清河，发源西山，至孙河合流，水势颇大。按理估计足可敷用，并拟宽为筹备，就河筑大圩一区，储水足供两三个月之用，以备旱时之需。[②]

建厂水源地选择孙河，而非利用西山人工水库之水，也反映了丰沛的西山泉湖之水已今非昔比，乾隆以来的盛景已成过往，京城近郊水环境发生了巨大变化。

在自来水厂设立的过程中，为满足京城居民生活要求，水厂对水质及卫生状况尤为注意，表现在三个方面：其一，对水厂所生产自来水“逐日化验，务使水质清洁，免害市民。于是北平饮料，咸称便利，且合卫生”。其二，强化对水源地的保护措施。提出水源乃“全城饮料所需，即为全城生命所系”，尤须注意保护。故而，在孙河上游的沙河、清河 20 里以内，由步军统领衙门及顺天府责成该管地方官“严谕居民认真防护堤岸，培植树株以养水源，并严禁侵害作践及倾弃污秽等事，仍由本公司随时派人查察。如有损害情形，应即知照地方官设法禁止，藉保水质，而重民生”[③]。其三，为保障水源清洁，水厂专门奏请将拟建于清河上游的呢革厂移建下

---

① 农工商部溥颋等奏请筹办京师自来水调员董理以资提倡折，光绪三十四年三月十八日。北京市档案馆，等. 北京自来水公司档案史料. 北京：北京燕山出版社，1986：1.

② 农工商部奏为筹拟京师自来水公司大概办法折，光绪三十四年三月二十八日。北京市档案馆，等. 北京自来水公司档案史料. 北京：北京燕山出版社，1986：2.

③ 自来水公司未成立情形及请求立案等事与农工商部往来函·自来水公司呈文，宣统元年六月初四日。北京市档案馆，等. 北京自来水公司档案史料. 北京：北京燕山出版社，1986：32.

游，提出“自来水以水源清洁为要”，呢革厂生产后将会产生工业废水，所谓“余水味烈性毒，若复归注河内，殊于卫生有碍”，如果一定要在清河上游建该厂，那么请清廷出面“将余水设法另归他处消纳。事关公益，相应咨呈察核施行”①。以上这些举措的实施，不仅有效保证了自来水厂供水水量与质量，为城市生活用水提供了长期稳定的水源支撑，客观上也对郊区水源涵养、水生态保护起到了积极作用。

综上，直至清末民初，北京城市居民饮用水的来源经历了由土井到洋井再到自来水的三个阶段的发展变化，而无论哪一个阶段，郊区水资源在城市供水方面都扮演着举足轻重的角色，其在供给城市用水方面的作用与贡献也随之变得越发突出，彰显出郊区生态腹地与城市发展之间关联共生的生态意义。

五、京郊的稻米花卉与水生态

京郊河川众多，泉淀汇集，西郊泉湖、万泉庄，东郊坝河，东南郊凉水河及北郊清河诸水系共同构成了环绕京城四周的地表水资源补给系统。尤其是西部及西南区为京城周边水资源最为丰富之处，属于京城的有机生态腹地。依托京郊优越的水资源，清代在发展农业生产的前提下，大力垦辟水田，种植水稻，且因地制宜，发展花卉种植，为城市输送农产品。

（一）京郊种稻的兴盛与泉湖资源基础

水稻是一种典型的喜温喜湿的粮食作物，适宜的光照、温度、湿度及土壤环境是作物茁壮成长的必要条件。京郊水资源丰沛的泉湖为该地区水稻种植业的发展与繁荣奠定了坚实的水资源基础。前文已述，京畿地区位于华北平原西北隅，属典型的温带大陆性季风气候，其夏季光热充足、降水集中、雨热同期的气候特点满足了季节性水稻生长所需的水热条件，同时还拥有发展稻作农业最重要的泉湖优质灌溉水源和相对完善的供水体系。

---

①　自来水公司为解决清河呢革厂废水污染水源事与农工商部往来函，光绪三十四年四月二十一日。北京市档案馆，等. 北京自来水公司档案史料. 北京：北京燕山出版社，1986：5-6.

河流溢出带的泉湖是京畿地区重要的水源，其较之河流灌溉稻田，水质更优，益处颇多。北京西郊玉泉水温较为平稳，气温差异远比其他河流要小，且水源优质，富含矿物质和微量元素，以其灌溉水稻，不仅更适宜水稻生长，且所产稻米质地优良，具有很高的营养价值，口感也好于其他水源灌溉的稻田所产稻米。加之玉泉山系山前平原地带，土壤以质地良好的深褐色土为主，养分含量较高，亦适宜水稻生长。近玉泉水附近的水田连年丰稔高产，即如文献所载：

> 玉泉之水，汇而为湖，并疏为渠，灌溉稻田数百顷。每至夏初，插秧莳种，罫亩布列，弥望青葱，不异东南阡陌。晚秋刈获则比栉崇墉，村村打谷，较他出每多丰穰。盖泉甘土沃，故玉粒倍觉精腴。①

梳理北京水稻产区，元明时期主要集中分布于先农坛、西苑、德胜门内海子，即今后海积水潭以及右安门外南十里草桥、西湖、海淀及房山大石窝等处。② 步入清代，水利灌溉充盈，帝王直接过问，京郊水稻种植得以发展，主要表现在种植面积扩展和品种增多。

就稻田分布与扩展而言，京郊水稻产区，规模较大者如西郊“高梁桥至圆明园、香山，夹河两岸”，分布有2 000余亩水田，“并连康熙、雍正年间所垦，为数更多”③。圣化寺“北门门内西为河渠，东为稻田，前临大河”④，沿河“两岸溪田一水通，维舟不断稻花风”⑤。畅春园无逸斋“北角门外近西垣一带，南为菜园数十亩，北则稻田数顷”⑥。玉河“沿河皆稻田”⑦。青龙桥一带“十里稻畦秋草熟，分明画里小江南”⑧。南郊南苑与北红门外广辟水田，凉水河“两岸旧有稻田数十顷，又新辟稻田九顷余，均资灌溉之利”。西南郊丰台等地“自柳村、俞家村、乐吉桥一带有

---

① 颙琰.《静明园华洋馆作》诗注//国家清史编纂委员会. 清代诗文集汇编：第460册. 御制诗二集：卷2. 上海：上海古籍出版社，2010：115.

② 许大龄. 明代北京的经济生活. 北京大学学报（哲学社会科学版），1959（4）.

③ 汪启淑. 水曹清暇录：卷4“京郊开垦似江南”. 北京：北京古籍出版社，1998：60.

④ 于敏中. 日下旧闻考：卷78“国朝苑囿”. 北京：北京古籍出版社，2001：1303.

⑤ 《乾隆九年御制泛舟至圣化寺诗》，见④1304。

⑥ 于敏中. 日下旧闻考：卷76“国朝苑囿”. 北京：北京古籍出版社，1981：1281.

⑦ 于敏中. 日下旧闻考：卷85“郊坰”. 北京：北京古籍出版社，1981：1427.

⑧ 于敏中. 日下旧闻考：卷100“郊坰”. 北京：北京古籍出版社，1981：1658.

水田，桥东有园，其南有荷花池，墙外俱水田种稻”①。北郊德胜街附近之三圣庵，北临稻田，自明代以来，南方来者便于此“艺水田，粳秔分塍，夏日桔槔声不减江南”②。大石桥之北又有新开水田，畦畛弥望。文人王铎专门写诗描述“丛薄弥蔓多稻田，江南人僦耨之”③。

乾隆时期是京郊水稻种植的鼎盛时期。乾隆十六年（公元1751年）时，仅官种稻田就达万亩之多，除内务府于清漪园东墙外专辟“玉泉山官种稻田十五顷九十余亩”外，在金河蛮子营、六郎庄、圣化寺、泉宗庙、高梁桥、长河两岸、石景山、黑龙潭及南苑之北红门外等处，尚有官租稻田92.9顷，合官种稻田共108.9顷，此“较往时几数倍之”④，“稻田不下千顷”⑤，“丰台穿池筑塘，亦倍于昔”⑥。

乾嘉时期，水稻种植已遍及紫禁城城周四郊，仅内务府每年征收租赋的水田就有80多顷，详见乾嘉时期京郊内务府管稻田分布区域概表（见表2-6）。至清末，慈禧太后喜食御稻米，将颐和园外方圆半里，即自北坞、蓝靛厂、巴沟一带的地方全部划入御稻产区。⑦有清一代，西郊稻田始终是皇家用米的主要供应地。

表2-6　　乾嘉时期京郊内务府管稻田分布区域概表[1]　　单位：亩

稻田分布区	面积	面积（原文数据）
西花园南墙外	66.96	六十六亩九分六厘
圣化寺后并走会门八方亭南	121.856 4	一顷二十一亩八分五厘六毫四丝
西南门外路南	18.733	十八亩七分三厘三毫
西南门外道北至将军庙前	108.75	一顷零八亩七分零五毫

① 于敏中．日下旧闻考：卷90“郊坰”．北京：北京古籍出版社，1981：1523，1536.

② 于敏中．日下旧闻考：卷54“城市”．北京：北京古籍出版社，1981：882.

③ 王铎．拟山园选集：卷41“玉泉寺记”//国家清史编纂委员会．清代诗文集汇编：第7册．上海：上海古籍出版社，2010：151.

④ 于敏中．日下旧闻考：卷71“官署”．北京：北京古籍出版社，1981：1188.

⑤ 乾隆．御制诗集（五）：卷89“写琴廊纪事”//景印文渊阁四库全书：第1311册．台北：台湾商务印书馆，1986：342.

⑥ 汪启淑．水曹清暇录：卷4“京郊开垦似江南”．北京：北京古籍出版社，1998：60.

⑦ 一圈地相当于现在106亩。参见：北京市海淀区地方志编纂委员会．北京市海淀区志．北京：北京出版社，2004：462。

续表

稻田分布区	面积	面积（原文数据）
将军庙北水田	35.895	三十五亩八分九厘五毫
新闸口北	158.825 91	一顷五十八亩八分二厘五毫九丝一忽
新闸口南	515.637 4	五顷十五亩六分三厘七毫零四忽
金河西南岸	570.499 74	五顷七十亩零四分九厘九毫七丝四忽
黑龙潭太舟坞	534.238	五顷三十四亩二分三厘八毫
石景山西北林丰富庄	449.873 33	四顷四十九亩八分七厘三毫三丝三忽
藻鉴堂前	4.2	四亩二分
战船坞西至湖心楼	500.964 3	五顷零九分六厘四毫三忽
治镜阁前	144.76	一顷四十四亩七分六厘
高亮桥西	25.28	二十五亩二分八厘
极乐寺前	185.83	一顷八十五亩八分三厘
长春桥东	423.547	四顷二十三亩五分四厘七毫
八沟村后	584.68	五顷八十四亩六分八厘
二孔闸南至走会门	25	二十五亩
新闸北自西花台至葫芦河东	39.813	三十九亩八分一厘三毫
新闸西	38.22	三十八亩二分二厘
金河两岸	12.77	十二亩七分七厘
金河两岸蛮子营房后	7.73	七亩七分三厘
金河两岸养水湖前	4.69	四亩六分九厘
沙子桥河东北并菱角泡西以及八沟村桥南河东西、万泉庄、新闸河西南岸、随土山北	415.69	四顷十五亩六分九厘
战船坞	18.53	十八亩五分三厘
大东门外大石桥西	195.955	一顷九十五亩九分五厘五毫
圣化寺后并西门内河南	48.41	四十八亩四分一厘
泉宗庙西门外并土道西	49.62	四十九亩六分二厘
泉宗庙东门外往小南庄土道路南	144.79	一顷四十四亩七分九厘
六郎庄西并场园道西黑板门	205.88	二顷零五亩八分八厘
小西场并河东	389.02	三顷八十九亩零二厘
葫芦河	89.22	八十九亩二分二厘

续表

稻田分布区	面积	面积（原文数据）
八沟村以北并东北东南水渠以西以东	366.43	三顷六十六亩四分三厘
沙子桥道北道南	109.78	一顷零九亩七分八厘
八沟村以东	77.3	七十七亩三分
圣化寺东门外北并九龙山东北左右	83.1	八十三亩一分
圣化寺西门内、北门内以及永宁观北、西、南三面	138.44	一顷三十八亩四分四厘
新宫前后	244.5	二顷四十四亩五分
圣化寺南墙外道东南	158.23	一顷五十八亩二分三厘
泉宗庙西	24.66	二十四亩六分六厘
畅春园宫门前菱角泡西	53.31	五十三亩三分一厘
高亮桥行宫西土山后	12.75	十二亩七分五厘
紫竹院前	106.55	一顷零六亩五分五厘
西南门外路南	0.98	九分八厘
文昌阁三岔口战船坞	6.1	六亩一分
静明园以东葫芦河	5.219	五亩二分一厘九毫
圆明园大北门外	533.193 76	五顷三十三亩一分九厘三毫七丝六忽
征租合计[2]	8 056.365 48	水田八十顷零五十六亩三分六厘五毫四丝八忽

1 表中所统计稻田分布区域，主要以京郊水田为主。2 征租合计数目实际为 8 056.410 84。

资料来源：光绪《清代各部院则例·总管内务府现行则例（一）》，第 413-414 页。

随着水稻播种面积的扩展，稻米品种也相应增加。当时，北京地区所种稻米大致可分粳稻、糯稻、水稻、旱稻①，又细分有“玉塘稻、马尾稻、玉样白、粳、糯诸色之不同”②，亦不乏诸如京西御稻③、清水稻、房山石窝稻等优质稻米品种的培育与种植。“房山石窝稻，色白味香美，

① 刘深. 康熙《香河县志》卷 2“地理”，康熙十七年刻本.

② 周家楣，缪荃孙. 光绪《顺天府志》卷 50“食货志二・物产”//续修四库全书：第 684 册. 影印本. 上海：上海古籍出版社，2002：408.

③ 今称“京西稻”。据中华人民共和国农业部公告第 2231 号（2015 年 3 月 9 日），对京西稻实施国家农产品地理标志登记保护。

为饭，虽时盛暑，经数宿不餲”。玉泉山所产京西御稻颗粒饱满、晶莹透亮、光洁如玉，所煮之饭，入口醇香、回味无穷，“平餐勿需菜，可口又清香”，是帝王餐桌上必备主食。据史料记载，清廷“每年内用米七十石，各处所用白米六千石，粗黄老米八千石”，此“内用米”又分黄白紫三色老米，分别指玉泉山、丰泽园、汤泉等处稻米，以及朝鲜进贡稻米。[①]

（二）因水而设的稻米御用与管理

清代的京师“乃辐辏之区，毂击肩摩，食米者日不下亿万万口”[②]，除每年额征漕粮400万石外，所市麦石“大半由豫、东二省商贩前来，以资民食”[③]。即便如此，京师每年的粮食供给仍仅够维持日常所需。对此，清廷规定“城内之米不许出城，城外之米不许出境”。尤其随着京城地位日渐提高，人口增加，清廷除了自京畿以外调拨米粮外，不得不对区域内种粮尤其是郊区种稻高度重视，倡导就地耕种。所以，清代京郊水稻种植业的迅猛发展，既得益于区内优质的泉湖水资源环境基础，还得益于米谷生产为民间日用所需的政策导引。

各级官员认为，“农田为足食之本，而沟洫之利尤大。使灌溉有资，宣泄有备，即值水旱足资备御。若能于北方多辟水田，兼收南方杭稻之利，实与民生有益”[④]，况且“水田与旱地相去悬殊，其旱地岁收不满一石者，水田可收至两三石”[⑤]。基于对水、旱田亩产量的考量，清廷倡导在京郊及周边诸州县大力兴修水利，垦辟水田，以此增加粮食供给量。所以，京郊水稻的种植与清廷的重视有直接关系，只是不同途径的稻米供不同人群食用。

---

① 吴振棫．养吉斋丛录：卷24．点校本．北京：中华书局，2005：302.

② 录副奏折，步军统领英和等，奏为米石例禁请循旧章事，道光二年四月初十日，档号：03-3684-024。

③ 清高宗实录：卷1054（乾隆四十三年四月癸巳）．影印本．北京：中华书局，1985：81.

④ 录副奏折，天津县衙门告示，为兴修营田水利开种稻田事告示，嘉庆二十五年十月三十日，档号：03-9985-064。

⑤ 朱批奏折，翰林院侍讲学士蒋溥，奏为畿辅营田泽贻万世请敕直隶地方有司及时修治水利事，乾隆朝，档号：04-01-23-0131-014。

康熙帝对水稻栽培技术十分重视。一次南巡途中，其见“彼处稻田岁稔时一亩可收谷三、四石，近京玉泉山稻田一亩不过一石[①]，遂着手改良京郊水稻品种。且在南海：

> 丰泽园有水田数区，布玉田谷种，岁至九月，始刈获登场。一日循行阡陌，时方六月下旬，谷穗方颖，忽见一科高出众稻之上，实已坚好，因收藏其种，待来年验其成熟之早否。明岁六月时，此种果先熟。从此生生不已，岁取千百。四十余年以来，内膳所进，皆此米也。其米色微红而粒长，气香而味腴，以其生自苑田，故名御稻米。一岁两种，亦能成两熟。[②]

康熙帝还重视稻种栽培过程中的技术运用，也是在南巡途中，看见福建水上之舟中满载猪毛、鸡毛，问其故，方知“稻田以山泉灌之，泉水寒凉，用此则禾苗茂盛，亦得早熟”，遂将此法引入京郊玉泉山稻田，“果早熟丰收”[③]。

康熙帝还将这种稻种赐于大臣。康熙五十四年（公元 1715 年），李光地辞官回乡，康熙帝赏“发红稻一石”“试之本乡”。李光地便“于春间，就居宅之前择地栽播”，后在奏折中称：“此种比闽中诸种吐穗成实，皆先十余日，其米颗比诸种尤较长大”，还可作为晚稻种植，并建议“明岁可否广传民间”，康熙帝用红笔在“广传民间”四字旁划圈[④]，是为朱批。故而，红稻被推广至江浙及口外。即如“口外种稻，至白露以后数天，不能成熟，惟此种可以白露前收割。故山庄稻田所收，每岁避暑用之尚有赢余，曾颁给其种与江浙督抚织造，令民间种之”[⑤]。

御稻在江南种植初期，能种二季。康熙五十四年（公元 1715 年）六月二十三日立秋之前，苏州织造李煦奏报自己所“种第二番御稻，今十月

---

① 清圣祖实录：卷 153（康熙三十年十二月丁亥）. 影印本. 北京：中华书局，1985：696.

② 康熙. 几暇格物编：卷 31“御稻米”条. 康熙《御制文集》（二）//景印文渊阁四库全书：第 1299 册. 台北：台湾商务印书馆，1986：600.

③ 清圣祖实录：卷 159（康熙三十二年六月庚子）. 影印本. 北京：中华书局，1985：749.

④ 朱批奏折，大学士李光地，奏为恭奉御制性理精义序文及陛辞时赐发红稻试之本乡栽播各情形事，康熙五十五年，档号：04-01-30-0010-015。

⑤ 于敏中. 日下旧闻考：卷 149“物产”. 北京：北京古籍出版社，1981：2373.

初三日已经收割，得稻子二石二斗，分数约略五分光景”，而苏州各乡绅所种御稻，“今亦皆收获约略四分之数”①。只是在同一块田地上种植的二季稻收成不佳，相比而言，第一次种 50 亩，六月初四收获，“每亩得稻子三石七斗”。第二次是在立秋前的六月十六日种秧苗，九月十五日收割，共种 45 亩，“每亩只得稻子一石五斗”。二季稻收成低的原因在于是年七月刮起西北大风，时“禾苗刚秀，将花损伤”，以致减产。苏州乡绅在找到减产的原因后，纷纷表示愿意种稻。巡抚吴存礼和苏州乡绅 26 家“恳请给种”，李煦将上年所存稻种分而给之，并言“苏州乡绅明年又可广为佈种，则自今后江南地方具得两熟而亿万斯年”。对此，康熙帝朱批：“各府官民要者，尽力给去，无非广佈有益。浙江、江西要的也给”②。随着种植经验增加，御稻种植面积和收获率也趋于增加和稳定。

雍正三年（公元 1725 年），怡亲王允祥、大学士朱轼查勘京畿农耕，整顿水利，并“仿遂人之制，以兴稻人之稼”，“十数年来，圩田种稻不下数千万亩，每年收获稻米不下数十万石，其动帑收买者，亦以数十万石计，此畿辅营田水利之明效大验”③。由于水田获利丰厚，京畿百姓积极垦辟水田。凡毗邻河渠、水源充沛之处田地，多被垦为水田。而溉自玉泉的“微红粒长而味腴”的京西御稻米品种，“四月插秧，六月可熟，土人珍之”④。石景山有修姓庄头，家道殷实，“自引浑河灌田，比常农亩收数倍，旱潦不致为灾”⑤，当年即收到明显成效。

为有效维持京郊水稻的经营与供给，满足宫廷日常用米所需，康熙五十三年（公元 1714 年），清廷于玉泉山设立稻田厂，专司京郊水稻事宜，是为清廷对官种水稻管理的规范化标识。稻田厂在西郊等处垦辟稻田，资

① 以上引文均见：朱批奏折，苏州织造李煦，奏报苏州本年近日粮价及御稻与本地稻子有异事，康熙五十五年闰三月十二日，档号：04-01-30-0270-026。

② 以上引文均见：朱批奏折，苏州织造李煦，奏为本年第二次种收御稻情形并多余稻谷作何分给请旨事，康熙五十五年十月初二日，档号：04-01-30-0270-024。

③ 以上引文均见：朱批奏折，翰林院侍讲学士蒋溥，奏为畿辅营田泽贻万世请敕直隶地方有司及时修治水利事，乾隆朝，档号：04-01-23-0131-014。

④ 周家楣，缪荃孙. 光绪《顺天府志》卷 48“河渠志十三・水利”//续修四库全书：第 684 册. 影印本. 上海：上海古籍出版社，2002：401.

⑤ 同④398.

用湖泉灌溉，种植优质水稻，负责宫廷食用米的日常供给，盛京供献陵寝用米及官种、民种土地赋税的征收。内廷皇室日常用米，则通过奉宸苑所属稻田厂直接供给。

稻田厂仓署设在“玉泉山之东青龙桥，前后四重，房六十有四楹”，“仓厫及官署、碾房具备焉”，官场“一在功德寺，西房四间，一在六郎庄，南房十六间”①。初“委司官二人管理，设笔帖式二人，领催十三名，听差人四名”。雍正元年（公元 1723 年）增设六品库掌一人、笔帖式二人。三年（公元 1725 年）九月，将玉泉山稻田厂并入奉宸苑管理，“原委司官二人，令回本任。每岁于苑属官员内委出一人，与库掌协同办理。裁笔帖式一人，领催八名”②。乾隆二十四年（公元 1759 年）四月，改催总为催长，后又额设催长一员、副催长一员、领催三名。二十五年（公元 1760 年）七月，经步军统领衙门奏准，清廷每年派遣内务府大臣一员，协同奉宸苑一同负责新挖稻田各项事宜。二十九年（公元 1764 年）三月始，停派内务府大臣，稻田厂事务改由奉宸苑会同清漪园大臣就近管理。此后，玉泉山稻田厂规制基本稳定，置员外郎一员，库掌一员，笔帖式三员，催长、领催等十名。

稻田厂日常仓厫守备，原派驻巡捕营兵 2 004 名，负责仓厫看守。乾隆二十三年（公元 1758 年）三月，经步兵统领衙门奏准，将原巡捕营兵全部撤回，所需看守改由内务府自行办理，由都虞司于内务府三旗章京披甲人中派驻章京一名、披甲人 1 002 名，全权负责稻田厂的巡查守备任务。③

至于玉泉山稻田厂官种水田，清初计约 36.36 顷，每年从内库支取银两，雇觅水夫头目耕植，给予工食，一切耕具籽种俱动项官办。乾隆三十一年（公元 1766 年）三月，据内务府奏报，当时查织染局当差园户中有种稻地蛮子八户，“系熟谙耕种稻地之人，与其徒留织染局充当园户，莫若归入稻田厂，令其耕种稻田，停止外雇水夫头目，其所需工食银两自应

① 于敏中．日下旧闻考：卷 71“官署”．北京：北京古籍出版社，1981：1187.

② 光绪《大清会典事例》卷 1194“内务府・园囿・奉宸苑杂征”//续修四库全书：第 814 册．影印本．上海：上海古籍出版社，2002：492.

③ 故宫博物院．清代各部院则例・总管内务府现行则例（一）・稻田厂添裁员役//故宫珍本丛刊．影印本．海口：海南出版社，2000：406-407.

裁汰”。另外还有养蚕蛮子五户，亦一并归入。“每月俱照园户例赏给钱粮米石，其原食钱粮俱应裁汰”。如遇稻田农忙或应添用人夫之时，再由该管官员酌定人数后派员详查，“酌量雇觅添给，统俟年底归入奏销”①。

稻田厂每年所产稻米去向有严格规定。清初，官种稻每年所获稻米无论多寡，只供内廷应用，剩余收仓。其时，内廷每年应用之细米并稻子不过六七百石，而功德寺附近 7.44 顷水田，连同瓮山 8.18 顷，两处所得稻米已敷一年之用，每年有大量稻米被封存入库。故此，雍正二年（公元 1724 年）十二月，清廷规定嗣后稻田厂每年所产稻米，除供内廷应用及备储籽种外，剩余稻米交由大兴、宛平二县，依时价粜卖，所得银两上交广储司库。② 次年九月，经内务府奏准，稻田厂除留功德寺、瓮山二处官种外，“其六郎庄、北坞、蛮子营、黑龙潭等四处稻田地，即租与附近居民征租”，所种官地亦停止从内库中支领钱粮，改由地租银两中节省动用，“其用过余剩数目，于岁终具奏”③。

嘉庆十七年（公元 1812 年），清廷核查稻田厂等处官、民所种稻田，并荷花、苇草各项租种地亩及南花园培养花卉费用事宜。据稻田厂管理官员称，官种水田坐落于玉泉山六郎庄等处，共 15.976 顷，年例因收稻子 2 457.2 石，“所有置买农器、粪乾、雇觅人夫工价一切使费”，向系于征收民种稻田内酌留银 2 037.634 两。是年，核查费用过程中，勘察得“此项地亩种植有年，土脉和润，人夫多系熟手，较前省力”，因而酌减留银至 1 313.379 两，余银 724.255 两，入于实存正项数支纳。另外，稻田厂每年尚有生息银 480 两，以为岁修之费。由于查得该处庄房具系各佃租住，无庸官为修理，所余银两归在生息项下存储。④

---

① 此处“蛮子”，指查织染局当差园户中的南方人，熟悉水田稻作者称为“种稻地蛮子”，善养蚕者则为“蚕蛮子”。参见：故宫博物院．清代各部院则例·总管内务府现行则例（一）·稻田厂添裁员役//故宫珍本丛刊．影印本．海口：海南出版社，2000：408。

② 故宫博物院．清代各部院则例·总管内务府现行则例（一）·稻田厂官种稻田事宜//故宫珍本丛刊．影印本．海口：海南出版社，2000：407.

③ 光绪《大清会典事例》卷 1194“内务府·园囿·奉宸苑杂征”//续修四库全书：第 814 册．影印本．上海：上海古籍出版社，2002：493.

④ 录副奏折，穆腾额、阿明阿，奏请裁减奉宸苑所属稻田厂存留租息银两事，嘉庆十七年七月十四日，档号：03-1790-032。

清廷鼓励与扶持京郊种稻，由于“土脉和润”，稻田收获相对稳定。然而，清人十分清楚地认识到“从来河道与水利相为表里”，旱地耕种相对水田而言，“不费人力，惟靠天时收刈”，“若耕种水田，则有灌溉、耕锄力作之苦”，故而，农闲之际，地方官每每“劝谕百姓将引水之沟渠浍洫、蓄水之堤埝围埂，复加整葺”，以待来年春耕“庶不致改为旱地”①。加之，京城居民数量已近百万②，生产与生活需水量与日俱增，稻田扩展受水资源环境的制约明显。

水田种植不仅需要旺盛的水源，还需要更多的人力物力等的投入。若水利灌溉投入减少，灌溉设施年久失修，沟渠淤垫抬高，灌溉难以为继，不得不改作旱地，以致京畿稻田规模呈现波动乃至缩减态势。这种情况在乾隆朝前期已见端倪，乾隆二十七年（公元1762年），工部左侍郎范时纪奏请于京南霸州、文安等处添筑堤埝，改种水田。乾隆帝参照西郊“昆明湖一带地方试种稻田，水泉最为便利，而蓄泄旺减，不时灌溉，已难遍及”之状，意识到稻田需水量很大，予以驳回。乾隆帝还指出，京南霸州、文安等处之所以淹浸而易改水田，只因近一二年来雨水偏多而非这里水利便利，故云：

> 殊不知现在情形，乃北省所偶遇，设过冬春之交，晴霁日久，便成陆壤。盖物土宜者，南北燥湿，不能不从其性。……从前近京议修水利营田，未尝不再三经画，始终未收实济，可见地利不能强同。③

此则一方面是乾隆帝因地制宜、适应地利之举，另一方面也反映出京畿地区既有水资源条件下难以扩种水田的无奈。

自嘉庆以来，水田改旱田的趋势变得愈发明显。以内务府所属官租稻田为例，嘉庆二十年（公元1815年）奏准，尚有水田80.56顷，旱地5.35顷。而至道光二十九年（公元1849年）时，这一数字已变为水田56.20顷，旱地29.71顷，在30余年内，有24.36顷水田被改为旱地。其部分稻地变更情况见表2-7。

---

① 以上引文均见：朱批奏折，翰林院侍讲学士蒋溥，奏为畿辅营田泽贻万世请敕直隶地方有司及时修治水利事，乾隆朝，档号：04-01-23-0131-014。

② 据韩光辉统计，至乾隆四十六年时，北京城市户口（包括内城、外城及城属地区）为986 978口。韩光辉．北京历史人口地理．北京：北京大学出版社，1996：128.

③ 清高宗实录：卷673（乾隆二十七年十月己酉）．影印本．北京：中华书局，1985：523.

表 2－7　　　　　嘉道时期部分官租稻田改种旱地情况统计表

奏报时间	地点	规模	原因	变更状况
嘉庆二十年（公元 1815 年）五月奏准	圆明园大北门外稻田	五顷三十三亩一分九厘三毫七丝六忽	地势高沟渠淤塞	改为旱田
道光五年（公元 1825 年）七月奏准	稻田厂所属圆明园后北大门外旱地	三顷八亩八分七厘五毫二丝六忽	地势碱薄	每亩减租银一钱
道光十八年（公元 1838 年）十二月奏准	长春桥以东	二顷十六亩三厘五毫		自十七年改为旱田
道光二十三年（公元 1843 年）十二月奏准	圣化寺后、金河两岸、大东门等处	三顷五亩二分五厘六毫三丝	淤高	自二十二年起改为旱田
道光二十九年（公元 1849 年）十二月奏准	新闸口	三十一顷五十二亩八厘七毫八丝二忽	地势淤高	自三十年改为旱田
	泉宗庙东门外等处稻地		地势寒薄	自二十九年其每亩酌减租银八分至四钱二分不等

资料来源：故宫博物院．清代各部院则例・总管内务府现行则例（一）//故宫珍本丛刊．影印本．海口：海南出版社，2000：413-414.

及至晚清，京郊水资源匮乏的状况愈演愈烈。尽管清廷采取了诸多措施开拓水源，无奈积重难返，并未取得满意效果。咸丰九年（公元 1859 年）十月，清廷派人挑挖自德胜门内进水闸起至神武门鸳鸯桥沟渠内“节节淤浅河身干涸”处 1 347 丈，并派清漪园会同奉宸苑人员前往检查沿河涵洞水沟顺序放水。① 可是，稻田面积因水源短缺而继续减少，京郊水稻种植已面临严重的缺水危机。

同治六年（公元 1867 年）二月，内阁及工部左侍郎魁龄等奏请覆勘京师泉河各工。同治帝遂命魁龄等先行勘察所有香山樱桃沟石渠及各处泉

① 录副奏折，礼部尚书肃顺、工部尚书文彩，奏为遵勘奉宸苑河道挑沟引水事，咸丰九年十月二十日，档号：03-4502-053。

河故道，“并将香山等处封闭煤窑，设法挖采，以裕水源”。此外，魁龄还提出将其附近泉河稻田“一律改种陆田，并请酌减税课妥为抚恤之处”，经奉宸苑议奏后一并获得准许。① 光绪二十九年（公元 1903 年）暑伏之际，官属稻田因无足够的湖水灌溉，稻苗多有干黄，日渐吃紧。官民佃户联名上报奉宸苑，恳请关闭颐和园后山出水洞闸板，所蓄水归入湖内各涵洞，浇灌稻田，以救稻苗。②

光绪年间，原属稻田厂管理的圆明园、颐和园等处稻田获准放垦，这一趋势一直延续至民国时期。据时人调查：“前清奉宸苑所辖之水田，计共一百十一余顷，年收租金八千余元”③。清帝退位后，原属内务府管理的颐和园、清漪园等皇家园林被国民政府接收。1928 年 9 月 8 日，管理颐和园事务所呈请北平市政府将内政部河道管理处暂管之稻田厂重新划归颐和园事务所，统计圆明园“内开垦之田在四十顷以上，园外半之，其租价交颐和园经收，并海甸、巴沟、六郎庄、大有庄，高水湖、养水湖同隶颐和园，每年十月一日开征，至年底为止，租金如能收齐，约在四千元以上”。划归后的整个耕地亩数合计水田 118 顷 62.889 亩，旱田 77 顷 81.408 亩。另有玉泉山内水地 92.1 亩，旱地 1 顷 41.5 亩。由颐和园事务所“另订放垦章程，以救济西郊一带贫民为宗旨”④。

（三）流泉与花卉的京郊生态

花卉作为观赏性植物，是城市居民点缀生活和寄托精神的必需品。不同种类的花卉其生物特性各不相同，对光照、温度、水分、土壤等环境条件的要求也各异。就整个京畿地区而言，在纬度、光照、温度差别不大的

---

① 清穆宗实录：卷 197（同治六年二月壬寅）．影印本．北京：中华书局，1985：528.

② 第一历史档案馆藏《奉宸院》档，第 346 号，参见：张楠平．清宫园囿水面的利用及管理//中国紫禁城学会论文集：第 2 辑．北京：紫禁城出版社，2002：222。

③ 至 1924 年，国民军 11 师接管西郊一带古迹名胜，则并圆明园内外及海甸、巴沟等处合稻田厂同隶颐和园管理，共有水旱稻田二百一十余顷，岁收租金一万二三千元。参见：调查稻田厂记//颐和园管理处．颐和园志．北京：中国林业出版社，2006：400。

④ 所有水旱地中，稻田厂共有水地 80 顷 97.002 亩、旱地 40 顷 50.577 亩，年收租约 1 万元。圆明园内水地 15 顷 97.182 亩、旱地 13 顷 9.725 亩，园外水地 9 顷 98.105 亩、旱地 13 顷 41.672 亩，年收租约 3 400 元。颐和园、静明园、静宜园有水地 10 顷 78.5 亩、旱地 8 顷 50.409 亩，年收租约 900 元。参见颐和园管理处编《颐和园志》第 400-402 页。

情况下，水分和土壤就成为能否大规模种植花卉的关键。清代京城西南郊，即右安门外草桥至丰台一带，泉水汇潴，水清土肥，独特的水资源环境塑造了花卉种植所需的理想自然条件，花卉种植一年四季长盛不衰，当地有“花乡”之美誉。这里地理环境的形成，深受古永定河河流溢出带影响，流泉资源丰富，灌溉条件优越，广泛分布的疏松砂质土壤富含孔隙，通气透水能力强，更能够满足花卉对水、肥、气、热的要求，具有生产高产优质花卉产品重要的资源基础，适宜花卉栽培。且科学表明，生长于砂质土壤上的植物根系分布深而广，植株生长快，便于实现早期丰产优质。①

京城西南郊居民以种花为业，兼及种稻种菜，且将种花之业繁盛寄托于神灵护佑。丰台在右安门外八里，这里“前后十八村，泉甘土沃，养花最宜”②，有花神庙二，“一花王为春社所，一花姑为卖酒名”，“村东草桥普济公，祀碧霞元君，俗称中顶。北有三宫庙，即花姑之寺”③。

据明清时期文献记载，“今右安门外西南，泉源涌出，为草桥河，接连丰台，为京师养花之所”④。“泉脉从水头庄来，向西北流，约八九里，转东南入南苑北红门，归张湾”⑤。百泉“中多亭馆，亭馆多于水频圃中”⑥。又说右安门外由草桥西南行十里至丰台，这里“土以泉故宜花”，“自柳村、俞家村、乐吉桥一带有水田，桥东有园，其南有荷花池，墙外俱水田种稻”，“其季（原文如此，今为“纪”。——引者）家庙、张家路口、樊家村之西北地亩，半种花卉，半种瓜蔬”。尤其“柳村南路百泉涌”“地卑，泥泞”“四时不干”⑦，有着种植花卉的良好生态境况，以致该地“水清土肥，故种植滋茂，春芳秋实，鲜秀如画”⑧，虽为北地佳壤，却宛

---

① 章镇，王秀峰．园艺学总论．北京：中国农业出版社，2003：104.

② 麟庆．鸿雪因缘图记：第3集“丰台赋芍”．北京：北京古籍出版社，1984．“十八村”指柳村、管村、樊家村、刘村、纪家庙、张家路口、黄土岗、史家寺、丰台、万泉寺、铁匠营、马家楼、赵村店、玉泉营、郑国寺、钟鼎村、皂角村、白盆窑等。

③ 麟庆．鸿雪因缘图记：第3集“丰台赋芍”．北京：北京古籍出版社，1984.

④ 孙承泽．天府广记：卷37“名迹”．北京：北京古籍出版社，1983：513.

⑤ 刘侗，于奕正．帝京景物略：卷3“城南内外”．北京：北京古籍出版社，1980：121.

⑥ 同⑤120.

⑦ 于敏中．日下旧闻考：卷90“郊坰”．北京：北京古籍出版社，1981：1536，1538.

⑧ 励宗万．京城古迹考．“丰台”条．北京：北京古籍出版社，1981：11.

若江南水乡风光。也有说“十里居民皆莳花为业。有莲池，香闻数里。牡丹、芍药，栽如稻麻”[①]，花田连畦接畛，一望无际，花卉种植形成规模化经营。

花卉种植经营与输往城内售卖，密切了郊区与城市之间的联系，同时也使区内有限的水资源与土地资源得到更为合理的开发和利用，提高了水土资源的利用效率。京城西南郊的花卉种植在满足城市需求的同时，也有效拓展了当地自身发展空间，丰富和完善了郊区作为城市生态腹地的职能与内涵。

出京城，往南十里的草桥、丰台，不仅水资源充沛，为花卉培育基地，也是距离京城最近的花卉供应地，行运方便。当地所植花卉品种依时令而异：

> 入春而梅、而山茶、而水仙、而探春，中春而桃李、而海棠、而丁香，春老而牡丹、而芍药、而李枝，入夏，榴花外，皆草花。备五色者：蜀葵、莺粟、凤仙。三色者：鸡冠。二色者：玉簪。一色者：十姊妹、乌斯菊、望江南。秋花耐秋者：红白蓼。不耐秋者：木槿、金钱。耐秋不耐霜者：秋海棠。

深秋入冬之后，则

> 支尽三季之种，坯土窖藏之，蕴火坑晅之，十月中旬，牡丹已进御矣。[②]

有清一代，内廷皇室为北京城内最大的花卉消费人群。宫廷用花较为讲究，“宫中陈列鲜花，对午一换，勒为定制”[③]。每日所需鲜花，由功德寺、丰台及南花园等处专门供给，即“凡宫殿陈设花卉，由功德寺、丰台二处园头交至”。功德寺有种花地 20 亩，丰台有种花地 60 亩。专门养花的还有南花园，位在“奉宸苑署西，前明所谓灰池也”，职责就是杂植花树，“或移栽盆盎，或采供瓶搏，随时呈进”[④]，“凡江宁苏松杭州织造所

① 于敏中．日下旧闻考：卷 90“郊坰”．北京：北京古籍出版社，1981：1531.
② 刘侗，于奕正．帝京景物略：卷 3“城南内外”．北京：北京古籍出版社，1980：120.
③ 汤用彬．旧都文物略：卷 11“技艺略”．北京：华文出版社，2004：276.
④ 吴振棫．养吉斋丛录：卷 19．点校本．北京：中华书局，2005：251.

进盆景，皆付浇灌培植。又于暖室烘出芍药、牡丹诸花。每岁元夕赐宴之时安放”①。“圆明园所供花卉，则彼处别有花园主之。冬季还宫，南花园始进花”②。

南花园作为奉宸苑分出的专养花卉处所，“不惟宽阔得宜，且水甘土腴，花卉易致壮盛，并可节省灌溉人工”。该园“所属有苇草地二顷十亩一分一厘，荷花泡五十一亩，每年租银九十五两八钱五分”，又有房基旱地56亩，每年租银16.812两，两项共银112.662两。自嘉庆十八年（公元1813年）起，房基旱地租银拨给南花园，以供按年培养花卉之用。③ 光绪年间，自西苑门至三海等处专门负责浇灌花木、修理树株的园丁、园户、苏拉就有100名，包括中海40名、南海10名、北海20名、集灵囿10名、西花园20名。这些人每日“卯刻进，酉刻退出”，归奉宸苑辖属。④

至于每月进呈花卉，亦有定制。高士奇的《金鳌退食笔记》中写道：

> 正月，进梅花、山茶、探春、贴梗海棠、水仙花；二月进瑞香、玉兰、碧桃、鸾枝；三月进绣球花、杜鹃、木笔、木瓜、海棠、丁香、梨花、插瓶牡丹；四月进栀子花、石榴花、蔷薇、插瓶芍药；五月进菖蒲、艾叶、茉莉、黄杨树盆景；六、七月进茉莉、建兰及凤仙花，五色斑烂，置玻璃盘中；八月进岩桂；九月进各种菊花；十月进小盆景、松、竹、冬青、虎须草、金丝荷叶及橘树、金橙；十一月、十二月进早梅、探春、迎春、蜡瓣梅，又有香片梅，古干槎牙，开红白二色，安放懋勤殿。⑤

除宫廷有御用花厂外，达官显贵的各府邸及各宅地，皆拥有花匠，四时养花。

---

① 于敏中．日下旧闻考：卷41“皇城”．北京：北京古籍出版社，1981：643.

② 吴振棫．养吉斋丛录：卷19．点校本．北京：中华书局，2005：251.

③ 录副奏折，穆腾额、阿明阿，奏请裁减奉宸苑所属稻田厂存留租息银两事，嘉庆十七年七月十四日，档号：03-1790-032。

④ 朱批奏折，奉宸苑苑丞恩奎、奉宸苑苑副吉英呈带进西苑门至三海等处浇灌花木等园丁园户苏拉名数及进出时刻清单，光绪朝，档号：04-01-15-0094-018。

⑤ 高士奇．金鳌退食笔记．北京：中华书局，1985：32-33.

丰台前后十八村的居民多以种花为业，所植花品中，又以芍药最为驰名。“京师花贾，皆于此培养花木，四时不绝，而春时芍药，尤甲天下。”① 所产芍药，“一望弥涯。四月花含苞时，折枝售卖，遍历城坊”②，十八村一带“西自张（家路口）村至樊（家）村，尽芍药田，接畛连畦，开时烂如锦秀”③。其中如宫锦红、醉仙颜、白玉带、醉杨妃等类，皆为芍药中之上品。每至芍药花开，“园丁折以入市者几千万朵，花较江南者更大”④。慕名前往郊外观赏者，亦是“轮毂相望”。时人感叹“京都花木之盛，惟丰台芍药甲于天下”。除此，还如春时玫瑰“其色紫润，甜香可人”，秋日家家胜栽黄菊，“采自丰台，品类极多，惟黄金带、白玉团、旧朝衣、老僧衲为最雅”⑤。

光绪年间，丰台樊家村附近，“距南西门八里，颇有大花厂，皆常卉，有数处篱落，中芍药甚密，而皆蓓蕾，此地人以花为业，不候花开即入筐矣”⑥，规模甚大。一些资本雄厚、经营有方的花厂，逐渐成为城市花店的主要供货商，在京城花卉市场中占据越来越大的市场份额。如丰台白盆窑村的于永泰花厂，始于乾隆年间。创始人于永泰先于丰台等地以卖花为生，传至其子时，在白家窑（白盆窑）购得 13 亩薄沙地，专门种植茉莉花，并以此致富，继而创办“天兴花厂”。至清末民初时，花厂已发展成为拥有数百亩花田、七八十间花房，能够熏养成千上万盆茉莉及百余株名贵白玉兰的家族产业，“春夏秋冬，时花不绝，源源不断地送到门市，转一天就散到大街小巷”⑦。

---

① 励宗万．京城古迹考．“丰台”条．北京：北京古籍出版社，1981：11．芍药是一种典型的温带观赏类植物，《本草纲目》中记载：“芍药犹绰约也，美好貌。此草花容绰约，故以为名。”在中国品种众多的花卉中，芍药位列草本之首，具有极高的观赏价值，很早便有“花仙”和“花相”的美誉。芍药性喜温，能耐寒，北方地区分布较为广泛。丰台等地拥有芍药生长所需的疏松砂质壤土，排水性能好，遍地涌泉的水源环境又能及时满足芍药在生长期内对水分的要求，因而芍药得以大面积种植。

② 富察敦崇．燕京岁时记．“玫瑰花、芍药花”条．北京：北京古籍出版社，1981：64.

③ 麟庆．鸿雪因缘图记：第 3 集“丰台赋芍”．北京：北京古籍出版社，1984.

④ 柴桑．京师偶记//来新夏．清人笔记随录．北京：中华书局，2004：371.

⑤ 潘荣陛．帝京岁时纪胜．“赏菊”条．北京：北京古籍出版社，1981：20，32.

⑥ 翁同龢．翁同龢日记：第 4 册“光绪十四年四月初十日”．北京：中华书局，1992：2195.

⑦ 王向臣．天兴花厂盛衰记//政协北京市丰台区委员会文史资料委员会．丰台文史资料选编：第 1 辑，1987：35-36.

所谓“堂花”（又称唐花）的熏养实际就是一种反季节花卉种植，清代堂花熏养技术已广泛用于京郊冬季养花。“京师冬月养花者，多鬻牡丹、芍药、红白梅、碧桃、探春诸花于庙市”，“凡卖花者，谓熏治之花为唐花”①，“更有以善烘放非时之花及菜蔬，称为熏货，相矜为巧得者，即古所谓唐花，则多由丰台土著传习而来”②。其具体做法是花农“置花树于暖室地坑，以火逼之”③，且“凿地作坎，绠竹其下，灌以牛溲，培以硫黄，筧引沸汤，扇以微风，盎然春温，经宿而花放矣”④。“牡丹呈艳，金桔垂红，满庭芬芳，清香扑鼻，三春艳冶，尽在一堂”⑤，“足以巧夺天工，预支月令”⑥。

反季节性花卉大规模种植，是丰台花农根据市场需求，充分利用当地的水土资源环境以适应城市市场需求的经营，是趋利避害之举，规避了“燕地苦寒，江南群芳不易得，即有携种至者，仅可置盆盎中为几席玩”⑦的气候限制，具有生态腹地的明显特征。尤其是春节期间，京城居民多以鲜花装饰居室，花卉需求旺盛，形成“唐花点缀过新年，华屋朱门各斗妍”⑧ 的局面。特别是荷包牡丹的需求旺盛，该“岁籥（月）将新，取以进御，士大夫或取饰庭中及相馈送，有不惜费中人之产者”⑨。乾隆帝有《戏咏唐花》诗：“熏煴嫋嫋万芳新，巧夺天工火迫春。设使言行信臣传，怜他失业卖花人。”⑩

---

① 堂花技术由来已久。据清人记载，早在汉代，大官园冬种葱、韭菜、茹，便“覆以屋庑，昼夜燃煴火，得温气，诸菜皆生”。至唐宋，堂花技术渐趋成熟，并已形成一套完整的工艺流程。明清时期，在传承前代的基础上又有所改进。明末清初，陆启浤在《北京岁华记》中写道“贵戚、倡家竞插”茉莉等花，多指生长在南方的主要反季节产芍药、牡丹、蔷薇、茉莉及素馨花卉。参见：于敏中．日下旧闻考：卷148“风俗”．北京：北京古籍出版社，1981：2366；王士禛．居易录//王云五．丛书集成初编．上海：商务印书馆，1936：13.

② 汤用彬．旧都文物略：卷11“技艺略”．北京：华文出版社，2004：276.

③⑤ 潘荣陛．帝京岁时纪胜．“唐花”条．北京：北京古籍出版社，1981：97.

④ 王士禛．居易录//王云五．丛书集成初编．上海：商务印书馆，1936：13.

⑥ 富察敦崇．燕京岁时记．“东西庙”条．北京：北京古籍出版社，1981：53.

⑦ 于敏中．日下旧闻考：卷90“郊垌”．北京：北京古籍出版社，1981：1531.

⑧ 郭则沄．故都竹枝词//雷梦水．北京风俗杂咏续编．北京：北京古籍出版社，1987：248.

⑨ 李家瑞．北平风俗类征：上“岁时·元旦进花”//国立中央研究院历史语言研究所专刊之十四．上海：商务印书馆，1937：13.

⑩ 于敏中．日下旧闻考：卷149“物产”．北京：北京古籍出版社，1981：2386.

堂花在培育的过程中需用硫磺等对花卉进行熏蒸处理，使花卉枝叶更加光鲜，但也更易“早荣先悴”。对此，时人指出，花农“利其速售，不顾根伤，名为花之催粧，实乃花之受厄也”①。故而“及二三月，众花应候而发，而冬花已憔悴。视其根，则已腐败久矣。盖春花，知命而待时者也；冬花，不知命而违时者也”②。显见，堂花也是丰台水土资源状况下花农为应时节的一种趋利办法。直至清末民国时期，京城对堂花的需求，仍然“多半来自丰台，城内花厂并不齐备”，花市“争先献早，秋天开梅花，冬天开牡丹，春天开栀子，郁气熏蒸”③。

花商、官商或富户或于京郊“开设花厂，以养花为营业，或以时向各住宅租送，或入市叫卖，或列置求售，中亦不乏能手”④。花农除了通过肩挑花担、沿街唤卖的流动性售卖将花销往京城外，还依赖固定的花市与庙会进行销售，即所谓“京师故例，浮摊多附庙会”⑤。

慈仁寺庙市是清初北京城内固定的花市交易场所，“国初最盛，屡见名流篇咏”⑥。“每值岁首，庙市甚盛，书摊罗列，城南词客，往往流连于此”，购书之余以赏花作诗为乐。康熙十八年（公元1679年）七月二十八日，京师地震⑦，慈仁寺坍圮严重⑧，庙市遂移至南城宣武门外槐树斜街⑨，“市无长物，惟花厂鸽市差为可观”⑩。对此，槐树斜街花市有“好

---

① 李家瑞. 北平风俗类征：上“岁时·元旦进花”//国立中央研究院历史语言研究所专刊之十四. 上海：商务印书馆，1937：13.

② 王士禛. 居易录//王云五. 丛书集成初编. 北京：商务印书馆，1936：13.

③ 郭则沄. 故都竹枝词//雷梦水. 北京风俗杂咏续编. 北京：北京古籍出版社，1987：248.

④ 汤用彬. 旧都文物略：卷11“技艺略”. 北京：华文出版社，2004：276.

⑤ 陈莲痕. 京华春梦录//北京东城区园林局. 北京庙会史料通考. 北京：北京燕山出版社，2002：265.

⑥ 朱一新. 京师坊巷志稿：卷下“报国寺东西夹道”. 北京：北京古籍出版社，1982：225.

⑦ 刘献廷. 广阳杂记：卷1. 北京：中华书局，1997：14.

⑧ 戴璐. 藤阴杂记：卷7“西城上”. 北京：北京古籍出版社，1982：80.

⑨ 槐树斜街又称土地庙斜街或下斜街。实际上，这里的花市形成更早，时人朱一新援引元代张宪《玉笥集·大都即事诗》，有“小海春如昼，斜街晓卖花”之句。知花市自元时已然矣。参见：朱一新. 京师坊巷志稿：卷下“下斜街”. 北京：北京古籍出版社，1982：221.

⑩ 富察敦崇. 燕京岁时记.“土地庙”条. 北京：北京古籍出版社，1981：54.

花真冠南北城”[①] 之说。故而，被“都中目为花儿匠”的“丰台种花人”，于“每月初三、十三、二十三日，以车载杂花至槐树斜街市之”[②]。其所卖花卉有：

> 鸡冠凤仙左右束，剪秋萝多晚香玉。惊心艳绝美人蕉，拂袖风凉君子竹。入局处处清香酣，红蓝菊与佛手柑。最难婆罗动数十，花下来去僧环探。花房花窖花棚绕，花子门前将色表。[③]

花市不乏名贵种花，以致“柳斗荆筐庙外陈，布棚看遍少奇珍。缘何游客多高兴？眼底名花最可人”[④]。买卖随人意愿，“桃有白者，梨有红者，杏有千叶者，索价恒浮十倍。日昳则虽不得善价亦售矣”[⑤]。时人汪述祖曰：“下斜街畔日逢三，花翁卖花香满篮。花卖匆匆出城去，白盐黄酒一肩担。”[⑥]

在崇文门外的花儿市大街，也有一处花市，名称虽叫花儿市，可售卖之花不都与下斜街花市的花相同，该“市皆日用之物。所谓花市者，乃妇女插戴之纸花，非时花也。花有通草、绫绢、绰枝、摔头之类，颇能混真”[⑦]。唯有该街路南，“有通手帕胡同之小巷，名黄家店。每月逢四之集市，该巷为陈列鲜花之地”[⑧]。

道咸时在京为官的张祥河，作《花儿市》，以述京南花市大街的“真假”花儿。另有杨云史《竹枝词》：“崇国寺畔最繁华，不数琳琅翡翠家，唯爱人工卖春色，生香不断四时花。”[⑨] 这里的崇国寺即指隆福寺，在四牌楼北隆福寺胡同，其“与护国寺，亘处东西城四牌楼之毗

---

①③ 李家瑞．北平风俗类征：下“市肆”//国立中央研究院历史语言研究所专刊之十四．上海：商务印书馆，1937：410.

② 朱一新．京师坊巷志稿：卷下“下斜街”．北京：北京古籍出版社，1982：221.

④ 同①411.

⑤ 于敏中．日下旧闻考：卷149“物产”．北京：北京古籍出版社，1981：2384.

⑥ 汪述祖．北京杂咏·花市谣//雷梦水，等．中华竹枝词．北京：北京古籍出版社，1997：219.

⑦ 富察敦崇．燕京岁时记．“花儿市”条．北京：北京古籍出版社，1981：54-55.

⑧ 马芷庠．老北京旅行指南．北京：北京燕山出版社，1997：77.

⑨ 杨云史《竹枝词》一首，收入：唐鲁孙．燕尘偶拾故园情：卷6．桂林：广西师范大学出版社，2008：230。

邻，即京人所谓东庙、西庙也”[①]。护国寺花市有十余家，隆福寺庙市“百货骈阗，为诸市之冠”[②]。“两庙花厂尤为雅观”，庙市鲜花则随时令而异，“春日以果木为胜，夏日以茉莉为胜，秋日以桂菊为胜，冬日以水仙为胜。至于春花中如牡丹、海棠、丁香、碧桃之流，皆能于严冬开放，鲜艳异常，洵足以巧夺天工，预支月令”[③]。

20世纪90年代北京政协编写的《花市一条街》中描述：大约在乾隆年间，位于京城东南隅的花市大街就已经是各种商品十分丰富的商业街市，该街市大致位于崇文门东南，东西走向，长约3千米。由于开市时，街道两侧花团锦簇，蔚为壮观，大街也因此而得名为“花市”，尤以火神庙这一花市集最为著名。当然，彼时花儿市场是以绢花为主的假花与丰台种植的鲜花哪个更早得名，尚待考证。不过，据该书所引《旧都文物略》载，在花市一条街，仅经营绢花为主的假花者在“各街市花庄及住家营花者，约在一千家以上”。鲜花市场则集中在黄家店，这里是与宣武门外土地庙相对峙的又一大鲜花市场，鲜花来自城南丰台。[④]

各庙会花市上的鲜花，凡“春之海棠、迎春、碧桃，夏之荷、榴、夹竹桃，秋之菊，冬之牡丹、水仙、香橼、佛手、梅花之属”，应有尽有。延至清末，花卉品种更加齐备，如“玉兰、杜鹃、天竹、虎刺、金丝桃、绣球、紫薇、芙蓉、枇杷、红蕉、佛桑、茉莉、夜来香、珠兰、建兰到处皆是。且各洋花，名目尤繁”。一些士大夫也常会将自家培育的名品菊花秧苗拿来花市赏玩出售，“每出一新种，索价数金，好事者争以先得为快”。对花木有所精通者，“于茁苗之始，即能指名何种，栽接家不敢相欺”。人们通常也会购买一些秧苗回家自养，“至秋深更胜于栽接家”[⑤]。

前文已述，肩挑花担、沿街唤卖亦是丰台一带花农出售鲜花的重要途

---

① 陈莲痕. 京华春梦录//北京东城区园林局. 北京庙会史料通考. 北京：北京燕山出版社，2002：265.

② 于敏中. 日下旧闻考：卷45“城市”. 北京：北京古籍出版社，1981：710.

③ 富察敦崇. 燕京岁时记.“东西庙”条. 北京：北京古籍出版社，1981：53.

④ 北京市政协文史资料研究委员会，北京市崇文区政协文史资料委员会. 花市一条街. 北京：北京出版社，1990：1，4-5，7.

⑤ 震钧. 天咫偶闻：卷3“东城”. 北京：北京古籍出版社，1982：63.

径。即“都人卖花担，每辰千百，散入都门”[①]。“沿街唤卖，其韵悠扬。晨起听之，最为有味。”[②] 所售时令鲜花，“京城三月时桃花初出，满街唱卖，其声艳羡”[③]。四月，玫瑰、芍药大量上市，玫瑰“其色紫润，甜香可人，闺阁所爱之”。含苞待放的芍药，“折枝售卖，遍历城坊”[④]，“芍药当春色倍娇，佳人头上斗妖娆。丰台一片青青叶，十字街头整担挑”[⑤]。以“花之寺”之称的三官庙也是重要的芍药产区，“寺以南皆花田也”[⑥]。“四、五月之交，市上担卖茉莉，清远芳馥”[⑦]。待秋高气爽时，菊花最盛，“都门菊花，种类颇多，满街高呼，助人秋兴”[⑧]。在花农的“卖花声里，春事阑珊。大都以此间为托根之所，而以芍药为尤盛。十钱可得数花，短几长瓶，春色如海矣”[⑨]。

“花乡”的发展壮大，除了以区内优越的水资源环境为基础外，还有京城强大的消费需求作支撑。事实上，清代京城居民对郊区花卉等消费品的需求，已经在一定程度上左右了京郊水、土资源开发方式与类型，京郊成为京城非常重要的生态多样性腹地。乾隆年间，曾有官员以增加粮食产量为由，建议将丰台等地花田改种粮食，被乾隆帝驳回。不可讳言的是，尽管乾隆帝也发出过“何不治田为农夫？惜矣垦植斯膏土”的感慨，可是其往丰台考察后，便依然肯定地认为这里种植花卉才是最佳选择，比如其诗“花开树种今复古，村人世业如商贾”，“丰台植花木，自胜朝已然”，况且“丰台种花树之地，在京县内不过亿万分之一耳”，“如禁其种花树而令种田，则失业者或反致多耳”[⑩]，这些似乎在告诉人们治国之道贵在顺民的道理。

---

① 刘侗，于奕正．帝京景物略：卷3“城南内外”．北京：北京古籍出版社，1980：120.

②④ 富察敦崇．燕京岁时记．“玫瑰花、芍药花”条．北京：北京古籍出版社，1981：64.

③⑦ 史玄．旧京遗事．北京：北京古籍出版社，1986：23.

⑤ 杨米人．清代北京竹枝词（十三种）．北京：北京古籍出版社，1982：18-19.

⑥⑨ 震钧．天咫偶闻：卷9“郊坰”．北京：北京古籍出版社，1982：193.

⑧ 兰陵忧患生．京华百二竹枝词//丘良任，潘超，孙忠铨，等．中华竹枝词全编：第1册．北京：北京出版社，2007：97.

⑩ 乾隆四十一年御制丰台行//于敏中．日下旧闻考：卷90“郊坰”．北京：北京古籍出版社，1981：1537.

第三章　京畿漕粮运输与水环境

漕粮运输也称漕运或河运，是人类利用河湖水流功能转运输送粮食的一种实践活动，也是人类在利用水资源方面的典型事例。河湖资源环境的优劣直接影响到转运输送的顺畅便利与否。清代京城粮食需求主要依赖外供，粮食经由大运河运抵京通，其中山东、河南及江苏淮河以北的漕粮由附近水次循运道直达京通，长江流域各省漕粮则需远涉江淮，运输距离较长，所经河道水情较为复杂。京畿漕粮运输主要是利用大运河北端的北运河及其水系，即指自天津到通州段的北运河。漕船运粮抵达通州后，再分往京仓和通仓。为解决“南粮北运”的问题，清廷沿袭前朝运粮办法，大力兴办漕运以及漕粮抵京的仓场储备，这也成为清朝政治统治得以运转和京畿民生得以保障的重要因素。

关于京师漕粮与仓储的关联及其重要性，时人有十分清晰的认识：“我朝燕京定鼎，转漕东南，天庾正供，偫积维谨。至于库储出纳，国计所关。蠲恤则亿万，非糜用度，则几征必饬节用爱民。”① 这一完全依赖内河水道的漕粮运输与粮储系统，在将相关省份额粮汇集京畿的最后一段河运中，不仅需要清廷花大力气调动社会各层、组织运输力量、建造优质船只、制定一系列适应水环境的措施和办法，还要克服北运河及其水系的来水不稳、逆流而运等困难，以及在河道沿岸选择适合点位建筑仓场，使

---

① 周家楣，缪荃孙. 光绪《顺天府志》卷 10“京师志十 · 仓库”//续修四库全书：第 683 册. 影印本. 上海：上海古籍出版社，2002：450.

得漕粮运输和仓场建设成为整个漕运体系运转中至为紧要的一环，且受社会制度、水文条件、季节气候等因素限制。

前文已述，学界有关漕运的既有研究颇为丰硕，细究其研究重心，多偏于南粮北运中的山东以南部分，对天津以北终端部分的研究则相对薄弱，尤其从水环境层面的人水关系入手，审视人与自然这一复杂生态巨系统的地位与关联，十分必要。① 与本书直接相关的北京地区漕运史和河道水利史的研究成果颇多，北京城市史的研究对仓场和城内外水运交通也多有关照②，然而，鲜有人从水环境视角考察京畿地区漕粮运输和仓场建设等与水环境的关联问题。事实上，水环境状况在漕粮运输中起着基础性作用，仓场建设也循漕运河道沿岸与择水的特点相匹配，依河流水道选择合适的地点建仓。因而在既有水利史和漕运史相关研究成果的基础上，将维系京城日常粮食供给的漕粮运输和仓场建设两大层面相结合，并与北运河河道及其水文相关联而进行水生态的历史考察，从中发掘水环境要素与漕运鼎盛时期京畿漕运和仓场的关联，对人与自然生态系统关系尤其是其在人类活动中的基础功能而言，无一不是一项有益的探究。

本章通过展现清代京畿地区水环境以及在此基础上的漕运和仓场建设，从人类社会活动与水资源利用的角度出发，集中分析漕运过程中受水环境影响的漕粮运输和应对水环境的剥运、截漕、疏浚河道等相关问题，继而考察仓场分布与河道的关系，以及人类为应对水旱灾害的散仓赈灾，从而凸显区域水环境对京畿漕粮运输和仓场的影响模式，以展示水环境在人类社会发展中的基础性地位，以及人类为寻求自身发展而对水资源不利因素进行的不断应对与调试乃至不得不适应自然河道变迁的无奈与适应

---

① 参见本书导论部分相关学术史研究层面中的水利、北运河漕运等节。

② 于德源．北京漕运和仓场．北京：同心出版社，2004；陈喜波．漕运时代北运河治理与变迁．北京：商务印书馆，2018；尹钧科．北京古代交通．北京：北京出版社，2000：123-132；蔡蕃．北京古运河与城市供水研究．北京：北京出版社，1987；吴文涛．北京水利史．北京：人民出版社，2013；韩光辉，贾宏辉．从封建帝都粮食供给看北京与周边地区的关系．中国历史地理论丛，2001（3）；陈喜波，韩光辉．明清北京通州运河水系变化与码头迁移研究．中国历史地理论丛，2013（1）；吴琦．清代漕粮在京城的社会功用．中国农史，1992（2）；吴琦．清代漕运行程中重大问题：漕限、江程、土宜．华中师范大学学报（人文社会科学版），2013（5）；吴琦，王玲．一种有效的应急机制：清代的漕粮截拨．中国社会经济史研究，2013（1）．

能力，揭示人类文明演进过程中利用自然富源的普遍规律和发展水平。

一、漕粮与帮船及因水而生的京畿起卸节点

清代的漕粮、漕运与水环境之间密切关联，漕粮运输与仓储保障是清廷粮食供给的命脉。京畿漕运依托北运河水环境，漕运顺畅与否，完全以河道的运输能力为基础。北运河水系充足的水源、稳态的水势和良好的水环境是漕运畅通无阻的关键，尤其河流水势水量直接影响到漕粮是否能顺利抵京与归仓。

（一）基于京畿水环境的漕粮额征与运管组织

所谓漕粮，是古代国家向地方征收并通过漕运送达中央所在地的粮食税，主要供应皇室、官员和军队。《中国经济史辞典》将“漕粮”解释为：“通过漕运以供皇朝开销的国课粮食。中国历代皇朝将田赋征收所得的粮食，从水路运往京师和其它地点，以供官俸、官粮兵饷和宫廷消费等。”① 清代漕运体系下，京畿漕运的运量、船数都是漕粮运输的重要内容，与水环境紧密关联。

北京成为都城后，各朝一直自江南运粮北上。元代因运河壅塞不畅而行海运，每年海运漕粮 100 万～200 万石。明成化八年（公元 1472 年）专行河运，转运量大增，定漕 400 万石。清代沿袭这一定额，以达到“百官禄廪，满汉军民之饔飧，无不仰给充裕，储积饶富”② 的目的。顺治九年（公元 1652 年）后，漕粮实行“官收官兑”，由州县向粮户征收，查验米色后收米入仓，再派本地卫所帮船到州县最近水次负责兑运；十二年（公元 1655 年），改为固定兑运，本地帮船不足时，再派隔属卫所兑运。

漕粮运达京都，不仅需要考虑征收地的粮食产量和田赋征实粮额，还需要考虑水运交通条件，根据这两个原则而征收漕粮的省份大致有今天的山东、河南、江苏、浙江、江西、湖北、湖南和安徽八省，其中前四省在运河沿线，后四省在长江沿岸，水运都比较便利。承担漕运较多的是江

---

① 赵德馨. 中国经济史辞典. 武汉：湖北辞书出版社，1990：165.

② 蓝鼎元. 漕粮兼资海运疏//蓝鼎元. 鹿洲全集：下册. 厦门：厦门大学出版社，1995：809.

苏、浙江、江西、安徽等重要粮食产地，有时也加大漕运力度，允许奉天、口外、直隶、山东、河南等地麦面、粟米、杂粮商贩供应京师粮食市场，以此保证京师粮食不致短缺。

为保障漕粮运输管理，清廷设置漕运总督，总管上述八省漕运。各省又分设粮道 8 员，其中包括安徽和江苏所在的江南省 2 人，余下省各设 1 人，专门负责辖属粮储、有司军卫，选用领运随帮各官押船北上交卸。粮道之下又在运河两岸设立由明代卫所运丁演变而来的军屯旗丁承运漕粮。随帮而行的领运官，由各省河岸守备、千总负责。各省以运粮漕船多寡分帮，每帮设领运官 2 人、武举 1 人，随帮全程负责漕船抵通及其过程中的旗丁、水手的管束，查验漕船违规夹带私带土宜[①]，乃至盗卖漕粮等不轨行为。每帮之下每船领运卫军 10 人，每运选正身旗丁 1 员。每军置运副 1 人随运，以本军子弟充之。水手 10 人，由运军雇募。此雇用水手是自康熙年间因旗丁缺少而对运丁的重新调整，后期沿用。[②]

在北运河水系还设置有巡漕御史。顺治年间，驻通州。乾隆年间，增设 2 员，驻杨村，专门巡查漕船河道。漕粮抵达通州，专管官为仓场总督，因由户部侍郎充任，也称仓场侍郎，设 2 员，驻通州，专责查验漕粮、各帮船的粮额完欠，登记造册，也主管剥船清点核查、京城运粮车户管理。为了漕粮顺利运输，专设坐粮厅 2 员，驻通州，专理河道淤塞的挑挖疏浚，催趱重空漕船行运以及漕粮交仓适宜。[③]

运到京城仓库的大部分漕粮，称正兑米，“以待八旗三营兵食之用”；少部分则运到通州，称改兑米，“以待王公、百官俸廪之用”[④]。此外还有专供宫廷的白粮。清代仅京师官兵俸米、甲米及八旗人士的生活用米就占

---

① 规定每船捎带土宜为 120 石，用于沿途口粮等用途。参见：朱批奏折，两江总督萨载、漕运总督毓奇，奏为改造漕船准丁于漕船多带土宜奉旨训饬谢恩事，乾隆五十年七月二十九日，档号：04-01-36-0037-005。

② 王庆云. 石渠余纪：卷 4//沈云龙. 近代中国史料丛刊. 第 8 辑：第 75 册. 台北：文海出版社，1973：330.

③ 潘世恩，等. 道光《户部漕运全书》（以下简称“道光《漕运全书》”）：卷 21“督运执掌”//故宫珍本丛刊：第 319 册. 影印本. 海口：海南出版社，2000：273-278.

④ 乾隆《大清会典》卷 13“户部·漕运”//景印文渊阁四库全书：第 619 册. 台北：台湾商务印书馆，1986：138，139.

了漕粮的主要部分。据统计，京师官员及八旗官兵每年自漕粮所支禄米、补助米石中，八旗官员禄米 12 万石，八旗士兵甲米 175 万石，八旗宗室勋戚及荫袭官员禄米约 100 万石，八旗失职人员、鳏寡孤独养赡米若干石，合计近 300 万石；此外，在京汉官俸米 17 977 石。[①] 由于供应充裕，遇到灾荒年份，粮食价格昂贵，享有消费特权的八旗官丁通常会将手中俸米、甲米暗通米商流于市场，换取额外收益。清廷京城地方官只得采取平粜、赈济等手段将漕粮投放粮市，以济民食。所以，漕粮作为京城最重要的粮食供应来源，对维系城市居民日常生活发挥着重要作用。

清代对每年漕粮总额和各省漕粮额有严格规定。《清史稿·食货志三》载：

> 顺治二年，户部奏定每岁额征漕粮四百万石。其运京仓者为正兑米，原额三百三十万石：江南百五十万，浙江六十万，江西四十万，湖广二十五万，山东二十万，河南二十七万。其运通漕者为改兑米，原额七十万石：江南二十九万四千四百，浙江三万，江西十七万，山东九万五千六百，河南十一万。其后颇有折改。至乾隆十八年，实征正兑米二百七十五万余石，改兑米五十万石有奇，其随时截留蠲缓者不在其例。[②]

从此可知，400 万石漕粮中，运京仓的正兑米原额为 330 万石，运通仓的改兑米原额为 70 万石。由于沿途常常有截留、减征、免征情况发生，各省粮额和全国统收漕粮额与原额存在一定差异。乾隆年间各省漕粮额情况：山东 348 778 石，河南 219 874 石，江苏 1 716 889 石，浙江 856 739 石，安徽 566 276 石，江西 770 132 石，湖北 132 403 石，湖南 133 743 石，合计 4 744 834 石。[③] 此系包括耗米在内，与原额并不一致。

雍正、乾隆、嘉庆三朝是清代漕粮额征最多的时期，李文治、江太新的研究中统计了清代漕粮起运交仓数据，兹摘录雍乾嘉三朝平均年份列为

---

① 李文治，江太新. 清代漕运. 北京：中华书局，1995：58.

② 清史稿：卷 122“志九十七·食货三·漕运”. 北京：中华书局，1998：3566.

③ 乾隆《大清会典》卷 10“户部三·田赋”//景印文渊阁四库全书：第 619 册. 台北：台湾商务印书馆，1986：117-119.

概表（见表 3－1）。据表中数据，计算出各朝平均起运和交仓漕粮额，不包括帮船自带的运米石和带运耗米。其中，雍正朝平均每年起运漕粮（包括耗米）3 919 929 石，交仓 3 408 456.5 石；乾隆朝平均每年起运 4 137 913 石，交仓 3 437 703 石；嘉庆朝平均每年起运 4 056 427 石，交仓 3 359 260 石。略计雍乾嘉三朝起运漕粮，包括耗米在内，平均在 400 万石上下，交仓正兑、改兑米合计均在 330 万石左右。乾隆朝起运和交仓漕粮最多，尤前半期漕运量最大，处于鼎盛阶段。

表 3－1　雍乾嘉时期历年漕粮起运交仓概表　单位：石

起运年份	兑改正米	随正耗米		带运兑改正米	带运随正耗米	
		交仓尖耗并三升盘闸作正折耗米豆	旗丁沿途盘剥晒场所需耗米豆		交仓尖耗并三升盘闸作正折耗米豆	旗丁沿途盘剥晒场米豆
雍正二年	3 167 587	418 778	731 263	31 302	4 842	7 123
雍正四年	2 945 433	386 634	672 940	125 827	15 612	16 474
雍正九年	2 546 702	339 354	641 688	10 444	1 436	2 680
雍正十三年	3 398 168	431 170	—	—	—	—
乾隆四年	3 229 547	422 455	789 614	—	—	—
乾隆五年	3 318 652	439 945	777 927	154 840	18 591	20 506
乾隆六年	2 615 783	348 665	624 899	55 956	7 420	2 885
乾隆十年	3 365 486	523 494	806 076	—	—	—
乾隆十三年	3 875 337	456 001	818 666	—	—	—
乾隆十五年	3 235 917	421 339	762 895	16 731	2 207	2 211
乾隆十七年	2 944 281	379 043	676 673	100 392	13 430	18 388
乾隆十八年	2 764 474	362 095	657 817	5 868	820	1 505
乾隆二十年	1 603 080	198 394	355 698	31 094	4 372	8 065
乾隆二十一年	3 272 344	425 923	775 181	7 504	822	1 261
乾隆二十三年	3 326 660	431 833	778 939	83 878	10 407	14 424
乾隆二十八年	3 263 362	422 741	763 281	155 369	20 266	32 404
乾隆三十年	3 352 182	435 405	792 215	64 655	8 719	14 613

续表

起运年份	兑改正米	随正耗米		带运兑改正米	带运随正耗米	
		交仓尖耗并三升盘闸作正折耗米豆	旗丁沿途盘剥晒场所需耗米豆		交仓尖耗并三升盘闸作正折耗米豆	旗丁沿途盘剥晒场米豆
乾隆三十四年	2 445 486	313 167	50 660	—	—	—
乾隆三十六年	3 321 930	432 226	789 053	173 205	23 827	41 642
乾隆三十七年	3 382 825	439 725	800 362	125 960	15 831	28 129
乾隆四十年	2 946 480	383 073	700 368	24 322	3 145	2 618
乾隆四十一年	3 502 109	455 716	800 983	—	—	—
乾隆四十二年	3 373 718	438 757	898 216	—	—	—
乾隆四十三年	2 906 185	377 728	702 005	72 982	10 122	17 326
乾隆四十四年	3 031 508	400 705	738 773	—	—	—
乾隆四十六年	2 307 986	301 351	575 510	—	—	—
乾隆四十七年	2 545 529	332 222	592 757	29 916	3 985	6 082
乾隆四十九年	2 999 952	388 975	703 093	36 611	4 499	7 091
乾隆五十二年	3 055 159	396 229	724 939	465 859	60 600	84 296
乾隆五十九年	3 067 666	399 441	748 847	100 985	11 774	15 900
嘉庆二年	2 275 647	296 456	550 594	4 362	534	2 253
嘉庆三年	2 400 641	309 114	567 787	2 766	270	383
嘉庆十一年	3 249 989	424 457	777 563	456 754	61 161	105 513
嘉庆十三年	2 800 185	361 839	662 243	140 470	18 132	21 399
嘉庆十五年	3 260 444	424 427	750 355	323 758	43 414	75 996
嘉庆十六年	3 206 698	417 654	739 967	185 992	24 643	40 313
嘉庆十七年	3 031 404	394 548	703 989	49 145	6 542	11 723
嘉庆二十三年	3 265 778	425 279	756 767	138 582	17 588	26 399
嘉庆二十四年	3 263 506	425 280	765 233	97 618	12 451	12 843

说明：兑改正米包括正兑米和改兑米，包括漕粮和白粮。交仓尖耗，指随正交仓之米。旗丁沿途盘剥晒场米豆，指运丁沿途折耗之米。带运兑改正米，指因天灾兵祸、当年漕运缓俟下年或分数年带征之米，或因运道梗阻上年寄囤水次之米。

资料来源：李文治，江太新. 清代漕运. 北京：中华书局，1995：38-41.

在正兑漕粮之外，还有白粮。其原额正米在21.7万石左右，耗米每石 3～5 斗，合计在 30 万石上下。这些白粮专门供应内务府“以待上用”和宫廷之用[①]，如“江苏苏、松、常三府，太仓一州，浙江嘉、湖两府，岁输糯米于内务府，以供上用及百官廪禄之需”[②]。浙江、江苏两地米质较好，成为特供，官府也在两地挑选漕船装运。

故而，算上耗米，每年征收的漕粮和白粮在 500 万石左右，需要在固定的时间运抵京通各仓，这是一项巨大的运输任务。而八省漕粮抵京通各仓，必经由北运河，运送京仓的漕粮还需经通惠河转运。故而每年北运河水系河道运输繁忙，经常需要人为维护河道，以保证北运河有充足的水量和河道畅通，保障完成如此庞大的运输量。

（二）北运河上的帮船运管与水环境

帮船是漕粮运输的载体，各省漕粮由征漕省份的卫所帮船负责运输；又因漕运旗丁身份的缘故，漕粮帮船也称军船，或旗丁军船。[③] 各省漕船原数“万四百五十五号”[④]。在北运河的漕运过程中，漕粮帮船融入了实现与完成漕运任务的主要社会活动之中，受水环境制约。

漕船组织以“帮”计，各卫所旗丁漕船分若干帮，各帮负责前往粮食主产区和征漕大省的相应州县水次兑粮。每一卫所下有若干帮，多者有九帮，少者只有一两帮。各帮或称前、后、左、右帮，或称头帮、二帮、三帮等，或者以卫所名、地名直接称某某帮，如安徽凤阳常帮、凤中二帮等。

承担漕粮征收的八省及各漕运帮船北上时，为避免河道拥塞，分有先后次序。征漕八省中以地处京畿最近的山东、河南为先，要求起船后于三月抵通，江南各省漕船随后，依次是江苏、安徽、浙江、湖南、江西、湖

---

① 乾隆《大清会典》卷 41“户部·漕运”//景印文渊阁四库全书：第 619 册. 台北：台湾商务印书馆，1986：259.

② 清史稿：卷 122“志九十七·食货三·漕运”. 北京：中华书局，1998：3573-3574.

③ 朱批奏折，仓场侍郎永贵，奏报到通州军船米石起卸完竣回空军船南下等情形事，乾隆朝，档号：04-01-35-0188-039。

④ 光绪《大清会典事例》卷 202“户部五一·漕运九·漕粮运船”//续修四库全书：第 801 册. 影印本. 上海：上海古籍出版社，2002：313.

北，严令于正二月过淮，五六月间抵通。① 如“江西帮船例接湖南帮船行走”②，即为例规。行进中的各省漕船按头帮、二进帮、三进帮以及尾帮的顺序划分，其下再分首、次。经爬梳档案可知，各帮漕船入北运河后的行进次序并不严格依照例规，乾隆五十八年（公元 1793 年）四月，南粮首进北运河的是江苏“淮安大河等三十一帮”，二进为庐州二帮等。③ 嘉庆九年（公元 1804 年），南粮北上的头进帮共有 24 帮，头进尾帮是淮安四帮。二进帮船的第五帮是兴武九邦④，这主要是由于路途耽搁延迟而致。

道光二年（公元 1822 年）三月十二日，山东省德州正、首帮抵坝开斛起卸。至十四日，巡视通州漕务御史保盛得知，南粮头进首帮之扬州二帮，于初十挽入直隶安陵汛，保盛遂自通州由水陆启程前往迎提。沿途将北运河古浅新淤处逐段探量，最浅处水深二尺五六寸，帮船行走足资浮送。唯北运河向系流沙长落靡常，保盛遂仍令厅汛员弁勤加疏浚，以利遄行。在路经杨村时，还将官剥船详加点检，统计除在途剥运船只外，存船 848 只。二十日，保盛在杨村汛桃花口地方迎见北上漕船，头进首帮为扬州二帮，跟随其后的第二帮是扬州三帮，各帮于二十二日过天津关，保盛面谕该帮运弁，督令“丁舵人等”多加纤夫，迅速挽赴杨村，照例起剥，赶紧开行北上，并严饬私漕员弁，“将过关粮艘实力催攒，连樯前进，毋任稽迟”。同时，保盛按汛查勘河道，并亲押军剥帮船赶早抵通坝起卸。⑤

① 王庆云．石渠余纪：卷 4//沈云龙．近代中国史料丛刊．第 8 辑：第 75 册．台北：文海出版社，1973：331-332；杨锡绂．漕运则例纂：卷 13“粮运限期·淮通例限”//四库未收书辑刊：第 23 册．影印本．北京：北京出版社，1997：584-585.

② 朱批奏折，漕运总督鄂宝，奏陈江西尾帮抵通州迟滞实缘湖南帮船在前顶阻所致事，乾隆四十四年八月二十二日，档号：04-01-35-0167-007。

③ 朱批奏折，巡视通州漕务御史都尔松阿，奏报催提二进帮船及查看水势情形事，乾隆五十八年四月二十六日，档号：04-01-35-0183-027。

④ 朱批奏折，巡视通州漕务掌江南道监察御史张凤枝，奏报查催南粮帮船等情形事，嘉庆九年四月二十三日，档号：04-01-35-0197-019。

⑤ 朱批奏折，巡视通州漕务御史保盛，奏报查勘水势并迎提头进帮船事，道光二年三月二十二日，档号：04-01-35-0241-005。

清廷于京畿巡视帮船行进的漕务御史，一般每年自通州出发，顺水路行至天津桃花口地方迎接南上帮船，在起督导作用的同时亦留下了一些对帮船行进次序的记录。以嘉庆朝两个年份的巡视情形而言，嘉庆十八年（公元1813年）四月，自天津入北运河的头进首帮是淮安头帮，跟进的是大河前帮。[①] 六月初八，行进在北仓汛的是二进之首帮江淮九邦，此即跟进头进之尾帮。次日，行进在天津关的是江淮头帮和江淮四、二帮。[②] 七月初八，过天津关的三进南粮首帮是虞州前帮，其紧跟二进帮船尾后。[③] 嘉庆二十一年（公元1816年）三月初一，经杨村迤南的行进帮船是山东德州正、首帮及随后的济南左、右等十帮，另有豫省、通州所等六帮，随后过天津关的还有平山后帮等四帮及山东闸内帮船。五月，南粮头进自大河前帮起至泗州前帮止，共有10帮，第十一帮为凤阳常帮，有军船65只。是年，北上漕船行进至京畿时，受水势水情影响，有17只船先行过天津关，入北运河，紧接着有8只过天津关。由于“北运河向系流沙靡定，必须随时刮挖”，故而，其余40只帮船是在人工不断刮浚河道中行进，速度迟缓。继其而后的是长淮四帮。[④]

上述情形每年相同，周而复始，所不同的是行进顺畅与否受河道水情水势的实况制约。道光二年（公元1822年）三月初十，南粮头进首帮之扬州二帮，入直隶安陵汛。十二日，山东德州正、首帮经杨村抵坝开斛起卸。二十日，头进首帮是扬州二帮，过杨村汛桃花口。二十二日，扬州二进帮之扬州三帮过天津关。[⑤] 总之，每年由八省各帮组成的漕船六七千只往返北运河，行进中很难依例规次序而不乱。

各帮备船多寡不一，如清初被称为江南省的江安粮道和苏松粮道，也

---

① 朱批奏折，巡视通州漕务御史清泰，奏为查勘水势并迎提南粮头进帮船事，嘉庆十八年四月二十五日，档号：04-01-35-0221-017。

② 朱批奏折，巡视通州漕务御史清泰，奏报催提头二进帮船并查勘运河水势情形事，嘉庆十八年六月初十日，档号：04-01-35-0221-054。

③ 朱批奏折，奏报提催重空帮船并查勘水势情形事，巡视通州漕务御史清泰，嘉庆十八年七月初八日，档号：04-01-35-0222-009。

④ 朱批奏折，巡视通州漕务给事中嵩安，奏为迎提脱空帮船查勘沿河水势情形事，嘉庆二十一年五月二十二日，档号：04-01-30-0344-028。

⑤ 朱批奏折，巡视通州漕务御史保盛，奏报查勘水势并迎提头进帮船事，道光二年三月二十二日，档号：04-01-35-0241-005。

即安徽、江苏分别有51帮2 697只漕船和9帮525只漕船①，浙江也有21帮1 138只漕船。漕额较少的湖北、湖南分别只有3帮180只漕船和3帮178只漕船。划在河南辖属的天津卫1帮，有船17只。山东的济宁卫有前、后、左、右、任城5帮354只漕船。而临清卫所属5帮则由山东与河南两省帮船组成，其中山东前后2帮有漕船112只，河南前后2帮有漕船88只，另东平所1帮有漕船55只。②

帮下每一小帮的船数不等，一般在30～80只，多的可达到90只，少的仅10～20只。就山东漕帮而言，济宁卫前帮有漕船数最多，为86只，而任城船帮最少，有43只。每省卫所下，帮的数量一般取决于兑运州县的数量和漕粮的多寡，帮下船只的数量则取决于该帮所兑州县漕粮的多少。乾隆二十四年（公元1759年）三月，直隶总督方观承巡视杨村，明确表示本年豫、鲁两省漕船共21帮，“计八百二十只，全过务关”，且说山东省“闸河船八帮，除拨陵胥一帮由蓟运河行走外，其余七帮计船不过一百四五十只”③。

帮下漕船数量和帮这一组织并非固定不变，常据兑运漕粮多寡而变化。乾隆元年（公元1736年），清廷将江淮卫6帮兑运江宁粮船11只归并江淮9帮，其江淮6帮缺少的船只在江淮3帮内拨补。④ 二十三年（公元1758年）将凤中3帮下的16只漕船分并于扬州2帮及宿州头帮、二帮。嘉庆元年（公元1796年），清廷令自河南给“向无漕船”的山东德州等帮拨予漕船，时“豫省漕粮轮免船二百七十一只，减歇东省水次。除豫省应运密云、保雄兵米船三十二只外，其余船只，尽数拨给东省兑运”⑤。

---

① 江南省是指安徽、江苏的范围，相当于明代的江南省，清初习惯沿用。下有江安粮道和苏松粮道。江安粮道最初管辖江宁、安庆等十府的粮务，后实际负责安徽全省粮务；苏松粮道最初管辖苏州、松江、常州、镇江等府及太仓州的粮务，后实际负责江苏全省粮务。

② 李文治，江太新：清代漕运. 北京：中华书局，1995：169-177.

③ 朱批奏折，直隶总督方观承，奏为往杨村查看船行及雇备剥船并杨村毋庸设巡漕事，乾隆二十四年三月三十日，档号：04-01-35-0153-043。

④ 依照《户部漕运全书》内“据乾隆三十一年刊本影印”字样判定，其各条例文字后都附有具体时间，大多为乾隆年间数据，最晚为嘉庆十六年（公元1811年）。参见：托津，福克旌额，等. 嘉庆《户部漕运全书》：第1册. 影印本. 台北：成文出版社，2005：442。

⑤ 光绪《大清会典事例》卷202“户部五一・漕运九・漕粮运船”//续修四库全书：第801册. 影印本. 上海：上海古籍出版社，2002：324.

如上的漕船拨补变更情况不胜枚举。当然，也有一些卫所备船是为协济八省漕船运输。如直隶通州所有丁船 20 只，“向系军丁自备，协运豫省漕粮”①；天津所的旗丁也自备协运船 17 只，承担河南省的漕粮运输。乾隆五十九年（公元 1794 年），因直隶被水，通州、天津二所帮船停协。②

关于漕船数量，清代各个时期备用不同，史料记载数目也较混乱。《清史稿》载“各省漕船，原数万四百五十五号。嘉庆十四年，除改折分带、坍荒裁减，实存六千二百四十二艘”③。王庆云在《石渠余纪》中采用总船只数，且有更详细的说明，即“凡漕船各省原额万有四千五百五号，除改折分带坍阙裁减外，实运船数各省七千八百九十二号”，“至嘉庆十七年减为六千二百四十二只，较乾隆间少千四百余艘”④。此处船 7 692 只，当是乾隆朝的数目，而检查该朝实录，则载有各省漕船共有六千余艘的字样⑤，两项记载抵牾。然嘉庆《户部漕运全书》又载，“各省漕船，自雍正四年清查定额七千一百二十只”，“至嘉庆十六年核明实在现运漕白船六千三百三十七只”⑥。可知各种记录船只数据显示全国漕船数量自清初至嘉庆朝多有变化，且呈减少趋势。

由于清代各个时期帮船额数时常变化，故而学界既有研究中所呈现的帮船数就存在一定差异。据李文治、江太新的统计数据，康熙以前全国漕船为 10 455 只，雍正四年（公元 1726 年）为 7 168 只，乾隆十八年（公元 1753 年）为 6 969 只，嘉庆十七年（公元 1812 年）为 6 384 只，道光十九年（公元 1839 年）为 6 326 只。至清后期，统计共有 118 帮，船

---

① 户科题本，仓场侍郎塞尔赫、仓场侍郎吕耀曾，题为通州所帮船朽烂请援例支银成造按十年匀扣事，乾隆四年四月初十日，档号：02-01-04-13145-001；户科题本，大学士管理户部事务文庆、户部尚书柏葰，题为遵旨议准通州所协运豫省漕粮折价停运帮船领过各项银米分年扣还事，咸丰六年十一月初七日，档号：02-01-04-21587-046。

② 户科题本，大学士管理户部事务和珅、户部尚书福长安，题为遵议通州天津二所乾隆五十九年协运豫省漕粮停运帮船循例请给月粮银两事，乾隆六十年闰二月初九日，档号：02-01-04-17904-018。

③ 清史稿：卷 122“志九十七·食货三·漕运”. 北京：中华书局，1998：3582.

④ 王庆云. 石渠余纪：卷 4//沈云龙. 近代中国史料丛刊. 第 8 辑：第 75 册. 台北：文海出版社，1973：330-331.

⑤ 清高宗实录：卷 135（乾隆六年正月乙未）. 影印本. 北京：中华书局，1985：955.

⑥ 托津，福克旌额，等. 嘉庆《户部漕运全书》卷 17：第 2 册. 影印本. 台北：成文出版社，2005：727.

6 283 只。[①] 这显示自雍正以后全国漕船数量呈现递减趋势。

日本学者松浦章对清代各时期帮船数量的统计最为详细，罗列了顺治初年至道光二十八年（公元 1848 年）间的漕船数量，不过其统计的多是过济宁、天津或到通州的船只情况，并非各时期包括储备待用船等的所有船只数量，也就是说统计了参与实际运输的船只数，有一定的价值。兹据其有关数据，并结合笔者所寓目相关档案的零星条，将帮船梗概与部分抵通船只数据整理如表 3－2 所示。其大致表明，顺治到嘉庆时期，清廷所备用漕运船只在 6 000 只上下，而实际投入漕运的船只额数，又据各年漕粮量与运输实际有浮动。如永贵任仓场侍郎时，奏称“到通粮艘共计五千三十余只”[②]。尤其至乾隆中后期，能够抵达通州的船只，多则 6 000 只以上，少时仅 2 000 多只，数据相差悬殊。揣其原因，一是水旱豁免，造成漕粮征收减少，进而用于漕运的船只减少；二是运河水浅截留漕粮，或赈灾截留漕粮，运输中途船只提前回空，能够抵通船只减少。此外，抵通船只减少多发生在九月，比清廷所规定抵通时间晚三个多月，又进一步表明运河水浅致漕船无法抵通的制约性。

表 3－2　　清代帮船数量概表

时间	帮船数量	摘录出处
顺治四年八月	5 970 只	内阁题本
康熙五十一年五月	5 923 只（过扬州）	《李煦奏折》115 页
雍正朝	7 119 只	《雍正朝汉文朱批奏折汇编》第 1 辑第 521～522 页
乾隆二年五月	5 128 只	9-0195
乾隆三年七月	5 555 只（过临清）	《明清档案》A83-73
乾隆六年六月	108 帮　5 856 只	9-0894
乾隆十一年四月	96 帮　5 272 只	9-2155
乾隆十四年五月	5 572 只	9-2336
乾隆十六年八月	119 帮　6 295 只	

① 李文治，江太新. 清代漕运. 北京：中华书局，1995：152，169-173.

② 朱批奏折，仓场侍郎永贵，奏报到通州军船米石起卸完竣回空军船南下等情形事，乾隆朝，档号：04-01-35-0188-039。

续表

时间	帮船数量	摘录出处
乾隆十八年	5 488 只	《大清会典则例》卷 42《户部・漕运二》
乾隆十八年九月	117 帮　6 016 只	9-2696
乾隆二十一年六月	96 帮　5 126 只	《宫中档乾隆朝奏折》第 14 辑第 751 页
乾隆二十四年闰六月	5 336 只[1]	10-0210、朱批奏折
乾隆二十八年四月	4 931 只	《宫中档乾隆朝奏折》第 17 辑第 431 页
乾隆三十年七月十七	4 749 只（抵通州）	《明清档案》A205-65
乾隆三十一年八月初四	6 238 只（回空船）	《明清档案》A206-109
乾隆三十三年七月二十	4 374 只（抵通州）	《明清档案》A207-73
乾隆三十八年八月二十一	6 276 只（抵通州）	《明清档案》A219-31
乾隆四十二年八月二十二	6 079 只（抵通州）	《明清档案》A231-118
乾隆四十五年九月二十五	4 398 只（抵通州）	《明清档案》A234-192
乾隆四十六年九月初三	4 703（抵通州）	《明清档案》A236-5
乾隆四十七年九月初五	2 996 只（抵通州）	《明清档案》A236-152
乾隆四十八年八月初七	4 242 只（抵通州）	《明清档案》A238-41
乾隆五十一年九月初四	2 387 只（抵通州）	《明清档案》A246-9
乾隆五十七年六月二十四[2]	2 678 只（抵通州）	朱批奏折
乾隆五十九年六月初一	2 870（抵通州）	《明清档案》A270-59
乾隆六十年六月二十六	4 787 只（回空船）	《明清档案》A270-140
嘉庆十七年	6 242 只	嘉庆《大清会典则例》卷 166《户部・漕运》

1 是年七月回空船有 55 帮 2 678 只，参见：朱批奏折，吉庆，奏为前赴通州督催起卸漕粮及帮船全数回空事，乾隆二十四年七月二十三日，档号：04-01-35-0154-041。

2 该折有“五十四年六月二十四日全漕抵通”字样，均参见：朱批奏折，漕运总督管幹珍，奏报重运帮船跟接抵通州日期事，乾隆五十七年六月二十五日，档号：04-01-35-0181-048。

说明：表中未注明出处的数字为第一历史档案馆藏《宫中档朱批奏折》财政类，数字代表缩微胶卷 MF 卷数及编号。康熙五十一年数原为湖广、江西、浙江、江南四省船只，应为六省。安徽、江苏相当于明代的江南省，湖北、湖南相当于明代的湖广省，清代仍习惯称为江南省和湖广省。其中，乾隆末年的 2 000 多只，疑似数字有误，存疑。

资料来源：松浦章．清代内河水运史研究．董科，译．南京：江苏人民出版社，2010：93-99.

各帮各类漕船规制、载重多寡不一，在行进中的吃水深浅程度亦不一，如“豫东漕船吃水二尺三四寸”①。对于单只漕船载运量，清代文献

---

① 朱批奏折，直隶总督方观承，奏为往杨村查看船行及雇备剥船并杨村毋庸设巡漕事，乾隆二十四年三月三十日，档号：04-01-35-0153-043。

有不同记载。嘉庆《户部漕运全书》载，“康熙十七年，题准漕船载米不得过四百石，入水不得过六捺，空船以四捺为度”①，这是山东、河南的浅船载运量。《石渠余纪》中说“每船载正耗米五百石”②，此数同民国人纂修《清史稿·志·食货三》所载。根据乾隆年间平均漕粮数量，即正耗 410 万石左右，正米 340 万石，运漕船只 6 300 只以上，可知平均单只漕船运正米大概在 500 石上下，加上耗米 100 石和土宜 120 石③，每只漕船的运量有 700 石之多。④ 又漕船时常“夹带私货”，载量往往过重过多，一遇运河水小，极易搁浅。故而，乾隆五十年（公元 1785 年），清廷对因“船身高大沉重”而“往往有沉溺伤损之事”⑤ 的现象采取严厉管控措施，明令禁止私放宽大漕船行运，严禁超带土宜，令漕臣严格盘查。

当然，军船与民船在规格和管理上有区别。乾隆《大清会典》记载，“成造漕船以长九丈，载米四百石为度。江西、湖北、湖南加长一丈。每岁修理，出运十年改造”⑥。也就是说，理论上而言，以船身越大装载漕粮越多为宗旨，可是实际运输中载运量受河道及流域水环境条件限制较大。乾隆五十年（公元 1785 年）七月，为了使重运船在航运过程中适宜河道水势、行驶便捷顺畅，清廷谕令改造漕船，说道：“因漕船高大沉重，吃水过深，以致浅滞，是以令将高宽尺寸仿照民船量为减损”⑦。延至嘉庆十五年（公元 1810 年），将“船身笨重，吃水较深”的江西、湖广军船原长 9.5 丈改为 9 丈，两床两栈原深 6.9 尺改为 6.6 尺，上装牌楼柱收低

---

① 托津，福克旌额，等. 嘉庆《户部漕运全书》卷 20：第 2 册. 影印本. 台北：成文出版社，2005：879.

② 王庆云. 石渠余纪：卷 4//沈云龙. 近代中国史料丛刊. 第 8 辑：第 75 册. 台北：文海出版社，1973：329.

③ 初定土宜 60 石，雍正七年（公元 1729 年）增为 120 石。参见：王庆云. 石渠余纪：卷 4//沈云龙. 近代中国史料丛刊. 第 8 辑：第 75 册. 台北：文海出版社，1973：329.

④ 南方漕船载重达 1 000 石。

⑤ 同①891.

⑥ 乾隆《大清会典》卷 13“漕运·户部六”//景印文渊阁四库全书：第 619 册. 台北：台湾商务印书馆，1986：141.

⑦ 朱批奏折，两江总督萨载、漕运总督毓奇，奏为改造漕船准丁于漕船多带土宜奉旨训饬谢恩事，乾隆五十年七月二十九日，档号：04-01-36-0037-005。

3寸，船底原长7.2丈改为7丈。[①] 并恐土宜、运具等项难以携载，遂修改定例。

实际上，土宜规定在顺治十七年（公元1660年）即已题准，总漕仓场于漕船“过淮抵通日”盘查货物，“每只许待土宜六十石”，之外尽追入官，弁丁治罪。康熙二十年（公元1681年），对该例进行核查并沿用执行。[②] 至康熙三十四年（公元1695年），对江西省漕船的随行小船有所放宽，规定每小船一只装载量为百石，过百石者不准随带。据《石渠余纪》载，初定土宜60石，雍正七年（公元1729年）增为100石，又定舵手土宜120石。乾隆初规定，回空各帮，例带米及梨枣之类。[③] 这就进一步明确了漕船携载土宜在不断增加。及至嘉庆十五年（公元1810年），清廷对漕船随行携带土宜的规定旧例进行了盘查，并在旧例基础上，将每船原带土宜改为300石剥船一只，“以资分装”，并军、剥船载重一起明令，“倘新造军剥船只，私放宽大，希图多带货物，将成造之卫备领运之千总参办”[④]。无论如何，清廷令将单只帮船与土宜分船装载，一定程度上减轻了军船载重。可是，漕船以私自夹带土宜的利益所驱，实行并不利。次年，再整顿漕务时，漕运总督提出漕船弊端之一仍是“军船”虚报开行，私带货物过多，甚至军船每修一次，不是仿照民船减损尺寸，而是“辄加宽长一次”，更有甚者夹带私盐，“于天津等处预行定买，回空装载销售，江广帮为尤甚”。清廷令各粮道会同藩司妥议章程，予以整顿。[⑤]

漕运过程中，各帮军船不敷使用或受河道冻阻等其他因素影响时，也准

---

① 参见：光绪《大清会典事例》卷202“户部五一·漕运九·漕粮运船”//续修四库全书：第801册．影印本．上海：上海古籍出版社，2002：325。

② 康熙十七年（公元1678年），清廷将通州土、石两坝船户买补民船装载改为每船150石。参见：康熙《大清会典》卷26“漕运一·漕规”//近代中国史料丛刊三编：第713册．影印本．台北：文海出版社，1991：1207；康熙《大清会典》卷27“漕运二·漕船”//近代中国史料丛刊三编：第714册．影印本．台北：文海出版社，1991：1232-1233。

③ 王庆云．石渠余纪：卷4//沈云龙．近代中国史料丛刊．第8辑：第75册．台北：文海出版社，1973：329.

④ 光绪《大清会典事例》卷202“户部五一·漕运九·漕粮运船”//续修四库全书：第801册．影印本．上海：上海古籍出版社，2002：325.

⑤ 以上引文均见：朱批奏折，奏报厘剔军船夹带私盐并将新造军船丈尺缩小事，漕运总督许兆椿，嘉庆十六年，档号：04-01-35-0492-018。

予雇用民船。顺治年间，对于漕运中“粮船缺额”“粮艘冻阻”“新升漕粮”等以致运船不敷使用或数量不够时，采取“雇募坚固民船襄运”“允许雇募民船”“动轻赍银雇募民船装载，令各省豫为题请补造”的办法，为了不“扳累船户”、避免“短价强雇”，规定了雇募民船给价，每粮百石给水脚银 35 两，照进仓船粮，扣除挂欠销算。运输过程中出现亏粮等问题，追究运官责任。①

至康熙年间，雇用民船情形加增，如各省漕粮“新船”不能出运，便雇募民船，且对漕运中亏折米石者予以处罚，旗丁杖徒，运官罚俸一年。康熙二十年（公元 1681 年），浙江漕船冻阻，雇募民船，兑运至淮，交与运丁，每石给水脚银一钱。次年，因运河水势浅涩，漕船行进定有程限，规定各处兵船行至闸河，务随漕起闭行泊。由于漕运是国家经济生活中的重要组成部分，在组织漕运与转运的过程中，以旗丁为主的军事管理逐渐延展至过量雇用百姓，以至有一群人常年累月一个程式地于河道北上南下，逐渐形成漕帮势力，且演变为一种社会力量，引起清廷重视。雍正元年（公元 1723 年），清廷整顿滥雇民船之现象，明令：

> 漕船关系紧要，除本船正副旗丁外，其头舵水手，皆应择用本军，庶各知守法，不致误漕生事。近闻多雇募无藉之徒，朋比为奸，不服旗丁弹压。当漕粮兑足之后，仍延捱时日，包揽货物，以致载重稽迟，易于浅阻，不能如期抵通。及回空经产盐之地，又串通奸棍，收带私盐。此其弊端之彰著者。闻尤有不法之事，凡各省漕船，多崇尚邪教，聚众行凶，一呼百应，迩年以来，或因争斗，伤害多人，或行劫盐店，抢夺居民，种种凶恶，渐不可长，急宜惩治。各该督抚即严饬所属各卫所，嗣后粮船务于本年内，择其能撑驾者，充当头舵水手，不许雇募无藉之人，更严禁邪教，谕令归业，务为良民。②

可见，由于对漕运承担者身份有严格规定，清廷会时常强调对于那些私雇民船出运者加以惩治，即将该卫备及运弁参革究拟。对雇用民船的条

---

① 顺治二年（公元 1645 年）、十年（公元 1653 年）、十八年（公元 1661 年）等，均有相关规定，参见：康熙《大清会典》卷 27“漕运二·漕船”//近代中国史料丛刊三编：第 714 册. 影印本. 台北：文海出版社，1991：1231-1234。

② 雍正《大清会典》卷 40“漕运一·运粮官丁”//近代中国史料丛刊三编：第 766 册. 影印本. 台北：文海出版社，1992：2271-2272.

件也有特别限制。乾隆年间规定："遇运河水涸，须分载，过浅、回南阻冻，不能依期归次，须以别船代运赴通，均许和雇民船，官为定价，毋许运弁抑派，及船户居奇高索 。"① 也就是说，当漕运受到水环境严重制约而不得顺畅转运时，允许民船参与运输。

清廷规定，漕船"每岁修理，出运十年改造"②。当各省帮船满十年而进入改造期时，运载漕船往往不敷使用，或者备用漕船闲置太久，财力靡费加增，也会雇用民船。如山东在各额运漕船之外置有存船 30 只，原本为留备漕粮新升及不时拨补之用，乾隆八年（公元 1743 年）议定裁汰。嗣后倘有新升漕粮，照自备运船之例，雇船运送。乾隆五丨五年（公元 1790 年），承担漕运的宁波前后、绍兴前后、杭严三四、严州所、温州前帮共 8 帮等届十年改造期，便按例雇募民船出运。嘉庆元年（公元 1796 年），山东德州新增漕船便由该处运丁自赴直隶雇船装运；为助德州增加帮船，清廷还免河南漕船行运责而拨予德州兑运，并对德州申明，如再不敷，仍令自雇。

至咸丰元年（公元 1851 年），南粮北上漕运基本停滞。次年，江苏属苏松等四府一州粮米由海运津，其余仍行河运。可是"乃重运船只，直至运河已冻，尚未全数抵通"，于是浙江亦请改办海运。随之长江、运河俱形梗阻，有漕各省率皆改征折色，因之漕船渐次无存。同治三年（公元 1864 年），始有江北漕粮"雇备民船，由河道运送通仓"之议，江苏旋亦力图规复河运。"第漕船经过山东地界一千数百里，中多阻滞"，不得不划分成数，河海并运，"其船只则改由各粮道自雇民船，运送抵通"③。显然，水环境变迁在很大程度上不仅改河运为海运，也改变了军船行漕的历史，使漕运用船完全民运化。

（三）京畿漕粮河道全程与水次节点

各省漕粮都经由大运河运抵京通。山东、河南及江苏淮河以北的漕粮由附近水次循运道达通州，较为便捷；长江流域各省漕粮则需远涉江淮，

---

①② 乾隆《大清会典》卷 13"漕运·户部六"//景印文渊阁四库全书：第 619 册. 台北：台湾商务印书馆，1986：141.

③ 以上引文均见：光绪《大清会典事例》卷 202"户部·漕运"//续修四库全书：第 801 册. 影印本. 上海：上海古籍出版社，2002：326，313。

运输距离较远。然而，无论远近，每年八省六七千艘漕船所载 300 多万石正改漕粮，均需经北运河按期运达通州，再分入京通各仓。这是一项不小的水运交通工程，何况在京畿北运河水系及其主河道，除了南来的几千艘漕船外，还有专门用于剥运的船只和往来其间的各类商船。如此需要河道足够畅通，水势水量充裕，航船穿梭行进才能有序。

南方各省运漕帮船按次由南运河达天津后，从三岔河口进入北运河，自此需逆流北上，经天津府、顺天府之武清与香河，入通州境，抵通州码头。乾隆年间，北运河水运航程有 360 余里①，是千里北上漕船的最后一程。河道上，千帆穿梭。从农历二月下旬至六月，各省漕船陆续驶入北运河，若遇中途耽搁、水运延缓，至七、八月仍会有帮船陆续驶入，而早先驶入的帮船在抵通起卸后也会陆续南返。如此，北进重运漕船难免会与南返回空船只交错对行，使原本“狭窄”的河道更加拥挤。所以，每年漕船入北运河后，清廷便会谕令该管官提前筹谋，以便“所有头进回空船只，具令飞挽，与北上重船分岸行走”，以期“并无拥挤阻碍”②。另外，漕船进入北运河后，因河段高程逐渐增高（详见图 3-1)。③ 漕船逆流而上，船行不易，需要雇用纤夫挽运，即“北河杨村至通州粮船雇用短纤，每天每里给钱二文，令通州、香河、武清、天津等县，于粮艘一过津关即行出示晓谕”，“如遇天雨路泞，纤夫短少之时，仍听弁丁等自行酌量加增，每里以四文为断”④。这就从制度层面额定了纤夫工钱的上限，避免工价过度浮动不利纤夫雇用。

---

① 各文献记载不完全一致。据《清高宗实录》记载，“北运河，长三百六十里”，参见：清高宗实录：卷 260（乾隆十一年三月辛巳）. 影印本. 北京：中华书局，1985：374。乾隆朝的多件朱批奏折中写道“自津至通北运河共计水程三百六十余里”，至嘉道年间，显示水程为 330 余里，即“袤长三百三十余里”，参见：朱批奏折，直隶总督颜检，奏为北运河务关厅及杨村厅所属建筑堤坝被刷残缺请准动项兴修事，道光三年二月二十五日，档号：04-01-01-0646-041。

② 以上引文均见：朱批奏折，巡视通州漕务御史都尔松阿，奏报催提二进帮船及查看水势情形事，乾隆五十八年四月二十六日，档号：04-01-35-0183-027。

③ 京畿漕粮河道与水次节点及河道地貌示意图，可参见：赵珍. 清代北运河漕运与张家湾改道. 史学月刊，2018（3）：58。

④ 托津，福克旌额，等. 嘉庆《户部漕运全书》卷 14：第 1 册. 影印本. 台北：成文出版社，2005：613.

各省漕船抵通后，并不直接进入通惠河，漕粮按照正兑、改兑类别运往不同仓场。运往京仓的正兑漕粮需要在通州城北关外的石坝起卸，再搬过石坝，由通惠河内的小船暨吊载船历普济、平下、平上、庆丰四闸运送到大通桥，然后或车运或由护城河舟运入京师各仓。运往通仓的改兑漕米则在通州城东土坝码头起卸后，分运到通州城内各仓。整个过程中，“石坝至京仓水运以经纪承领，陆运以车户承领”，由经纪人承运的船只称为吊载船。自土坝至通仓的运输，则无论“水、陆运，皆车户承领”①。另外，过闸、过坝、上岸、下岸都需雇人夫肩负。

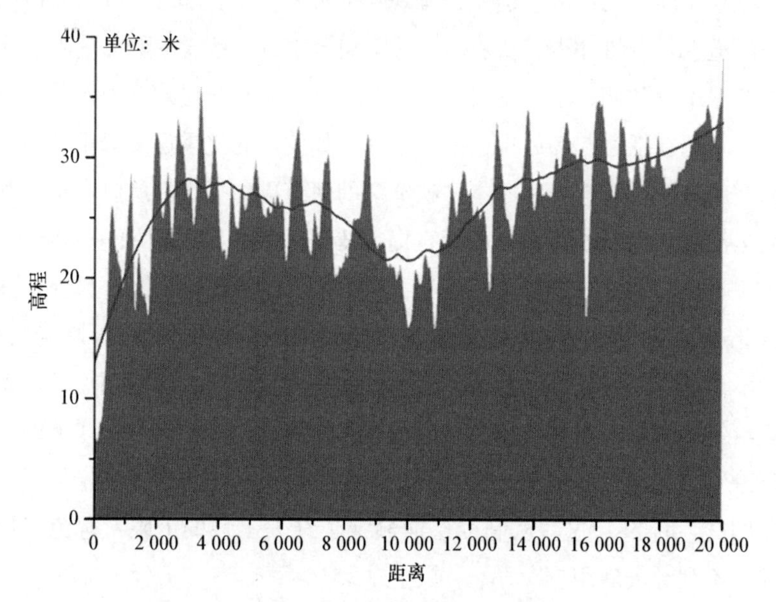

图 3-1　通惠河河道剖面高程图

资料来源：基于地理空间数据云（http://www.gscloud.cn/）平台 GDEMDEM 30M 分辨率数字高程数据，结合中国历史地理信息系统（CHGIS4.0）（http://yugong.fudan.edu.cn/views/chgis_download.php）1820 年河流图层和 1911 年部分聚落数据，在 ArcGIS10.2 环境下提取出通惠河河段的河道地形剖面图。

清廷之所以在通惠河上设有多个闸坝，是因通惠河段受水势不足制约，重运漕船不能直接驶入。为了保障有足够的水量以便浮船运粮，于每闸置吃水相对较小的剥船，称里河剥船，或吊载船，负责通惠河段的运

① 乾隆《大清会典则例》卷 39“户部・仓庾”//景印文渊阁四库全书：第 621 册．台北：台湾商务印书馆，1986：201.

输，相应地河道也称为里漕河，通州城东的北运河则称外漕河。“漕米运进京仓，每年二百余万石，系交额设经纪，由五闸驾船载送，其船一百只，每只雇船头一名，运抵大通桥”①。这里所谓五闸，包括“通州之石坝里河、普济二闸，大兴县之庆丰、平上、平下三闸”，共船头百名，令各该地方官召募。② 剥船在各闸坝有具体分配，即石坝闸 24 只，普济闸 20 只，平下闸 15 只，平上闸 22 只，庆丰闸 19 只。③ 此外，每闸额设 5 只协运剥船，每船置一人负责，“共船头二十五名”④。两项船只相加，通惠河共设剥船 125 只，专门运送进京正兑漕粮。

由于受通惠河河道地貌高程因素与河流水量变化相互叠加的影响，这里的河道水环境问题更多，更加复杂多变。从地理信息系统数据可以直观通惠河及北运河各河段地形高程变化，亦可以自地貌因素分析和评价漕粮运输途中所经过河段的难易情况。

漕船北上行进途中，受水环境各因素的影响，往往选择在水窄、水浅处就近停靠、就近起卸，漕粮或存于就近仓储，或由剥船转运至通州土、石两坝，故于河道两岸形成了几处重要的漕粮周转起卸和漕船停靠点，主要有通州、大通桥以及张家湾、河西务、杨村、北仓等处。

通州位处京城东端，是北运河水系漕运中最重要的水陆枢纽，为潮白河、温榆河、通惠河进入北运河的交汇点，亦是京城漕粮运输中最大的中转点。运往京仓的正兑漕粮在通州石坝转运，城内的通仓是改兑漕粮的起卸点和储存地。故而在整个京畿漕粮运输过程中，通州处于核心位置，也是漕粮运输的终点。每年早则农历三四月开始，迟则至九十月结束，有几百万石漕粮陆续由北运河运达通州。北运河上“漕艘栉比，廪粟云屯”，通州也成为“天庾重地”，“仓庾之都会，而水路之冲达也”⑤。运往通仓的漕粮汇集于大通桥，大通桥监督即设于此处，负责检验运往京城各仓的

---

① 清高宗实录：卷 176（乾隆七年十月庚寅）. 影印本. 北京：中华书局，1985：265.

②④ 清高宗实录：卷 128（乾隆五年十月乙巳）. 影印本. 北京：中华书局，1985：872.

③ 乾隆《大清会典则例》卷 39“户部・仓庾”//景印文渊阁四库全书：第 621 册. 台北：台湾商务印书馆，1986：201.

⑤ 高天凤，金梅. 乾隆《通州志》卷首“宸章”. 乾隆四十八年刻本.

漕粮，大通桥便成为“运务总汇之区”。正如有学者研究中提到的，通州城漕运码头是为适应漕粮转运功能而建造的专用性码头，在明清时期漕运中发挥着巨大的历史作用。①

各省漕船抵达通州后，运往通仓之改兑漕粮在通州城东南的土坝起卸；运往京仓正兑漕粮则在通州城北关外的石坝转入通惠河，进而由剥船运送到大通桥。乾隆《通州志》记载，“东南粟米，舳舻转输几百万石，运京仓者由石坝，留通仓者由土坝，故通于漕运非他邑比”②。约于乾隆四十一年（公元1776年）绘制的《潞河督运图卷》描绘了通州坐粮厅查验漕米，督催漕船速行到石、土两坝输仓的壮阔场景。③ 每年在石坝搬运漕米的人夫就有几万。

通州石坝的漕运因河道变迁在乾隆时期发生过些微变化。乾隆三十八年（公元1773年）以前，潮白、温榆两河在通州北关闸汇合后入北运河，即“东曰白河，源自东北来，西曰富河，源自西北来，入州城东北合流，二河水溜直注石坝楼，汇归运河”④。乾隆三十八年以后，通州城土、石二坝码头附近的河道发生变迁，主要是温榆河“山水涨发，河形东徙，与潮白河合流为一，下游遂致干涸”，故而，石坝起卸粮船，“全藉工部税局地方以上所蓄倒漾之水，以济漕运”⑤。温榆河与潮白河汇合点南移，从石坝到新汇合点的水量骤减，漕粮运到土、石二坝受到极大影响，因而该河段需要经常由人工疏浚。⑥

大通桥位于东便门外，是南粮入京仓的终点。漕粮从通州由剥船运抵大通桥后，再分别运入京城各仓；之后的运输，或由车运，或继续沿护城河水运入各仓。《宸垣识略》载，“大通桥在东便门外，东至通州，入白河，开渠置闸，而漕舟不行，自大通桥起，至通州石坝计四十里，地势高

---

①⑥ 陈喜波，邓辉．明清北京通州城漕运码头与运河漕运之关系．中国历史地理论丛，2016（2）．

②④ 高天凤，金梅．乾隆《通州志》卷3“漕运志·修浚”．乾隆四十八年刻本．

③ 《潞河督运图卷》纵长41.5厘米、横长680厘米，现藏于国家图书馆。参见：王永谦．清代乾隆中、晚期的潞河漕运——《潞河督运图卷》的初步研究．中国历史博物馆馆刊，1983（5）。

⑤ 周家楣，缪荃孙．光绪《顺天府志》卷45“河渠志十·河工六”//续修四库全书：第684册．影印本．上海：上海古籍出版社，2002：349-350．

下四丈，中间设庆丰等五闸以蓄水”①。正是由于大通桥为运务总汇，位置重要和特殊，清廷于此设有满汉监督各一，负责抽查漕粮和督促运仓事宜。时人记有“凡收漕粮，座粮厅掌督催”，“大通桥监督掌抽查，而莅以仓场侍郎”②。或说，京仓漕粮运抵大通桥，由该监督“照例抽掣”③。故“每年漕米到桥转运各仓责任最为紧要”，“必得廉干之员方克胜任”④。加之受河道水势影响，大通桥还置有运送仓粮车辆、牲畜以及马棚、马槽等项，也设有装载粮食的袋厂，置有车户 32 名，水脚 13 名。⑤乾隆五十一年（公元 1786 年），清廷制定大通桥官车各项事宜，规定“运送仓粮，应置车二百辆，牲口八百，并一切器具”。后因需要承担“安放车辆，买地造厂及马棚马槽等项”，故又“择勤慎车户八名，充当头役，分管四厂”。大通桥监督事务繁巨，还专司“散给脚价各事”⑥。

在北运河段，常年有 6 000 余只漕船沿河溯流而上，经杨村起剥，再抵通卸粮后回空。运粮漕船汇集河道上，舳舻千里，船只穿梭，运输十分繁忙，这就对河道河床、水势水量有一定的要求。可是，由于北运河受河流径流量年内和年际变化影响较大，水势强弱不定，经常发生水浅不能行船，或因汛期连续降雨涨水，水势漫大，以致挽运困难，甚至出现河道冲决，乃至天气异常而冻阻河道的现象，所以并非所有的漕船都能顺利抵通交仓。

张家湾是在历朝北运河运输中形成的几个经常性漕船停靠点之一，位于通州南约 15 里，因水而生而兴，至清代时依旧是南北水陆冲会。对于张家湾，官私文献记载较多，《嘉庆重修大清一统志》有：“张家湾城，在通州南十五里，以元时万户张瑄督海运至此而名，东南漕运至此乃运入通州，为南北水陆要会。”⑦《读史方舆纪要》记，张家湾在通州南 15 里，

---

① 吴长元．宸垣识略：卷 12“郊垌一”．北京：北京古籍出版社，1982：249.

②⑤ 王庆云．石渠余纪：卷 4//沈云龙．近代中国史料丛刊．第 8 辑：第 75 册．台北：文海出版社，1973：322.

③ 清高宗实录：卷 176（乾隆七年十月庚寅）．影印本．北京：中华书局，1985：265.

④ 朱批奏折，总督仓场户部右侍郎吕耀曾，奏请将大通桥监督温平再桥任一年事，乾隆元年二月初三日，档号 04-01-12-0001-033。

⑥ 清高宗实录：卷 1269（乾隆五十一年十一月丙申）．影印本．北京：中华书局，1985：1114.

⑦ 穆彰阿，潘锡恩，等．嘉庆重修大清一统志：卷 9“顺天府四・关隘”//续修四库全书：第 613 册．影印本．上海：上海古籍出版社，2002：169.

因元代万户张瑄督海运至此而得名。“东南运艘由直沽百十里至河西务，又百三十里至张家湾，乃运入通州仓”[①]。光绪《通州志》载，“历元明，漕运粮艘均驶至张家湾起卸运京”[②]，张家湾成为重要的漕运码头。明初至嘉靖七年（公元1528年），张家湾以上运河河道浅涩，通州码头主要分布于通州城南部的张家湾一带。延至乾隆年间，“南北运河，贩麦商船，多赴张家湾起卸，由京商转运至京”[③]。

乾隆二年（公元1737年），清廷于北运河上所设漕运通判就驻扎在张家湾。其时，因漕船自“天津溯流而上，沿河设有兵弁，并无官员管辖”，故“应添设漕运通判一员，驻扎张家湾，专司疏浚事宜，属坐粮厅管辖”[④]。这表明张家湾段河道淤浅严重，清廷置专管官负责该河段的疏浚。乾隆二十七年（公元1762年）三月的一份朱批奏折中明确指出，“北运河杨村迤北一带，本系流沙，最易淤浅，向设漕运通判督率浅夫专司刮挖。每年四五月间，粮艘北上，日行二三十里，尤需起剥挖浅”，“由水路至张家湾所有北运河河道，更宜疏浚深通”[⑤]。

至嘉庆年间，北运河多次淤浅，尤其嘉庆六年（公元1801年）大水后，“河溜分出康家沟抄河，而张家湾正河渐淤”。嘉庆十一年（公元1806年），“沙浅更甚”，虽然经过修整，可是势难挽回。十三年（公元1808年）六月、七月连遇大雨，水暴涨，“溜势仍分趋康家沟，而张家湾正河复淤，河底高于康家沟丈余，长至十数里”，从此漕船改走康家沟新河道，“粮艘不复经张家湾矣”[⑥]。漕运码头北移至通州城东关和北关附近，而旧有的张家湾码头转而以货运和客运为主。[⑦]

河西务和杨村均是北运河重要的漕运节点，在北运河漕运中的位置十

---

① 顾祖禹．读史方舆纪要：卷11“北直二”．北京：中华书局，1955：488.

②⑥ 光绪《通州志》卷1“封域志·山川”．光绪九年刻本．

③ 清高宗实录：卷672（乾隆二十七年十月丙申）．北京：中华书局，1985：511.

④ 清高宗实录：卷47（乾隆二年七月己酉）．影印本．北京：中华书局，1985：815.

⑤ 朱批奏折，直隶总督方观承、仓场侍郎蒋炳，奏为筹办刨挖北运河杨村迤北一带淤沙事，乾隆二十七年三月二十一日，档号：04-01-05-0226-005。张家湾改道问题的研究详见本书第四章相关章节，或拙文《清代北运河漕运与张家湾改道》（载《史学月刊》2018年第3期）。

⑦ 陈喜波，韩光辉．明清北京通州运河水系变化与码头迁移研究．中国历史地理论丛，2013（1）．

分重要。河西务在顺天府武清县东北30里，位于杨村与张家湾之间。这里“自元以来皆为漕运要途”。明代河西务的漕船过往十分繁忙，时人《长安客话》载：河西务为“漕渠之咽喉也，江南漕艘毕从此入”，“两涯旅店丛集，居积百货，为京东第一镇”①。清人眼中的河西务，即“今为商民攒聚、舟航辐辏之地”，是漕运必经要道。至于杨村，位于武清县南50里，“杨村而东南二十里为桃花口，又二十里为丁字沽，由杨村而西北四十里为黄家务，又三十里为河西务，皆运道所经也”②。

河西务东连杨村，西接张家湾，地处北运河中腰。清廷以河西务为中心，兼顾东西两处，置北运河同知一名，“驻河西务”，“管粮通判二，驻杨村及张家湾”③，另有通判三名，分处三地，即“北运河一员驻杨村，粮运一员驻张家湾，理事粮马一员驻通州”④，以管理河道或漕运。乾隆十一年（公元1746年），张家湾“新建板坝及堤岸排桩各工”，由通州州判管理，因河西务同知地位重要，“分驻张家湾，归务关同知统辖”⑤。乾隆五十七年（公元1792年）六月十五日，全漕推过天津关后，漕运总督在奏重运帮船跟接抵通日期时说道：“当押江广尾船于十七日全催至杨村，逐帮分派船只，衔接拨运，不任刻延，行抵河西务”⑥。这表明杨村至河西务航道的重要性。

河西务和杨村两处之所以重要，与这里河道窄浅和高程增高有关。漕船行至这两处，往往不能通畅前进，尤其是行至杨村，必须起剥倒运。嘉庆《户部漕运全书》中多次提到相关事实，如乾隆十三年（公元1748

---

① 蒋一葵. 长安客话：卷6“畿辅杂记”之“河西务”条. 北京：北京古籍出版社，1982：134.

② 顾祖禹. 读史方舆纪要：卷11“北直二”. 北京：中华书局，1955：461-462；穆彰阿，潘锡恩，等. 嘉庆重修大清一统志：卷9“顺天府四·关隘”//续修四库全书：第613册. 影印本. 上海：上海古籍出版社，2002：170.

③ 洪亮吉. 乾隆府厅州县图志：卷1. 嘉庆八年刻本. 又雍正四年（公元1726年），河西务设同知，杨村设通判，分置县丞主簿，以专修防。参见：蔡寿臻，钱锡寀. 光绪《武清县志》卷1“地理志”//中国地方志集成·天津府县志辑：第6册. 南京：江苏古籍出版社，1998：9.

④ 穆彰阿，潘锡恩，等. 嘉庆重修大清一统志：卷5“直隶统部”//续修四库全书：第613册. 影印本. 上海：上海古籍出版社，2002：96.

⑤ 清高宗实录：卷264（乾隆十一年四月戊辰）. 影印本. 北京：中华书局，1985：419.

⑥ 朱批奏折，漕运总督管幹珍，奏报重运帮船跟接抵通州日期事，乾隆五十七年六月二十五日，档号：04-01-35-0181-048。

年)，“直隶河西、杨村二驿，河窄水逆，遇有铜船木筏，听与漕船并进，不得拦阻勒让。其二驿以南一带运河，仍照例让行，毋得借端争阻”。乾隆四十九年（公元1784年)，“二三进粮船尚有五十余帮未到，时届白露，较往年迟滞”，漕船弛缓，令“将三进在后帮船，由杨村全数起拨”①。

北仓是漕船过天津后的一个重要的漕粮中转点和起卸处，清廷经常截留漕粮存于北仓，杨村所置剥船在闲暇时也会接济北仓一带的剥运。乾隆五十七年（公元1792年）六月，天津巡漕官员奏称，所有入境浙江省漕船已陆续过关北上，“惟将来江广船只，吃水甚重，尤宜备拨接济”，北运河水足，“而南船到迟，杨村拨船空闲甚多，拨发二二百号来津，以速漕储”②。因而，北仓一带河道也受运河水量的影响。详见北运河各重要汛点高程图示（见图3-2)。

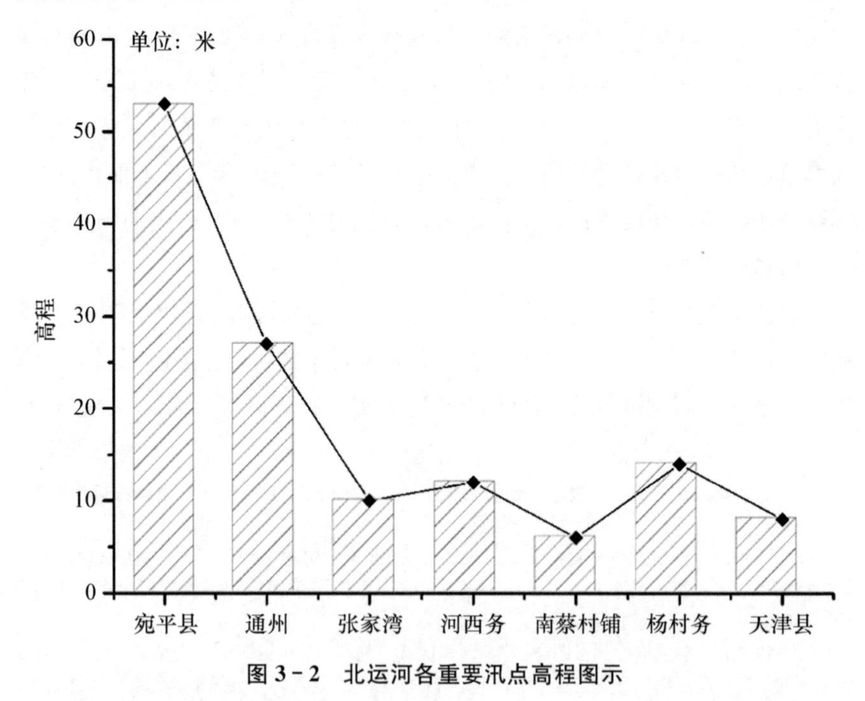

图3-2　北运河各重要汛点高程图示

---

① 托津，福克旌额，等. 嘉庆《户部漕运全书》卷14：第1册. 影印本. 台北：成文出版社，2005：603，625-626.

② 朱批奏折，仓场侍郎诺穆亲，奏为北河民船赶赴天津以备江广各帮轮流拨运事，乾隆五十七年六月初二日，档号：04-01-35-0181-033。

二、漕运及其重空周期与水环境

漕粮的运输即为漕运，所谓“漕运之事，莫先于运道”①。古代陆路运输耗费较大、运输量有限，数量可观的漕粮运输则主要依靠内河水运，也间断性地实行过海运。自隋代开凿广通、通济和永济三渠，便沟通了黄河、淮河与长江三大水系，奠定了南粮北运的大运河水路基础。北宋定都开封，东南和西北的粮粟分别由汴河、黄河、惠民河、广济河输送。元代奉行海运。明初也行海运；永乐迁都北京后，疏通大运河，全行河运。大运河便成为明清两代南粮北运的主动脉。

乾隆时期为清代漕运的鼎盛阶段，这一时期的漕运量、漕船数以及起卸、抵通交仓、回空的时间安排都是漕粮运输的重要内容，且均以河道运输能力和水环境为基础，与运河河道和河流状况密切关联。道光年间，因黄河溃决，海运才又起，后又改征折色，内河漕运遂逐渐走向衰落。晚清时人康有为记述了京畿漕运的宏大规模：

> 自京城之东，远延通州，仓廒连百，高樯栉比，运夫相属，肩背比接。其自通州至于江淮，通以运河，迢递数千里，闸官闸夫相望，高樯大舸相继，运船以数千计，船丁运夫以数万计。其漕米则民纳于县，县上于粮道，乃船通于运河，而后连樯继进，循闸而上，累时费月，乃达通州，搬丁二万人，背置仓中，然后次第运至京师。②

可见，即便到了清末内河漕运走向没落，其在时人心目中还留有深刻印象，足以想见乾嘉时的漕运盛况。

漕粮运输的专门河道水势是否稳定和水量是否充足亦决定着漕运是否畅通，对这一点时人有着十分清楚的认识。康熙元年（公元1662年），掌山东道监察御史徐越言：“国家之大事在漕，漕运之务在河”③。不仅河道水势漫大、水浅制约航运，包含水环境要素的京畿气候、水文特征、河

---

① 任源祥．漕运议//魏源全集：第15册．长沙：岳麓书社，2004：465.

② 康有为．康有为政论集：上．北京：中华书局，1981：354.

③ 徐越．敬陈淮黄疏浚之宜疏//琴川居士．皇清奏议：卷17//续修四库全书：第473册．影印本．上海：上海古籍出版社，2002：166.

道高程等均影响着每年的漕运顺畅与否。比如气候异常引起的河流封冻，直接影响各省帮船重运与回空的节奏。考察清代京畿地区河道与漕运重空周期等的关联，可以对制约漕运活动的水环境状况有更清晰的认识。一方面，河流水势水量、河道高程及封冻影响乃至制约着漕船的顺利行进；另一方面，清廷也采取各种对策以应对和调适制约因素，诸如截漕、起剥以及定期疏浚河道，以保障漕运顺畅。

（一）漕船起运抵仓与重空周期

在清代漕运体系下，京畿漕粮运输的起卸、抵通交仓以及南下回空都是漕运的重要内容，也是帮船完成一趟漕运全周期中在北运河水系的各重要环节，而且都以北运河河道运输能力和水环境为依托，只有以这些要素为基础，方能更好地把握与分析京畿漕运与水环境的关联。漕船自装载漕粮至抵通回空的整个过程，尤其是漕船自入北运河后的重运、剥运与回空，不仅是完成漕运的重要的人为活动，也受这里河道水文与气候等因素的制约，受水环境影响较大。

漕船自水次兑粮起运，可以说是漕运的第一个环节，此环节尤为重要。清廷对漕船前往水次兑粮的起运时间与违限有明确规定。顺治九年（公元 1652 年）谕："军船到兑粮水次，严克限期，不许久恋，随到随兑，随兑随开，不必守候全帮，借端迟延"。顺治十二年（公元 1655 年）又定例：征收漕米，定限十月开仓，十二月兑完。"如州县卫所等官，船到无米，有米无船，过十二月者，罚俸半年，过正月者，罚俸一年，过二月者，降二级留任"[①]。所以，漕船应在十二月内兑完漕粮起运，实行"冬兑冬开"；每岁冬春，各省漕船载运漕粮相继循运河北上，将东南漕米数百万石运抵通州。[②]

然而，各省漕船兑开起运并不总能依照上述规定时间完成，实际情形存在差异，也多有变数。雍正十二年（公元 1734 年），清廷题定湖南州县漕粮应在"十一月内运贮存岳仓"，以备兑运；同年亦题准山东临清闸内

---

① 托津，福克旌额，等. 嘉庆《户部漕运全书》卷 12：第 1 册. 影印本. 台北：成文出版社，2005：499.

② 英和. 筹漕运变通全局疏//魏源全集：第 15 册. 长沙：岳麓书社，2004：608.

船只“于次年二月兑开”，“仍依定限抵通”。而至乾隆三十年（公元1765年），向例冬兑冬开的临清闸外船只则改为“春兑春开，仍依定限抵通”。江西的情况则较为复杂，有军船13帮共638只，每年虽系岁内兑开，但因“鄱湖间阻，不能迅即过湖”，乾隆四十年（公元1775年）“许令正月内扫帮前进”，并于运单内详明以备稽核，对“托故逗留”者，运丁、领押和厅员一并查处，且令嗣后“递年照此赶办，务于岁内兑竣，正月内扫帮前进”①。

因为开兑迟延，所以很难保障后续运输的顺畅与在限定期限内完成漕运。清廷需要专门委员遣船于运河沿线不断催趱，且力图恢复旧有的冬开冬兑制度。乾隆四十一年（公元1776年）颁发晓谕：

> 各省漕粮冬开冬兑，自属正办，迨后开兑迟延，实系历年因循所致。虽催攒，尚无贻误，究不若照例于冬月开帮之为暇豫。目下正届收兑漕粮之期，若能于今岁冬间办定章程，嗣后即无难，递年遵办。着传谕有漕之督抚，实力妥办，其江苏、安徽、浙江各省粮船，务令岁内全数开行，江西、湖广各帮，亦须将回空之船，迎催归次，必于正月内扫帮前进，毋致迟逾。②

尽管清廷斟酌各省情况，明确必须起运时节，江苏、安徽、浙江于本年内开行，江西、湖广于次年正月开行，然而迟延还是经常发生。如乾隆四十七年（公元1782年）至五十一年（公元1786年），“南粮首进帮船，每迟至六七月间抵通，其在后帮次，或在杨村等处起拨，或在北仓起卸”，原因多是“州县兑米延缓”③，属于起运较晚所致。乾隆五十四年（公元1789年），湖北省起运漕船因各州县运米稽迟，继以漕船“洒带桅木”事发，“迟至次年四月内始得开行”④，起运时间比规定的晚了三个月左右。

起运延迟，抵通交仓也必然推后，故而清廷对抵通交仓时间也有严格规定，即“其到通例限，山东、河南限三月朔，江北四月朔，江南五月

---

① 托津，福克旌额，等. 嘉庆《户部漕运全书》卷12：第1册. 影印本. 台北：成文出版社，2005：517-520.

② 同①520-521.

③ 同①521.

④ 同①522.

朔，江西、浙江、湖广六月朔”①。对此，李文治、江太新的研究中有较为详细的整理，兹依照其研究，将各省漕船起运、过淮渡淮和抵通时间稍做调整，列出各省帮船过淮到通期限表（见表3-3）。

表3-3　　各省帮船过淮到通期限表

省别	开船日期	过淮渡黄日期	到通日期
山东	次年二月	—	三月一日
河南	次年二月	—	三月一日
江南江北各属	本年十二月	本年十二月内	四月一日
江南江宁、苏州、松江等府	本年十二月内	次年一月内	五月一日
浙江	本年十二月内	次年二月内	六月一日
江西	次年一月内	次年二月内	六月一日
湖广	次年一月内	次年二月内	六月一日

说明：表中时间为农历，抵通时间一般略晚。山东是嘉庆五年（公元1800年）改春兑春开，十五年（公元1810年）仍春兑春开，如期屡次变更，以春兑春开为多。江西原定冬兑冬开，乾隆十四年（公元1749年）因鄱阳湖阻止，改为次年一月开船。湖南各州县漕粮限本年十一月内运至岳州水次诸仓。

资料来源：光绪《漕运全书》//李文治，江太新．清代漕运．北京：中华书局，1995：129.

虽然清廷规定了明确的过淮抵通时间，可是北上漕船仍旧每每迟延，有时迟误至八九月才能抵达通州。以江西帮船抵通为例，乾隆四十三年（公元1778年），由于高家码头等处水浅沙淤，江广尾帮漕船渡黄河迟滞，而运河水势亦小，又需沿途起剥，尤需于杨村剥兑转运，“是以不能依限抵通”。故而，杨村起剥的快慢，对漕船能否及时抵通也有较大影响。次年八月，江西等相关省份的粮艘渡河并无阻滞，江南、山东一带运河水势也“均极深通，且古浅处所”，漕船俱遄行无阻。漕运总督鄂宝积极准备北运河杨村起剥，其预计江西在后各帮于二十日后能够抵通，遂遵循上年之例，备集剥船于杨村赶紧起卸，“抵通交收，以速回空”。如此，已经比原定抵通时间延迟了两个多月，引起乾隆帝大为不快，且严饬道：

是江广重运应比上年迅速，因何复迟至八月二十外始能抵通，况

① 清史稿：卷122“食货三·漕运”．北京：中华书局，1998：3581.

各帮漕船例应依限抵通，迅速回空，方毋误冬兑冬开之期。乃上年水浅，既不能遄行，今年水大，又复迟缓，是水大水小皆当迟滞，将如之何而后？自系鄂宝办理不善所致。

当然，鄂宝亦解释了延迟原因，在于“查江西帮船例接湖南帮船行走，缘湖南帮船渡黄时，适值洪湖水势较大，头草坝一带回溜湍急，坝工屡修屡卸，虽加夫挽拽，究未能行走迅速，以致脱帮”①。俨然受水环境变化的制约是主要原因。再如乾隆五十八年（公元1793年）、五十九年（公元1794年）两年里，各省漕船在白露节前后才抵达通州，较规定限期推迟了两三个月。

至于漕船回空，是相对于重运而言。一般将起运抵通之前装载漕粮的军船称为“重运”，交米入仓之后南返的空船则称为“回空”。清廷对回空期限也有规定，即各省粮船抵通均限在三个月内完粮，十日内回空。② 按此计算，一般情形下，抵通漕船应该在十月中旬南返。

翻检史料，可知清廷对漕船回空期限的规定亦应水环境因素影响而不得不做出切合实际的调整。康熙五十一年（公元1712年），清廷规定“各船抵次之限，不得出十一月终”。乾隆二年（公元1737年），“因淮扬调浚运河，题准将回空粮船赶早一月”③。尽管规定有如此明确的漕船过淮抵通时间，可是漕船行走是受人与自然各项因素影响的复杂动态过程，整个漕运周期的任何一个环节受阻，均会引起抵通延迟，有时一些省份的漕船在白露节前后才能抵达通州，较规定限期推迟了两三个月。因而，实际运行中的漕船回空时间并不完全固定，特别是在重运延误，以及京畿北运河河道受异常天气影响等的情况下，回空往往会延迟，甚至影响来年新漕运输。乾隆二十四年（公元1759年）七月，为使漕船及时回空，清廷派专人督查催促，故自闰六月二十七日始，逐日催卸，“除遇雨四日，未能起

① 朱批奏折，漕运总督鄂宝，奏陈江西尾帮抵通州迟滞实缘湖南帮船在前顶阻所致事，乾隆四十四年八月二十二日，档号：04-01-35-0167-007。

② 回空时间，通州限10日，再重运逆流20里、顺流40里，回空逆流30里、顺流50里；至于闸坝等处，也皆有例限。参见：王庆云．石渠余纪：卷4//沈云龙．近代中国史料丛刊．第8辑：第75册．台北：文海出版社，1973：332。

③ 托津，福克旌额，等．嘉庆《户部漕运全书》卷12：第1册．影印本．台北：成文出版社，2005：568.

米外”，“将起过米石船只急令回空，使空、重往来两无有碍”；至七月二十二日前，尚有在途在坝漕船 55 帮，计船 2 678 只、米 145 万余石。[①] 故而漕船及时回空，也成为清廷组织漕运整体闭环系统的一个重要环节。

（二）河道水势水量与漕运

如前所述，清代漕运规定有严格的起运、抵通、交仓时间表。可是实际运输行程中，由于受河道水势水量及河床高程等水环境因素的影响，往往不能按时执行和顺利完成。遇到水患或者水浅以及河流封冻，漕船往往稽迟，重运、回空也时常受阻，这不仅延缓了运输进程，偶尔还会延误次年的新漕兑运，严重的还会造成恶性循环，致使漕运连年迟缓。乾隆十年（公元 1745 年），总督仓场户部侍郎奏，“北河水小横浅颇多”，“河水日消”，“各帮回空船只，行走甚艰，若不竭力疏浚，恐误新漕兑限”[②]。二十年（公元 1755 年），上谕明确指出，漕船“抵通愈迟，而将来回空，亦必不能依限归次，若误兑漕之期，明春开帮，又必逾限”[③]。显见北运河水环境状况，尤其河流水势水量、河流封冻等自然因素与漕粮运输社会活动之间有着密切关联。

北运河水系河道水势水量平稳是漕船顺利行进的保障。当北运河水势水量平稳时，漕船重运顺利，能够按时抵通交仓，然后回空南返。而当河流水势漫大、流速过快，或者水量过小与水势弱浅时，均对漕船行进不利。水势过强，会使漕船逆流挽运困难，形成阻滞。水势不足造成河道水浅，会使河床水深不够浮载重船，对漕船形成更严重的阻滞。而后一情形在北运河河道更为频繁发生。之所以如此，还由于京畿水环境受降水影响。据北运河流域水文特征，该河流径流量季节变化与年际变化较大。一般年份，6 月下旬至 8 月降雨量相对充足，7 月降雨量最大，而 3～5 月降雨稀少，河道进入自身低水位期，使得北运河水量季节性、阶段性特征变得更为明显。一般而言，河流流域的降雨量和河流的径流量具有正相关性，河流的径流

---

① 朱批奏折，吉庆，奏为前赴通州督催起卸漕粮及帮船全数回空事，乾隆二十四年七月二十三日，档号：04-01-35-0154-041。

② 清高宗实录：卷 247（乾隆十年八月甲子）. 影印本. 北京：中华书局，1985：186.

③ 清高宗实录：卷 543（乾隆二十二年七月丙午）. 影印本. 北京：中华书局，1985：885.

量随降水的增加而上升。所以，在河流洪水期或枯水期，或气候异常、降雨量变化增大时，对漕船行进极其不利。结合北运河流域降雨量年内与年际变化特征，降雨量少的月份，受降水制约，水量微弱，河道自身水位低浅，船多淤浅。进入雨季，流域降水迅猛汇聚且冲入河道，河床水量不稳，水面旋涨旋退，一急一缓，降水冲刷流域内地表造成水土泥沙流失，由河水携带沉淀河底，加之受地势影响，该流域河流河水呈辐射状冲击沙质河床、河岸，致使河道淤积，漕船“行走甚艰”，挽运丁力更苦，挽运难度加大。

实际上，清代主管漕运的官员已经意识到北运河汛期河道水势水量陡涨陡落对漕船行进所造成的客观影响。乾隆时期的直隶总督刘勷指出，北运河“源高势峻，汇流甚众，每遇伏秋汛发，直若建瓴，顷刻寻丈，奔腾汹涌”[①]。漕运总督顾琮在给乾隆帝的奏折中也明确说道：“北运河发源于古北等口之外，每当春夏之交或雨水稀少，山水不发以致河水微弱，且多淤嘴横浅”，“至于夏秋之际，山水涨发，水势悍迅，旋长旋退，不能久注济运，而挟沙带泥易于淤垫”[②]。

然而，每年漕船北上进入北运河的时间主要集中于3～8月，此时北上的漕船陆续过天津关进入北运河，而已经抵通南返的漕船亦回空繁忙。可是，北运河水势却不如人意，处于几乎与漕船行进相反的节奏。约3～5月，漕船多因北运河水势弱、水量小、水深过浅而受阻。而约6月下旬至8月，北运河流域又往往因为降雨量集中致使河水陡发，水量加大，水势陡涨，而使得挽运困难。有时甚至在同一年内，河道自身水深太浅或陡涨两种情况同时出现，使漕运遭受阻滞。

据寓目所及的乾隆朝（1736—1795年）北运河水量水深水志档案数据，可以将水势分为平稳、水浅和漫大三个层级，分别对应不同年份河道自身的垂直水位[③]或水深程度。检索水志档案记载的各种水深数据，可知北运河水势

---

① 乾隆二年六月初六日奏折//清代海河滦河洪涝档案史料．北京：中华书局，1981：72.

② 朱批奏折，漕运总督顾琮，奏为酌挖北运河淤嘴横浅以速漕运事，乾隆八年五月十四日，档号：04-01-35-0143-023。

③ 现代河流水位指的是水体的自由水面高出固定基面以上的高程，而基面一般分为绝对与测点两种，绝对基面是以黄海的青岛零点为标准，测点是为了便于在河流上就地观测和计算。为避免与现代水位概念相混淆，文中一律采用清代所测量水位的用语“水深”概念，个别情形下亦采用“自身水位”的字样。

水量平稳时，水深在“四尺到一丈左右”，在此河流自身水位状态下，漕船能够平稳行进，有时水深稍低或稍高也能航行；若出现水深相对过高或过低的情形，挽运维艰，只能采取更多的人为措施，或需起剥漕粮，或需疏浚河道。

清廷规定，一般情形下，漕船载米“入水不得过六捺，空船以四捺为度”①，且挑浅“约定四捺八分，合之营造尺二尺四寸，以为漕规”②。按照古今数量单位换算，六捺为3尺，漕船载米入水不得超过3尺，挑浅也止于2.4尺，河水水深在3尺以上，才能保证漕船行驶。乾隆二十七年（公元1762年），直隶总督方观承明确指出，疏浚刨挖河道，保障漕船运行，“以水深三尺为度”③。所以，在北运河水系要使漕船能够遄行无阻，必须保证最低水深为3尺。乾隆十二年（公元1747年）五月二十九日，北运河“河水长发，连底水深三四尺不等，重运遄行顺利”④；次年四月内得雨之后，“水深三尺一二寸不等”⑤，相关官员查核北运河各汛并无淤浅处所，粮船遄行无阻。所以，要保障漕船顺利运行，无须起剥，河道水深基本要不低于3尺。据乾隆二十三年（公元1758年）的行船记载：

> 北运河于本月（六月）初九日大雨之后，杨村水长逾丈，筐儿港减河过水四寸。连日消落四尺，尚有六尺。张湾、河西务一带皆在五尺以上。水势大小适均，粮船有不需起剥者，即可遄行前进。⑥

可知，凡是北运河漕运畅行的年份，河道水深至少为3尺。当然，在5尺以上，甚而至6尺时，属于行船水量“大小适均”状态，漕船亦能够“遄行前进”。

为防止旗丁私自将漕船加宽加大，清廷对北运河浮载漕船的水深规定

---

① 托津，福克旌额，等．嘉庆《户部漕运全书》卷20：第2册．影印本．台北：成文出版社，2005：879.

② 朱批奏折，漕运总督顾琮，奏为酌挖北运河淤嘴横浅以速漕运事，乾隆八年五月十四日，档号：04-01-35-0143-023。

③ 朱批奏折，直隶总督方观承、仓场侍郎蒋炳，奏为筹办刨挖北运河杨村迤北一带淤沙事，乾隆二十七年三月二十一日，档号：04-01-05-0226-005。

④ 清代海河滦河洪涝档案史料．北京：中华书局，1981：105.

⑤ 朱批奏折，直隶总督那苏图，奏为南北运河水势情形事，乾隆十三年五月十八日，档号：04-01-01-0165-013。

⑥ 同④143-144.

也有调整。乾隆五十年（公元 1785 年），清廷规定，江浙漕船北上运粮，吃水以 3.4 尺为度，江广漕船吃水则以 3.9 尺为度，以避免“旗丁不致私增尺寸，及例外多带货物，遇水浅可无阻滞”①。然而，旗丁、水手多带土宜，增加了船体重量，使得船身吃水较深。至乾隆末年，北运河水深必须达到 4 尺时，江浙湖广漕船才能正常行驶抵通。

不过，北运河水深也不是无限制增长时，漕船才能遄行。对此，史料记载也有所不同。有的史料记载漕船平稳行进的水深上限应在 1 丈左右，略高于此值时漕船仍能行进。乾隆四十九年（公元 1784 年）六月二十五，“北运河筐儿港石坝曾过水一尺，现在水深九尺七寸，空重粮艘遄行无阻”②。次年，自天津至通州，北运河河道“水深自一丈二三尺至九尺余寸不等，并无横浅，粮艘尽可原载抵通，无须起剥，既节剥费又免耽延”③。可是，一旦河道自身水位过高，不仅河水漫溢，而且河道受高程影响，力夫逆流，挽运艰难，甚至河道堤岸发生溃决，不利行船。

清廷规定北运河上各汛须按年份呈报水势尺寸清单。通过整理一史馆所藏寓目的嘉庆一朝 25 年里及道光前几年的水势尺寸清单④，可以看出，清代测量北运河水势尺寸的汛点有如下六处：通州汛、张家湾上汛、张家湾下汛、河西务汛、蔡村汛和杨村汛。嘉道时期，各汛分段管辖河道，有相应的河程里数。即如通州汛，管辖河段自石坝至温家庄，河程长 34 里。张家湾上汛，负责自温家庄至和合站河段，河程长 53 里。张家湾下汛，负责自和合站至打鱼庄河段，河程长 62.5 里。河西务汛，管辖自打鱼庄至邵家庄铺河段，河程长 47.5 里。蔡村汛，负责自邵家王铺至郭官屯河段，河程长 34 里。杨村汛，负责自郭官屯至天津关河段，河程长 130 里。计总河程长 361 里。详见北运河各汛点及河程里数图（见图 3-3）。

---

① 清高宗实录：卷 1240（乾隆五十年十月丁丑）. 影印本. 北京：中华书局，1985：679.

② 清代海河滦河洪涝档案史料. 北京：中华书局，1981：222.

③ 朱批奏折，乾隆五十年八月初四日，档号：04-01-35-0173-022。

④ 整理档案 48 件，每件不具体标明档号。又水势清单汛点管理水程“里”的换算，据梁方仲和吴承洛所采用的转换方法，清代 1 里换算为 576 米。

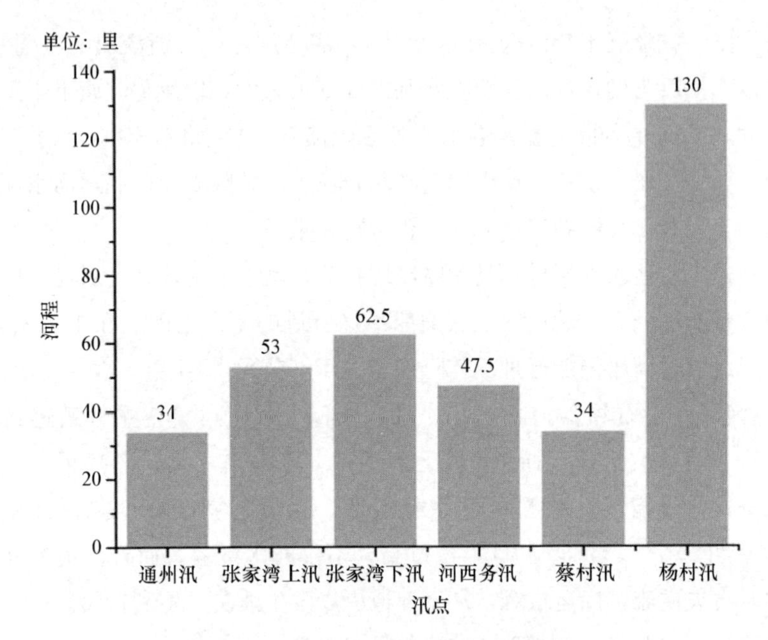

图 3-3　北运河各汛点及河程里数

上述六个汛点的河程数据都是常量，基本裁定不变。每年各汛仅就所负责管辖河段的水势进行测量后予以呈报，测量数据分为“深处”与“浅处”两类，也即对应为较高水深与较低水深尺寸测量。如嘉庆十九年（公元 1814 年），各汛均呈报了“水势尺寸清单”，分别是：通州汛，深处四尺三四寸，浅处三尺三四寸；张家湾上汛，深处四尺五六寸，浅处三尺四五寸；张家湾下汛，深处四尺五六寸，浅处三尺三四寸；河西务汛，深处四尺六七寸，浅处三尺六七寸；蔡村汛，深处四尺八九寸，浅处三尺七八寸；杨村汛，深处七八尺，浅处四尺四五寸。① 在道光元年（公元 1821 年）二月二十日的一份水势尺寸清单中，通州汛的河道水深处为三尺五六寸，水浅处为二尺四五寸；杨村汛的河道水深处为五尺七八寸，水浅处为三尺二三寸。②

遇到暴雨洪水集中的年份，北运河河道水势相应猛涨，各汛点测量清单显示的尺寸数据较平常年月的差异也相应过大。嘉庆二十四年（公元

① 录副奏折，呈北运河水势尺寸清单，嘉庆十九年，档号：03-2129-088。

② 录副奏折，巡视通州漕务给事中袁铣，呈北运河水势尺寸清单，道光元年二月二十日，档号：03-9801-018。

1819 年），北运河六个汛点的测量数据较以往任何一年都特殊，水深均在一丈一二尺以上，浅处也在七八尺至一丈。是年六个汛点中，河道自身水位最低的通州汛，深处一丈，浅处七八尺；河道自身水位最高的是杨村汛，深处一丈四五尺，浅处一丈二三尺。另外四个汛点，沿北运河两岸自东至西，河道自身水位大致依次降低：蔡村汛深处一丈三四尺，浅处一丈一尺；河西务汛深处一丈一二尺，浅处八九尺；张家湾下汛深处一丈二三尺，浅处一丈；张家湾上汛深处一丈二尺，浅处八九尺。① 分别详见图 3－4。为明了起见，再将各汛点水势高低、平均水深差数据加以整理，即：通州汛 1.06 尺、张家湾上汛 1.05 尺、张家湾下汛 1.08 尺、河西务汛 0.94 尺、蔡村汛 1.12 尺、杨村汛 2.58 尺。

图 3－4　嘉庆、道光时期部分时段北运河水势尺寸清单中水深高低变化情况

从图 3－4 可知，若以 3 尺（约 1 米）至 1 丈（约 3 米）为标准衡量水势异常频次及其对漕粮运输的影响程度（图中横曲线），再根据北运河水势尺寸清单，可以得出自嘉庆十五年（公元 1810 年）至道光二年（公

① 录副奏折，呈北运河水势尺寸清单，嘉庆二十四年，档号：03-2133-061。

元 1822 年）部分年份精确至日的水势变化（高水深和低水深）状况。就北运河水势变化的次数而言，嘉庆十五年（公元 1810 年）、十七年（公元 1812 年）、十九年至二十年（1814—1815 年）、二十四年（公元 1819 年）和道光元年（公元 1821 年）各汛点记载次数多于其他年份。这种记录可能取决于各相关官员的责任，也可能受其他因素的影响。不过，若从资料来源完整或者系统性的前提出发，这些年份的数据说明水势变化较记载中其他各年更为频繁也不是没有可能。再就河道水势变化程度而言，大多数年份各汛点水深变化比较平稳，可是，嘉庆二十四年（公元 1819 年）的水深变化较为剧烈，主要表现为水深由低至高的涨幅过大，其中张家湾下汛、河西务汛、蔡村汛和杨村汛最低和最高水深记录的变化均接近或高于 1 丈。若自河流季节考量，图中显示各汛点在上半年漕船抵达的时段内，除杨村汛外，水深多有不足，甚至较高水深多在 3 尺或略高于 3 尺的水平浮动，此则进一步表明北运河水浅或水量不足对漕运的严重影响。

再从嘉庆朝和道光朝部分年份杨村高低水深差数据可知，杨村汛一日内的高低水深，整体而言，历年变化不大，仅在嘉庆二十四年（公元 1819 年）出现较为剧烈的变化，水深低位多在 3 尺上下浮动，说明与洪涝相比，水浅或水量不足问题在杨村段十分突出。由此，与北运河其他汛点相比，杨村汛高低水深差的差异和变化最剧烈，说明该河段水势状况的不稳定与多变，这对漕船行驶和漕粮运输必然产生显著影响。

检核目前所寓目档案，有些水势尺寸清单有可靠月份记载，有的则缺项。其中有明确记载月份的水势清单，大多集中在两个时间段，一是每年的三月和四月，另一是每年的六月和八月，个别也有二月、五月、七月的。不可否认，由于所藏档案件数的局限，不同月份水势尺寸清单的多寡并不能说明任何问题。然而，必须承认的是，清廷派员于每年的二至八月测量河道自身水位的做法，与北运河季节性河流的特征相吻合，也说明二至八月是漕船重运北上、空船南返完成漕运的最佳时间段，该做法不能不说是人类活动对自然水文水情的适应与对策。当然，通过对北运河水深变化连续性的分析，可以对河道水势变化有更深一步的理解。

兹以嘉庆朝具有连续年份的水势尺寸清单为主，绘制嘉庆十五年（公元 1810 年）至二十一年（公元 1816 年）北运河各汛点夏季水位变化图

（见图3－5）。由于这几年里所保存下来的水势尺寸清单的时间大都集中在六月份，其中嘉庆十九年（公元1814年）为七月初五，接近六月，故而可以曲线形式显示夏季北运河的水势状态。尚需要指出的是，图中曲线起伏变化表明杨村汛的水势变化幅度较其他各汛剧烈。此外，与图3－5中反映的北运河整体水势变化状况相比，各汛点夏季连续性水深变化图与其水深整体趋势基本一致，这进一步从侧面表明本档案所见的水势文献资料具有系统性与客观性的部分特征。很明显，杨村汛的水深高低差异较大，这也是清廷在杨村置备剥船转卸漕粮以适应水环境变化的重要原因之一，是在客观上具有生态意义的重大决策。

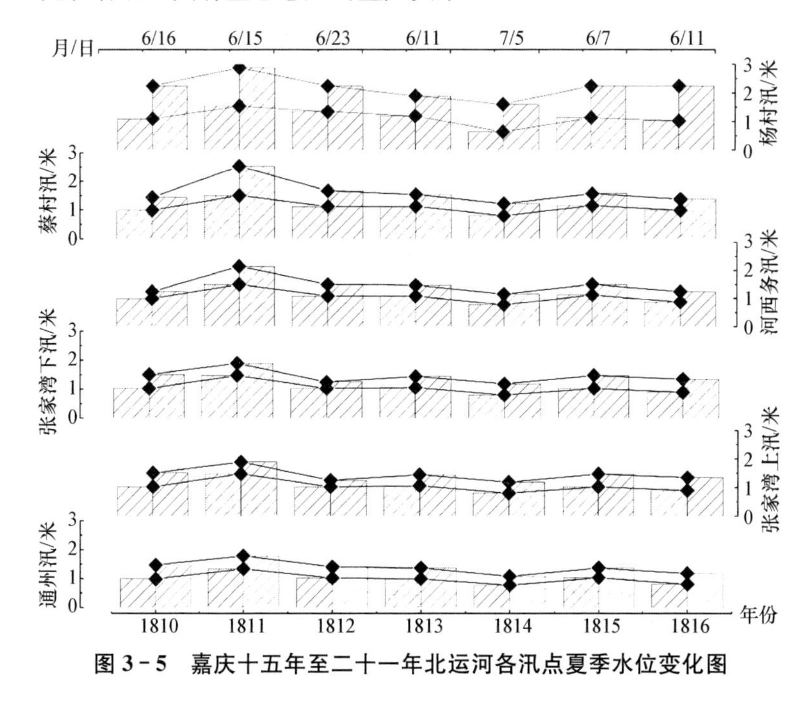

图3－5　嘉庆十五年至二十一年北运河各汛点夏季水位变化图

细究北运河水势状况数据与漕运之间的关系，可以看出，漕运是否畅通，与运河水量、水势等因素相关涉是不争的事实。通过梳理《清实录》与《宫中档朱批奏折》中的相关记录，得到大量有关水势平稳、水浅、水势漫大的年份和月份的记载，也有一些如“起剥挖浅”、“二月水泮之后，据报淤浅之处甚多”、“北运河水皆满岸，减河四处大资分泄”、“水浅阻碍漕船经过”、“水势漫大有碍”漕运等的记载，均进一步表明清廷对北运河水势的重视程度。清廷通过专人每年对水量的查勘，将记录资料上报备案，积累经验。

在此依照北运河水势平稳、水浅、水势漫大三个层次划分，再结合《清实录》《清代海河滦河洪涝档案史料》《宫中档朱批奏折》中有关乾隆朝北运河水势状况的记载加以考量与分析，更能明晰北运河自身水量水位深浅与漕粮运输关系的密切程度。大致而言，有以下五个层面：

（1）《清实录》和《宫中档朱批奏折》中显示有关水浅的数据，而水势漫大则主要见于《清代海河滦河洪涝档案史料》，这可能与编者突出“洪涝”主旨有关。由于北运河水量与自身水位具有年内分布不均的特征，在一年中可能同时出现水浅或水势漫大，以致阻滞漕粮行进。乾隆二十七年（公元 1762 年）三月二十一日，朱批奏折中有“四五月间粮艘北上，日行二三十里犹需起剥挖浅”，“由水路至张家湾所有北运河河道更宜疏”，“二月水泮之后，据报淤浅之处甚多”之语。① 同年六月，“南北运河水皆满岸，减河四处大资分泄”②，均不利于漕船行进。兹就嘉庆朝和道光朝相关水势尺寸清单记载，将嘉庆十五年（公元 1810 年）至以及道光二年（公元 1822 年）间北运河各汛点平均水深状况制图，如图 3－6 所示。

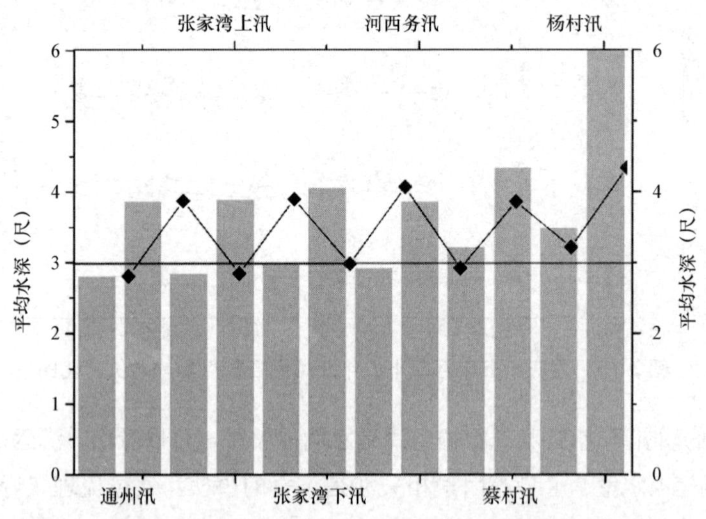

图 3－6　嘉庆、道光年间部分年份北运河各汛点平均水深状况示意

---

① 以上引文均见：朱批奏折，直隶总督方观承、仓场侍郎蒋炳，奏为筹办刨挖北运河杨村迤北一带淤沙事，乾隆二十七年三月二十一日，档号：04-01-05-0226-005。

② 清代海河滦河洪涝档案史料. 北京：中华书局，1981：169.

对北运河各重要汛点的水势数据进行比对后可知，由于各汛点均属于北运河同一河道，整体变化趋于一致，可是，各汛点水深高低存在不一致之处。由杨村汛至通州汛，即自南至北各汛点平均水深逐步降低。其中，通州汛平均最低水深约为 2.81 尺，最高为杨村汛，约 3.48 尺。然而，六个汛中，有四个点，即通州汛、张家湾上汛、张家湾下汛及河西务汛，所测水深均低于漕船正常运行需要的最低水深 3 尺标准。此则进一步表明北运河河道自南向北水量不足问题的严重程度。更为重要的是，从图 3－6 中可以看出，各汛点的水深低位大都低于标准的 3 尺，而高于 1 丈的较少。这说明，与洪涝时期相比，北运河河道平常水浅或水量不足的问题较为突出。

（2）《清代海河滦河洪涝档案史料》未收北运河降水较少或水势平稳的资料，而在《清实录》中记载则较多，仅就乾隆朝而言，乾隆七年（公元 1742 年）、十年（公元 1745 年）、十八年（公元 1753 年）、三十四年（公元 1769 年）、五十二年（公元 1787 年）等年份有北运河水浅，漕船阻滞的记载。当然，在《宫中档朱批奏折》中，有各相关官员实地勘察获得的丰富的第一手记录，此不赘述。

（3）北运河河道水势平稳，才能保证漕船行进顺畅与抵通交仓。可是，这种情形只出现在降水较多的夏秋季节。水少之年和春夏之交的三四月份，河道往往水浅，漕船濡滞难行，“运丁力量艰难”，清廷只能加大运输成本，或剥运，或中途截留漕粮，甚至投入大量人力挖浅疏通河道，保障漕船抵通交兑漕粮和及早回空。不过，一旦遇到水大之年和水势过强、水量过大的月份，过多的降水又会使河道“水势增长”，纤道也多被淹没，甚而冲垮堤岸。兹据所整理的表 3－4 中乾隆朝各年份的水势状况，可得出乾隆年间北运河水势状况及水势类型比例分布图（见图 3－7）。从图 3－7 可以看出，“水浅”和“水势漫大”的记载比（70.37％）远远高于“水势平稳”（29.63％）的记载次数。所以，仅就乾隆朝而言，北运河水势异常状况频繁出现，加之水势年内变化不平均，水浅与水量过大的情况多次出现于同一年份，进一步自侧面折射出水势变化对漕运的影响极其频繁，进而成为常态，迫使清廷不得不加大投入漕运的人力物力财力成本。

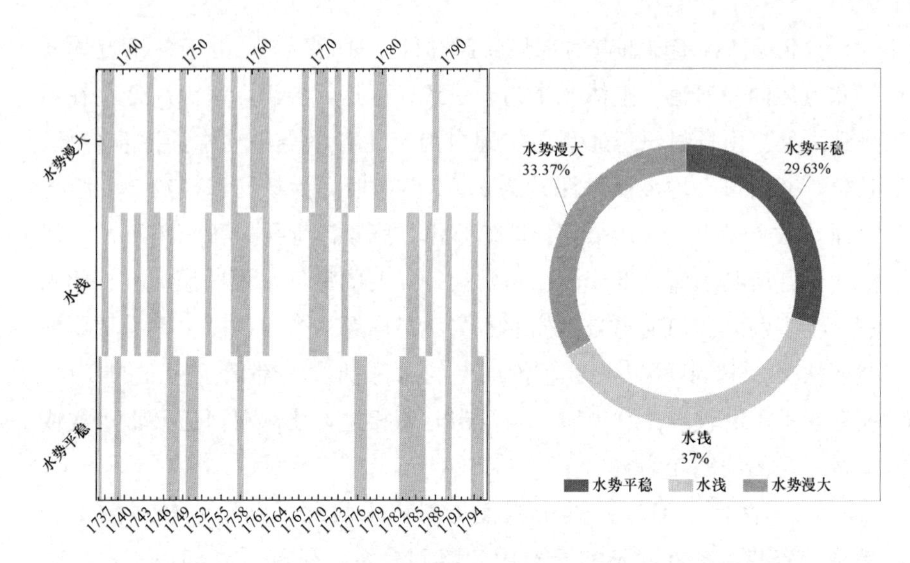

图3-7　乾隆年间北运河水势状况及水势类型比例分布

（4）对比各水势类型月份分布情况，显见河道水势漫大与漕船被阻滞的时间段主要是在农历六至七月，此时也正是一年之中北运河降水丰沛、河道涨水的时节，即所谓“伏秋两汛”期。而相应地，河道水势平稳与漕运遄行的时间段，则主要见于六、七、八月。六、七月是北运河的固定涨水期，此时需要地方官员观察水势并奏报。八月时，北运河水量减少，水势记载中呈现出比较多的水势平稳的资料。同时，河道水浅与漕船阻滞关系的记载，则以三、四、五月较多。

实际上，一年之中，北运河水势与漕船行进之间的关系也并非像文献记载和如上述对史料记载所分析与讨论的这般有规律，也有大量的记载表明存在水势更易于行船的年份。按理，伏秋两汛之后，北运河河道水退，不利于行船，可是，有些年份因降水增加，北运河涨水迟至六月，又十分有利于行船。乾隆二十三年（公元1758年）六月初七，清廷先是谕令“漕船将次全抵天津，恐北河水浅，剥船稀少，必致拥挤守候”，“所需剥船，必先期广为雇备”①，以预防水退后水量不足。可是，至六月十六日，

① 清高宗实录：卷564（乾隆二十三年六月辛酉）. 影印本. 北京：中华书局，1985：153.

该管官奏，本月初九大雨之后，“张湾、河西务一带皆在五尺以上，水势大小适均，粮船有不需起剥者，即可遄行前进”①。故而，因降水补给，河道自身水位增高，漕船能够平稳行进。

（5）有关挖浅疏浚河道的记载显示，在清代已经形成每年固定挑挖北运河的常例，甚至隔一段时间还有大挑。在北运河水浅泥沙淤积严重的时候，人为投入的挑挖也经常出现在奏书中。如此的实践活动在乾隆朝最为密集。由此可知，北运河水浅阻碍漕运已经成为一种常态，因而挑浅是应对运河水量变化的重要举措。详见乾隆朝水势状况年份统计表（见表3-4），以及乾隆朝北运河水势平稳、水浅和水势漫大记载表（见表3-5、表3-6、表3-7）。

表3-4　　乾隆朝水势状况年份统计表

水势状况	水势平稳	水浅	水势漫大	无记载
年份	乾隆元年 乾隆四年 乾隆十二年 乾隆十三年 乾隆十五年 乾隆十六年 乾隆二十三年 乾隆四十一年 乾隆四十二年 乾隆四十八年 乾隆四十九年 乾隆五十年 乾隆五十一年 乾隆五十五年 乾隆五十六年 乾隆五十九年 乾隆六十年	乾隆二年 乾隆五年 乾隆七年 乾隆九年 乾隆十年 乾隆十二年 乾隆十八年 乾隆二十二年 乾隆二十三年 乾隆二十四年 乾隆二十七年 乾隆三十四年 乾隆三十五年 乾隆三十六年 乾隆三十九年 乾隆四十九年 乾隆五十年 乾隆五十二年 乾隆五十五年 乾隆五十九年	乾隆二年 乾隆三年 乾隆九年 乾隆十四年 乾隆十九年 乾隆二十年 乾隆二十二年 乾隆二十五年 乾隆二十六年 乾隆二十七年 乾隆三十三年 乾隆三十五年 乾隆三十六年 乾隆三十八年 乾隆四十年 乾隆四十四年 乾隆四十五年 乾隆五十三年	乾隆六年 乾隆八年 乾隆十一年 乾隆十七年 乾隆二十一年 乾隆二十八年 乾隆二十九年 乾隆三十年 乾隆三十一年 乾隆三十二年 乾隆三十七年 乾隆三十九年 乾隆四十三年 乾隆四十六年 乾隆四十七年 乾隆四十八年 乾隆五十四年 乾隆五十七年 乾隆五十八年

① 清代海河滦河洪涝档案史料. 北京：中华书局，1981：143-144.

续表

水势状况	水势平稳	水浅	水势漫大	无记载
月份	六、七、八月	以三、四、五月为主，各月皆有	六、七月	——

说明：年份以乾隆年号纪年，月份为农历。“无记载”一栏仅限于本书选择的资料而言，制表本身即为不完全统计。《清代海河滦河洪涝档案史料》统计的水势漫大年份多记载北运河堤坝工程是否平稳，只记载了洪涝年份的状况，其中一些年份和月份并无记载。

资料来源：《清高宗实录》、《清代海河滦河洪涝档案史料》、嘉庆《户部漕运全书》和《宫中档朱批奏折》。

表 3-5　　乾隆朝北运河水势平稳记载表

年份	记载	出处
乾隆元年七月初一至九月初一	入伏以来，至七月初一立秋止，南运河长水九尺，北运河长水一尺二寸。俱系随长随落，工程均各平稳；秋汛与伏汛相连，水尤迅驶而难御，因是数载以来，直隶河工满溢迭告。七月初一起，至九月初一止，北运河净长水七尺五寸，本年伏秋两汛水势不减于从前，而恬静安流，洵为年来所未有。	《清代海河滦河洪涝档案史料》
乾隆四年七月十五日	今岁各河水势皆各平稳，惟南运河，暴水骤发。	《清代海河滦河洪涝档案史料》
乾隆十二年六月初七	北运河今岁建筑束水坝工，以济漕运。今五月二十九日河水长发，连底水深三四尺不等，重运遄行顺利。	《清代海河滦河洪涝档案史料》
乾隆十三年五月十八日、闰七月初十	北运河因增筑束水坝座，四月内得雨之后，现在水深三尺一二寸不等。查核各汛并无淤浅处所，粮船遄行无阻。所有南北运河水势畅流，漕船无阻。 南北运河及子牙等处，今伏秋两汛水势随长随消，俱各平稳等情。	《宫中档朱批奏折》，档号：04-01-01-0165-013； 《清代海河滦河洪涝档案史料》
乾隆十五年六月二十二日	南北二运河，入伏水发无多，工程平稳，排桩板坝间有蛰裂。	《清代海河滦河洪涝档案史料》
乾隆十六年六月初一	目前运河水长平槽，三岔河一带，并有海潮倒漾。今年雨水调匀，各处河流顺轨。	《清高宗实录》卷392
乾隆四十一年八月初八	今年南北运河水势平顺堤工俱极安稳。伏秋二汛均庆安澜。	《宫中档朱批奏折》，档号：04-01-01-0358-011

续表

年份	记载	出处
乾隆四十二年六月二十日	北运河于六月初六、初十长水二次，旋长旋消，各坝皆未过水，堤工均属平稳。	《清代海河滦河洪涝档案史料》
乾隆四十八年八月二十八日	今岁回空各帮畅行无阻，虽由豫省墁工堵筑后，黄运二河安流顺轨，兼之风色顺利，是以衔尾南下迅速遄行。	嘉庆《户部漕运全书》卷4，第1册，第624～625页
乾隆四十九年六月二十五	南北运河，入伏候水势亦旋长旋退，河流畅达。北运河筐儿港石坝曾过水一尺，现在水深九尺七寸，空重粮艘遄行无阻。	《清代海河滦河洪涝档案史料》
乾隆五十年八月初四、十二月初六	查自津至通河道水深自一丈二三尺至九尺余寸不等，并无横浅，粮艘尽可原载抵通，无须起剥，既节剥费又免耽延。本年永定、北运二河水势节次盛涨，比之四十八、九等年，实属较大。	《宫中档朱批奏折》，档号：04-01-35-0173-022；《清代海河滦河洪涝档案史料》
乾隆五十一年七月十八日、十一月初七	南北运河自入伏以来，并立秋前后，河水亦节次长发。重运粮艘足资浮送；本年永定、北运二河，水势节次盛涨，比之四十九、五十等年，实属较大。	《清代海河滦河洪涝档案史料》
乾隆五十五年七月初六	北运河之王家务坝口过水一尺五寸，筐儿港坝口过水二尺二寸，南北运河水势自八九尺至一丈二三尺不等。臣查本年各河水势涨发，仰托圣主福庇均得保护无虞。南北运河水势平顺，各工稳固。	《宫中档朱批奏折》，档号：04-01-05-0073-024
乾隆五十六年八月十二日	七月中旬各河因连得透雨水势复有增长，南北运河存底水一丈至一丈四尺不等，除长落相抵外现存水八尺三寸及一丈二尺不等，时已白露水势有减无增，工程俱极巩固。	《宫中档朱批奏折》，档号：04-01-05-0252-028
乾隆五十九年十二月二十二日、九月初五	北运河因水势叠诇增长，王家务、筐儿港（二减水石坝）海漫过水一尺一二寸不等，两岸堤坝工作在在险要；北运河王家务、筐儿港两坝过水四尺至四尺六寸不等，现在底水九尺至一丈不等。	《清代海河滦河洪涝档案史料》
乾隆六十年六月二十六日	南北运河，至入伏以后，河水渐增，北运河之筐儿港坝口未经过水，现在南北运河水深一丈二尺一寸及四尺七寸不等。	《清代海河滦河洪涝档案史料》

表 3－6　　乾隆朝北运河水浅记载表

年份	记载	出处
乾隆二年七月	通州至天津一带河路，向系坐粮厅管理修浚，闻近年以来，淤浅之处甚多，粮艘及民船往来，殊属艰难。	《清高宗实录》卷 47
乾隆三年九月初一	漕运关系天庾，不特重运宜速，即回空船只，亦必依限抵次，方免冻阻之虞。今岁河道淤阻，途次稍艰。	《清高宗实录》卷 76
乾隆五年十二月十六日	北运河东岸香河等汛、牛牧屯等处缕月堤工，西岸河西务汛庄合村后等处缕堤，以及王家务汛引河南堤、高家庄、窝北等处堤工，均属卑薄残缺。王家务、高家庄、窝北、庞家湾、南引河河身内，淤土积阻。	《清高宗实录》卷 133
乾隆七年七月十五日	今年粮船北上时，适值河水浅涸，各船盘剥加纤，实多繁费，运丁力量艰难；绍兴前后两帮，沿途起剥，耗费过多。江、兴等卫，湖北二三两帮，实因漕河水浅，运丁艰苦。	《清高宗实录》卷 171
乾隆九年十二月十六日	北运河捞浅，请照子牙河下游，用垡船挖沙之法，将所挖淤沙，运至堤畔。今北运河一带横浅，多板沙老底。	《清高宗实录》卷 231
乾隆十年六月十八日、六月二十三日、八月十六日	今北运河水势微弱、淤嘴横浅甚多，粮船濡滞难行。经仓场督臣拨夫刨挖，并备剥船起剥；北运河尚未长水，重运粮船多有浅阻；本年北河水小横浅颇多。	《宫中档朱批奏折》，档号：04－01－01－0122－009；档号：04－01－35－0145－043；《清高宗实录》卷 247
乾隆十二年三月二十三日	由通州查勘北运河一路所筑束水坝工现做完六十九处，俱系横沙浅阻处所；自筑坝后，蓄水刷沙较前加深二尺至二尺五寸不等。现在豫东漕运遄行，将来南漕重运经临可以无虞阻滞。臣等沿河查看尚有次浅之处。	《宫中档朱批奏折》，档号：04－01－35－0147－028
乾隆十八年六月初九	天气亢旱，天津一带，河流未免浅涩，重运维艰。	《清高宗实录》卷 440

续表

年份	记载	出处
乾隆二十二年八月初六	常年在杨村起剥，视水浅深，所剥不过三四成。今于天津全数起剥。	《清高宗实录》卷544
乾隆二十三年六月十六日	因北河水浅，漕艘恐致拥塞，必须多备船只起剥。 北运河于本月初九大雨之后，杨村水长逾丈，筐儿港减河过水四寸。连日消落四尺，尚有六尺。张湾、河西务一带皆在五尺以上。水势大小适均，粮船有不需起剥者，即可遄行前进。	《清高宗实录》卷565；《清代海河滦河洪涝档案史料》
乾隆二十四年三月二十二日	今北运之水虽弱，而豫省船只，皆得衔尾前进者，乃临时昼夜爬刮之效。	《清高宗实录》卷583
乾隆二十七年三月二十一日	每年四五月间粮艘北上，日行二三十里犹需起剥挖浅。由水路至张家湾所有北运河河道更宜疏。二月水泮之后，据报淤浅之处甚多。	《宫中档朱批奏折》，档号：04－01－05－0226－005
乾隆三十四年九月初五	行抵天津，因北河洪口淤浅，尚多阻滞。	《清高宗实录》卷842
乾隆三十五年闰五月初六	本年北运河一带，因春末夏初，雨少水浅，粮艘遄行稽阻。	《清高宗实录》卷860
乾隆三十六年二月初一	漕船行抵直隶杨村，岁有漕标备弁，专司起剥，惟漕船向有旗丁兼带货物，遇河水浅阻，自应令该丁先尽货物起剥。	《清高宗实录》卷878
乾隆三十九年五月二十三日	乾隆二十七年、三十三年、三十六年，因丁力艰难，准令将应交余米，宽俟下年搭解。查今岁运河水浅。起剥一切，所费较多。	《清高宗实录》卷959
乾隆四十九年十月	今年运河水浅，漕船冻阻。	《清高宗实录》卷1217
乾隆五十年； 乾隆五十年六月； 乾隆五十年九月十九日	距通水路十八里之江家厂地方，有浅湾一道，因水势渐落，只容回空军船一舟南下。 直隶总督刘峩奏，本年运河水浅，粮艘不无阻滞，臣分委干员，前往古浅各处，上紧捞挖。 本年运河水浅，漕运不无濡滞，毓奇往来催趱，分别截留剥运，俾漕船迅速抵通，回空较上年尚早。	嘉庆《户部漕运全书》卷13，第1册，第572～573页； 《清高宗实录》卷1233； 《清高宗实录》卷1239

续表

年份	记载	出处
乾隆五十二年八月	由天津运至大名府属之龙王庙、白水潭等处，水浅河狭，必须另雇拨船转运。	《清高宗实录》卷1287
乾隆五十五年四月十九日	北运河沙埂甚多，水势更浅。本年粮艘遄行。若入直隶境后，转因河水浅涩，回空帮船，与北上重船拥挤一处，阻碍难行，以致到通迟误。	《清高宗实录》卷1353
乾隆五十九年四月十八日	北河水浅。照例起拨等语。铜船非漕船可比。现因天旱水浅，重运正需起拨。若复分拨铜船，转恐兼顾不及。	《清高宗实录》卷1451

表3-7　　乾隆朝北运河水势漫大记载表

年份	记载	出处
乾隆二年七月十一日	今因连降大雨，山水骤发，贮河暴涨，一时势猛，各处漫溢。又北运河山水涌出，漫溢堤顶，下流停蓄莫泄。	《清代海河滦河洪涝档案史料》
乾隆三年六月二十五日、七月二十日	南北运道并永定、滹、漳等河水势循轨，旋长数尺即落；南北运河水长平岸，且有漫溢。其水势较之上年似觉更甚。	《清代海河滦河洪涝档案史料》
乾隆九年七月十六日	本月初七夜间，风雨猛骤，外河水势陡长丈余。漕船四只，遭风磕坏，淹没人口。张家湾东南沿河一带，为漕船纤路所必经，本年伏秋阴雨连绵，山水暴涨，河岸冲坍。	《清高宗实录》卷221；《清代海河滦河洪涝档案史料》
乾隆十四年六月二十八日	本年滹沱、蓟运及南北运河，亦多涨发。	《清代海河滦河洪涝档案史料》
乾隆十九年六月十一日	北运河现在水深一丈二尺，筐儿港减河过水二尺三寸。是南北运河目下河水并不为大，堤岸旧埽间有坍塌，现俱抢修平稳。	《清代海河滦河洪涝档案史料》
乾隆二十年五月二十四日	运河连年漫溢，挽运维艰，今年复遇异涨，遂至阻滞，非大加修筑挑浚。其何以济，且目前因积水过多。	《清高宗实录》卷489
乾隆二十二年七月十六日	本年运河水势增长，纤道多有淹没，各帮粮艘，未免阻滞。	《清高宗实录》卷543

续表

年份	记载	出处
乾隆二十五年七月二十四日、七月十五日	七月初二等日，雨水涨发，内河堤坝有冲决之处，现在勒限堵筑；七月初八九日，通州大雨连日夜，北运河水陡涨九尺余寸，新修筐儿港石坝过水三尺五寸，赖有此处减河宣泄两岸，一切埽坝工程俱各巩固。	《清代海河滦河洪涝档案史料》；《宫中档朱批奏折》，档号：04-01-05-0219-023
乾隆二十六年八月二十二日、十月初十	今秋雨水过多，直隶山东运河水势必大。现在各省粮艘，陆续回空。恐沿途运丁等。藉称风水阻滞。 杨村厅属，五家庄前缕堤，经上年汛水异涨，直射堤身，请添建草坝抵御。又杨村以南，河崖被水冲刷，仅宽一二尺；北运河东堤尾漫口三处。	《清高宗实录》卷643；《清高宗实录》卷658；《宫中档朱批奏折》，档号：04-01-05-0029-009
乾隆二十七年六月初六	南北运河水皆满岸，减河四处大资分泄。	《清代海河滦河洪涝档案史料》
乾隆三十三年六月十六日至二十日	北运河自六月十六日至十九日，共长水六尺九寸，连底水深一丈零七寸，十九日巳刻，筐儿港过水一尺。二十日子刻汛退，水与坝平。	《清代海河滦河洪涝档案史料》
乾隆三十五年六月二十三日闰五月二十三日	北运河张家王甫堤漫工。甫经合龙。因十四、五、六等日大雨。河水盛涨，以致复有漫溢汕刷等语。近日直隶地方，雨水稍觉过稠；本月十六日至十七日，大雨如注，一昼夜不止。北运河水长一丈四尺有奇，连底水共深一丈八尺有余。张家王甫庄堤岸土性浮松，地势低洼，于十八日亥刻，河水愈势甚汹涌，人力难施，以致该堤漫溢二十余丈。	《清高宗实录》卷863；《宫中档朱批奏折》，档号：04-01-05-0235-024；《清代海河滦河洪涝档案史料》
乾隆三十六年七月十三日、七月二十六日、七月十三日	北运河一因堤工伏汛中均极平稳，于六月二十九至七月初三四等日大雨连绵，河水涨发。七月初七据杨村通判黄体端具禀，于初四日，张家王甫缕堤冲刷二十余丈；今年北运河漫口共大小十三处，天津之小园务关厅之甘露寺杨村厅之张家王甫三处皆漫口二三十丈，必须急为堵筑庶不致愈刷愈宽。 初四，（北运河）上游河水陡长至一丈八尺有余，水高于堤，以致漫溢二十余丈。	《宫中档朱批奏折》，档号：04-01-05-0048-010；档号：04-01-05-0048-013；《清代海河滦河洪涝档案史料》

续表

年份	记载	出处
乾隆三十八年六月初十	北运河，据报今年之水因潮白二河雨大水涌，比三十六年止少一尺，实赖上年大工案内将堤工在在加高培厚，并王家务、筐儿港各引河挑浚深通。日前两处减水坝过水六尺以上，俱畅流归海，而两岸堤工平稳无虞。	《清代海河滦河洪涝档案史料》
乾隆四十年七月十四日； 乾隆四十年秋七月初四	初七八九日大雨之后北运河水长至一丈八尺，汹涌异常，张家王甫土堤溜势冲激于十二日漫口二十余丈。连日大雨，上游潮白二河异涨，北运河水势自极浩瀚，今漫溢堤口，现有刘峩在彼督办尚可迅速集势；北运河自修葺王家务、筐儿港减坝以来，涨水易消，堤岸连年巩固。但今年七月初七以后，雨勤而大，各处沥水必多，且潮白请河俱涨，亦归于运，恐诸水并集，势较浩瀚。	《宫中档朱批奏折》，档号：04-01-01-0343-018； 《清高宗实录》卷986
乾隆四十四年八月初一	南北运河虽于六月并七月初屡次长水，计南运河水深一丈五六尺，北运河水深二丈暨一丈八九尺、五六尺不等。兼有各处减河畅泄，北运河工埽亦均平稳。	《清代海河滦河洪涝档案史料》
乾隆四十五年七月二十五日	七月十七八等日大雨倾盆，十九日卯刻山水又发，北运河水深二丈二尺，西岸王家甫缕堤于十九日巳刻水过堤顶，人力难施，将该处月堤漫溢两段共长十余丈，又河西务有垡堤亦漫溢五六丈。	《宫中档朱批奏折》，档号：04-01-05-0246-020
乾隆五十三年七月十一日	南北运河，入伏之初河水即经长发。北运河之王家务坝口过水二尺七寸，筐儿港坝口过水四尺，现在南北运河水深一丈三尺至一丈六尺不等。	《清代海河滦河洪涝档案史料》
乾隆五十六年七月十一日	南北运河入伏以后，河水即渐次加赠。北运河之王家务坝口过水三寸，筐儿港坝口过水五寸。现在南北运河水深一丈至一丈四尺不等。	《清代海河滦河洪涝档案史料》

当然，就某种程度而言，截留漕粮也是与北运河水势相关联的、清廷

组织社会力量所进行的人为应对北运河水环境状况的重要策略。大多数时候，截留漕粮是为了充用军饷，或以备赈粜，但也有因运道阻断、漕船延迟的截留，此种情形下大多在天津、山东一带进行截留，以待调拨，也或恐误回空，或因北运河水浅有碍通行造成的截留。① 如果抛开截留漕粮的用途或者去向，单就漕粮截留本身而论，可以说，受运道阻滞是主要原因。

纵观有清一代，“受运道阻滞”而截留漕粮的情况十分普遍。事实上，往往因为运河水环境影响截留在天津水次、北仓等地的漕粮，后期并不会全部运转京通，而经常往急需地区调拨，或“以备赈粜”，或调充军饷。如此不仅省去了因北运河水势特殊情形而不得不行剥运的成本与周折，也节省了天津以北的往返运输投入。兹以乾隆朝部分年份内受北运河水环境影响的漕粮截留原因、地点与数量等要素为对象，整理归纳如表 3－8 所示。

表 3－8　乾隆朝部分年份北运河水环境影响下的漕粮截留情况概表

时间	截留原因	截留数	截留地点	资料来源
乾隆三年六月	漕船自津抵通，起剥之费甚繁，若在北仓截留，则此费可省。请将北仓应截稜米，于湖南帮截留。	33 万石	北仓	《清高宗实录》卷 70
乾隆十八年六月	天津一带，河流未免浅涩，重运维艰。着将南漕尾帮，于抵津时截留二十万石。	20 万石	天津水次各仓	《清高宗实录》卷 440
乾隆二十二年八月	运河水涨，漕艘不能遄行，已误抵通期限，恐回空再迟，误明年兑运。	71 万石	天津北仓，露囤马家庄	《清高宗实录》卷 544
乾隆二十四年四月	因北河水势微弱，应将先到各帮截留四十万石，存贮北仓，以免剥运。	40 万石	北仓	《清高宗实录》卷 584

① 李文治，江太新．清代漕运．北京：中华书局，1995：60；李俊丽．天津漕运研究（1368—1840）．天津：天津古籍出版社，2012：122-129.

续表

时间	截留原因	截留数	截留地点	资料来源
乾隆三十五年闰五月	本年北运河一带，雨少水浅，粮艘遄行稽阻，请将现未过津之运通船粮酌量截留。	20万石	北仓	《清高宗实录》卷860
乾隆四十五年八月	漕运迟到，截留可令其早回受运，又可备直隶赈恤或补州县仓贮。	20万石	北仓	《清高宗实录》卷1113
乾隆四十七年九月	漕船迟滞，或留为直省之用，或运赴通仓。		北仓	《清高宗实录》卷1165
乾隆四十九年十月	漕船抵通稍迟，截留使速回空。冻阻。	40.7万石	北仓	《清高宗实录》卷1216
乾隆五十年六七月	本年运河水浅，漕运不无濡滞，毓奇往来催趱，分别截留剥运，俾漕船迅速抵通。	51.2万石	北仓	《清高宗实录》卷1239

归纳表中各要素，并结合相关史实加以分析，可知乾隆朝这些年份北运河水环境影响下的漕粮截留主要有三个特点：一是受北运河水环境影响的漕粮截留数量，平均占到每年漕运量的10%左右，这相对减少了漕粮经北运河的运输量。二是截留漕粮地点基本在北仓，该仓在京畿漕运中发挥着重要作用。三是截留漕粮不仅缩减了帮船运输距离，使漕船及早回空，不误次年新兑，同时所截留漕粮对京畿地区的粮食调配和民生供给具有重要意义。

尚需要强调的是，除了有明确记载或根据史料上下文文意判断，存在着一些受北运河水环境影响的漕粮截留情况外，也有的截留完全是出于水旱灾后的赈济需要，这种情况在截留中占据大多数，并且水旱灾害多发时段往往也正是北运河水量变化凸显时期。由此可以推测，截留漕粮的赈灾，也多与应对北运河水系的水文变化与水环境具有关联性。

（三）河道封冻与漕运

季节性河流封冻影响漕运。由于纬度与季节变化等自然因素制约，北方河流冬季有封冻期。清代京畿地区冬季寒冷期约在农历十二月至次年一月，也是河流结冰期，时长为56～107天，即时人所说的“二月水泮”①。清廷规定山东、河南帮船的起运时间始自农历二月，各省漕船回空“不得出十一月终”，就是结合河流封冻、结冰期而确立的制度。故此，北上漕船必须避开冬季北运河封冻期，于河道冰释后抓紧起运，在河流结冰封冻前完成北上运粮与南下回空的整个运输过程。

北上重运和南下回空漕船，必须依照清廷规定期限抵达各水次和通州等运输节点，以防发生漕船冻阻。然而，漕船冻阻现象间有发生。康熙五十一年（公元1712年），九江严州等帮被“冻阻东光、静海等处”②。鉴于京畿地区气候特征，入北运河漕船回空冻阻的现象较为常见。清廷针对漕运“河道淤阻，途次稍艰”，于乾隆三年（公元1738年）下令：“漕运关系天庾，不特重运宜速，即回空船只，亦必依限抵次，方免冻阻之虞”③。

然而，有时候异常气候并不具有人们完全预料或能够掌控的规律，每当出现结冰封冻期提前或推后，漕船就不能按照常规年份的定例行进，甚而遭受冻阻。一般情况下，漕船起运后遇到水势不稳，或水势弱小而造成的水浅，或水势漫大等情形，便会延误耽搁，不能按期抵通，乃至回空推迟，遭遇冻阻。不过，有时候也会遇到河道水势平稳，漕船行程并无拖延，可偏偏遇到气候异常，结冰期提前或推后而导致河道封冻，影响漕船行进速度。当河道结冰封冻，漕船遭遇冻阻，回空只能等来年开春冰释之后，而南返延迟又会影响到次年新兑。因而，为了保证来年的新粮运送，使漕船在冰期里顺利行进，清廷又会加大人力投入破冰行船。

乾隆四十九年（公元1784年）十月间，因“今河西务至张家湾一带水冻成冰”，浙江处前等九帮回空船只“于各该处冻阻”④。仓场侍郎保泰等组织人力破冰，且奏报称“运河水浅，漕船冻阻，臣等率员弁昼夜敲

① 朱批奏折，直隶总督方观承、仓场侍郎蒋炳，奏为筹办刨挖北运河杨村迤北一带淤沙事，乾隆二十七年三月二十一日，档号：04-01-05-0226-005。

② 杨锡绂. 漕运则例纂：卷13“粮运限期·回空事例”//四库未收书辑刊：第23册. 影印本. 北京：北京出版社，1997：587.

③ 清高宗实录：卷76（乾隆三年九月癸亥）. 影印本. 北京：中华书局，1985：207.

④ 清高宗实录：卷1216（乾隆四十九年十月丙申）. 影印本. 北京：中华书局，1985：318.

凿”，然而效果不佳，以致“下流河身湾浅处，愈积愈厚，冻合益坚”，“嘉兴等九帮，共船四百十只，现冻阻在马头、河西务、杨村一带，势已不能再行”①。为此，清廷只得“令已经归次之嘉属六帮，于今冬代兑冻阻之湖属六帮漕粮，于明春起运至守冻帮船”②。次年二月初四，俟运河冰开，直隶总督刘峩又奏道：“北运河现据呈报，水冻已释，所有上年冻阻粮艘”，“催趱南下，不使稍有稽延”③。可是，冰融后的河道水量微弱，水位浅显，漕船不无濡滞。清廷引上年冬季漕船阻滞之诫，谕令漕运官员极力催办，“若迁延时日，各帮必致冻阻北河，不能及早归次，兑运新漕”，督促各管官“往来催趱，分别截留剥运”，希冀达到“俾漕船迅速抵通，回空较上年尚早”的期望。④ 所以，为使漕运顺利，清廷要求各管官员在整个漕运过程中竭尽全力以避免漕船耽搁拖延，以期漕船起运、行进与回空环环相扣，形成一个首尾衔接的系列工程。

及至清晚期，因河道封冻而造成漕船连年遭遇冻阻与漕运迟缓的现象，也时有发生。咸丰二年（公元 1852 年），帮船北上迟滞，至十月，“北运河业已冻合”，所有在后之江安重运剥船势难径抵通坝。清廷只得准照道光三十年（公元 1850 年）办过成案，“暂行截卸天津北仓，俟明春冰泮，即行运通”，“以致回空归次、兑受新漕，节节耽延”⑤。光绪元年（公元 1875 年），因北运河河道阻塞，疏浚靡费，难以支付，漕粮改由海运。而此时漕船走海运已然成为主趋势，漕运重任逐渐由招商局承担。至光绪二十六年（公元 1900 年），进京的漕粮自天津用火车直接抵运，水运河道日益淤塞，运道也逐渐衰落。

显见，漕船行进很大程度上受河道水环境制约，故而正视京畿地区冬

---

① 清高宗实录：卷 1217（乾隆四十九年十月辛亥）. 影印本. 北京：中华书局，1985：329.

② 托津，福克旌额，等. 嘉庆《户部漕运全书》卷 13：第 1 册. 影印本. 台北：成文出版社，2005：579-580.

③ 录副奏折，直隶总督刘峩，奏为北运河解冻催趱漕船南下事，乾隆五十年二月初四日，档号：03-0193-023。

④ 以上引文参见：清高宗实录：卷 1237（乾隆五十年八月癸巳）. 影印本. 北京：中华书局，1985：629。

⑤ 清文宗实录：卷 74（咸丰二年十月癸巳）. 影印本. 北京：中华书局，1985：965.

季河流封冻的特征与规律，尤其是遇到水浅与水势漫大年份，行船困阻，漕船不能顺畅北上重运和南下回空所造成的冻阻现象，方能更明晰清廷为使漕运顺畅而制定的各项制度，才会更清晰地理解严重影响漕运正常循环周期的水环境各要素的制约性，更加关照人类在利用水资源过程中将人与自然的双向关联置于复杂生态巨系统中去考量的必然性与前瞻性。

三、京畿仓场与水环境

仓场是收纳谷米的场所。于王权之地置仓储粮，历代沿袭。秦汉时期，都城及重要城镇设有国家级的粮仓，如敖仓、京师仓、细柳仓等。隋唐亦有含嘉、河阳、黎阳、洛口等仓。元明建都北京后，自是建仓储粮。元代有名的仓场有河西务十四仓、通州十七仓等。明代置有旧太、南新、济阳、北新、大军等仓。清承明之仓储制度，于京畿地区建立了专门储存北上漕粮的仓场，作为粮食储备与调运中心，主要包括京仓、通仓以及北仓。各仓下置有若干廒。仓廒储粮用于供应宫廷、八旗和京城官员，也经常输往京城各厂，调拨畿辅各地，维系京城民食和国计民生。

鉴于京畿仓场的重要程度，清廷设官建制，予以管理。顺治元年（公元1644年），设总督仓场侍郎，初为汉员一人，康熙年间定为满、汉各一人，掌漕粮收贮及北运河运粮等事务，机构称仓场衙门，下辖坐粮厅，大通桥及京、通十三仓监督等。清朝京师仓场各时期数量不一，间有增设。乾隆年间，基本确立了有“京师十三仓”之称的京畿仓场体系，并固定下来。通州有中仓、西仓和南仓，乾隆十八年（公元1753年），因通仓多有空廒，故裁撤南仓，并入中、西二仓。北仓设在北运河水系天津以北，也是重要的漕粮储存处，起着转运京通、拨调地方的中转作用。

各仓场中，“京仓为天子之内仓”，位置偏于京城东南部，多临河而设，靠近护城河，以利用水运之便。设在通州的中、西仓场，亦称为通仓，“为天子之外仓”。通仓与北仓，均用来存储运抵京师的正改漕粮，北仓还是漕粮截留地和中转点。由于清代京畿仓场储粮来自漕运，是漕粮入仓的最后一环，故而仓场漕粮的入库、外拨多依赖河道水系，很大程度上受水环境影响与制约。康雍乾时期，各仓场建造就依赖于河道两旁，仓场多临近河道分布，力图使大通桥的漕粮能够直接由护城河运入仓场。通、北二仓就充分利用了北运河两岸水利的便利条件，不仅收储北上漕粮，还便于将所储漕粮经由河道拨给密云、蓟州、易州等地驻防军兵。也由于京畿地区水旱灾害频仍，自通仓、北仓拨粮赈灾，经河道运输以及散拨，便利快捷，能够起到赈济地方、稳固畿辅的重要功用。在清代的大部分时期里，京畿各仓场储粮殷实，尤以乾隆年间最为充足，且具有典型性。

（一）京畿各仓与漕粮储量

如前所述，清代京城及通州两地仓场是南来漕粮的储存地，俗称京通仓场，清初恢复了明代的仓场制度和各主要仓场。关于京通仓场的建置沿革、仓储量与管理运作等问题，学界既有研究讨论较为深入，尤以郑民德的研究最为突出，其在对明清京杭运河沿线漕运仓储系统的研究中，对京通仓场有比较详细的论述。①

回溯京畿各仓和廒座的置废沿革，对考察仓场与水环境的关系十分有益。就京师十三仓而言，其为清廷重要的漕粮存储场所，主要包括相继恢复沿用的明置各主要仓场，即有“京城八仓”之称的禄米仓、南新仓、旧太仓、富新仓、兴平仓、海运仓、北新仓和太平仓，并有添建。康熙四十五年（公元 1706 年），清廷在德胜门外清河镇建本裕仓。雍正年间，又分别建万安、裕丰、储济和丰益四仓，由此确立了“京师十三仓”的规模。乾隆四年（公元 1739 年），“分储济仓四十八廒建万安东仓”，“以旧万安仓为万安西仓”②，仍算作京师十三仓。其中有七仓位于紫禁城内，四仓与城东护城河临近；本裕仓和丰益仓则位于紫禁城北部，分别处于护城河上游的清河镇和德胜门外的安河桥南。

清代京师各仓下分设有若干廒，各仓所辖廒的数量并不完全固定，多有废立增减。仅乾隆年间，各仓下廒座的数量就有较大变化。乾隆元年（公元 1736 年），清廷以“在京各仓积贮充盈，新粮不敷收受”为由，在仍存隙地的“南新仓增一廒，旧太仓增九廒，海运仓增二十廒，北新仓增

---

① 详见郑民德《明清京杭运河沿线漕运仓储系统研究》相关章节，以及本书导论之“北运河漕运与仓场的相关研究”部分。

② 此处旧万安仓，即指雍正元年（公元 1723 年）设立的。详见乾隆《大清会典则例》卷 127“工部·仓廒”，第 52 页。

五廒，兴平仓增一廒，太平仓增六廒，万安仓增三廒，储济仓增四十八廒”①，如此共添廒93座。兹在蔡蕃、郑民德等人研究的基础上，结合乾隆《大清会典则例》和光绪《户部漕运全书》中的相关记载，统计清前期京师各仓建置与位置梗概如表3-9所示。

表3-9　　清前期京师各仓建置与位置梗概

<table>
<tr><td rowspan="8">城内7仓</td><td colspan="2">仓名</td><td>廒数</td><td>建置年代</td><td>所处位置</td></tr>
<tr><td colspan="2">禄米</td><td>57</td><td>清初</td><td>朝阳门内南小街中间路东</td></tr>
<tr><td colspan="2">南新</td><td>76</td><td>清初</td><td>朝阳门内北小街豆芽菜胡同</td></tr>
<tr><td colspan="2">旧太</td><td>89</td><td>清初</td><td>朝阳门内北小街烧酒胡同</td></tr>
<tr><td colspan="2">富新</td><td>64</td><td>清初</td><td>东直门内南小街宋姑娘胡同</td></tr>
<tr><td colspan="2">兴平</td><td>81</td><td>清初</td><td>东直门内南小街瓦岔胡同</td></tr>
<tr><td colspan="2">海运</td><td>100</td><td>清初</td><td>东直门内四牌楼七条胡同</td></tr>
<tr><td colspan="2">北新</td><td>85</td><td>清初</td><td>东直门内四牌楼十一条胡同</td></tr>
<tr><td rowspan="5">城外4仓</td><td colspan="2">太平</td><td>86</td><td>清初</td><td>朝阳门外南城根，仓有水门</td></tr>
<tr><td rowspan="2">万安</td><td>东仓</td><td>48</td><td>乾隆四年</td><td>朝阳门外北城根</td></tr>
<tr><td>西仓</td><td>45</td><td>雍正元年</td><td>东便门外石头嘴东</td></tr>
<tr><td colspan="2">裕丰</td><td>63</td><td>雍正六年</td><td>东便门外骆驼馆</td></tr>
<tr><td colspan="2">储济</td><td>108</td><td>雍正六年</td><td>东便门外谢圣保园地</td></tr>
<tr><td rowspan="2">清河、安河各1仓</td><td colspan="2">丰益</td><td>30</td><td>雍正七年</td><td>德胜门外安河桥南</td></tr>
<tr><td colspan="2">本裕</td><td>30</td><td>康熙四十五年</td><td>德胜门外清河地方</td></tr>
<tr><td></td><td colspan="2">总计</td><td colspan="3">13仓962廒</td></tr>
</table>

说明：蔡蕃、郑民德对京师十三仓的仓廒和建置时间都有统计，兹据相关史料有所修正。蔡蕃. 北京古运河与城市供水研究. 北京：北京出版社，1987：169；郑民德. 明清京杭运河沿线漕运仓储系统研究. 北京：中国社会科学出版社，2015：38.

资料来源：乾隆《大清会典则例》、光绪《户部漕运全书》，各仓位置参考《八旗通志》卷25、光绪《顺天府志》卷10“京师志十·仓库”。

值得一提的是，据乾隆六年（公元1741年）六月户部资料记载，乾隆元年时，京仓有“新廒九十三座，共计廒九百二座”，已经多于“旧廒八百九座”②。此处共有廒902座，较之表中统计的京师十三仓共有廒

① 乾隆《大清会典则例》卷127“工部·仓廒”//景印文渊阁四库全书：第624册. 台北：台湾商务印书馆，1986：51-52.

② 朱批奏折，协理户部事务讷亲，奏议京仓不敷存贮漕粮请存通仓事，乾隆六年六月十一日，档号：04-01-35-1116-020。

962座，则少60座。其中最大的可能在于本裕、丰益二仓位于城北清河地方，“官吏仓役自京往来，为费较繁，且廒座无多，进米甚少”①，故并不考虑在内，由是亦附和“京城十一仓”之说。约估京仓廒座至少为902座。

再说通仓，为天子之外仓。明代时，通州即有大运西仓、大运南仓和大运中仓。顺治初年仍旧沿用。乾隆年间裁南仓，并入中、西二仓。光绪《户部漕运全书》中较为详细地记载了中仓、西仓的廒座位置与数量增减情形。

> 西仓，坐落通州新城内，原建廒一百九座。康熙三十一年，添建五座，四十二年添廒十二座，五十二年添廒五十座，五十六年添廒十二座。雍正元年，添廒十二座，共廒二百座。乾隆二十九年，以该仓空廒过多，查验地势低洼、瓦片破损者，裁去四十九座，共廒一百五十一座。三十六年，裁去九座，实现在廒一百四十二座。
>
> 中仓，坐落通州旧城南门内，原建廒六十四座。康熙三十二年，添廒三座，四十一年添廒四座，五十三年添廒三十座，五十六年添廒十二座。雍正元年添廒六座，共廒一百一十九座。乾隆三十六年裁去十一座，实现在廒一百八座。②

上述记载表明，清前期通州仓廒逐渐增多，从雍正朝至乾隆朝前期，西仓有廒200座，中仓有119座。再据乾隆《大清会典则例》载，“西仓二百廒，在新城。中仓一百十有九廒，在旧城南门内”③。另外，南仓原有廒81座，因通州“各仓廒贮米之外，见空者二百二十六廒”，“西中二仓足敷收贮”，空廒日益增多，遂于乾隆十八年（公元1753年）裁汰。至乾隆中期，中仓、西仓廒座总数也相继从前期的400座减少到250座。这与大部分漕粮输入京仓、截留增多有关，以致通仓“每年额贮至多不过四五十万

---

① 朱批奏折，都察院左副都御史陈世倌，奏请酌定变通京仓仓务事，乾隆元年七月二十八日，档号：04-01-35-1103-009。

② 载龄，福祉，等. 光绪《户部漕运全书》卷53“京通粮储·仓敖号房”//续修四库全书：第837册. 影印本. 上海：上海古籍出版社，2002：210.

③ 乾隆《大清会典则例》卷39“户部·仓庾”//景印文渊阁四库全书：第621册. 台北：台湾商务印书馆，1986：194.

石不等"①。此外，通州仓粮用度增加，也使得存仓粮食减少。

清代在通州两坝、大通桥等地都设有号房，作为漕粮转运和入仓过程中的临时储存处，"其石、土两坝起斛，大通桥掣验，京城朝阳门、通州新旧二南门，换车皆暂贮号房"②。乾隆《大清会典则例》、光绪《户部漕运全书》均记载，乾隆初通州石坝有号房 106 间，土坝有号房 25 间，通州旧城南门外有号房 10 间，新城南门外有号房 25 间。大通桥有号房 48 间，朝阳门有号房 58 间。③ 有时候，漕船急于回空，"所有起卸米石运仓不及者"，"暂存号房等处，以俟后运京仓"④。

北仓是所谓天子内、外仓之外的又一大仓场，属天津县北仓镇，置在天津以北的北运河沿线。雍正二年（公元 1724 年）时，北仓有廒 48 座。光绪《重修天津府志》载，"北仓，在县治北，廒四十八座、二百四十间，雍正二年建"⑤。乾隆《天津县志》中说"北仓，虽建天津，实关通省之积贮"，故北仓收放米石，仍然"照京通二仓例遵行"⑥。当然，北仓还是重要的漕粮截留地和转运点，转运截留漕粮供给畿辅各地以及赈济地方或补充驻防兵米。乾隆十年（公元 1745 年），直隶宣化府属因干旱缺雨而歉收，清廷遂于"留天津北仓之漕粮内，动拨十数万石，运至密云、宣府、古北等处"⑦。二十三年（公元 1758 年），保定驻防兵米也是由北仓拨支，"查天津北仓，所贮十八年截留漕米，除今年恩准拨给驻防兵米外，尚存二万六千七百余石，来岁请仍于此项拨支"⑧。故北仓在清廷应对北运河

---

① 以上引文均见：乾隆《大清会典则例》卷 127"工部·仓廒"//景印文渊阁四库全书：第 624 册. 台北：台湾商务印书馆，1986：55。

② 乾隆《大清会典则例》卷 39"户部·仓庾"//景印文渊阁四库全书：第 621 册. 台北：台湾商务印书馆，1986：201.

③ 乾隆《大清会典则例》卷 39"户部·仓庾"//景印文渊阁四库全书：第 621 册. 台北：台湾商务印书馆，1986：201；载龄，福祉，等. 光绪《户部漕运全书》卷 53"京通粮储·仓敖号房"//续修四库全书：第 837 册. 影印本. 上海：上海古籍出版社，2002：210-211.

④ 朱批奏折，吉庆，奏为前赴通州督催起卸漕粮及帮船全数回空事，乾隆二十四年七月二十三日，档号：04-01-35-0154-041。

⑤ 沈家本，徐宗亮. 光绪《重修天津府志》卷 31"经政五·食储"//续修四库全书：第 690 册. 影印本. 上海：上海古籍出版社，2002：628.

⑥ 张志奇，吴延华. 乾隆《天津县志》卷 7"城池公署". 乾隆四年刻本：11.

⑦ 清高宗实录：卷 243（乾隆十年六月戊午）. 影印本. 北京：中华书局，1985：133.

⑧ 清高宗实录：卷 571（乾隆二十三年九月癸丑）. 影印本. 北京：中华书局，1985：258.

水势水量变化、保障漕运顺畅以及直隶赈灾中发挥着重要作用。

有清一代，京通仓廒历年存储漕粮量并非衡定，且变化较大。雍乾之际，仓储存粮最为丰富，乾隆前期大致在 900 万～1 000 万石；至中后期，京通仓储存粮数量呈减少趋势；至末期，只有六七百万万石。李文治、江太新的研究中将清代历年粮食储量分为三个时期：清初至乾隆年间为前期，存粮最多；嘉庆、道光年间为中期，积存量减少，但仍能支应；咸丰年间至清末为后期，漕粮入不敷出，已成捉襟见肘之势。[1] 兹据李、江二人研究，整理统计康熙朝至嘉庆朝部分年份京通仓漕粮贮存情况简表如表 3-10 所示。

表 3-10　康雍乾嘉时期部分年份京通仓漕粮贮存情况　单位：石

年份 \ 贮存量	京仓	通仓	总计
康熙六十年	4 533 235	1 296 272	5 829 507
雍正三年	—	4 875 220	—
雍正四年	—	4 744 454	—
雍正五年	—	4 709 901	—
雍正六年	—	4 747 753	—
雍正七年	8 764 653	4 777 213	13 541 866
雍正八年	10 161 200	4 802 185	14 963 385
雍正九年	—	1 050 122	—
乾隆十一年	8 816 507	—	—
乾隆十二年	1 814 459	—	—
乾隆十四年	8 618 907	1 277 528	9 896 435
乾隆十五年	8 861 503	1 450 039	10 311 542
乾隆十九年	6 910 964	1 757 900	8 668 864
乾隆二十年	7 247 249	2 031 832	9 279 081
乾隆三十年	—	1 909 678	—
乾隆三十一年	—	1 860 593	—
乾隆三十二年	7 425 052	—	—
乾隆三十三年	7 219 386	—	—
乾隆三十七年	5 588 050	—	—
乾隆三十八年	6 089 582	—	—

① 李文治，江太新．清代漕运．北京：中华书局，1995：43.

续表

年份＼贮存量	京仓	通仓	总计
乾隆三十九年	6 399 582	—	—
乾隆四十年	6 143 776	1 268 685	7 412 461
乾隆四十一年	—	1 382 424	—
乾隆四十三年	6 942 598	—	—
乾隆四十四年	7 068 661	—	—
乾隆四十七年	5 356 660	1 850 407	7 207 067
乾隆四十八年	4 725 559	2 004 869	6 730 428
乾隆六十年	6 046 187	—	—
嘉庆元年	6 020 191	164 988	6 185 179
嘉庆三年	3 948 201	273 009	4 221 210
嘉庆十年	3 455 726	272 950	3 728 676
嘉庆十一年	3 838 193	725 034	4 563 227
嘉庆十六年	4 907 046	270 917	5 177 963
嘉庆十七年	4 913 780	254 995	5 168 775
嘉庆二十年	4 114 966	275 145	4 390 111
嘉庆二十二年	5 580 531	230 023	5 810 554
嘉庆二十五年	5 658 601	174 806	5 833 407

资料来源：京通各仓奏缴清册，参见：李文治，江太新．清代漕运．北京：中华书局，1995：43-46。

表 3-10 仅是京通各仓的储粮总量的梗概，事实上，由于仓廒众多，仓储粮量数目相对繁杂。可依据乾隆年间廒座数与每廒存粮数，估算京畿仓场的储粮总量。前文已述，乾隆初期，京师十一仓共有廒 902 座，另本裕、丰益二仓共有 60 座，通州二仓在乾隆前期时有廒 400 座，后期裁减至 250 座。如此，乾隆初期仓场鼎盛时，京通十五仓廒座数量达到 1 362 座。所对应的每廒储粮量，据乾隆元年（公元 1736 年）和六年（公元 1741 年）的两条档案记录可知，“京仓每廒一座，贮米一万一千六百石”①，“每廒贮米一万二千余石”②。也就是说，每廒座储米在 11 600～

① 朱批奏折，都察院左副都御史陈世倌，奏请酌定变通京仓仓务事，乾隆元年七月二十八日，档号：04-01-35-1103-009。

② 朱批奏折，协理户部事务讷亲，奏议京仓不敷存贮漕粮请存通仓事，乾隆六年六月十一日，档号：04-01-35-1116-020。

12 000石，以此估算京通仓1 362廒座的储粮量可达1 600余万石。当然，这只是理论上的估算，实际上，别说整个清代，即便是最鼎盛时期的雍乾之际，都没有达到如此之数。雍正八年（公元1730年）储粮最高时，也仅为1 500余万石，仓廒空置现象反而较为严重。乾隆六年（公元1741年）的一件奏折较为详细地记载了是年京通仓场粮储与空廒情况。

> 京仓新旧仓廒共九百零二座，节年以来，粮储充盈，现在满贮之廒计六百八十余座，放出空廒仅二百二十余座，约可贮米二百六十余万石。今仓场奏称，本年起运漕粮约进京仓平米三百八十余万石，所有各仓空廒尽数收受，尚余新粮十分之三。
>
> 查通州西、中、南三仓，现有空廒一百七十余座，可以收贮新粮，亦应如所奏，行令仓场将本年起运漕粮除已经运进京仓外，其陆续抵通之粮先行派进通仓。①

各该管官在陈述储粮空间足够敷用的同时，表明是年京通仓廒开放甲米后，尚余空廒390余座，再加上本年运进京仓的漕粮为380余万石（含搭运升科缓征及补运之项），也可进一步估算该年京通仓廒理论上的可能粮储约为1 400万石。这与雍正年间的理论可能粮储1 600万石几乎接近，可是，在各管官的奏报中却显示，京仓900余座仓廒竟至尚余新粮不敷存储。细究该现象之缘故，与过往储粮或者说旧粮积累过多有关。众所周知，京仓所储之米，均是雍正后期漕粮进米，即如官员奏报："储济、兴平、海运三仓，现放者系雍正八九年所进之米，万安、禄米、裕丰三仓，现放者系雍正十二三年所进之米，其余各仓俱系放雍正十年、十一年所进之米"②。这也从另一层面表明了雍正后期近五年里的漕粮存贮，为乾隆朝储备了粮食基础，也是清代京通各仓粮食储量的最高峰。继之，随着漕粮用度增加，仓储量下降。至乾隆五十四年（公元1789年），"京仓共计一千一百一十二廒，每廒额存粮一万石，若皆满贮，该合计一千三百余万

---

① 朱批奏折，协理户部事务讷亲，奏议京仓不敷存贮漕粮请存通仓事，乾隆六年六月十一日，档号：04-01-35-1116-020。

② 朱批奏折，都察院左副都御史陈世倌，奏请酌定变通京仓仓务事，乾隆元年七月二十八日，档号：04-01-35-1103-009。

石”，“今仓内所存两年之米，约计七百余万石，是空闲之廒尚有十分之四五也”①。

北仓的粮食储量，既有史料显示，基本固定在六七十万石，也有个别特殊情况。北仓 48 廒，按每廒 1 万～1.2 万石估算，可存粮 48 万～57.6 万石。而实际数据显示，乾隆十一年（公元 1746 年），“天津北仓，实存漕米三十六万三千二百余石”②；至乾隆二十二年（公元 1757 年），截留漕粮达 71 万石，加上原储旧粮，廒座不敷存储，以致露囤北仓以及储存于近北运河之马家庄等地的漕粮达到 40 万石。

如上京畿各仓的漕粮，均经北运河水系转运入储，显示了仓场与河道以及水环境各要素的密切关联。

（二）京畿仓场与水环境的关联

在交通以及装载用具受生产力水平限制的时代，利用水路运输更为便捷有效。清代储备漕粮的京畿仓场与转运河道间具有密切关联，大规模北上漕粮若能够不经起卸换车，通过水路直达各仓，无疑是脚价最为节省、运输最为便利的选择。康雍乾时期清廷尽力尝试由水路运送漕粮进仓，尤在京城河道条件有限的情况下，仓场选址则尽可能临河，或在沿河近边的开阔区域，以保障充分建仓空间的同时，力求水运便利，以利于漕粮便捷入仓，故而京通仓场多临河而建。另外，依托河道也是为了仓场粮储外运的方便，更好地发挥仓场在远距离输出时调拨的有效辐射和救灾赈济作用，保障周边区域的粮食供应，以固卫京师。

检排京城仓场分布，几乎均建造于河道沿岸。如京城十一仓的分布，在学界既有研究成果中，学者们已经注意到仓场位置在北京城市历史规划中的变化。侯仁之主编的《北京城市历史地理》中指出，明代“漕运与旱路进京仍由两厢，故重要仓库多配置在东、西两城的东南部和西北部”；清代因不再需要对蒙古用兵，“原分布在北京城西的草料场皆裁撤”③。李

---

① 中国第一历史档案馆藏：《乾隆朝朱批奏折》，乾隆五十四年十月二十五日，档号：1183-014. 郑民德. 明清京杭运河沿线漕运仓储系统研究. 北京：中国社会科学出版社，2015：37-38.

② 清高宗实录：卷 278（乾隆十一年十一月丙申）. 影印本. 北京：中华书局，1985：632.

③ 侯仁之. 北京城市历史地理. 北京：北京燕山出版社，2000：156.

孝聪在研究北京城市地域结构时进一步强调，“清代的官仓都偏置城东，不仅在城内，而且移建东城墙外，沿东直门、朝阳门、东便门的城墙与护城河之间，背靠城墙增修了一系列官仓”①。这表明了清代仓场分布于城东及东南部，紧邻护城河道，而护城河又恰恰连接通惠河济漕助运，显示出清廷移建与增修仓场的直接意图。

兹据侯仁之主编的《北京历史地图集》中的相关部分为底图，选标出乾隆十五年（公元1750年）京城仓场的分布（见图3-8）。从图观之，京城十一仓的选址和位置变化充分考虑了通惠河和护城河水运的便利，分布

图3-8　京城仓场分布与北京城

1　万安西仓　2　太平仓　3　海运仓　4　北新仓
5　富新仓　6　兴平仓　7　旧太仓　8　南新仓
9　禄米仓　10　储济仓　11　裕丰仓　12　万安东仓

资料来源：据侯仁之主编《北京历史地图集》乾隆十五年“清北京城”图改绘。

① 李孝聪．中国城市的历史空间．北京：北京大学出版社，2015：204.

均临近河岸。所以，从漕粮经北运河水路转运入京通各仓的路径，可以进一步探究京通各仓场与河道水运的密切关联性。进京正兑漕粮在石坝起卸后，沿通惠河过四闸到大通桥测袋验米，再运进各仓。只是漕粮在大通桥转运进仓这一程的水运情况略为复杂，多有变化。

从康熙至乾隆时期，清廷想方设法疏浚护城河道，增加河道水量，连通通惠河，力图实行水运。特别是大通桥到朝阳门、朝阳门到东直门的护城河都曾被用作运粮河道，清廷希冀使漕粮能够直达临河而设的仓场。康熙三十六年（公元1697年），“浚护城河，引大通桥运艘达朝阳、东直等门。今东直门、齐化门（朝阳门）皆有水关，通惠河水所由入也”。乾隆二十三年（公元1758年）、二十五年（公元1760年）两年里连次疏浚，以致“漕艘之分运京仓者实利赖焉”①。大通桥以北的护城河也属疏浚之列，乾隆三年（公元1738年），“疏浚东便门北护城河道，以利漕运”②。此后，疏浚护城河工程频仍，如乾隆七年（公元1742年）、二十七年（公元1762年）等年份均有疏浚。

为了保障城河水运便利，康熙三十七年（公元1698年）题准大通桥至朝阳门护城河，剥船28只，朝阳门至东直门护城河，剥船14只，“每十年修造一次”。至康熙四十七年（公元1708年），清廷将朝阳门至东直门护城河剥船14只“拨给会清河驳运本裕仓漕米”③。此处“会清河”是前一年开通的从通州到清河的河道，目的就是经水路运输漕米。史载“会清河，在大通河北，本朝康熙四十六年，开起水磨闸，历砂子营，至通州石堤止，运通州米由通流河至德胜门外本裕仓”④。另外，太平仓原本也在城内，位于“东城朝阳坊智化寺西”，康熙四十四年（公元1705年），“移设于朝阳门外”，旧有仓廒“归并禄米仓”，另建新仓30座。⑤ 临护城

---

① 于敏中．日下旧闻考：卷89“郊坰”．北京：北京古籍出版社，1981：1507.

② 清高宗实录：卷65（乾隆三年三月戊辰）．影印本．北京：中华书局，1985：53.

③ 乾隆《大清会典则例》卷39“户部·仓庾”//景印文渊阁四库全书：第621册．台北：台湾商务印书馆，1986：216.

④ 穆彰阿，潘锡恩，等．嘉庆重修大清一统志：卷7“顺天府二·山川”//续修四库全书：第613册．影印本．上海：上海古籍出版社，2002：149.

⑤ 福隆安，等．八旗通志：卷25“营建志三”．点校本．长春：吉林文史出版社，2002：474.

河建水门，漕粮由此可以直达仓门。

雍正时期，由于水道变迁，护城河剥船运输困难，水路不能便通。雍正三年（公元 1725 年），“因会清河淤浅，改由土坝起车陆运至本裕仓”①，“其朝阳门拨给会清河驳船一并裁革”②，十一年（公元 1733 年），漕粮“归石坝经纪起卸，由石坝里河五闸剥运到桥，转交大通桥车户起车运进本裕仓”③。从此，运往本裕仓的漕粮由水运变为陆运。

雍正元年（公元 1723 年），临护城河而建万安仓，就是为实现归仓漕粮直接水运的目的。四年（公元 1726 年），照太平仓之例，于万安仓“增立东水门二道”，力图实行水运，无奈因水势不济，至八年（公元 1730 年）时，“万安仓运道铺垫石路，仍改车运”，同时“将前项驳船移于朝阳门外济运”④，这说明从朝阳门到东直门外万安仓这段护城河仍是剥船运粮要道。至乾隆二年（公元 1737 年），因万安仓前已铺垫石道，“不由水运，原建东门竟致虚设”，遂“奏准设置太平仓”⑤。不过，清廷利用护城河水运漕粮的尝试并没有停止。乾隆六年（公元 1741 年），“万安西仓开建东水门五道”，仍以水运漕粮进仓。

至乾隆二十九年（公元 1764 年）时，漕粮进入京师各仓，不仅有经由水运的，也有经由陆运的。史载：

> 应交太平仓者，仍水运。应交内仓及裕丰、储济、东万安仓者，换车陆运。应交西万安、禄米、南新、旧太、北新、海运、富新、兴平、本裕、丰益各仓者，水运至朝阳门外，换车陆运。均分送各仓，掣验交收。⑥

至于改兑漕粮进入通州二仓，基本依赖水运，变化不大。时人冯应榴在《自书潞河督运图后》跋记中写道，“运通州西、中仓之漕，由坝而入

①③ 杨锡绂. 漕运则例纂：卷 20“京通粮储·剥船口袋”//四库未收书辑刊：第 23 册. 影印本. 北京：北京出版社，1997：805.

② 乾隆《大清会典则例》卷 39“户部·仓庾”//景印文渊阁四库全书：第 621 册. 台北：台湾商务印书馆，1986：216.

④ 同①759.

⑤ 载龄，福祉，等. 光绪《户部漕运全书》卷 53“京通粮储·仓敖号房”//续修四库全书：第 837 册. 影印本. 上海：上海古籍出版社，2002：210.

⑥ 同②201.

城河，舟运至旧南门者贮中仓，新南门者贮西仓”①。乾隆《大清会典则例》中有“改兑米，由土坝里河，应交通州西仓者，至新城南门外换车。应交通州中仓者，至旧城南门外换车。均陆运至仓，掣验交收”② 的记载。故进入通州中、西两仓的改兑漕粮，经土坝里河，再由通惠河分流绕通州新城、旧城的护城河道运输。

此外，仓场临近河道，靠近水源，除了上述的交通运输便利外，还便于仓场外围的排水和防火。雍正四年（公元1726年），雍正帝“覆准各仓开浚水沟，垫土造桥，令各监督于每年二、八月中，巡视挑浚，永为定例”③。如此挑浚水沟并定例排水，目的在于以免仓内积水致漕粮浥烂。同时也是为了防备天干物燥而引发仓场失火：一旦发生火情，临近水源，便于灭火。所以，防火也是仓场管理上的重要注意事项。乾隆六年（公元1741年），乾隆帝令京通各仓设井备急，“各就廒房之多寡，地基之广狭，酌增井，以备缓急”，且明令“太平、裕丰二仓取水近便，毋庸掘井”，而要求“禄米仓增井五，南新、富新、北新三仓各增井八”，“旧、太兴平二仓增井七”，“海运仓增井九”，“储济、本裕二仓各增井二”，“万安西仓开建东水门五道，万安东仓掘井四”，“通州西仓增井六，中仓增科房十间，井四，南仓增井三”④。

前文已述，京仓粮储主要供应八旗军队和宫廷皇室，即所谓“京仓为天子之内仓”；而通仓起着对外调拨地方、赈济畿辅的作用，有“通仓为天子之外仓”之说。⑤ 何况通州是“仓庾之都会，而水路之冲达也”，作为“天庾重地”，通仓粮食依靠便利的水运常常被调拨运往各地。而北仓截留漕粮颇多，经常也由水道将漕粮调拨地方，故通仓和北仓以河道为媒

---

① 周家楣，缪荃孙. 光绪《顺天府志》卷56“经政志三·漕运”，引“冯应榴自书潞河督运图后”//续修四库全书：第684册. 影印本. 上海：上海古籍出版社，2002：513.

② 乾隆《大清会典则例》卷39“户部·仓庾”//景印文渊阁四库全书：第621册. 台北：台湾商务印书馆，1986：201.

③ 福隆安，等. 八旗通志：卷25“营建志三”. 点校本. 长春：吉林文史出版社，2002：474.

④ 乾隆《大清会典则例》卷127“工部·仓廒”//景印文渊阁四库全书：第624册. 台北：台湾商务印书馆，1986：50.

⑤ 孙承泽. 天府广记：卷14“仓场·漕仓”. 北京：北京古籍出版社，1983：174.

介，对外辐射，连接京畿。二仓漕粮通过河道可运抵的区域主要有蓟州、遵化、易州等地。

由通州经潮白河可水运直抵密云，故通仓漕粮经常调拨到密云地区。康熙四十五年（公元1706年），清廷定密云驻防兵米，“令该县于春夏之交，赴通领运收仓”①。之所以如此安排，也是由于“密云距通州尚近，且有水道可通”。乾隆十年（公元1745年），清廷准直隶总督高斌奏，“于到通未入仓米内，拨发二万石，运赴密云、古北等处”②。乾隆二十四年（公元1759年），清廷“酌拨米一二万石，委地方官运赴，以便筹办平粜”③。密云西北的宣化府、密云东北的古北口以及口外等地区，地理位置重要，也常经密云转运通仓储粮。乾隆二十八年（公元1763年），又“于本年山东、河南新漕内，再行截留十五万石”，“可酌量于近口之密云、怀来、遵、蓟等州县，乘便留贮以为赈济平粜之需”④。

运往密云、古北口等地的漕粮有时也由北仓调拨。乾隆十年（公元1745年），乾隆帝谕令“留天津北仓之漕粮内，动拨十数万石，运至密云宣府古北等处”，并强调“其运至密云等处，尚有河路可通”，如北仓截留不够“于到通未入仓米石内，酌拨十数万石亦可”⑤。乾隆四十九年（公元1784年），直隶总督刘峩奏请“北仓漕米内拨给米一万石”，“由水路运至密云，复由陆路运至口外”，以为兵米之需，遭到乾隆帝诘问：“因何不在口外采买，转请于北仓拨给之处，据实覆奏”⑥。次年正月，刘峩回奏原因在于，由水路运输的脚价“较之口外，尚可减省”，遂准自“北仓存剩漕米拨给”⑦。

---

① 清史稿：卷122“志九十七·食货三·漕运”. 北京：中华书局，1998：3570.

② 清高宗实录：卷243（乾隆十年六月甲子）. 影印本. 北京：中华书局，1985：137.

③ 清高宗实录：卷587（乾隆二十四年五月丙申）. 影印本. 北京：中华书局，1985：511.

④ 清高宗实录：卷681（乾隆二十八年二月庚戌）. 影印本. 北京：中华书局，1985：623.

⑤ 清高宗实录：卷243（乾隆十年六月戊午）. 影印本. 北京：中华书局，1985：133.

⑥ 清高宗实录：卷1221（乾隆四十九年十二月壬寅）. 影印本. 北京：中华书局，1985：376-377.

⑦ 清高宗实录：卷1222（乾隆五十年正月戊午）. 影印本. 北京：中华书局，1985：390.

蓟州、易州有清皇室陵寝，清廷派有护卫驻防。运往蓟州属县遵化的陵糈漕粮由山东、河南两地轮运，由海河达蓟运河，运往蓟州。缺粮多时，也经常从通仓、北仓两处调拨。乾隆十一年（公元 1746 年），“查天津北仓，实存漕米三十六万三千二百余石”，故拨“蓟州、玉田约用赈米一万五千石”①。乾隆十六年（公元 1751 年），“遵化、蓟州、丰润三州县，每年供应陵糈，系东、豫二省漕米轮流拨运”，遇到二省转漕，“截留豫省漕米五万一千石，贮天津北仓，供各县借粜”②。可是蓟运河河道“并不深通”，水运道迂，需要经常挑挖，重运往往耽延。至乾隆三十年（公元 1765 年），“挽送维艰，是以停止豫、东二省船运，改征折色”③。

运往易州的陵糈漕粮，经淀河（大清河）剥运至新城、容城交界的白沟镇，再由车转运至易州，即所谓“拨运易州漕粮，原议于天津西沽起剥，运至白沟河交卸”。乾隆九年（公元 1744 年），“因雇剥费繁，叠次起卸不便，议自天津直抵雄县亚谷桥转运”，可是“淀河每多淤滞，粮艘不能遄行往返，请于水小之年，仍令西沽剥运”④，水大之年可直接运达雄县再行转运。

易州陵糈需粮，也多自北仓拨调。乾隆九年（公元 1744 年），“天津北仓，截留南漕五十万石，原备荒歉之需”；次年五月，清廷准直隶总督高斌奏，“将每岁易州供应陵糈，并沧州驻防、天津水师营兵米，应需正耗，共米七万五千九百四十四石六斗，均在北仓存贮漕米内供支”⑤。乾隆十八年（公元 1753 年），“截留南漕米二十万石，贮天津北仓”。而到乾隆二十一年（公元 1756 年），“查易州供应陵糈，并天津水师营、沧州驻防兵米，俱系截漕供支，应即将北仓漕米拨运”⑥，也是从北仓拨调储粮。

---

① 清高宗实录：卷 278（乾隆十一年十一月丙申）. 影印本. 北京：中华书局，1985：632.

② 清高宗实录：卷 403（乾隆十六年十一月壬辰）. 影印本. 北京：中华书局，1985：302.

③ 清高宗实录：卷 747（乾隆三十年十月庚申）. 影印本. 北京：中华书局，1985：218.

④ 清高宗实录：卷 215（乾隆九年四月乙亥）. 影印本. 北京：中华书局，1985：763.

⑤ 清高宗实录：卷 241（乾隆十年五月戊戌）. 影印本. 北京：中华书局，1985：108.

⑥ 清高宗实录：卷 529（乾隆二十一年十二月乙酉）. 影印本. 北京：中华书局，1985：664.

（三）水旱灾害与截漕拨仓

水旱灾害的发生，与水环境系统异常密切关联，也是水环境各要素发生异常变迁的重要表现。京畿地区因气候及所处纬度带的特征，水旱灾害多发。学界有关清代京畿地区水旱灾害的研究成果十分丰富。据前文提到的龚高法、张丕远、张瑾瑢等人的研究可知，乾隆时期，京畿地区经历了从枯水期至丰水期的循环，即乾隆元年到三十九年（1736—1774 年）为枯水期，乾隆四十年至六十年（1775—1795 年）为丰水期。① 而尹钧科、于德源、吴文涛等人据《清代海河滦河洪涝档案史料》统计北京地区的水灾情形，认为乾隆一朝的 60 年间，前 36 年（1736—1771 年）为水灾多发期，而后 24 年（1772—1795 年）为旱灾多发期。② 以上两类研究结果之所以截然相反，不仅与研究者所使用的资料偏向有关，也与形成北京地区水旱灾害的气候原因复杂多变不无关系。

一般而言，北京地区在 3～6 月份常会发生旱灾，而 7～9 月份又会由于降水集中而发生严重水灾，同一年里水旱灾害同时出现十分常见。乾隆二年（公元 1737 年）农历七月，“春夏以来，畿辅地方，雨泽愆期”，农历四五月份降水稀少，到农历六月则是连阴雨，即“自六月十三日后，叠沛甘霖，已极沾渥。而近日连阴，大雨如注，又有淫潦之虑”③，导致水灾。

鉴于既有水旱灾害研究成果丰富，兹就京畿水旱灾害发生后清廷的截漕赈灾和拨仓赈灾情形加以简要考察。截漕赈灾是京畿地区针对水旱灾害的主要赈济手段之一，存留的相关史料也颇多，且截留均发生在北仓。乾隆二年（公元 1737 年），因旱涝灾害，地方奏报“前因直属春夏少雨，请于天津北仓，截留南漕三十万石，以备赈济”，后又因降水成涝“恐不敷支给”，“再截留二十万石，以备急需”④。至八月，将截留之米“酌拨被

---

① 龚高法，张丕远，张瑾瑢．北京地区气候变化对水资源的影响//环境变迁研究：第 1 辑．北京：海洋出版社，1984：26-34.

② 尹钧科，于德源，吴文涛．北京历史自然灾害研究．北京：中国环境科学出版社，1997：289-293.

③ 清高宗实录：卷 46（乾隆二年七月丁亥）．影印本．北京：中华书局，1985：793.

④ 同③800.

水州县，减价粜卖”[①]。乾隆四年（公元1739年），畿辅一带二麦歉收，“不知后此雨旸何若”，将南漕尾帮内截米十万石，在天津北仓存贮，“倘有不时之需即可酌拨领运”[②]。乾隆十三年（公元1748年），天津等处“雨泽愆期”，遂“照乾隆九年截漕之案”，酌留漕米十数万石，存贮北仓[③]，以赈济受灾地区。乾隆十五年（公元1750年），固安、永清、霸州、武清等处“被水村庄较多”，又天津、宝坻、保定三县“被灾稍重”，“即于北仓拨用”前次“以备将来直隶地方或有赈恤之处动用”的漕粮以赈济。[④]

除了截漕北仓赈灾以外，还由于“通州为水路总会通衢，商民辐辏，亦宜动拨通仓米石，交与地方官”[⑤]，清廷经常拨通仓漕粮赈济灾民，平粜粮价。乾隆十年（公元1745年），“直隶，有被旱州县，而宣属为尤甚”。次年，除截留南漕赈灾外，“又拨通仓米，运往宣化五万石，以资赈粜”[⑥]。至三十五年（公元1770年），“因直隶被水各属赈务，需米颇多”，先是“将截留漕粮，并拨通仓米，共四十五万石”，交与赈灾，后“恐不敷应用”，“著再加恩，拨通仓米二十万石，俾得宽裕赈给”[⑦]。四十五年（公元1780年）十一月，直隶夏秋雨水较多，武清、房山等41州县“田禾被淹”，清廷谕令截漕30万石，以备赈济之用。继之，再“拨通仓米三十万石，部库银三十万两以备赈济之用”[⑧]。五十九年（公元1794年），

---

① 清高宗实录：卷48（乾隆二年八月壬戌）. 影印本. 北京：中华书局，1985：824.

② 沈家本，徐宗亮. 光绪《重修天津府志》卷29“经征三·漕运”//续修四库全书：第690册. 影印本. 上海：上海古籍出版社，2002：611-612.

③ 清高宗实录：卷315（乾隆十三年五月己酉）. 影印本. 北京：中华书局，1985：180.

④ 清高宗实录：卷368（乾隆十五年七月癸丑）. 影印本. 北京：中华书局，1985：1067.

⑤ 清高宗实录：卷585（乾隆二十四年四月甲戌）. 影印本. 北京：中华书局，1985：488.

⑥ 清高宗实录：卷259（乾隆十一年二月壬子）. 影印本. 北京：中华书局，1985：342.

⑦ 清高宗实录：卷867（乾隆三十五年八月己丑）. 影印本. 北京：中华书局，1985：632.

⑧ 清高宗实录：卷1122（乾隆四十六年正月乙亥）. 影印本. 北京：中华书局，1985：1；潘世恩，等. 道光《户部漕运全书》//故宫珍本丛刊：第321册. 影印本. 海口：海南出版社，2000：16.

直隶地方又受水灾，清廷不仅截漕 14 万石，而且“赏拨部帑银二十五万两，通仓漕米二十万石，以备赈恤”①。

此外，京师在五城设厂，京师仓粮也经常调拨各厂或赈济或平粜。乾隆五十四年（公元 1789 年）九月二十二日，上因“京城广宁门外普济堂，冬间施舍贫民经费米石恐不敷用”，令将“京仓内之小米赏给三百石，以资接济”②。嘉庆六年（公元 1801 年），中顶庙存留难民千余名，清廷予以拨粮煮粥赈济。而永定门、右安门外各村庄灾民 22 000 余人，清廷每日拨米 80 余石，再加拨京仓稄米 2 640 石。同时也照五城之例，对散处各粥厂难民“于京仓内支领”所添赏米。嘉庆十一年（公元 1806 年），受灾后的京城米价昂贵，于青黄不接之际，清廷谕令于五城适中处设厂，发给米麦各 4 万石，平价卖出。嘉庆十六年（公元 1811 年），还是由于米价昂贵，按照旧例，在五城适中地方设 10 厂，减价粜米。嘉庆二十二年（公元 1817 年）至二十四年（公元 1819 年），大兴、宛平遭灾较重，清廷也就近从通仓拨稄米 8 000 石、粟米 3 000 石，后加拨稄米 3 600 石、粟米 800 石。这显示出仓储粮主要用于赈济。仅道光二年（公元 1822 年），被灾 40 余州县，清廷自天津北仓、通仓及各州县常平仓拨“大赈米”35 万石。③

所以，“仓粮拨赈”与“京城供给”均是清廷漕运仓场的主要功能，而北上漕粮的储备与拨出，都需要便捷省力的交通，水运则是最理想和最适宜的选择，亦取决于水路畅通与否。为此，清廷沿袭以往传统，在水力利用上组织人力，加大投入，制定一系列政策与措施，并将其作为社会治理的重要组成部分，充分体现了人类社会与自然资源系统的互动关系。

---

① 清高宗实录：卷 1459（乾隆五十九年八月甲戌）. 影印本. 北京：中华书局，1985：474.

② 灾赈档，上谕档，谕内阁著加赏京城普济堂京仓小米，乾隆五十四年九月二十二日。

③ 潘世恩，等. 道光《户部漕运全书》//故宫珍本丛刊：第 321 册. 影印本. 海口：海南出版社，2000：17-19，21.

第四章　北运河漕运应对与河道治理

利用天然河道进行交通运输是人类利用自然水资源的重要方式，对实现生产效益和维护社会稳定具有重要影响。北运河是清代“南粮北运”的漕运河道终端，河道水量多寡与漕运是否顺利完成密切相关。承担漕粮运输的运军漕船由于船体较大，满载漕粮后船只吃水较深，驶入北运河河道后，受到这里水势变化的极大限制。北运河水势在汛期与日常相比的变化较大，平日呈水浅状态，汛期水大势高，泥沙淤积，以致漕船驶入河道往往受阻不能满载前行，经常违限，不能按期抵达通州，甚而出现前后批次重运、回空漕船壅塞河道的现象。加之自天津以北，河道地势高程由低至高，漕船逆水而行，水势变弱，更影响重运漕船顺利行进。为此，清廷在漕船遇浅行进困难的杨村设汛，置备专门的吃水较浅的剥船进行剥运，抵通州交兑，作为应对北运河水浅采取的重要举措。总之，北运河的漕运受水势变迁与地势高程等地理因子的影响最甚。

为了有效利用北运河水资源，清廷专门颁赐“利济”[①] 二字，作为北运河河神封号，以济漕。同时为了应对北运河水环境影响造成的漕运不畅现象，清廷也采取了各种应对策略。一是谕令河道沿线官员竭力催趱各帮船加紧漕粮运输，甚至专门设立催漕快船于河运路程间催促，即“北河催漕快船，向系六十只，每岁每船给小修银”；乾隆二十二年（公元 1757

---

① 清德宗实录：卷 331（光绪十九年十二月甲子）. 影印本. 北京：中华书局，1985：250.

年)，为“节省银两以为加添各船岁修之用”，而裁减至32只。[①] 二是依据河道水势变迁有针对性地实施备船转运的起剥办法，表现在遇到运河水浅之时调拨船只，于中途起卸漕粮，再行转运，或截留漕粮存于杨村、北仓等地以备调拨。三是筑坝冲沙，通过固筑堤坝，置刮板、浅夫与垡船、衩夫，疏浚河道，束水冲沙，以保证水量，同时又使北运河堤坝不致水势漫大而溃决，并且应付因水势变化而导致的河道变迁，包括河道自然裁弯取直所带来的一系列生态变迁。

学界对北运河剥运及其相关问题的研究，关照到清廷采取措施以应对水势涨落而导致的北运河河道变迁，主要成果仍集中于以疏浚筑堤主导的水利工程，抑或有从社会经济关系层面理解剥船设置方式和变革原因[②]，少有对置汛起剥节点与水势、高程等地理因素关联的探讨。实际上，清廷在北运河杨村设汛实施剥运，不仅关照到杨村地理区位与地貌水势的重要性，还揭示了清人在利用水资源过程中对河道地势、河段水势乃至秋伏汛期暴雨洪水泛滥的认知程度和调控力度，包括水环境变化所带来的社会影响。为了适应河道水势变迁而利漕运，清廷适时地调整剥运方式、增减剥船数量、加强剥船管理，且将调控延展至与船只相关涉的社会经济领域，波及面较广。而面对北运河张家湾汛段河道的自然裁弯取直时，清廷所采取的人为堵筑新口与对自然河道的最终选择，无疑是应对水环境变迁的典型个案。凡此，均有深入探讨的必要和现实意义。尤其从杨村汛剥船起剥漕粮到通州石坝的章程入手，可以探讨起剥及相关问题与水环境的密切关系，考察在人类社会与自然这个复杂生态巨系统中，人类在利用水资源过程中，如何遵循趋利避害原则，以达到利用水资源的目的以及处理好人与水、人与人之间的关系。兹就中国第一历史档案馆及其他档案馆所藏清代北运河水势等相关档案，结合地理信息技术，对北运河剥运、筑坝攻沙、疏浚河道以及张家湾改道等问题稍做考察和讨论。

---

① 托津，福克旌额，等. 嘉庆《户部漕运全书》卷14：第1册. 影印本. 台北：成文出版社，2005：608.

② 于德源. 北京漕运和仓场. 北京：同心出版社，2004：311；陈喜波. 漕运时代北运河治理与变迁. 北京：商务印书馆，2018：296-298；李俊丽. 清朝前中期北运河地区剥船设置方式之变革. 许昌学院学报，2019 (6).

一、杨村起剥与水环境

杨村是北运河上的重要汛点，受河道高程影响，漕船于此剥运小船前行。所谓剥运，又称驳运，或拨运，本书统称“剥运”，专指漕运重船抵通及遇浅，使用驳船或平底船在岸和大船之间转运漕粮，亦指“截留山东、河南所运蓟州粮，拨充陵糈及驻防兵米者也”①。清代将在通州石坝西至大通桥的通惠河上所设的剥船，称为里河剥船，也称吊载船，专门负责在各闸坝之间转运漕粮；而将自杨村至通州一段称为外漕河，剥运所用船只称为外河剥船，或红剥船。各省漕船在北运河遇浅不能行进时，分拨剥船转运漕粮抵通州交兑。北运河的剥船置于杨村。

（一）杨村起剥的选择与水环境要素

剥运是清代漕运中的一种重要运输方式，是清廷应对北运河水环境制约的重要手段。选择杨村作为北运河剥运的起点与枢纽，与这里的水环境变化密切关联，以至所实施的制度与措施，即如剥船置备、产地、需求量，还有剥运章程的调整及起剥定例的灵活实施等，均以适应该处水环境为宗旨。清廷通过不断调整起剥相关政策和加大经济投入，缓解北运河水量多寡与是否起剥、是否封雇船只以及运转管理等方面的矛盾，凸显出国家行为主导下的水运管理、跨地域资源调配运转模式，可见漕运在水环境变迁中被动调试的敏感性与脆弱性。

清代东南漕米数百万石，经北运河运抵通州，河道两岸形成一些漕船停靠起运的码头，如通州、大通桥、张家湾、河西务、杨村、北仓，都是漕运北端的重要节点，也是清廷根据河道地势、水势情况在相应河段所置汛点，其中杨村就是北运河极其重要的汛点，承担着南北漕船顺利完成转输的最后一关的剥运工作。自杨村至通州，再从通州以北的石坝西至东便门外大通桥的漕粮转运，由设置于杨村的剥船完成剥运任务，通州坐粮厅

① 清代截留漕粮拨运到各缺粮地方的情形十分常见，为与此相区别，史料原文中以“拨运”专指“剥运”处沿用。参见：清史稿：卷122“志九十七·食货三·漕运”. 北京：中华书局，1998：3569，3585. 朱批奏折，河东河道总督李亨特，奏陈变通杨村起剥漕粮到坝章程事，嘉庆十六年四月初十日，档号：04-01-35-0216-003。

总责。乾隆年间，经杨村抵通州的漕船有 5 030 余艘，土坝、石坝各管官抓紧赶办“其旗丁军船米石”①。杨村剥运与剥船的设置，除了受杨村之河程地貌直接影响外，还受北运河不稳定的水势等水环境要素制约。②

众所周知，河流的水位、水量、含沙量等水文要素深受河道地貌高程影响。了解北运河各河段地形高程变化，并结合地貌因素，可以分析和评价漕粮运输途中通过相关河段的难易情况。从北运河各河段高程可以得知，自南至北，河道高程呈上升趋势。其中，北仓、杨村、蔡村、河西务、张家湾和通州各段是北运河起伏高差最大且高程较高的河段，而张家湾段和杨村段高程变化最剧烈，是清廷所设各汛点中高程起伏突出的河段。这里水浅势弱，极易造成河道淤积，增加重船行进难度，进一步表明清廷所置汛点的合理性与杨村起剥的必要性。

杨村作为北运河上的重要汛点之一，负责自郭官屯至天津关的河段，河程长 130 千米。正如前文所述，杨村段是否起剥，完全取决于北运河重要汛位河道水深与水势大小。水量大、河流水深，则重运漕船毋庸起剥，反之，则必须起用剥船倒粮，且规定以水深 3 尺为度。③ 乾隆十三年（公元 1748 年）四月北运河得雨之后，“水深三尺一二寸不等”④，查核各汛点并无淤浅处，粮船遄行无阻。嘉庆九年（公元 1804 年），自七月中旬以来，因北运河连得雨泽，水势增长，不仅所备官民剥船尚敷轮转，而且一些吃水较浅的重运漕船经杨村直抵通州石坝起卸，省却起剥周折。⑤ 嘉庆十九年（公元 1814 年），北运河一带连得畅雨，河水充盈，通州横浅处水深自二尺八九寸至三尺三四寸不等，经仓场侍郎荣麟等奏明，于五月二十

---

① 朱批奏折，仓场侍郎永贵，奏报到通州军船米石起卸完竣回空军船南下等情形事，乾隆朝，档号：04-01-35-0188-039。

② 有关北运河水系与各汛位置及高程剖面示意图，可参见：赵珍，苏绕绕. 清代北运河杨村起剥与水环境. 中国历史地理论丛，2021（4）：97。

③ 数据参见：录副奏折，巡视通州漕务给事中庆明，呈北运河水势尺寸清单，嘉庆十六年三月初七日，档号：03-2125-009。

④ 朱批奏折，直隶总督那苏图，奏为南北运河水势情形事，乾隆十三年五月十八日，档号：04-01-01-0165-013。

⑤ 朱批奏折，漕运总督吉纶，奏报北河水势增长杨村起剥较易并赴临清筹办浅滞事，嘉庆九年七月二十三日，档号：04-01-35-0197-066。

八、二十九等日“饬令军船照旧抵坝起卸”①。

为减少起剥与降低起剥率，使河道水位达到不需起剥标准，清廷在权衡财力投入多寡后，采取了人工深挖河道的办法予以辅助，可以说，杨村汛的起剥与挖浅同等重要。② 故而每年四五月，漕粮重运北上，置于杨村的漕运通判“督率浅夫，专司刮挖”③。也就是说，在北运河水位达到 1 米以上时，不需起剥。乾隆二十四年（公元 1759 年），杨村段水甚微弱，且距通州 70 千米的郭县码头及张家湾以北仅存水 2 尺，尚有不足 2 尺之处，“非起剥不可”④。

当水深不足 1 米时，还会考虑船体大小和吃水深浅，如鲁豫漕船吃水二尺三四寸，当春月“北运水常足用”时，亦无须起剥。可是，大多数时候，北运河漕运受水浅、水量不足等水文要素制约。

通过对嘉庆、道光年间部分时段北运河各重要汛点水深数据变化状况的分析比对（见表 4－1）⑤，能够对杨村以北河段的水浅问题有更深刻的理解。从前文中北运河各汛点平均高低水深变化可知，同一河段水深整体变化趋于一致，可是各汛点水深高低存在不一致之处。由杨村至通州，即自南至北，各汛点的平均水深逐步降低。其中，通州汛的平均最低水深约为 2.81 尺；最高为杨村汛，约 3.48 尺。然而，在清代测量北运河水势尺寸的六个汛中，有四个汛，即通州汛、张家湾上汛和下汛、河西务汛的水深

---

① 朱批奏折，奏报南北运河水势及南粮漕船入境过津关并饬雇剥船解送杨村备用事，嘉庆朝，档号：04-01-35-0238-078。其中年份按该档所载荣麟任仓场侍郎职，参见：李桓. 国朝耆献类征初编：卷 107. 扬州：广陵书社，2007：23-26。

② 乾隆十年（公元 1745 年），设垡船挖沙，二十四年（公元 1759 年），改为刮板，配置浅夫。分别参见：朱批奏折，直隶总督高斌，奏为遵旨办理北运河挖浅事，乾隆十年六月二十三日，档号：04-01- 35-0145-043；朱批奏折，直隶总督方观承，奏为往杨村查看船行及雇备剥船并杨村毋庸设巡漕事，乾隆二十四年三月三十日，档号：04-01-35-0153-043。

③ 朱批奏折，直隶总督方观承、仓场侍郎蒋炳，奏为筹办刨挖北运河杨村迤北一带淤沙事，乾隆二十七年三月二十一日，档号：04-01-05-0226-005。

④ 朱批奏折，直隶总督方观承，奏为往杨村查看船行及雇备剥船并杨村毋庸设巡漕事，乾隆二十四年三月三十日，档号：04-01-35-0153-043。

⑤ 表 4－1 所引数据整理自嘉庆朝共 25 年以及道光朝前几年里的档案 48 件，每件不具体标明档号。另见录副奏折，呈北运河水势尺寸清单，嘉庆十九年，档号：03－2129－088；巡视通州漕务给事中袁铣，呈北运河水势尺寸清单，道光元年二月二十日，档号：03－9801－018；呈北运河水势尺寸清单，嘉庆二十四年，档号：03－2133－061。又水势清单汛点管理水程“里”的换算，据梁方仲、吴承洛所采用的转换方法，清代 1 里换算为 576 米。

均低于正常漕船运行需要的最低标准水深3尺，且各汛点的低水深大都不足3尺，而高于1丈的较少。此则进一步表明北运河水量自南向北不足的严重程度。相较于汛期水势增长，平时河道水浅或水量不足的问题也较严重。且从表4－1所列各汛的高低水深差可知，与北运河其他汛相比，杨村汛高低水深差的差异和变化最剧烈，亦表明该段水势状况的不稳定性更明显，对漕船行驶和漕粮运输必然产生巨大影响，清廷选择于此汛点设置剥船起剥，更能表明时人对水环境的认知程度较高，是结合地理要素的高技术含量选择。

表4－1　　北运河六大汛高低水深差　　单位：尺

汛点	通州汛	张家湾上汛	张家湾下汛	河西务汛	蔡村汛	杨村汛
高低水深差	1.06	1.05	1.08	0.94	1.12	2.58

具体到杨村的剥船与剥运，清廷的管理可谓费尽心思，制定有“起剥到坝章程”，被时人形象地称为“以子归母”。此即南粮重运，行抵杨村，在该处用剥船分装米石，随同“大船直抵通坝，受剥归船，令剥船仍回杨村，以备别帮起剥之用，谓之以子归母”。另外，大船至通州“受剥之后，再用经纪吊载船，剥米上坝”。这正是杨村起剥到坝章程的核心部分，表明杨村起剥的程序。该章程在实行过程中逐渐出现“每年时形短绌”的弊端，尤其河道水势影响漕船行进不畅。其中一个较大的限制因素还在于潮白、温榆两河为北运河之给水来源，而此两河涨发靡常，挟沙带泥，忽大忽小，以致北运河“河无中泓”，军船不能到坝，吊载船又远赴萧神庙，此“就船剥米之病也”。然而“河势由来已久，骤难更易”，若完全依赖人工挑挖，一遇暴涨，“仍行淤垫”，终于事无益而徒费金钱，势难办理。可是若岁岁因循旧章，漕运“终虞迟误”。

嘉庆十五年（公元1810年），坐粮厅李亨特言，“频年以来，沿河大小臣工无不殚心竭力，设法筹催，而漕船抵坝之期，仍多迟缓，以致有贮米北仓，囤粮石坝之事，诸多靡费”。次年，其迁河东河道总督在分析重运北来与回空南下迟误原因时，认为“欲速次年重运北来，先须将上年回空及早南下，方能年速一年，赶符旧制。而速之之法，必须将杨村起剥到坝章程稍为变通，始克有济”，且说道：

嗣因每年五六月间，河水涨发，二三进军船不能到坝，往往择河深得岸之处停泊，皆在距坝二三十里之外，并无定所。近年始就萧神庙地方住歇，离坝亦有二十余里。吊载船往返剥运，已属不能迅连，加以旗丁惜费，不肯将米收回大船，令吊载船向剥船起米，吊载船不及剥船之多，必须两三次始能起完。

而剥船“耽延时日，不敷轮转，遂至积前压后之原委也”。为此，李亨特建议应当依照剥船与漕船的不同功能，改变旧有的行走办法。

由于杨村所置剥船比粮船既轻且便，无论有风无风皆可行走无阻。可是，清廷规定剥船必须“跟随军船之后，不能听其自便”，以致每遇风水有阻，“军船随处住泊，则剥船亦不敢开行，因之守候时日”。尤其是军船起剥之后，船中之米所剩无多，或“仅有数石或二三十石”，甚至颗粒皆无，唯空船一只，“是带一军船，徒为剥船之累，竟无载米之实”。对此，李亨特奏请嗣后军船行抵杨村，即将米石尽行受兑于剥船，“令重运千总及各该帮正身旗丁管押到坝，其原来军船，即于该处饬令空运千总督押南下，不惟回空，可期迅连”，而剥船一经抵坝，“行走既称便捷，即经纪吊载船，不致远涉，尤得早为起卸”，如此剥船更番轮转，亦可迅速，“不虞短绌，实于重运、回空两有禆益”。朱批：仓场侍郎及两御史会同具奏。[①] 所以，清廷在杨村设汛置船起剥以及不断调整修正制度措施，完全出于漕船通过此处时的水环境制约，是为了适应河道水势状况的不得已之举。北上重运漕船是否起剥，深受北运河水势变化影响，尤其是河床抬升，挖浅不及时，河道浅涩。道光年间，杨村以上“河形愈窄”，“军船必须全行起剥，方能抵坝”。然而，已经起空的军船若仍令随同抵坝，不但往返徒劳，且水浅之处“空、重不能并行，必致壅塞河道，转多滞碍”，为迅速疏通河道，地方查照“向办章程”，令在杨村起空的军运漕船就近回空以清河道，仍由弁丁押送剥船赴通州交兑米石。清廷还饬坐粮厅查明起空之军运漕船行至杨村以上者，即一体回空。[②]

---

① 以上引文均见：朱批奏折，河东河道总督李亨特，奏陈变通杨村起剥漕粮到坝章程事，嘉庆十六年四月初十日，档号：04-01-35-0216-003。

② 录副奏折，仓场侍郎那丹珠、仓场侍郎刘彬士，奏为查勘北运河水势浅涩帮船行走迟滞必须疏浚添备剥船令军船就迁回空事，道光十二年五月二十日，档号：03-3603-068。

（二）剥船置备、起剥定例与运河水势

由于北运河水势水量对重运是否起剥影响较大，清初规定了杨村置备剥船的方式、定额与起剥比例。剥船置备，有官、民两种方式，且时有变动。顺治初年官方专设转运漕粮的红剥船600只[①]，康熙三十九年（公元1700年）裁拨给运丁“自雇拨浅”[②]。至乾隆五十年（公元1785年），又复归往日官置剥船，先增至1 200只，再增至1 500只，并为额定数沿用至嘉庆中。不过，其间额定船数也因北运河水势水量变化无常而相应变动，尤其遇到河道水浅之年，漕船迟滞，官备剥船需增加，出现过官备“杨村拨船，向备二千只”的情况。[③] 如乾隆五十六年（公元1791年），仓场侍郎诺穆亲因南船首进所来甚速，其二进之首帮亦跟接北上，唯恐官拨船一千五百只稍不敷用，即照向例，行令天津道于附近州县雇觅民船五百只，交杨村通判，随到随拨，不至稍有稽延。[④] 乾隆五十七年（公元1792年）五月二十八、二十九日，北运河一带连日得雨，河道水势骤涨，“颇为充足”，杨村起剥除了官备剥船1 500只外，又添雇民船400余只，共有剥船1 900余只。[⑤] 再至嘉庆十七年（公元1812年），直隶总督温承惠奏请添造剥船1 000只，遂“筹款生息，官造剥船一千只”[⑥]，“共剥船二千五百只”，自此“杨村额设官剥船二千五百只”，直至道光年间未变。[⑦]

---

① 清史稿：卷122“志九十七·食货三·漕运”．北京：中华书局，1998：3585.

② 托津，福克旌额，等．嘉庆《户部漕运全书》卷72：第7册．影印本．台北：成文出版社，2005：3027.

③ 嘉庆十六年（公元1811年），停驻杨村以备济运的官备剥船，始有约1 200艘，后增到1 500艘。参见：录副奏折，巡视通州漕务御史赵慎畛，奏报筹备杨村剥船事宜事，嘉庆十一年五月初八日，档号：03-1747-049；托津，福克旌额，等．嘉庆《户部漕运全书》卷72：第7册．影印本．台北：成文出版社，2005：3030-3031。

④⑤ 朱批奏折，仓场侍郎诺穆亲，奏为北河民船赶赴天津以备江广各帮轮流拨运事，乾隆五十七年六月初二日，档号：04-01-35-0181-033。

⑥ 朱批奏折，直隶总督那彦成，奏为江广添造官拨船只齐抵杨村请钦派大臣查验事，嘉庆十九年四月初三日，档号：04-01-36-0052-035。

⑦ 分别参见：清仁宗实录：卷287（嘉庆十九年三月癸巳）．影印本．北京：中华书局，1985：923；朱批奏折，直隶总督琦善，奏为查验杨村将届限满官剥船只事，道光十七年九月二十六日，档号：04-01-35-0272-025；又户部移会稽察房山东巡抚陈庆偕，奏本年重运漕船行入东境较晚卫河水势日见消涸需用剥船甚多请准敕下仓场侍郎直隶督臣飞饬，将“杨村官剥二千五百只全数迅速调赶临清闸”，道光三十年八月二十五日，台湾“中央研究院历史语言研究所”内阁大库档，档号：182637-001。

官置剥船不敷使用时，则雇用民船，即所谓“向例粮艘抵京，或遇水浅，起剥粮石，需用民船”，且分二种情况：一种是直接以“临期酌量将回空货船雇觅，预备剥运”①。为避免行剥运时漕船运丁自雇民船就地起价、额外勒索，乾隆二年（公元1737年），清廷改由官方出资觅雇民船，“定每船给红拨银二两”②，每船雇船户1名，发给腰牌，上书姓名、年貌、船号等信息。另一种是漕粮重船未到之前，预先将商贩拨船封住。乾隆五十年（公元1785年）前，两种办法并行实施，只是后一种办法更偏重于“封”，即当南来重运粮船抵达北运河时，由河道沿线官员视起剥情形提前置备起剥小船，并“于粮艘抵境届期，再行封禁”其他商船。如乾隆二十四年（公元1759年）之前，北运河需用剥船，即由仓场侍郎就近行知转饬沿河州县，于南运河及东淀下游一带“酌量封送”③。可是，若俟“各省粮艘抵境之后再行封雇”民船，则往往出现“船少则高抬价值，船多则于中途延挨观望”④，不利雇运的尴尬局面。

然而，封禁过早有碍商船行运的状况仍时常发生。乾隆二十四年（公元1759年）三月二十二日的一则上谕指出：“近闻杨村一带竟有将路过载货船只封禁者，客商货物中途搬卸，以致转运艰难，殊非通商便民之道。现在粮艘抵通为期尚早，即将来有需剥运，待此等船只抵湾卸货后，再行雇觅，亦未为迟”。为此，清廷责令直隶总督方观承前往杨村查勘，明令“不得于粮船未到之先，豫将商贩拨船封住”，避免封禁过早有碍其他商船运输货物；同时令方观承就新添设于杨村的“巡漕御史”一职办事情形详加考察。乾隆帝特别指示，巡漕御史二员“本为巡查漕船河道”，“原系本年新设，并非旧例，所有因此而滋扰累殊，非设官本意，其果否有裨漕政，并著方观承据实具奏”⑤，以更灵活的策略应对水势不测。

官为封雇民船之数并不固定，需要根据河道水势水量和漕船北上进程确定。乾隆四十八年（公元1783年），官方对封雇民船加以整顿，议将

---

①③⑤　朱批奏折，直隶总督方观承，奏为往杨村查看船行及雇备剥船并杨村毋庸设巡漕事，乾隆二十四年三月三十日，档号：04-01-35-0153-043。

②　王庆云．石渠余纪：卷4//沈云龙．近代中国史料丛刊．第8辑：第75册．台北：文海出版社，1973：330.

④　托津，福克旌额，等．嘉庆《户部漕运全书》卷72：第7册．影印本．台北：成文出版社，2005：3029.

100石以上至400石以下民船，大小均匀配搭，每年定为1 500只，以资轮拨漕粮，装载不及百石之船，毋庸官为封雇，听商民自便。鉴于封雇民船“守候需时，并致商盐艰于挽运”等诸多弊端，清廷遂于乾隆五十年（公元1785年）停止封雇。又“据长芦商人呈请捐银三十万两，备造拨船一千余只”[①]。此种官备民船方式，一来方便盐商等民船行运，二来俟“南粮一抵北河，即可随到随剥”，使“民船得免官封，商引无虞壅滞”。漕粮转运完毕后，“该船户仍可揽载营生”[②]，体现出清廷以更灵活的策略应对水势不测。

当然，官备剥船并不能满足起剥转运之需求。清廷在面对入北运河之漕船延迟，回空拖延，又与后进漕船于河道积压壅滞而影响到转运效率时，便会催促各管官想尽一切办法雇用民船加紧起剥。嘉庆十五年（公元1810年）二月，南漕北上帮船延迟，清廷必须“宽为雇备”剥船，“庶期无误回空”，通州漕务给事中龄椿往杨村点验官备剥船1 013只。[③] 时北运河一带合用民船业已“搜雇殆尽”，龄椿只得檄饬大名府，在直、豫交界的龙王庙、小滩镇等处加大雇船力度，得船600余只。考虑到“后队军船一至杨村，剥船仍不敷转运”，龄椿又“不分畛域，与河南札商，代为封雇”，同时委员携带银两前往浚县、新乡、内黄等处雇船480余只，于六月间陆续送交杨村起剥。统计此次自河南雇船与协济民剥1 000余只，“加以官拨一千五百只轮流转运，自可益资迅速”[④]。次年，杨村需用剥船，又由沿河州县陆续雇送[⑤]，计“现在杨村官剥船共有一千五百号，又添雇民剥，总计不下三千只上下，似可足敷起剥之用”[⑥]。

---

① 托津，福克旌额，等. 嘉庆《户部漕运全书》卷72：第7册. 影印本. 台北：成文出版社，2005：3030，3032.

② 清高宗实录：卷1238（乾隆五十年九月辛亥）. 影印本. 北京：中华书局，1985：648.

③ 朱批奏折，巡视通州漕务给事中龄椿，奏为查看水势及饬挑挖淤浅并杨村剥船数事，嘉庆十五年二月三十日，档号：04-01-35-0210-052。

④ 朱批奏折，奏报直隶河南雇备剥船数目及送交杨村应用事，嘉庆十五年六月，档号：04-01-35-0213-014。

⑤ 朱批奏折，奏报南北运河水势及南粮漕船入境过津关并饬雇剥船解送杨村备用事，嘉庆朝，档号：04-01-35-0238-078。

⑥ 朱批奏折，河东河道总督李亨特，奏陈变通杨村起剥漕粮到坝章程事，嘉庆十六年四月初十日，档号：04-01-35-0216-003。

又由于重运、回空漕船均集中于杨村，而各州县自雇民剥船停在北运河两岸，为避免漕船出闸后“轮转不敷，前帮一有积压，后帮更形壅滞”，以及至道光年间出现的不能得到有效利用的现象，清廷对两岸民船加以整顿，使其得以充分有效利用。道光十八年（公元1838年），直隶总督琦善奏请汇集沿河民船参与起剥。琦善指出，当漕粮起卸紧要之际，官剥船均应齐集杨村备通坝转运，而断难调赴他处，“其各州县自雇民剥又复散在沿河，由天津以至故城，绵袤千里，逆流挽运，动需半月有余”，“与其以有用之船待未定之用，何若早行押赴杨村协济官剥，究可多一船即得一船之益”，以便在前军船既可早日回空，在后各帮亦免积日拥挤；并明确强调，俟全漕北上，“不虑水势之短绌，而难于桥坝之起卸，自当先其所急”。清廷遂准予“仍将沿河自雇民剥全行押赴杨村协济”[①]，实行官、民剥船混同起剥济运漕粮的办法。[②]

与此同时，无论是官雇民船还是官备剥船，均因受北运河水浅或水量不足影响而适时调整。图4-1即为嘉道时期部分年份杨村汛水深变化情形示意图，由此图可知较浅水深多在行船标准的3尺上下浮动，说明与汛期洪涝相比[③]，水浅或水量不足问题在杨村段十分突出。尤其通过梳理清实录、户部漕运全书、清代相关洪涝档案以及奏折中相对连续年份的水势清单等，发现“水浅”和“水势漫大”记载（70.37%）次数远远高于“水势平稳”记载（29.63%），侧面反映水势变化对漕粮运输影响的常态化。在该背景下，民船受雇、商人捐资置船起剥以及民间商运等社会经济因素又相叠加，促使杨村剥运方式发生改变和调整。

---

① 以上引文均见：朱批奏折，直隶总督琦善，奏为请将沿河自雇民船押赴杨村协济剥运漕粮事，道光十八年六月二十三日，档号：04-01-35-0273-005。

② 户部移会稽察房，山东巡抚陈庆偕，奏本年重运漕船行入东境较晚，卫河水势日见消涸，需用剥船甚多，请准敕下仓场侍郎直隶督臣飞饬将杨村官剥2 500只全数迅速调赶临清闸，道光三十年八月二十五日，台湾“中央研究院历史语言研究所”内阁大库档，档号：182637-001。

③ 嘉庆二十五年（公元1820年）间暴雨，水上堤面，淹没子埝，漫溢十余丈。参见：朱批奏折，奏为通永道杨村马家工东缕堤及小王家庄迤北缕堤二处被水漫溢现办捐修事，嘉庆二十五年，档号：04-01-05-0288-009。

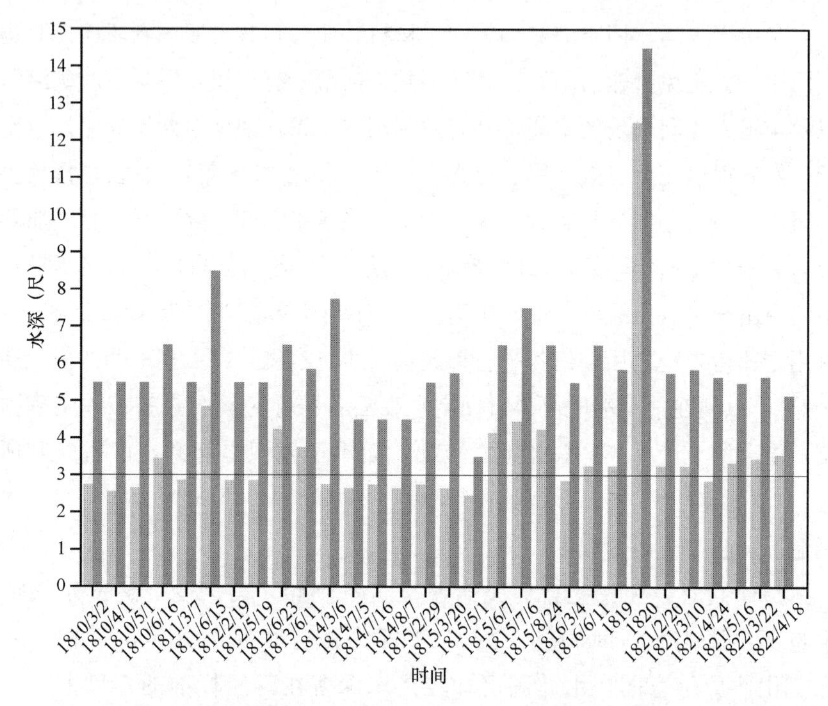

图 4-1　嘉道时期部分年份（1810—1822 年）杨村汛水深变化情形示意图

说明：图中 1819 年、1820 年的水深，在档案中没有具体月份记录，只有“本月”“伏秋”的字样，故图中只标出年份。

此外，清廷根据水势水情，规定有严格的漕粮剥运比例，以应对北运河水量制约，即“向于重运抵杨村时，照起六存四例拨给济运”。也就是说，起卸六成漕粮由剥船运抵通州，其余四成仍由帮船运送。这种办法在漕船入北运河遇水浅阻时使用，而河水充足的年份则实行“起三存七”的办法，所行剥运的漕粮比例则相对较小。[①] 当然，前文已述，水量足够、水势平稳年份重运亦无须起剥。清廷通过官雇民船和官备剥船的方式，再结合灵活的起剥定例以适应水势变动。

（三）因水而置的剥船产地与使用管理

杨村官置额定剥船直隶购置。从制造至淘汰，有一套严格的管理程

① 清高宗实录：卷 1455（乾隆五十九年六月乙酉）. 影印本. 北京：中华书局，1985：403-404.

序，这里主要指剥船制造产地及管理中的满料、查验等办法。清廷规定“直隶北河拨船”由江西、湖北、湖南各省排造。康熙五十二年（公元1713年），江西、湖广增造船300只，于北运河备剥。以后经年常有新造补额，较大的一次是在嘉庆十七年（公元1812年），是年，官置额船在常备1 500只基础上又增加1 000只[①]，分别由江西、湖南、湖北分批制造。嘉庆元年（公元1796年），重新调整，规定“直隶北河拨船，原议江、广二省造送，至十年拆造，则归直隶办理”。清廷在剥船产地的选择上如此纠结，在于：直隶制造，徒有虚名。“甫届五年，船只即皆破坏”，直省摊赔。推究其故，“实因工匠并不谙练，以致造不如式，难以经久”。俟嘉庆十年（公元1805年）达到拆造期限，“经直隶省奏准，仍由江、广代办”，并商议再至下一个十年拆造期时仍按该办法执行。嘉庆十九年（公元1814年），地方官员在验收续增剥船时奏明，“湖南所造甚为坚实，湖北稍次，江西又次之”，然都强于直隶制造，故而直至嘉庆二十一年（公元1816年），清廷令“仍归江、广等省造解”。值得一提的是，至道光时期，官员在查验使用期已满的剥船时，对存船质量也有类似评价，即广东所造“船身，尚属坚固，及稍次者，湖南省十居六七，湖北省十居二三，而江西省则为数寥寥。是湖北、江西之成造船只，不及湖南远甚。应请饬下该二省督抚，嗣后成造剥船，务须遴委妥员监视成造，以期工坚料实，不致速于朽坏”[②]。

可是，江、广并不情愿承造。广东巡抚孙玉庭等对承造就持有异议，认为“以江、广代造此项拨船，成造既多，贴赔驾运，尤滋烦费，请仍归直隶成造”，建议直隶自造应需木料等，可以由直隶预计下届排造年份，按应造船数“核定何项木料板片，长径丈尺，先期咨会江西、湖广购办运交”，江、广可各雇“熟谙工匠十余名”，“以为教习直隶工匠之用”，强调如此“运木就直成造”，比起“经涉江湖，运送北来”的中途损坏“较可经久”。对此，道光帝十分慎重，指出“惟北方工匠虽有江、广教习，是否即能成造如式，其应修船只，将可缓拆造者扣留，商捐之费，能否稍从

① 朱批奏折，直隶总督那彦成，奏为江广添造官拨船只齐抵杨村请钦派大臣查验事，嘉庆十九年四月初三日，档号：04-01-36-0052-035。

② 以上引文均见：朱批奏折，太仆寺卿张鳞、明安泰，奏为奉旨行抵杨村验挑剥船完竣请饬湖北江西二省督抚遴员监造事，道光二年九月初九日，档号：04-01-36-0057-026。

节省”，遂令直隶总督方受畴详核情形，据实具奏，候旨饬遵，并将孙玉庭等原折抄寄其阅看。①

清廷君臣在剥船由哪里制造问题上所引发的争议，显示了对漕粮起剥的重视，也缘于直隶自造剥船质量不高、所费不赀。故而方受畴及藩、运两司多方围绕以下几点展开讨论：其一，“直隶素未承办所有，每船应用木料板片若干，难以约略悬估”。其二，直隶向来只攒造小舟，工匠无多，“若成造拨船，动需工匠数百名，无从雇募。若以别项木匠小工充数，窃恐以江、广三省各十余名匠役教习数百名未谙之工匠，难以奏效”。其三，“成造拨船不特木料板片出自江、广，即桐油蓬索钉铁等项物料”，江、广价值亦贱于直隶数倍。由是，达成“是仍由江、广承造，较为便宜”的结论，奏准嗣后直隶杨村续增剥船，仍归江、广等省造解。②

自江、广造船赶办不及，也会影响杨村起剥。道光二年（公元 1822 年），杨村续增新船，预定自江西分造剥船 100 只；次年七月又令江西、湖北、湖南再造船 700 只，其中额船 127 只，堪用一年之船 406 只，“赶紧成造”，务于秋间解送直隶。其余挑留坚固堪用二年之船 167 只，“亦著次第赶造”，于四年（公元 1824 年）春解送杨村济剥。然而，江西巡抚程含章奏请清廷宽限时日，理由在于：一是江西仅吉、赣二郡出产造船木料，而“较之湖广产木地方既广，兼有川贩流通者情形本殊”，何况“历届成造剥船需用木料已多，续产之木未能成材，是以合用者较少”。二是江西吉、赣二郡各属县与省城间的距离自四五百里及千有余里不等，委员前往购买木料往返需时，而新伐之木质性未干，造船易致拆裂，必须购买干料。三是此次造船数量较多，所用工匠不少，即同时兴工亦需三个月方能完竣。何况原限秋间解送，为时已届，实属赶办不及。程含章还认为“庶为日稍宽，不致有草率偷简之弊”，保证除了催藩司粮道赶紧委员采办兴工，并将动款津贴解送各事宜议详到日。③ 此亦表明，除了造船工期

① 以上引文均见：朱批奏折，署理直隶总督松筠，奏为遵旨详核杨村拨船北方工匠不能成造请敕江广代造事，道光二年二月初五日，档号：04-01-36-0057-002。

② 以上引文均见：朱批奏折，太仆寺卿张鳞、明安泰，奏为奉旨行抵杨村验挑剥船完竣请饬湖北江西二省督抚遴员监造事，道光二年九月初九日，档号：04-01-36-0057-026。

③ 朱批奏折，江西巡抚程含章，奏为江西本年续造直隶杨村剥船秋间赶办不及请展缓事，道光三年七月初四日，档号：04-01-36-0058-022。

紧张与技工有限的困难外，造船木材原料也呈现缺乏之象

杨村剥船作为清廷官有资产，制定有严格的管理办法，包括满料与查验。“满料”是对官备剥船使用期限管理的叫法。官备船只以10年为限，使用期满，另行督造更换。嘉庆元年（公元1796年），清廷重申剥船保固期为10年，届限满验明实在糟朽不堪剥用，准其变价交纳；其尚堪剥用者，查明酌留加以修艌，分别年限，再行变价，不必拘定10年之限。至道光元年（公元1821年），江西造剥船满料的有167只；次年，湖南、湖北造剥船满料833只，“应俟水泮，调集杨村”处理。[①] 道光十二年（公元1832年），囿于经费短缺，经部议，将满料10年期限“改展至十五年限满”，使船只使用期延长5年。[②]

查验定例，与满料办法配合施行。清廷规定新增额船发往杨村起剥后，“二年一次查验”，由军机处奏派。[③] 道光二年（公元1822年）九月，太仆寺卿张鳞等奉旨往杨村验挑剥船，依据天津道李振翥提供的“剥船号数总册”可知，直隶总督颜检在任时续增官剥船1 000只，均届满料。其中有132只，被风凌碰散冲淌的有65只，又糟朽不堪修艌，业已拆板及另行存贮船63只，夏间起剥沉溺冲滚船4只，均由该承领州县照例分别变价、赔价、解交。而存船868只中，船体尚属坚固的有167只，稍次的有406只，余295只均已糟朽过甚，不堪剥运。按例这些船应同碰散船等一并拆板变价上缴，然淘汰过多，“恐有误明岁剥运”，故张鳞等请准由地方官加以修艌，暂行分别留用一二年，俟江西、湖北、湖南新船陆续成造解到时，再行陆续拆板变价，不致“有工料草率之虞”[④]。

道光十四年（公元1834年），“定例二年查验一次”的杨村官备剥船相较张鳞查验时的总数未变，修损程度有别。是年，直隶总督琦善往杨村

① 朱批奏折，署理直隶总督松筠，奏为遵旨详核杨村拨船北方工匠不能成造请敕江广代造事，道光二年二月初五日，档号：04-01-36-0057-002。

② 朱批奏折，直隶总督琦善，奏为查验杨村将届限满官剥船只事，道光十七年九月二十六日，档号：04-01-35-0272-025。

③ 朱批奏折，直隶总督那彦成，奏为江广添造官拨船只齐抵杨村请钦派大臣查验事，嘉庆十九年四月初三日，档号：04-01-36-0052-035。

④ 朱批奏折，太仆寺卿张鳞、明安泰，奏为奉旨行抵杨村验挑剥船完竣请饬湖北江西二省督抚遴员监造事，道光二年九月初九日，档号：04-01-36-0057-026。

查验的续增剥船 1 000 只内，除在途沉溺船 3 只，应归出运帮丁赔造补解外，实计江、广等省解到船 997 只，道光十年（公元 1830 年）、十一年（公元 1831 年）在湖南、江西各解到补造船 1 只，统共船 999 只，均经天津道王允中督饬各州县，将破损船逐一修舱，齐集杨村，“按号排列河干”，查验无误。① 至咸丰年间，查验制度松弛。咸丰三年（公元 1853 年），值各营调用剥船装载兵粮，未能查验。继之，又因剥运事竣较迟，恐误归坞修舱，奏准缓查。查验制度松弛，时断时续。直到咸丰七年（公元 1857 年），才由署直隶总督谭廷襄札饬杨村通判，对续增 1 000 只剥船展开查验。此次查明，内除奏明军营调用、被焚以及捣沉堵口船 66 只，又满料挑裁变价船 181 只，实存船 753 只。然而，此时北运河漕运已近历史尾声，杨村转运数量锐减。是年，除海运南漕暨奉省米豆等项外，续到江浙采买捐输米船 4 只，“因河冻合”，只得俟春融冰泮再转运②，杨村起剥效用锐减。此亦印证了资源利用是环境史研究的核心价值，杨村起剥是水资源利用的典型个案这一点。

以北运河水量不足、水势不稳和河道淤积、河床抬升为主的水环境问题，始终是困扰有清一代漕运运转的关键要素，尤以杨村汛最为突出。清廷于杨村起剥，是充分考量了这里的地势地貌、河道高程、水深水势诸多因素的结果。面对河道水量持续不足的困境，清廷不得不从国家层面入手投入大量的财力物力人力，不断解决漕运过程中漕船与剥船、漕船与商船、置船起剥与封雇民船等的矛盾，提高漕运效率。而所有措施的实施与调整，包括重视剥船制造质量、优择制船产地、制定满料与查验条例裁汰老旧船只等，无不围绕杨村起剥与北运河河道水势状况展开，显示所有制度的制定与执行具有适应自然水环境的被动性，与自然及人类社会系统高度关联。可以看出，起剥逐渐演变为清廷主导下的水运管理、跨地域资源调配的较成熟运转模式，体现了漕运与水生态及社会治理的密切联系和相互作用。当然，随着海运兴起，北运河漕粮运输锐减，然河道水势依然。

---

① 朱批奏折，直隶总督琦善，奏为续增官剥新船齐集杨村请派员查验事，道光十四年四月初七日，档号：04-01-36-0066-016。

② 朱批奏折，署理直隶总督谭廷襄，奏为杨村续增剥船循例请旨钦派大臣挑验事，咸丰七年十一月二十二日，档号：04-01-07-0006-001。

所以，当朝代兴盛或技术选择使得资源的利用价值被改变时，人与水的关系就又归入了另一研究层面。

二、张家湾改道与应对

张家湾是北运河上最重要的码头之一，该段河道是否顺畅，关乎国家经济动脉漕运的完成与否。然而，河道自然摆动，不以人的意志为转移。嘉庆年间张家湾改道，对北运河的影响至关重要。对此，学界多有关注。于德源在论及北京的漕运和仓场时，专门提到了嘉庆六年（公元1801年）的北京大水与张家湾改道。① 吴文涛在对北运河的筑堤与疏浚研究中，讨论了张家湾改道的水利工程史实。② 陈喜波分别与韩光辉、邓辉一起对明清张家湾码头地位的变化等问题有详细研究。③ 然而，由于受史料限制，加之研究角度的不同，上述成果未能专门细致地讨论清代嘉庆年间张家湾改道及对北运河水系和漕运的重要影响，没有区分改道的康家沟新旧河，或把康家沟和张家湾视为新旧河，或得出嘉庆十四年（公元1809年）清廷上下达成必须堵筑康家沟、恢复张家湾正道"共识"的结论。④ 由是，除了补充缺漏，校正错讹，还有进一步扩展和研究的余地。实际上，张家湾河道自然裁弯取直，是京畿水环境变迁中的一个较大事件，其中既有人们为保障漕运对河道水势进行人工干预的成分，也有北运河本身水环境系统要素变化的影响。因而，对此改道现象予以梳理，对官方关于河道摆动的认知程度、应对处置与解决措施等方面加以考察，揭示河道变迁与人们对水资源利用认识的关系，是本部分内容希望做出贡献的方面。⑤

（一）北运河漕运及上游水情

北运河是千里漕运的最后一程，漕运于每年农历三、四月开始，九、

① 于德源．北京漕运和仓场．北京：同心出版社，2004：311.

② 吴文涛．北京水利史．北京：人民出版社，2013：169-172.

③ 陈喜波，韩光辉．明清北京通州运河水系变化与码头迁移研究．中国历史地理论丛，2013（1）；陈喜波，邓辉．明清北京通州城漕运码头与运河漕运之关系．中国历史地理论丛，2016（2）.

④ 于德源．北京漕运和仓场．北京：同心出版社，2004：311；吴文涛．北京水利史．北京：人民出版社，2013：170.

⑤ 本部分内容参见：赵珍．清代北运河漕运与张家湾改道．史学月刊，2018（3）。

十月结束，经此航行的漕船达六七千艘，载粮三百余万石。漕船由北运河溯流而上，从天津三岔河口至通州段，主要经天津府、顺天府的武清、香河县，然后到达通州境内，卸粮后回空。北运河水程全长三百余里[①]，河上漕船栉比如鳞，张家湾以西的漕运终点通州则饷粟云屯，水路冲达，河道运输繁忙。为此，清廷设专员管理河务，负责疏浚与改善河道。

为便利漕运，康雍乾三朝极力整治北运河，沟通通惠河。除了对明以来所筑闸坝等工程加以维修，蓄水保障运河水量外，新开青龙湾、筐儿港二引河，以减缓时而暴涨的北运河水势；同时还对京郊西山水资源加以利用，汇集泉源，扩昆明湖的容水量，经护城河，济通惠河，为漕运。

北运河水量很不稳定，具有年内季节分布不均、年际变化大的特点。如光绪《畿辅通志》记载，北运河“自过张家湾后，纳潮、白二河，水势始旺”，“但该河之性，强中有弱，一日忽长，亦一日忽消，山水无根，不能长旺”[②]。河水浅时，漕运不济；河水畅旺，易成溃决。所以，既如前文所述，一遇北运河河道水势变化，漕船往往在水窄、水浅处选择停靠点，或就近停靠，或就近起卸，或由剥船剥运至通州的土、石两坝。沿途的张家湾、河西务、杨村、北仓等处便成为重要的停靠点或码头。而北运河的水情变化，自然会影响到这些停靠点或者码头的货运地位，这也是清廷根据水量丰浅制定剥运制度的原因。

张家湾是北运河上游的主要码头，位于潮白河下游，在通州城南约15里处。史载，北运河“在通州东，受潮、白二河之水。温余河及西山诸泉之流为大通河者，亦自西北来注之。径州南至张家湾，会凉水河”[③]。嘉庆六年（公元1801年），永定河水“浸溢四注，其趋入南海子之水，由凉水河归入运河”[④]。时将凉水河入北运河处之水称为浑水，或者浑河。

---

① 北运河河程变化较大，乾隆年间长360余里，嘉庆年间为330余里（今长120千米，折合240里）。

② 李鸿章，黄彭年．光绪《畿辅通志》卷85“河渠”//续修四库全书：第632册．影印本．上海：上海古籍出版社，2002：319.

③ 穆彰阿，潘锡恩，等．嘉庆重修大清一统志：卷7“顺天府二·山川”//续修四库全书：第613册．影印本．上海：上海古籍出版社，2002：151.

④ 朱批奏折，山东巡抚和宁、仓场侍郎邹炳泰，呈漕船行走通州一带运河全图，嘉庆六年，档号：04-01-05-0091-030。

位于浑水入运河迤东的张家湾城，为南北水陆冲会。《读史方舆纪要》载，张家湾“在州南十五里，元万户张瑄督海运至此而名。东南运艘由直沽百十里至河西务，又百三十里至张家湾，乃运入通州仓”[①]。光绪《通州志》也有“历元明，漕运粮艘均驶至张家湾起卸运京”[②] 的记载。故自元明至清前期，张家湾是重要的漕运码头，大部分时候，漕粮都在张家湾起卸。

乾隆时期，张家湾依然是南北水陆要埠。“贩麦商船，多赴张家湾起卸，由京商转运至京”[③]。也有记载说，张家湾城位于“潞河下游，南北水陆要会，自潞河南至长店四十里，水势环曲，官船客舫骈集于此，弦唱相闻，最为繁盛”[④]。嘉庆初年，张家湾码头依然繁盛：“官引盐斤、官工木植及东来货物，悉在张家湾舍舟登陆，车运该处，为各省水陆码头”[⑤]。可见，张家湾河道是潞河和通惠河合流后最重要的一段，是漕船入京的重要通道。

张家湾上游为通州石坝码头，有三水交汇：“东曰白河，源自东北来，西曰富河，源自西北来，入州城东北合流，二河水溜直注石坝楼，汇归运河”[⑥]。明代为蓄水势以利漕运而修筑石坝，同期在下游还修筑有土坝。[⑦]可见北运河上游主要有石、土二坝和张家湾三个码头，漕船沿北运河逆流而上，必先由张家湾主航道，经土坝，抵石坝。石坝段的漕运河道在乾隆三十八年（公元1773年）发生过些微变化。是年，因山水涨发，绕行石坝的温榆河“河形东徙”，与原本分流的潮白河合流为一，下游遂致干涸。

---

① 顾祖禹．读史方舆纪要：卷11“北直二”．北京：中华书局，1955：488.

② 光绪《通州志》卷1“封域志·山川”．光绪九年刻本.

③ 清高宗实录：卷672（乾隆二十七年十月丙申）．影印本．北京：中华书局，1985：511.

④ 于敏中．日下旧闻考：卷110“京畿”．北京：北京古籍出版社，1981：1823.

⑤ 朱批奏折，山东巡抚和宁、仓场侍郎邹炳泰，呈漕船行走通州一带运河全图，嘉庆六年，档号：04-01-05-0091-030。

⑥ 高天凤，金梅．乾隆《通州志》卷3“漕运志·修浚”．乾隆四十八年刻本.

⑦ “石坝一座，在通州北关外，嘉靖七年新创。”吴仲．通惠河志：卷上//续修四库全书：第850册．影印本．上海：上海古籍出版社，2002：637．又“石坝，在旧城北门外，嘉靖七年建”，“土坝一处，在州东南角，防御外河”，见：杨行中．嘉靖《通州志略》卷3“漕渠”．嘉靖二十八年刻本。

同时“潮白河西徙，直占温榆河河身，富河村之南，二水合而为一，遂不经由石坝”①。由于两河汇合点南移，温榆河经石坝的水量骤减，流速平缓，河道很容易淤浅，以致“漕船抵通，由潮白河驶入榆河，直抵石坝楼前，计河长一千余丈，南藉潮白河水倒漾，北藉卧虎桥之水南流”②。也就是说，石坝漕运行船“全藉工部税局地方以上所蓄倒漾之水”，“是以最易停淤，每岁兴挑，有增无减”③。石坝利用自然水系以便运输的漕运功能受到影响。

清廷多次费帑费工，挖浅除淤，对河道的自然流淌有一定的影响。加之突发灾害叠加，不仅加重了张家湾河道的弯曲程度，也影响到整个北运河水系。嘉庆六年（公元1801年），京畿地区由于连续强降雨，造成特大洪水。六月初一，雨势滂沱，通州河水盛涨。“所有北运河一带军拨空重各船，猝遇涨溜冲逼，人力难施，船只星散”④。初三，北运河武清县马头缕堤（马头堤）“水势异涨漫溢十九丈”⑤。初四夜，北运河上游“水势涨发，陡长丈余”，“所有津关南北各数十里俱漫溢纤道，且闻低洼地方间有淹没之患”⑥。大水使整个京畿地区受灾十分严重，直至次年三月，“积水尚有未经全涸之区”⑦。大水过后，北运河多次淤浅，张家湾河段尤受重创。

“大水后，河溜分出康家沟抄河，而张家湾正河渐淤。十一年，沙浅更甚”。至嘉庆十三年（公元1808年）“六月、七月，连遇大雨，水暴涨。

---

① 录副奏折，仓场侍郎达庆，仓场侍郎邹炳泰，奏请开挖北运河引河事，嘉庆八年十月初三日，档号：03-2069-001；载龄，福祉，等. 光绪《户部漕运全书》卷45“漕运河道・挑浚事例”//续修四库全书：第837册. 影印本. 上海：上海古籍出版社，2002：115.

② 同①114.

③ 周家楣，缪荃孙. 光绪《顺天府志》卷45“河渠志十・河工六”//续修四库全书：第684册. 影印本. 上海：上海古籍出版社，2002：350.

④ 嘉庆六年六月十七日，达庆等奏//清代海河滦河洪涝档案史料. 北京：中华书局，1981：264.

⑤ 嘉庆六年六月十七日，同兴奏//清代海河滦河洪涝档案史料. 北京：中华书局，1981：267.

⑥ 嘉庆六年六月初九日，给事中周元良奏//清代海河滦河洪涝档案史料. 北京：中华书局，1981：260.

⑦ 嘉庆七年三月二十六日，陈大文奏//清代海河滦河洪涝档案史料. 北京：中华书局，1981：284.

溜势仍分趋康家沟，而张家湾正河复淤，河底高于康家沟丈余，长至十数里”。从此，漕船改走康家沟新河道，“粮艘不复经张家湾矣”[①]。史籍记载的这几行文字，只显示了自然河道变迁的节点和结果，但在整个过程中，或者说面对这样一种因水灾而引发的水环境变迁，尤其是对漕运具有重要地位的最后一程北运河河道的改变，京畿社会是怎样应对并适应的，需要做出回答。

（二）嘉庆六年大水之影响与官方态度

清代，把与江河湖海等水资源相关的水利工程称为河工。为此，清廷设制度、置专职、隶工部。在北运河治理中，历朝依靠各级河工臣僚，加强河务修防管理。一有河工，随时咨报，并派谙熟河工者实地查勘办理，清廷针对查勘报告，表明态度，做出决策。嘉庆年间，依旧严格执行河工河员执掌及稽查管理体制。[②] 嘉庆六年（公元1801年）的大水，使北运河在张家湾正河处“分出康家沟抄河”，而“正河渐露于溢（涩）”[③]。对此，各级官员及时上报实情，先后有漕运总督铁保，山东巡抚和宁，仓场侍郎李钧简、达庆和邹炳泰等人到实地进行了考察，表明各自意见，并提出解决方案。

大水之后的八月二十四日，漕运总督铁保最先奏报张家湾一带漕运不畅的事实。报告张家湾正河外，有“超河”（抄河）一道，水量足资浮送大船，且“比正河较近”，奏请疏浚，并绘图贴说。[④] 观其所呈图，显示三个重要信息：一是漕船经走抄河更为便利。用黄帖标明粮船由南而来，自吴家庄（武家窑）一段进入抄河，河长4里，于温家庄驶出。也有“现在严州各帮，俱由此挽运，极为妥便”等字样。二是漕船走张家湾正河要绕一个弯道，计长28里，“向来粮船俱由此行走”。三是用黄

---

① 光绪《通州志》卷1“封域志·山川”. 光绪九年刻本.

② 光绪《大清会典事例》卷902“工部四一·河工二·河员执掌二”//续修四库全书：第814册. 影印本. 上海：上海古籍出版社，2002：416-418.

③ 录副奏折，吏部右侍郎德文、仓场侍郎李钧简，奏请挑修张家湾正河事，嘉庆十二年九月二十九日，档号：03-2076-076。

④ 朱批奏折，漕运总督铁保呈漕船行走超河形势图，嘉庆六年，档号：04-01-05-0091-029。

帖明确标出嘉庆六年北运河涨发大水的位置，即在张家湾城南浑河入北运河处。

除了绘图贴说外，在奏折行文中，铁保还详细叙述了漕船走抄河的便利和可能。其中提到，八月十五日，自己赴通州一带查看粮船，时有弁员报称：张家湾一带“水溜河淤，船行不能迅速”，只得雇夫挽运，以致费用太高。由是“查得吴（武）家窑有超河一道，向通剥船，直抵温家庄，仅止四里。水至浅处有二尺六寸，足资大船浮送”。且称已令严州帮船“由超河行走，甚为顺利”。对此，铁保当即驰赴抄河处察看，见严州帮船径自抄河通过，不但大省夫价，且路程“较张湾正河近至二十余里”。至二十三日时，另外八帮漕船也“全行过竣”。

在奏折中，铁保还对北运河水量大小年份时漕船走抄河段的情形进行了分析，以强调漕船自抄河行走的可能。铁保说：“查超河原非正河，水小之年，重船难行，是以从前粮船，总由正河行走”，“但就现在情形，河面宽展，与正河无异”；并认为稍加投入人力，将抄河宽窄不宜之处加以挑挖，比行走张家湾有距离优势。船走抄河不仅路程“近至少二十余里”，而且“既避浑水冲突之险，又省人夫挽运之繁”，“倘将来正河大小溜急竞，由超河行船，实为便易”。铁保对此进一步补充说，就是“平时空船回转，剥船往还，不至再走正河”。

由是，铁保指出，漕船经走抄河是“因地制宜”之法，“用力少而成功多，不可不早为筹办”；并建议清廷令通永道就近查勘，希望本年“漕运完竣之后，略为疏通”。据铁保估计，需疏通抄河之工“不过三四里河道”，“所费无几”，但“于公务大有裨益”①。对此，清廷谕内阁征求其他官员意见②，同时令相关人员再次前往，详细查勘。在清廷看来，“如果疏浚超河，将来重运可以径由该处浮送”，便是极好的事情。

八月二十七日，仓场侍郎达庆、邹炳泰带领相关人员前往查勘铁保所奏抄河一事。查勘后禀明铁保所说“超河”，当地人称为“旱河沟”，位于张家湾正河之东，北高南下，“形势直捷”，自温家庄起至武家窑止，计长

---

① 以上引文均见：录副奏折，漕运总督铁保，奏报查看粮船有超河可行事，嘉庆六年八月二十四日，档号：03-1744-026。

② 清仁宗实录：卷87（嘉庆六年九月丁亥）. 影印本. 北京：中华书局，1985：150.

1 215 丈。“相度实有碍难挑浚之势”①。

为慎重起见，九月初五，清廷又派山东巡抚和宁、仓场侍郎邹炳泰带领一班人马赴温家庄一带详加勘验，并将实际情形绘图贴说奏报。② 然而和宁等人的考察结论，与铁保的建议截然相反，坚持认为漕船必须走张家湾河道。其内容大体可概括为以下三个方面。

首先，张家湾上游来水情形与河岸地形决定了不能改道。和宁等人指出：潮白河经顺义境，势如建瓴，直趋南下，入通州界，水势平缓，即被称为北运河。通州以南地面，北高南下，土松沙活，不能建设闸坝，全藉河道曲曲环流以刷沙蓄水、转运粮艘。这也是“张家湾距通州陆路止十二里，水路则四十里”的缘故。所谓“超河”，就是当地人说的旱河沟，本名康家沟，位于通州南八里许的温家庄北。③ 该沟“南北直冲，至吴（武）家窑，长七里许”。夏秋可容小船，春冬涸为旱地。由于“今岁河水涨溢，冲刷宽深，押运武弁等得以抄近抵通漕”。而“铁保遂就现在情形谓与正河无异，奏请挑挖，改建运道”，是无视北运河张家湾段河道一般年份时的状况，将特殊年份的事例错判为常态。

其次，张家湾是传统的转运码头，不能废置。和宁等人指出，“殊不知，旱河沟水底高于正河三尺，若挑浚深过正河，则沟水夺溜直行，而张家湾必致淤浅”。若按铁保提议，“挑挖此沟，改为正道”，不仅“一切官引盐津、官木植、商船客舫、车户居民，赖此水陆码头者，诸凡未便”，还可能存有二患：

> 一则以西北汇入之河，平分两股，如遇干旱之年，水消力弱，则上挽逆流重运，必费周章，是欲速反迟也。一则以南北直捷之溜，转折太疾，如逢雨潦之年，南冲力猛，则下游近岸村庄，虑遭潦漫，是又以邻为壑也。

---

① 以上引文均见：录副奏折，工部左侍郎和宁、仓场侍郎邹炳泰，奏为遵旨查勘超河情形以利漕运事，嘉庆六年九月十三日，档号：03-2114-075。

② 朱批奏折，山东巡抚和宁、仓场侍郎邹炳泰，呈漕船行走通州一带运河全图，嘉庆六年，档号：04-01-05-0091-030。

③ 此处“温家庄北”疑为“温家庄南”，据和宁等绘《呈漕船行走通州一带运河全图》示意。

最后，船行张家湾更有利于民情。故在上述两点认识的基础上，和宁等人不仅认为铁保的意见不可采纳，甚至还批评铁保办事不周、不虑民情，说铁保“并未详查地形、水势、土俗、民情，创超河之名，改张湾之旧，殊属非是”，且认为“粮船自南而北经行数千里，似不必争此二十里之便利”，“今通盘筹划，务期于漕务、地方两无妨碍，不敢轻易更张”；还不无忧虑地说道，“此沟若开成大河，南口转注太疾，南岸村庄可虑”①，并用黄帖在图上标出北运河往武清方向5～8里南岸的几个村庄，有沙古堆、供给店和苏家庄等村落。②

结果，清廷基本认同和宁等人的勘察结论，认为漕船在张家湾行走，源于前人对河道周边地势的选择，即“张湾一带，前人开浚运道，故纡其途，本有深意。盖因地势北高南下，土松沙活，不能建设闸坝。全赖河道湾环，得以蓄水转运”，并引和宁等人所奏，否定了铁保的建议。清廷指出，至于铁保所言，“徒见今岁雨水涨溢，重运偶可抄道行走”而已，若仅以此而“酌改旧制，实非经久无弊之策”，因而颁谕铁保“其议断不可行”；且令所有通州运道，著照和宁等所请，“毋得轻议更张”③。

综上可见，大水之后，有几拨人对北运河河务进行了考察。争议主要在铁保与和宁之间展开。铁保认为，张家湾河道已经不适宜通航，当转往距离更近、航运更便捷的康家沟道。和宁等则坚持旧有的“全赖河道湾环，得以蓄水转运”的张家湾河道。清廷也以和宁等人所言为据，无视北运河河道水势变迁的基本事实，依旧坚持以张家湾为正河。当然，和宁等人所持观点中一个很重要的理由，还在于张家湾是明清以来重要的水陆码头，“如超河调深，溜由彼河直向南趋，此河溜缓，自必渐淤，船只不能行走，自须改设码头”④。因此，清廷对北运河张家湾段的自然裁弯取直未能接受。

---

① 以上引文均见：录副奏折，工部左侍郎和宁、仓场侍郎邹炳泰，奏为遵旨查勘超河情形以利漕运事，嘉庆六年九月十三日，档号：03-2114-075。

②④ 朱批奏折，山东巡抚和宁、仓场侍郎邹炳泰，呈漕船行走通州一带运河全图，嘉庆六年，档号：04-01-05-0091-030。

③ 清仁宗实录：卷87（嘉庆六年九月丁亥）．北京：中华书局，1986：151．

（三）人为堵筑康家沟与河道自然裁弯

清廷既决意仍以张家湾正河为漕运主航道，便谕令加大财力、物力和人力清淤挖浅，以利漕运。但不几年，张家湾段河道淤浅更加严重。至嘉庆十一年（公元 1806 年）冬，水势涨发，河道淤浅更甚，难以行船，直接影响到漕运顺利进行。无奈之下，清廷做出了次年漕船暂由康家沟行走的决定，同时依旧声明要重视和加紧“挑修张家湾河工事”。所以，嘉庆十二年（公元 1807 年），当仓场侍郎萨彬图、李钧简禀明暂由康家沟河段挽运漕粮时，其依旧遵照清廷旨意，加紧挑浚张家湾河道。

漕船走裁弯取直后的康家沟河道，完全是由于张家湾正河淤浅严重、水流平缓迟滞，不利于行船，也是当时最经济、最便利的方案，却在朝中引发激烈争议。一些朝臣坚持经由张家湾道行漕，否认康家沟河道的优势。为此，清廷令吏部右侍郎德文、仓场侍郎李钧简会商直隶总督，率同通州、永定河河道坐粮厅及管河各员，再次查勘北运河张家湾段水情和运输环境。

根据一干人马的实地勘察，清廷对张家湾水环境的情势更加明了。除了对张家湾河道之所以呈弯形，前人于此筑城、建转运码头“自有深意”，暴雨山洪使河道“逐段浅阻”的缘由等有了进一步了解外，对康家沟河道信息知晓更多。这在德文等人的报告中有明确表示，即：尽管走康家沟河道，计程只有 6 里，但是“康家沟水一直下注”，“地势北高南下，最易宣泄，必致上游淤浅之患”，本年暂以此段河道济运，是不得已之举，况且此时康家沟河道“已多溜激坎阻等事”，并不适宜行船。继而得出了“挑复张家湾正河，堵筑康家沟抄河，方资经久，尤为势不容缓之工”的结论。建议“兹漕务将竣，应计估计筹款兴挑”①。这一意见，与嘉庆六年和宁等人的主张基本一致。

事后不久，的确因康家沟“河头、河尾溜猛，兼多坑坎，牵挽维艰，事竣后仍请堵闭，复归张家湾正河”②。嘉庆十三年（公元 1808 年）初，

① 以上引文均见：录副奏折，吏部右侍郎德文、仓场侍郎李钧简，奏请挑修张家湾正河事，嘉庆十二年九月二十九日，档号：03-2076-076。

② 录副奏折，刑部尚书吴璥，奏报遵旨查勘张家湾康家沟河道及漕船由康家沟行走可行事，嘉庆十三年八月二十五日，档号：03-2079-097。

清廷以德文、李钧简奏报为根据，谕令堵闭康家沟抄河，工程由直隶总督温承惠全权负责。不过，在堵筑康家沟河段的过程中，原计划的时间和具体负责人均有调整。

原定于二月二十日康家沟段挂揽合龙，开放河头。由于西北风大作，“水长溜激，两坝平蛰迎门埽亦被掀去，追抢至二十七日，又复蛰陷”。为此，温承惠由武清驰赴康家沟，相度河形，看到“原做两坝，经两次冲激，蛰陷势成，入袖断难”，遂决定“仍由原建坝基堵合”，“令由东北向西南顺水筑坝，徐徐逼溜，俾形势直趋挑河，以期堵合康家沟”。时因主持通永道的禄宁另有差委，又飞调永定河道陈凤翔前往督办。三月初二，陈凤翔抵达康家沟，“率领员弁兵夫，昼夜趱办。至初七、十一等日，旋堵旋蛰，幸抢护加镶，得以平稳”。十五日午刻，“挂揽合龙，层土层料，追压结实”，并将原做坝口一并镶筑，作为重门保障。至此，堵筑康家沟工程方才完工，坝口牢固，康家沟抄河断流，“大溜全归故道，漕拨船只，衔尾而上，悉由新挑张家湾正河行走”①。

康家沟堵筑合龙工程稳固后，温承惠又向清廷提议疏浚张家湾浅淤地段，并就工料费用等问题一并提出。其中说道：“张家湾正河淤塞多年，当日原估之员，意存节省，挑挖稍嫌浅狭。诚恐伏秋盛涨，河身不能容蓄，及致康家沟坝工吃重，请将浅窄河面加挖宽深”②。由此看来，尽管堵筑了抄河康家沟，但张家湾的河道并不顺畅，淤浅段不少，需要加大投入，挖浅加宽。

可是，河道自然流淌和异常摆动，非人为始所能料。至六月间，北运河水势异涨，“普律漫滩”，且由“康家沟迤东平地冲出河身一道，夺溜而行”③，致使张家湾正河全部淤浅，“重空各船暂由康家沟行走”④。

---

① 以上引文均见：朱批奏折，直隶总督温承惠，奏为康家沟抄河堵筑合龙折，嘉庆十三年三月，（此件为户部抄件，工部亦有抄送，档号：第187559-001号，下略），台湾“中央研究院历史语言研究所”藏明清史料，傅斯年图书馆，档号：第187522-001号。

② 朱批奏折，直隶总督温承惠，奏为康家沟抄河堵筑合龙折，嘉庆十三年三月，傅斯年图书馆，第187522-001号。

③ 录副奏折，刑部尚书吴璥，奏报遵旨查勘张家湾康家沟河道及漕船由康家沟行走可行事，嘉庆十三年八月二十五日，档号：03-2079-097。

④ 录副奏折，仓场侍郎达庆、蒋予蒲，奏报详勘康家沟等处河道情形事，嘉庆十三年八月十六日，档号：03-1750-059。

七月二十六日，清廷谕仓场侍郎达庆等就近查办汇报，以明情势。次日，达庆又接军机大臣字寄上谕一道，主要内容是转达温承惠奏报的“确勘张家湾一带河道情形及粮艘暂由康家沟行走事并筹办缘由事”。其中云：

> 本年南粮在江南、山东一带趱行迅速，比较往年早至两月，而自入北河以后，顿行浅阻。现在军船自严州所以下，尚有千余只，在杨村一带停泊。到通起卸，又需时日，不免濡迟，甚为廑虑。此时张家湾正河淤浅，重空各船虽暂由康家沟抄路行走，而该处河流直泻，不能久为容蓄。目下节逾白露，已届消水之时，若再水落沙停，军船岂不浅搁？

为今之计，“先须乘康家沟水大之时，将重空粮船一律趱行，勿令一船浅阻北河。斯为第一要务”。同时又提出，“统俟军船全出北河以后，再将张家湾堵口事宜熟筹办理”。为此，七月二十九日，达庆奏报：因“张家湾正河水落沙淤”，本年粮船仍暂由康家沟行走。现在粮船经走康家沟极其顺利，起先担心康家沟“水势直泄，预将筹办挖淤”之顾虑，已是多余。

由上可见，嘉庆十三年（公元1808年），不仅漕粮经走康家沟，而且清廷据温承惠的奏报，令达庆等人将转运漕船作为第一要务办理，并及时“挑挖深通”康家沟河道，以期“水小之时，仍可蓄水，行船不至阻浅。水大之际，又可多为容纳，不致旁趋漫溢，以图一劳永逸之计”①。俟本年漕运完成之后，再考虑张家湾堵口事宜。清廷对张家湾改道的态度已悄然改变。

八月十六日，达庆等人经对康家沟与张家湾水情、河段地形等进行勘察后，进一步分析了相应对策和利弊：张家湾和康家沟地界毗连，西高东下，张家湾之地势较康家沟高出数尺及一丈一二尺不等。“现在张家湾正河被大水冲刷成滩，绵亘十数里，俱已干涸”，若要挑挖，“非深至二丈，不克济用”。可是，要在康家沟河道建坝，“苦无生根之处”，故“今春两次修筑，皆归淹没”。如若另行建坝，尚需要加高培厚，并添筑长至数里的坝埝。而迤东地面更低，恐将来水大之时，水势东趋，漫溢冲

---

① 以上引文均见：录副奏折，仓场侍郎达庆、蒋予蒲，奏报粮船行走情形事，嘉庆十三年七月二十九日，档号：03-1750-053。

刷，既不能入张家湾正河，又不能归康家沟旧溜，导致漕船无路北上，则关系非轻。达庆等人在均衡利弊后，提出北运河漕运只有改行康家沟，才能得以保障的建议，并呈述了其可行性。大致有四点：一是“康家沟上下，皆接大河正溜，并非无源之水。今年大水之后，向来所有坑坎难行处所，均已冲刷平畅，化险为夷”。二是河上有“汕出湾环四处，无虑直泻不能蓄聚”。此与之前所勘察的康家沟无湾环、溜激直泻的结果已经大不相同。三是经对以往一般年份里“张湾未淤之先，该汛呈报寒露节后水势消耗之处”的情况加以调研，得知张家湾水势“总不及现在康家沟水势之通畅”。四是经询问旗丁、水手、往来商船人等，皆称康家沟本系抄河，今已冲成大河，水面宽深；若修复张家湾，恐误漕运。可见，达庆等人的言下之意是：在康家沟河道筑坝的可能性是成立的，漕粮改行康家沟的条件是成熟的。于是，达庆等人提出了即“自不若仍由康家沟行走，较为安顺”的建设性意见，奏请清廷“仍由康家沟行走，试看一年”①。

值得注意的是，达庆等人所奏报的漕粮行走的康家沟，并非嘉庆六年（公元 1801 年）铁保提到的超河（抄河），而是嘉庆十三年（公元 1808 年）六月北运河水涨，平地冲出的河身，即：“康家沟行船之新河头，并非上一年坎阻旧路”，而是“河宽溜平”的一段新河道。所以，为稳妥起见，达庆等人才报请漕粮仍于康家沟东河段行走一年，并奏请清廷委员前往详细查勘，再定夺是否以此处为正河。②

关于漕运河道自张家湾改至康家沟一事，早在达庆等人之前，直隶总督温承惠已有奏报。即如前文所述，嘉庆十三年（公元 1808 年）七月二十四日，温承惠奏报了确勘张家湾一带河道情形及漕船暂由康家沟行走事，表明北运河的主河道已经不走张家湾正河，“大溜由康家沟坝基迤东百余丈处，平地内冲成河槽，约长一里有余，归入康家沟旧河。其原旧河现转淤成平地，致张家湾正河两岸淤滩”。淤塞的张家湾河道“长有 200 余丈，水深仅尺许”，其“下游一带间断淤塞已十里有余”，

---

① 以上引文均见：录副奏折，仓场侍郎达庆、蒋予蒲，奏报详勘康家沟等处河道情形事，嘉庆十三年八月十六日，档号：03-1750-059。

② 录副奏折，刑部尚书吴璥，奏报遵旨查勘张家湾康家沟河道及漕船由康家沟行走可行事，嘉庆十三年八月二十五日，档号：03-2079-097。

漕船万难行走。①

(四) 漕船行走康家沟的最终选择

面对实地查勘后一些官员的不同意见，为慎重起见，清廷又派曾任仓场侍郎且熟悉河务的刑部尚书吴璥，率同永定河道陈凤翔、通永道禄宁等前往勘察水情。嘉庆十三年（公元1808年）八月二十一日后，吴璥等人沿“流水沟、小神庙一带直至康家沟河头、河尾”，对水势深浅进行测量，在逐细察勘的同时还详加访询，最终认同了温承惠、达庆等人所奏报的水情形势，奏明北运河河道在张家湾与康家沟之间摆动已有经年的实情。检索档案，从臣工奏报的整个经过来看，清廷十分重视吴璥的奏报。

吴璥在奏报中，详述了康家沟抄河与新、旧河道之情形。结合档案中嘉庆十四年（公元1809年）的“康家沟张家湾新旧河图”②，便可知晓吴璥提到的“康家沟原本有一条抄河”，是为康家沟旧河，即嘉庆十二年（公元1807年）萨彬图、李钧简奏明漕船“暂由该处挽行”的那个河段，也即嘉庆六年（公元1801年）铁保最早奏报的“超河”。这段旧河位于后来冲出的河道即新河之西，早年“分流无多，近年渐次掣溜，张家湾正河遂日形淤浅”，以致船只难行。而康家沟新河，即如吴璥所说：“本年六月间，水势异涨，普律漫滩，另由康家沟迤东平地冲出河身一道，夺溜而行。不但张家湾正河全已淤平，即上年走船之康家沟河头亦复淤塞。现在康家沟行船之新河头，并非上年坎阻旧路，是以河宽溜平”③。可见，嘉庆十三年（公元1808年）七月间，达庆、温承惠等所言的康家沟行走漕粮的河道，就是这段新冲出的河道（见图4-2）。

在吴璥的奏报中，不仅区分了康家沟新、旧河道，还有仔细测量的河道数据，分析了漕船行走康家沟和张家湾的利弊。吴璥主持测量了康家沟新河。其河面宽三十余丈至六七十丈不等，水深六七尺至一丈二三尺不等，

---

① 以上引文均见：录副奏折，直隶总督温承惠奏报确勘张家湾一带河道情形及漕船暂由康家沟行走事，嘉庆十三年七月二十四日，档号：03-2079-074。

② 录副奏折，呈康家沟张家湾新旧河图，嘉庆十四年，档号：03-2083-057。

③ 录副奏折，刑部尚书吴璥，奏报遵旨查勘张家湾康家沟河道及漕船由康家沟行走可行事，嘉庆十三年八月二十五日，档号：03-2079-097。

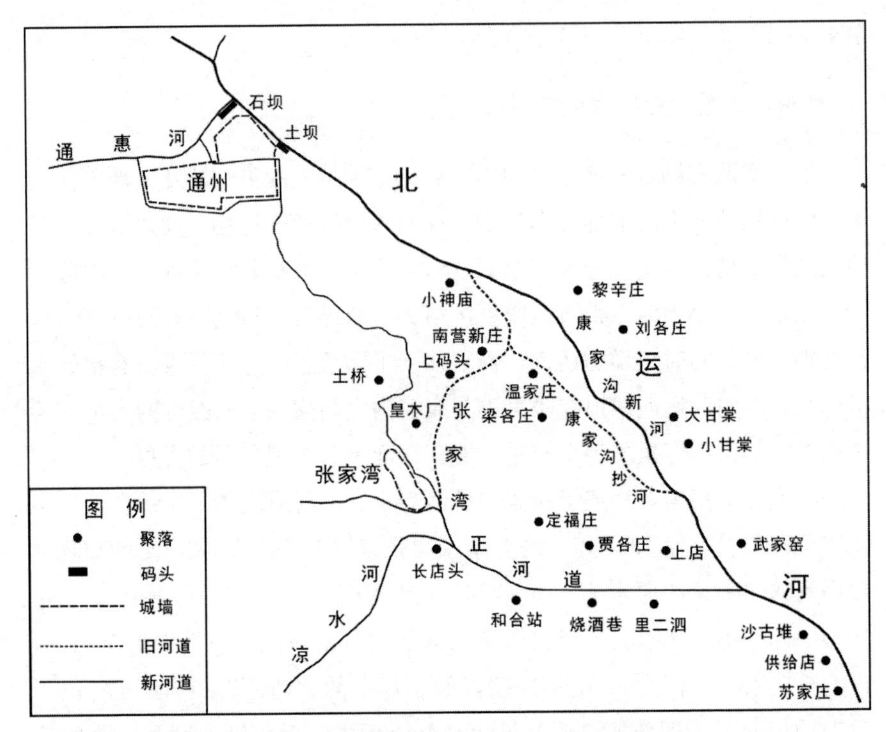

图 4-2　嘉庆年间北运河张家湾段河道变迁示意图

资料来源：据《漕船行走运河形势图》《漕船行走通州一带运河全图》改绘。

时节令已逾寒露，“水势尚极深通”。亦复勘了已经淤成高滩、“并无河形”的张家湾正河。经测量，其滩面高于康家沟水面九尺，自河底计算，共高一丈八尺余寸至二丈一二尺不等。吴璥认为，若要修复张家湾正河，计长有十数里，至少挑挖二丈三四尺，才有可能掣溜，何况“所费已属不赀”。而该处全系沙地，“并无老滩坚土可立坝基”。即便按照温承惠所说的“自西岸温家庄老坎至东岸高滩止，筑坝一百七十余丈”，虽可以堵合，但至夏秋时节，一旦发水，“坝底浮沙见水，即溃坝，必蛰陷。兼之普漫之水，仍可越过坝头。倘又另冲沟槽，又将夺溜他徙，则张湾正河仍不能保无淤塞。虚掷金钱，犹在其次，恐漕船更无路可行，所关非小”。所以，吴璥认为，这也是温承惠称“堵筑康家沟仍无一劳永逸之策”的缘故。

吴璥通过实际考察和测量，对众论所顾虑和踌躇不决的“康家沟形势直泻，不能蓄水，恐致上游浅阻”等问题也予以回答。吴璥经对康家沟以上河身逐段测量，得知其深处在四五尺至丈余不等，只有刘各庄、小神庙、流水沟三处地方河床浅涩。但此三处河道原本就浅，即便是在张家湾正河行漕期间，每年也设有刮板，并非康家沟直泻所致。另外，在康家沟河道数里之内，也有湾环四处，即如达庆所言的康家沟新河道里有湾环四处，“非竟系直河”。在康家沟河岸，吴璥还“亲见剥船装米二三百石，扬帆而上，居然已成大河，毫无坚阻，较之张湾旧时正河，更为舒畅。此康家沟向未运漕，而现今行船极为顺利之实在情形”。为慎重起见，吴璥又访问了来往商船居民人等，这些人对漕粮走康家沟“亦均无异词”①。

值得一提的是，吴璥作为一名谙熟水利的技术官僚，对利用北运河水资源、张家湾改道等问题，有自己独到的见解，提出了“顺水之性”的论断。其在奏折中说道，经“层层细勘，再四筹维”，窃谓“河势变迁，今昔本无一定，无论旧河新河，总以形势顺畅为断，未便拘执一见。如果康家沟堵筑后，可保无虞，则挑复张湾正河，自属经久，正办即多费数十万帑金，亦何敢存惜费畏难之见”，

> 今查该处地势，西高东下，又系浮沙，康家沟业已刷成大河，迥非从前分流沟港可比。若必欲拘泥复古之说，而不论现在情形，不特挑河筑坝，帑项虚縻。倘转至河槽错出，梗浅难行，势必误漕，关系殊非浅鲜。况康家沟溜稳河深，现已船行甚利，并有湾环四处，亦不至直泻为患。与其挑已塞之旧河，仍不足恃，自不若就已成之新河，顺水之性。②

尽管北运河漕粮连续几年走康家沟，但其与复归张家湾主张的争议一直很激烈，直到嘉庆十四年（公元1809年）才最终得以解决。是年六月二十八日，巡视通州漕务给事中史祐上了有关北运河康家沟河道难行，宜复张家湾故道的奏折。其中写道，北运河“河道各处，俱属深通，惟该处

---

① 以上引文均见：录副奏折，刑部尚书吴璥，奏报遵旨查勘张家湾康家沟河道及漕船由康家沟行走可行事，嘉庆十三年八月二十五日，档号：03-2079-097。

② 录副奏折，刑部尚书书吴璥，奏报遵旨查勘张家湾康家沟河道及漕船由康家沟行走可行事，嘉庆十三年八月二十五日，档号：03-2079-097。

淤浅及五月底甫经暑雨，该处河流便已迅疾。现在水势险溜十分，又无牵道，挽运维艰，且无堤岸，不能停泊。据报漕艘被水冲击，多有损坏。盖因河道径直，旱则浅阻，潦则湍急，不可以常行”。史祐请示清廷先令总督温承惠就近查勘情形，堵筑部分河段，“俟本年漕竣后再行钦派大员会同相度勘估。将康家沟设法堵筑，疏浚张家湾，复还故道”①。

七月十六日，直隶总督温承惠就康家沟新河定为正河一事再行奏报。② 其中分析了两段河道拉锯的经过和最终选择康家沟的理由。温承惠认为，自嘉庆六年（公元 1801 年）大水后，北运河张家湾和康家沟段河道摆动已有九个年头。漕粮时而走张家湾河道，时而又经康家沟段，二者相较，后者更为捷便。并举例说道，嘉庆六年时，康家沟段已冲刷成河，但张家湾依然作为漕运的主河道在使用，而一些回空的漕船和民间载货的红船为“贪图捷便”，经走康家沟。进而分析水势，指出河头在康家沟“竟致夺溜”，张家湾则“日形浅阻”，乃至地势高于康家沟的事实。强调比起张家湾稍高地势而言，康家沟更坦荡低平，水性就下宽缓，济运漕船得力，上下往来，咸资稳利。

所以，面对北运河张家湾段自然裁弯取直的现象，一些臣工从实际水情出发，提出了利用自然河道以济运的合理建议。清廷在耗巨资疏浚、挖浅张家湾，堵筑康家沟旧河失败之后，方才作出顺应自然水道变迁的决策，漕船改行康家沟。如此，已经淤塞严重的张家湾河道久之干涸废弃。

嘉庆年间北运河张家湾段改道是一个自然现象，从中显示了清人对水资源利用的认知程度，以及对水利现象的观察判断能力，也反映了京畿漕粮对水运的依赖程度，包括疏浚河道投入的人财物等巨量经济成本，导致张家湾改道成为一个和整个清王朝统治相捆绑的大事件，这些在吴璥等人的奏折中均有显示。人们选择新旧河道，不仅有涉“拘泥复古”的意识问题，还与对地势、季节、水情、筑坝等知识和技术多层面的认知程度有

---

① 以上引文均见：录副奏折，巡视通州漕务给事中史祐，奏报酌拟通州仓漕事宜事，嘉庆十四年六月二十八日，档号：03-2082-021。

② 录副奏折，直隶总督温承惠，奏报查明康家沟等处河道情形事，嘉庆十四年七月十五日，档号：03-1751-075。

关；尤其是对水情的人为认知程度和对拘泥旧有河道的尊古复古思想意识，导致漕运是走“正河”还是“抄河”的争议持续了9年。从铁保始，至吴璥终，这期间和宁、德文等人执意走张家湾正河、堵筑康家沟的意见和行为，是不顾张家湾、康家沟河道变迁事实之错误判断，而温承惠、达庆等人面对康家沟水情优势，从水环境变迁的实际出发，多方分析求证，为清廷最后决断漕船走康家沟提供了重要的依据。凡此，皆从一个层面揭示了人与自然的互动不是简单直接的，而是一个具有复杂关系的巨系统。

张家湾改道还有一个最直接的后果，就是北运河长度缩短，由乾隆年间的360余里，缩短到嘉庆年间的330余里。[①] 这是翻检档案时笔者发现的一个问题。弄清了张家湾裁弯截直的事实，北运河长度缩短问题也就迎刃而解了。此外，此后的北运河自身水位标准与乾隆朝相比有所下降，除去与改道相关涉外，还与河道泥沙淤塞、汛期洪水多发有关。

三、筑坝冲沙与挑浚河道

北运河水系河道多沙质，一遇洪水暴雨急流，河床、河岸易冲溃，尤其经洪水冲刷，河道容易淤积泥沙，河床日益抬高。另经水流冲击的泥沙，于河道转弯处堆积后又遭冲刷，一旦夏秋涨水，河道水势得不到宣泄，易形成溃决，有碍漕运。而组织人力物力不断挑挖疏浚河道泥沙，一方面能够清理河道泥沙，提升河流自身的水位和漕运能力，另一方面也会提升河流宣泄洪水和排洪能力，在洪水期也不致发生严重溃决，所挑挖泥沙还可用来加固堤坝。故此，清廷置官拨银，设置“河夫”，时时挑挖河道泥沙，并使挑挖筑坝成为定例，以应对北运河水势水量的变化。

（一）挑浚河道的刮板浅夫与垡船衩夫

由于天津至通州一带的北运河“向系流沙，淤浅靡定，每岁动支税课

---

① 至道光年间，显示水程也为330余里，即“袤长三百三十余里”，参见：朱批奏折，直隶总督颜检，奏为北运河务关厅及杨村厅所属建筑堤坝被刷残缺请准动项兴修事，道光三年二月二十五日，档号：04-01-01-0646-041。

盈余两，于粮船随到，酌量挑浚”[①]，为了使人工挑泥以疏浚河道得以有效进行，清初以来就有严格定例。雍正元年（公元 1723 年）题准，多差人役，昼夜巡防，“漕船运近，长夫逐口探量水势，多插柳标，随时刨挖”[②]。至乾隆三年（公元 1738 年），清廷“从仓场侍郎塞尔赫请”，“命疏浚东便门北护城河道，以利漕运”[③]。三十六年（公元 1771 年），又准仓场侍郎瓦尔达等请，“挑挖通惠河淤积”[④]。至乾隆末期，挑挖深通北运河水系依旧是各管官员的常规管理事务。五十七年（公元 1792 年），仓场侍郎诺穆亲奏言：由于天津以北之运河“古浅均见”，加之江广船只船身较大，比浙江漕船吃水要深，对河道深度要求更高，因而必须时常敦促和“严饬员弁，挑挖深通”，俟江广帮船经北运河时，于“尤宜备拨接济”的同时，更注重河道挖浅捞泥。[⑤]

正是由于清廷认识到“运河挑筑日期，关系转漕，甚为紧要”，故俟来年漕船北上抵达北运河时，清廷便根据运河水势水量随时派人挑挖河道，并在北运河水系设置了管理河道运输的四类“河夫”，即衩夫、浅夫、闸夫、标夫。其中专管通流的闸夫 42 人，庆丰闸 80 人，由各官率领，于河堤“种柳固堤”。标夫有 33 人，设自雍正元年（公元 1723 年），主要自“重运入汛起至空船出汛止”，“逐日探量水势，多插柳标”。衩夫、浅夫则是指专门随时挑挖河道泥沙、疏浚河道之人，因其挖泥工具为刮板与垡船，故亦称“刮板”浅夫与“垡船”衩夫。起初，额设衩夫 180 名、浅夫 500 名。康熙二十年（公元 1681 年）裁撤额设衩夫、浅夫，设六汛浅夫刨挖疏浚。[⑥]然而，因北运河河道“淤浅之处甚多，粮艘及民船往来，殊属艰难”，乾隆二年（公元 1737 年）又在张家湾专设漕运通判一员，“专

---

① 朱批奏折，工部尚书哈达哈，奏为挑挖北运河淤嘴横浅以纾丁力以速漕运事，乾隆八年五月二十七日，档号：04-01-35-0143-024。

②⑥ 周家楣，缪荃孙. 光绪《顺天府志》卷 45“河渠志十・河工六”//续修四库本书：第 684 册. 影印本. 上海：上海古籍出版社，2002：338.

③ 清高宗实录：卷 65（乾隆三年三月戊辰）. 影印本. 北京：中华书局，1985：53.

④ 清高宗实录：卷 891（乾隆三十六年八月乙酉）. 影印本. 北京：中华书局，1985：943.

⑤ 以上引文均见：朱批奏折，仓场侍郎诺穆亲，奏为北河民船赶赴天津以备江广各帮轮流拨运事，乾隆五十七年六月初二日，档号：04-01-35-0181-033。

司疏浚事宜，属坐粮厅管辖，并设把总二员，外委四员，听通判调遣”①。梳理清廷在北运河道设置被称为“河夫”的垡船衩夫与刮板浅夫制度，可知其由来也是经历了一个过程，尤其是垡船衩夫一项自酝酿讨论到完全实施，费时十年。

垡船衩夫，最先置于子牙河下游东、西两淀，该两淀乃畿辅西南众水之汇，连接河道甚多，皆能通舟，只是一遇淤垫，水不能畅流达津，漫淹为患。由是，清廷置有垡船 200 只、衩夫 600 名，于“两淀河底捞浚”泥沙。乾隆二年（公元 1737 年）七月，暂署直隶河道总督顾琮等人考察淀泊水情，见淀中“有捕鱼小舟，长一丈三四尺至二丈有余不等，可容二三人撑驾。每于捕鱼之暇，在淀中用夹捞取淀泥，或叠田埂，或垫房基”。受淀内衩夫捞泥法启示，顾琮向清廷建议“请即用此法”于北运河，并进一步说到自己为营田观察使时，“观其事其法甚善”，若照依子牙河下游用垡船挖浅之法，添设垡船 300 只，将所挖之淤沙运至堤畔，则必无随挑随淤之事。经计算经费投入，约费银 3 000 余两，每船募衩夫 3 名，共 900 名，每名按季量给工食银 1.5 两，“犹可借船为业”②。这是清廷君臣议论的于北运河上添设垡船衩夫，以挖取河道泥沙的起因。

然而，同年十一月二十九日，坐粮厅善宁等亦呈称：北河流沙无定，随挑随淤，试加挑挖，于漕规之外，不过挑深一二寸之间。可是，水深沙淤，人力难施。若将北运河河道一律加挑，各处横浅甚多，人夫拥挤，不但靡费钱粮，且粮船遇浅守候，反稽重运。对此，清廷不得不慎重考虑，故而经委顾琮等人再次前往考察后得知，北运河捞浅，系用刮板。每刮板一副，需浅夫二十五六名③；浅夫在挑挖淤泥过程中，将所刮淤沙压于河道两旁，不过这些淤泥距河沿“仅离丈许，仍掷河中”，随着河水荡漾，

---

① 清高宗实录：卷 47（乾隆二年七月己酉）. 影印本. 北京：中华书局，1985：815.

② 以上引文均见：朱批奏折，暂署直隶河道总督顾琮，奏为疏通淀中河道请添设垡船事，乾隆二年八月二十五日，档号：04-01-05-0002-005。

③ “坐粮厅向设刮板四十副，临时募夫各二十有五”，参见：周家楣，缪荃孙. 光绪《顺天府志》卷 45“河渠志十・河工六”//续修四库全书：第 684 册. 影印本. 上海：上海古籍出版社，2002：338。

所挖河泥“仍复旧下归于河槽”，是以有“随挑随淤”之说法。然而，置于子牙河下游东、西淀的垡船衩夫捞浚淀河底泥沙的办法，较之北运河更有效果，且已经卓有成效。顾琮等人便乘此建议将子牙河上垡船衩夫捞泥之法移植至北运河上。

顾琮等人指出，“倘明年北运河偶遇水小，江广漕船吃水甚重，其五六运以后之船腰艄拖空船尚吃水二尺七八寸不等，一遇横浅，虽全数起剥，亦必阻滞难行，致误漕运，关系匪轻”，进而奏请乾隆帝“饬下直隶总督，仿照淀河设立垡船之例”，由通永河道会同永定河道，在应给旗丁红剥银内酌量动用经费，“及时速为排造土槽”垡船200只，添设衩夫600名捞浅，并由河西务、杨村二厅“分管其一切事宜”，俱照子牙河下游之例行事。顾琮等人还对实施的可能效果进行了预估，认为垡船“在于北运河一带挑挖淤浅，如挖深一寸，则旗丁受一寸之利，益若挖深数寸，则旗丁受益良多矣”，随时挑挖深通，便能够实现甚至超过照依漕规所定的横浅之处挑深“四捺八分”之定例，以免壅塞之虞。①

鉴于顾琮等多人多次奏请将子牙河下游淀泊的垡船衩夫挖泥办法移植到北运河，为稳妥起见，乾隆帝转谕鄂尔泰再议。鄂尔泰认为：

> 东西两淀为畿辅泉水之汇归，其中干流支港经纬贯串，原无阻滞，自浊流入淀，而淀河淤浅，始而病淀，继且病河。盖淀不能多受，河不能安流，亦其势然矣。查西淀纳白沟畅达，以利宣泄，则一直涨溢，无可消受，后患将更大。

遂奏“今署河臣顾琮奏请添设垡船以疏淀中河道，为淀河计，即为永定河计，实系切务，似属应行应请”，所请添设垡船300只，募衩夫900名，以及添设官弁、外委，分辖、总辖等项，亦应照所请行，以专责成，以收实效。此次，鄂尔泰不仅全力支持顾琮的建议，还对子牙河下游东、西淀泊的来水河道演变情形加以分析，指出似应于淀水消涸时逐加查勘通淀水道，酌量开通，使全淀之水各路分消，达到“传送疾而宣泄利”的效果，

① 朱批奏折，直隶河道总督朱藻、协办吏部尚书顾琮，奏为遵旨会议东淀添造垡船及岁需粘补应用工料钱粮各项事，乾隆三年七月二十五日，档号：04-01-05-0003-010。

于全局河道堤工或更有裨益矣。①

然而，乾隆君臣对于移植垡船衩夫办法至北运河也仅停留于讨论层面，直至乾隆九年（公元1744年）十二月，已升任直隶总督的顾琮又奏请添设垡船疏浚北运河以利运行。顾琮说道："查北运河自津至通，水程三百六十余里"，淤嘴横浅甚多，"多板沙老底"，南粮转津，必须起剥。清廷方才准令"暂行借调淀河伐船六十只"，"照子牙河下游用垡船挖沙之法"，"撑驾北运河挑挖横浅"，将所挖淤沙，运至堤畔。②

至乾隆十年（公元1745年），尽管各省起运粮船较上年多增加1 000余只，可是仍旧难改北运河"水势微弱，淤嘴横浅甚多，粮船濡滞难行"的旧疾。六月十八日，经仓场督臣"拨夫刨挖，并备剥船起剥"，粮船仍不能顺畅行进。于是，顾琮再次奏请"添设垡船捞挖"，但清廷"未准"③。不过，乾隆帝朱批由直隶总督高斌专门办理置垡船雇衩夫挖沙之事。二十二日，高斌会同仓场督臣檄调伐船数艘前往北运河试行捞挖泥沙，然而"因北运河流沙与淀河淤泥有间，尚在熟筹妥酌，未据通永道详议"，暂时无果。可是，延至七月，北运河水势微弱，高斌已查得"目下北运河尚未长水，重运粮船多有浅阻，挖浅济漕事关紧要"，遂不得已依照顾琮之前建议"即时速办"，飞檄天津道、永定道，各拨发垡船60只，共加倍拨发垡船120只，派令垡船千把外委等带领衩夫，即日开棹，星夜撑驾前赴北运河，亦令务关同知、杨村通判会同挖河厅员"细心董率，竭力挑挖"，俟河水长发，即便停止，仍令垡船驾回淀河。

时正值顾琮巡视北运河码头汛，其自巡漕御史处得知高斌执行之情，也清楚了"必须刮板与垡船两者兼用，方得深宽速效"的情形后，又对疏浚工具的使用与效果加以详细考察。顾琮看到：刮板所刮泥沙甚多，可是"只能取泥，不能运至远处"；垡船虽有运泥之效，而"所用铁锨杏叶爬

---

① 朱批奏折，大学士鄂尔泰，奏为遵议直隶总河顾琮请添设垡船以疏淀中河道一折事，乾隆二年九月初十日，档号：04-01-01-0020-025。

② 以上引文均见：朱批奏折，漕运总督顾琮，奏请添设垡船疏浚北河以利运行事，乾隆九年十二月初七日，档号：04-01-01-0113-053。

③ 以上引文均见：朱批奏折，漕运总督顾琮，奏为暂行借调淀河垡船挑挖北运河杨村以北横浅淤嘴事，乾隆十年六月十八日，档号：04-01-01-0122-009。

取、挖泥沙较少”。为此，顾琮灵活处置，令衩夫将刮板所刮泥沙倒入垡船，运送至较远处；并将用于南河挖浅用的“空心锨”，即所谓“本年在镇江瓜州等处挖浅之要器”，让垡船衩夫试用于挖泥，结果该空心锨较之铁锨盛土要多，“甚为利便”。为此，顾琮总结出：

> 挑河之法，并无一定之规，当以能多挖泥沙为前提，如果将垡船、衩夫、刮板兼施，并南河挖泥之器同时使用于北运河挖浅，便能多去横浅泥沙，河身畅通。①

另外，顾琮行至杨村时，又据杨村通判陈之纪汇报：

> 运河添设垡船挖浅济运一案，经永定河道檄发垡船四只至杨村龙王庙横浅处所试看，未挖之先，水深二尺三四寸不等，既挖之后，即深三尺有余，甚属有效。但是捞挖之后，河底不平，仍需刮板拉平，更为有济，二者似宜兼用。

故而，计划奏请暂行借调永定河垡船 60 只，派令外委带领衩夫撑驾北运河杨村迤北，挑挖横浅。②

由是，顾琮经与直隶总督高斌商议后，奏请将原拟在北运河添设的垡船 200 只、衩夫 600 名，改减为垡船 120 只、衩夫 360 名。同时指出：每年子牙河下游淀河所用垡船的月份少于北运河，又系分班捕鱼为业，各工所需银两较北运河少，北运河每年挖浅各工月份虽较多，可无捕鱼之需，也可减少衩夫、浅夫人数。为使垡船衩夫成为北运河河道疏浚之定例，进而加以有效管理，顾琮请将“原奏垡船令通永道管辖，刮板又系仓场衙门专管”的局面加以整顿，“今请系归仓场衙门经理”，如此“诸法并行，庶事权归一，挑挖得宜，得收实效”。对此，乾隆帝朱批：著高斌等会议具奏，该部知道。③

---

①③　朱批奏折，直隶总督高斌，奏为遵旨办理北运河挖浅事，乾隆十年六月二十三日，档号：04-01-35-0145-043；朱批奏折，漕运总督顾琮，奏为调整垡船数目并刮板浅夫人数及使用长器多去横浅泥沙通畅河道事，乾隆十年七月十三日，档号：04-01-01-0122-018。

②　朱批奏折，漕运总督顾琮，奏为暂行借调淀河垡船挑挖北运河杨村以北横浅淤嘴事，乾隆十年六月十八日，档号：04-01-01-0122-009。

由于顾琮所建议的挑浚办法运作效果良好，清廷准予该办法于次年开始正式实施，并专门置办船只、募夫挖沙，责疏浚河道。乾隆十一年（公元1746年），“设垡船六十只，以备疏浚。又设衩夫百八十名，浅夫三百名”[①]。十四年（公元1749年），又裁垡船，初设划船。次年，改为刮板。[②]

与此同时，在对北运河河道加强疏浚以节省漕粮剥运经费问题上，清廷君臣之间也有一场讨论。当顾琮提出的移植子牙河下游淀河垡船衩夫于北运河挖泥建议被搁置后不久，顾琮升任漕运总督，于乾隆八年（公元1743年）五月十四日，又言挑浚深挖河道事，提出重船“每遇横浅，止挑至四捺八分以合漕规”，“若于漕规之外再挑深二三寸，则每船可少起米一百石，若再挑深，则起剥愈少，于丁力、漕运均有裨益”[③]。五月二十七日，工部尚书哈达哈也表达了类似的观点，认为“若再挑深，则起剥愈少”，至于挑浚所需“税课余银不敷动用”，可以准予“将扣存通库红利银两添为挑浅之用”，即奏请清廷解决加挑所需银两。清廷给予财政支持。可见，哈达哈补充了顾琮建议办法的经费来源，并强调“该总漕等所议，挑挖愈深，则起剥愈少，事属可行”[④]。

乾隆帝经再三考虑后，批示：“应俟明岁重运到时，动项试挑，先于漕规外加挑三寸，果于粮艘有济，再行题定久远章程”[⑤]。可是，仅乾隆九年（公元1744年），北运河通永河道所属务关、杨村、蓟运三厅岁修西王庄等处堤坝及挑浚淤浅工程，共动项实用银8 800余两。[⑥] 就是如此高额的费用，相比起剥转运，用银少而有效。为节约银两，次年十一月，大学士刘于义等又酌请裁改河兵，添设衩夫，提出酌减河兵300名，计一年

---

① 王庆云．石渠余纪：卷4//沈云龙．近代中国史料丛刊．第8辑：第75册．台北：文海出版社，1973：330.

② 周家楣，缪荃孙．光绪《顺天府志》卷45“河渠志十·河工六”//续修四库全书：第684册．影印本．上海：上海古籍出版社，2002：338.

③④ 以上引文均见：朱批奏折，工部尚书哈达哈，奏为挑挖北运河淤嘴横浅以纾丁力以速漕运事，乾隆八年五月二十七日，档号：04-01-35-0143-024。

⑤ 清高宗实录：卷202（乾隆八年十月癸亥）．影印本．北京：中华书局，1985：610.

⑥ 台湾“中央研究院历史语言研究所”内阁大库档，直隶总督高斌奏，乾隆十年五月十一日，档号：012855-001。

可节约饷银 4 331 余两，足以抵添设衩夫工食。①

在衩夫的管理上，清廷规定：每衩夫一名，日给饭银 4 分，外委每名 6 分，所发银 200 两，为旗丁应得红剥项内动银，同时再动红剥银 600 两，用于雇觅人夫，拉拽刮板，并力挑挖。并指出：若以“未抵坝船只计算，每船止费银四五钱。以挑浅最少计之，如将横浅挖深一二寸，每船即可少起米一百石，则省费银八两四五钱不等，其所省较之所费十倍有余”②。因而，为了北运河上漕船行进顺畅，清廷通过垡船衩夫与刮板浅夫办法的实行，得出：利用“刮板浅夫”办法，疏浚刮挖“古浅新淤”处所以利用有限河道水势载舟，是最行之有效的办法。因此，至乾隆十五年（公元 1750 年），因“北河河道彻底全沙，沙随水走，水逐沙行”，垡船效果不佳，又全行刮板。

前文已述，刮板浅夫的疏浚办法在此之前就已经在实行。由于“额设浅夫”480 名不敷应用，清廷规定“如遇疏浚紧急，临时雇夫协济”③。只是这些刮浅人夫，向无大员专管。至乾隆二十三年（公元 1758 年）时，有关各司议定章程，始交通永道率同漕运通判管辖。④ 次年，加大刮沙疏浚力度，北运河沿线六汛刮板，除杨村汛减存刮板 3 副、浅夫 60 名，其余向北五汛有刮板 25 副，每汛添足浅夫 100 名，共 560 名，招募足数，交于通永道督同漕运通判管辖稽查。⑤ 直至乾隆四十一年（公元 1776 年），浅夫设置依然是北运河漕运管理上的重头，是年有官员奏议在康熙年间所设六汛的基础上增加二汛，“每汛夫百”。从嘉道之际的资料可知，从事刮板的浅夫人数已有所增加，八汛设有浅夫 840 名，仍由通永道以浅夫籍贯、年貌发给腰牌、工食，每月每名给予银 1.2 两，有

---

① 录副奏折，吏部尚书刘于义，直隶总督高斌，奏请截改河兵添设衩夫以收实用事，乾隆九年十一月，档号：03-9731-017。

② 朱批奏折，漕运总督顾琮，奏为暂行借调淀河垡船挑挖北运河杨村以北横浅淤嘴事，乾隆十年六月十八日，档号：04-01-01-0122-009。

③ 托津，福克旌额，等. 嘉庆《户部漕运全书》卷 44：第 3 册. 影印本. 台北：成文出版社，2005：1872.

④ 录副奏片，户部尚书奏托津，为查明北运河浅夫由通永道专管事，嘉庆十九年七月初八日，档号：03-2129-035。

⑤ 朱批奏折，直隶总督方观承，奏为往杨村查看船行及雇备剥船并杨村毋庸设巡漕事，乾隆二十四年三月三十日，档号：04-01-35-0153-043。

刮板42副，交各汛官通融调拨，以备不时刮除淤沙。[①] 其应支工食，系动用通济库轻赍银两，由坐粮厅按月支给，仍由漕运通判按照该道所给腰牌名数分给八汛浅夫。[②] 延至光绪年间时，仍“设夫凡八百六十”[③]。

实际上，由于受北运河水系的河道高程影响，每年漕运开始时，除了负责河道各官提前疏浚河道外，清廷还特派巡视人员前往督促。乾隆五十八年（公元1793年），巡视通州漕务御史都尔松阿恐重船入北河以后挽运或有迟滞，即于四月十九日由通州一路前往迎提探量水势，“间有淤沙横浅处所，即督令汛弁夫役迅速刮挖，一律深通，俾重船到时，易于挽运”[④]。至乾隆五十九年（公元1794年），北运河两岸沿途各汛所置刮板浅夫疏浚河道活沙的规定依然在实行。管理者认为，河道“向来横浅处所”，“一经刮挖，便可不虞阻滞也”[⑤]。这表明，遇到北运河河道水浅年份时，清廷派专人过问疏浚挖浅，提升河道自身水位，疏浚事务繁重。

嘉庆十五年（公元1810年）二月二十五至三十日，通州漕务给事中龄椿领旨前往北运河查看水势及饬挑挖淤浅事宜，自通州，由水路起程行抵天津，一路沿河查看水势，并逐段亲加探量，水浅处所即饬令地方沿河工各员带领浅夫随时挑挖深通，以利粮艘行走，“庶工不虚施而事归实效”[⑥]。嘉庆十八年（公元1813年）入夏以来，北运河流域“雨少风多”，渐有水势消落，“至浅之处，均在三尺一二寸”[⑦]。由于北运河系属流沙，

---

① 录副奏折，穆彰阿、吴邦庆，为条陈北运河浅夫刮板银两责成通永道经管事，嘉庆十九年七月初三日，档号：03-1858-078。

② 录副奏片，户部尚书奏托津，为查明北运河浅夫由通永道专管事，嘉庆十九年七月初八日，档号：03-2129-035。

③ 周家楣，缪荃孙．光绪《顺天府志》卷45“河渠志十·河工六”//续修四库全书：第684册．影印本．上海：上海古籍出版社，2002：338.

④ 朱批奏折，巡视通州漕务御史都尔松阿，奏报催提二进帮船及查看水势情形事，乾隆五十八年四月二十六日，档号：04-01-35-0183-027。

⑤ 朱批奏折，仓场侍郎刘秉恬，奏报督押过关之船北上及杨村起拨漕粮等情形事，乾隆五十九年四月初九日，档号：04-01-35-0185-009。

⑥ 朱批奏折，巡视通州漕务给事中龄椿，奏为查看水势及饬挑挖淤浅并杨村剥船数事，嘉庆十五年二月三十日，档号：04-01-35-0210-052。

⑦ 朱批奏折，巡视通州漕务御史清泰，奏为查勘水势并迎提南粮头进帮船事，嘉庆十八年四月二十五日，档号：04-01-35-0221-017。

虽暂时水势充裕，“犹恐长落靡常”。六月初五，巡视通州漕务御史清泰自通州由水路起程，沿河将头进重运各帮“严催北上”，并严饬沿河员弁以汛为单位，“不时测量”，一有淤浅，带领刮板浅夫，无分昼夜，拼力刮挖，告诫弁兵“毋视目下水势增长稍存疏懈，总期军拨粮艘到处无滞碍之处”①。

嘉道之际，为使入北运河的漕船得以顺利行进，所置“刮板浅夫”仍为对应水势消弱的重要办法，只不过北运河“立法本为详备”的浅夫管理，已经疲态百出。由于日久生懈，“不肯认真办理，或竟至人夫缺额”，临时雇募，出现种种弊端。嘉庆十九年（公元1814年）七月，穆彰阿等人指出：

> 向来招募人夫，由通永道给牌充补，支领工食，由坐粮厅按月发领一事，分管似于疏浚淤浅事宜，无易至推诿迁延。查坐粮厅验收漕粮，事难筹顾，而通永道专辖河道，最易（原文为“易最”，疑为“最易”。——引者）稽查所有浅夫刮板一项。应请旨，嗣后专责成通永道一手经管，平日则督饬员弁照旧刮淤，遇有水冲沙阻，则临时添雇夫船器具，迅速挑挖。其浅夫银两即改归通永道散给，以昭划一。该员呼应较灵，无不至稍有推卸之弊，于河道漕船均有裨益矣。②

至道光年间，清廷对北运河挑浚事宜的管理仍然十分重视，加大浅夫深挖河道力度的同时开始重视护佑堤坝。道光八年（公元1828年），通永道周寿龄禀称，在南粮未到以前，“赶紧挑挖，以利漕运”。可是“本年南粮挽入直境较早，首进帮船计四月初旬即抵杨村、务关一带，若于河内集夫抽沟，不特人工难以措手，且于船行不便”。故而奏请缓俟秋间再行兴修北运河受淤处所与河面窄狭等问题。对于漕船行进受阻的河道淤积泥沙，便即刻“饬各汛弁逐段下板，加力刮挖，务使重空军

---

① 以上引文均见：朱批奏折，巡视通州漕务御史清泰，奏报催提头二进帮船并查勘运河水势情形事，嘉庆十八年六月初十日，档号：04-01-35-0221-054。

② 录副奏折，穆彰阿、吴邦庆，为条陈北运河浅夫刮板银两责成通永道经管事，嘉庆十九年七月初三日，档号：03-1858-078。

船一无阻滞”。至于堤埽各工咬重之处，有碍民田庐舍，亦令于大汛期内加谨防守，务保无虞。①

道光十二年（公元1832年）五月，北运河水势浅涩；至初六，北来南粮镇江帮船已过天津，然而，漕船行进“逐节浅阻，行走迟滞”，漕船“遇浅尚需守待，势难依限抵坝，必须添夫刮挖”。为此，仓场侍郎那丹珠等饬通永道周寿龄亲驻北运河河干，督率弁役“实力刮挖”；也饬天津道与通永道一起“多集民夫，赶紧疏挖深通”②。

所以，每年巡视通州的漕务官员最上心承办的事情就是沿北运河查勘水情水势，督促浅夫深挖河道，挑浚浅滩险阻，人为增加河道水深，调剂河道水势，催促重运与回空漕船首尾衔接行进。

（二）河道护堤整治与开挖引河

北运河水势稳定是漕运畅顺的前提，可是受区域气候因素影响，尤其秋季降雨集中，北运河河道水势猛增，河水暴涨，往往会冲决堤岸，不仅影响漕运，也影响河道两岸堤坝的巩固与周围农田民舍的安全。即如直隶总督杨廷璋所言：“北运河上关漕运，下系民生，最为紧要”③。故而，固筑护堤，开挖引河，适时排出涨水抑或增加水量，保护河道，也是清廷不得不组织人力加大整治的方面，是管漕大员必须实施的重要举措。清廷规定“运河决口不堵塞，以致粮艘经过漂没多船者”，漕运总督要行题参地方之责，否则“例降二级留任”④。

北运河时常发生水势漫大溢过堤坝甚至决口的情形，河道沿线管漕大员亦屡屡奏请固筑堤坝，以保漕运顺畅。乾隆十一年（公元1746年），直

---

① 以上引文均见：朱批奏折，奏为北运河另案抽沟各工因军船到津较早自应缓俟秋间再行兴修事，道光八年，档号：04-01-05-0164-036。

② 以上引文均见：录副奏折，仓场侍郎那丹珠、刘彬士，奏为查勘北运河水势浅涩帮船行走迟滞必须疏浚添备剥船令军船就迁回空事，道光十二年五月二十日，档号：03-3603-068。

③ 朱批奏折，直隶总督杨廷璋，奏为奉谕查明七月一日大雨后永定河漫口及抢护情形并北运河水势事，乾隆三十六年七月初六日，档号：04-01-05-0238-004。

④ 托津，福克旌额，等. 嘉庆《户部漕运全书》卷44：第3册. 影印本. 台北：成文出版社，2005：1876.

隶河道总督高斌奏请束水筑坝，说道：

> 北运河长三百六十里，河宽流漫，水无正槽，应照束水坝之法，束水归槽。于支汊、漫滩、横浅之处，层层截障。用通仓变价旧米袋，囊沙紧扎，三路层铺坝外。①

次年三月，高斌由通州查勘北运河一路所筑束水坝工，看到“现做完六十九处，俱系横沙浅阻处所”，筑坝之后“蓄水刷沙，较前加深二尺至二尺五寸不等”，达到漕运遄行标准，故而奏称“将来南漕重运经临，可以无虞阻滞”②。

河堤冲垮后的堵筑，也是管漕大员的职责。乾隆三十五年（公元1770年）闰五月十六、十七日，北运河流域大雨如注，昼夜不止，河道涨水1.4丈有奇，连底水共深1.8丈余。水势漫大，两岸堤坝多有溃决，“张家、王甫庄堤岸土性浮松”，“堤漫溢二十余丈，幸离正河尚远，不致夺溜”。好在此时北上粮艘尚在途未至，杨廷璋“恐致贻误”，急忙组织人力，“上紧堵住完固”溃决堤岸。③ 是年，通惠河也发生漫口，漕运通判所属之平下、普济等闸及葫芦顶、王相公庄等处“亦有冲刷堤岸数丈及十余丈之处”。次年，“平下闸漫口八九丈，普济闸漫口十余丈”，均由直隶总督杨廷璋组织人力，分头堵筑。④

暴雨集中，常常导致河道水势漫溢，容易发生险工。因而，嘉庆八年（公元1803年）六月间，准工部咨奉上谕：“嗣后凡有添筑埽坝等工，一面上紧抢护，一面于兴工后，即将新工地名、段落、长宽、高厚、丈尺若干、约需银数若干，逐一分开详晰具奏”。这是清廷应对河堤险工的新举措。因而，嘉庆十年（公元1805年），自入伏汛以来，面对北运河通判所管杨村北汛定福庄南险堤段，迎溜扫湾冲刷堤身的险要

---

① 清高宗实录：卷260（乾隆十一年三月辛巳）. 影印本. 北京：中华书局，1985：374.

② 以上引文均见：朱批奏折，大学士高斌，奏为查勘北运河筑坝蓄水并经过地方情形事，乾隆十二年三月二十三日，档号：04-01-35-0147-028。

③ 以上引文均见：朱批奏折，直隶总督杨廷璋，奏报北运河漫口情形及现在饬办事，乾隆三十五年闰五月二十三日，档号：04-01-05-0235-024。

④ 清代海河滦河洪涝档案史料. 北京：中华书局，1981：187；朱批奏折，直隶总督杨廷璋，奏为奉谕查明七月一日大雨后永定河漫口及抢护情形并北运河水势事，乾隆三十六年七月初六日，档号：04-01-05-0238-004。

形势，直隶总督即组织人力，“接建草坝一段，足资捍卫”，并将新添埽坝高宽丈尺及约银数，开单呈送。[①] 嘉庆二十五年（公元 1820 年），雨季来临，通永道禄宁、杨村通判刘四顺禀称，本月初八、九至十二、十三等日，昼夜大雨，北运河水势陡涨，该厅所属马家工、东缕堤一带，“因溜势汹涌，风浪排击，水上堤面，淹没子埝，抢护无及”，于十五日漫溢十余丈，以致“水上庞家嘴北，月堤亦漫溢十余丈”。经“查缕堤正当溜势顶冲，一时难以堵筑”。该管官只得“购料集夫，先将月堤赶紧抢办”。又据务关同知田宏猷禀称，旬日以来，“河水异涨，该厅所属小王家庄迤北缕堤陡立河崖，水大溜急，漫过堤顶，人力难施”，于二十日漫溢十余丈，“现在昼夜抢修”[②]，以免影响漕运。

除了人为筑坝修堤，护理河道，以应付季节性河水暴涨外，开凿引河，宣泄洪水，也是应对北运河夏秋河水暴涨的重要举措。为避免北运河洪水期水势漫涨，自康熙、雍正朝以来，清廷于沿河修筑减河，以泄水势。筐儿港和青龙湾就是康雍时期人为开造的两道重要引河，同时设立石坝二座。至乾隆年间，多有修缮，以改善北运河水环境，有利漕船行进。乾隆二年（公元 1737 年），直隶河道总督刘勷奏：

> 北运河源高势峻，汇流甚众，每遇伏秋汛发，直若建瓴，顷刻寻丈，奔腾汹涌。是以河西务青龙湾地方，建有减水坝一座，复于该坝迤南杨村筐儿港地方，又建减水坝一座，惟是筐儿港石坝得收宣泄实效。其青龙湾引河一坝，每遇水势略小之年，不能分泄涓滴。若值汛水浩瀚，坝口仅得过溜，堤工已有漫溢之虞，此坝竟成虚设。请将坝基移近河滨，移于王家务地方。于二月初四日兴工至五月十五日，一律告成。[③]

---

① 以上引文均见：朱批奏折，直隶总督吴熊光，奏为循例奏报永定河南北两岸及北运河杨村厅属新添埽坝工段丈尺银数事，嘉庆十年闰六月十九日，档号：04-01-05-0106-022。

② 以上引文均见：朱批奏折，奏为通永道杨村马家工东缕堤及小王家庄迤北缕堤二处被水漫溢现办捐修事，嘉庆二十五年，档号：04-01-05-0288-009。

③ 乾隆二年六月初六日奏折//清代海河滦河洪涝档案史料. 北京：中华书局，1981：72-73.

修缮工程用时三个多月，将青龙湾引河改移王家务，并南延至八道沽，俟夏秋水涨时，避免了堤坝冲决之害。故而，刘勷在奏报中还说："幸今岁将北运河青龙湾减水坝移建河滨，坝口过水一丈有余，得保平稳"①。

此后，用于削减北运河水势的筐儿港和王家务两处减河的防御修缮，便成为河道总督每年督促关注的重要河务。乾隆七年（公元1742年），因北运河杨村通判所属之筐儿港引河宣泄不畅，地方请准开挖子河、上菜园、韦家庄等处堤工、大溜，在堤坝埽湾单薄、残缺处添筑月堤。② 可是，至九年（公元1744年）七月，北运河王家务石滚坝常年遏水不过一二尺，初七、八两日，因"山水大发"，河道水陡涨至2丈有余，河西务以北、王家务石滚坝过水至六尺有余。③ 亟须添工防御。

乾隆十六年（公元1751年），地方奏请废弃王家务八道沽堤埝，而筐儿港之南堤屡修屡坏，虚靡帑项。延至四十五年（公元1780年），清廷准予废弃筐儿港南堤外民田，改减为水草科，以泄漫涨洪水。之后数十年中，任水荡漾，漫为湿地。道光三年（公元1823年），北运河河水又值盛涨，"到处漫溢，两引河缺口甚多"。筐儿港之朱家码头、王家务之赵家排均致溃决，而且闸坝具系石工，兴修大属不易，况且两引河堤埝"久经废弃，节年坍塌，几无堤形"。若要修复，不但"需费甚巨，兼且为时已迫"，汛季到来之前亦难以完工；若妄议赶修，必致徒费帑项。无可奈何的地方官员只得奏准暂缓办理。次年，择要估办北运河两岸缺口及引河上游淤浅各工，以便保障运道护佑民田。可是由于引河各工经费不敷，工程较大，恐徒费无益，清廷又准暂缓办理。④

当然，北运河上游来水减少时，也会有开挖引河以充沛来水的动议，只是因工程用帑不敷或人力难以为继而作罢。北运河上游的温榆河与潮白河不断摆动而引发的来水减少，使通州石坝起卸粮船全藉工部税局地方以

① 清代海河滦河洪涝档案史料. 北京：中华书局，1981：75.

② 台湾"中央研究院历史语言研究所"内阁大库档，吏部尚书署理直隶总督史贻直印务，为乾隆七年分北运等河通永河道所属务关杨村蓟运三厅岁修下坡庄等处堤坝及淤浅各工通共享过银一万五千六百余两请旨敕部核销，乾隆八年四月十四日，档号：013380-001。

③ 朱批奏折，直隶总督高斌，奏为遵查永定河三工庄河下埽之处已甚稳固各处堤埽各工亦俱稳固无虞事，乾隆九年七月初十日，档号：04-01-01-0114-024。

④ 以上引文均见：朱批奏折，直隶总督蒋攸铦，奏为遵旨委员查勘北运河两岸两引河各工办理为难恐徒费无益事，道光四年四月初一日，档号：04-01-01-0661-053。

上所蓄倒漾之水以济漕运，是以“最易停淤，每岁兴挑有增无减”。嘉庆四年（公元1799年），有官员议将“石坝对面往东一里许，潮白河之西岸”开挖引河一道，约长200余丈，直至贴近石坝之旧温榆河，使潮白河之水分注于坝前，以期水有来源，可资行运。① 然而，清廷委员考察后认为在石坝前开挖引河，或恐“夏月盛涨之时，有碍民居，拟改于上游浮桥之南开挖”，奏报嘉庆帝后，谕暂且停办，俟二三年后再看。然而，温榆河“岁修不敷”，需筹项添用，更严重的是自嘉庆五年（公元1800年）起温榆河上游久无来水，下游一带自六年（公元1801年）大水以后潮白河之溜偏趋下游东岸，其西岸仅存小沟二道，水势微弱，力不足以刷沙，遂致“涸出岸滩，逐渐淤塞”。该管官不得不令厅汛员弁组织浅夫昼夜刮挖，以资剥运，至漕运完成后率同通永道坐粮厅各员再逐一挨次详查细勘。

问题是，温榆河下游自药王庙起至流水沟止，新淤沙滩460丈，来水不足，必须探深开宽“方足以资浮送”漕船。可是，这里尽管逐岁疏浚，也仅仅是通过倒漾才能引导水源，温榆河上游干涸淤垫情势断难扭转。为从根本上解决水源问题，嘉庆八年（公元1803年），开挖引河一事重提，有官员建议或于石坝小口对岸开挖305丈，温榆河有来水源，藉可疏淤；或于工部税局前对岸自药王庙之流水沟一带开挖计长140丈的引河，工部税局前旧为潮白、温榆两河交汇之处，可冲刷新淤泥沙处。由是委员勘测奏明动帑兴工事宜。② 为使漕船顺利抵通，清廷在雇夫挖浅与起剥转运方面投入不菲，不得不自财政专设项目经费拨付。嘉庆九年（公元1804年），杨村、务关两厅岁修工程通共实请销银19 200余两。③ 次年，岁修北运河培筑堤坝及减河挑淤等工程估需银为相同数量。④

---

①② 录副奏折，仓场侍郎达庆，邹炳泰，奏请开挖北运河引河事，嘉庆八年十月初三日，档号：03-2069-001。

③ 台湾“中央研究院历史语言研究所”内阁大库档，直隶总督管巡抚事颜检，题报前任务关同知杨瑛昶及杨村通判刘宝第分别承办北运河嘉庆九年分岁修请销银，嘉庆十年五月十六日，档号：123389-001。

④ 台湾“中央研究院历史语言研究所”内阁大库档，署理直隶总督裘行简，题报务关杨村两厅嘉庆十年分岁修北运河培筑堤坝及减河挑淤等工程估需银两，嘉庆十年十一月二十七日，档号：115502-001。

故而，保障北运河及其来水河道的水势平稳，以及堤坝不受暴雨洪水冲击，既是漕运河工的重中之重，也能藉资保护附近民田庐舍。然而，北运河两岸堤坝工段绵长，处处皆关紧要，加之年深日久，筑于河道两岸的堤坝并非一劳永固。为使“粮艘经行遄速”，清中叶以来，清廷也时常动帑添建堤坝等工。道光二年（公元1822年），伏秋汛内大雨，连绵山水异涨，两岸堤坝各工多有“冲刷残缺，在在堪虞”。经通永道任衔蕙、永定河道张泰运会同护理通永道钟禄对刻不容缓处“复加撙节，勘估奏报”，整治如务关厅属建筑堤坝草土各工、杨村厅属建筑堤坝草土各工等，清廷准予在通永、天津二道库存河淤地租项下动支银两，且责成该道督同该厅等赶紧购备料物运贮工所，照估赶紧办理。[①] 这种加大人力物力整治河堤水道的工程经年接续，以致清廷疲于应付。

至光绪年间，季节性暴雨洪水频发，北运河水势高过堤坝，沿岸决口甚多，为从来之未有。“若令道厅次第堵办，工段过多，年内势难告蒇”。因而地方分别动员军民共同堵筑决口。一是饬由统领天津练军的记名提督何永盛督带全队，将西岸自庞家嘴、蒲口以下，东岸自张湾子以下的水旱口门22道，克期堵筑。二是派令本地绅士，即前广东水师提督曹克忠召集弁役民夫，将庞家嘴、张湾子以上两岸水旱口门43道，迅筹堵合。时甫月余，两队人马堵筑漫口65处，杨村以西河道通行。

可是，杨村上游务关厅所属境内缺口七处，除了罗屯等处六口责成该厅姚豸承办修堵完固外，东岸红庙水口由于冲刷严重，一时难以完竣。红庙决口被洪水刷宽至130丈，水深3丈余，工程浩大，“又值永定河同时兴工，人夫料物均不应手，骤难集事”，而且“该口分溜七八成，归青龙湾减河，由宝坻下宁河北塘口入海，正河溜势甚微，河身节节淤浅，由津运京米麦杂粮千数百艘，并部购铜铅、商人贩运各货，舟樯林立，皆在杨村一带阻浅”，所以，“该口一日不堵，则运道一日不通”，遂仍饬记名提督何永盛挑派练军3 000名前往抢办，并派员四出购料制埽，运济工用。

几经堵筑与周折，最终在红庙水口对岸旱滩开挖长200余丈的引河，

---

① 朱批奏折，直隶总督颜检，奏为北运河务关厅及杨村厅所属建筑堤坝被刷残缺请准动项兴修事，道光三年二月二十五日，档号：04-01-01-0646-041。

东西两坝打桩，并于大坝上游赶筑挑水坝，员弁兵夫数千人拼命抢办，挖沟切滩，“以畅溜势，引河下首，又做边埽”，方才堵筑缺口。① 所以，光绪二十一年（公元1895年），“北运河为患最巨”，且由于“上年平家疃等处决口，波及通州、香河、武清及下游的宝坻等处，二三百村庄，不能耕种”②。为此，清廷不仅投入了大量的人力物力，还要“速放急赈，以拯灾黎”，同时处置一批为政治水不力人员，北岸同知、三角淀通判、南五工永清县县丞、香河和河西务汛的主簿等均被摘去顶戴。③

此次红庙等处决口制埽所用工料银两甚巨，兹仅就其所用银两与工程概况梳理制出表4-2。

表4-2　　光绪年间红庙等处决口制埽所用工料银两概表

序号	名称	长宽高（单位：丈）		耗银（单位：两）	序号	名称	长宽高（单位：丈）		耗银（单位：两）
1	裹头埽工	长	14	703.512	11	厢工	长	98.6	11 009.256
		宽	2～3				坝宽	4～5	
		高	1～1.5				加高	0.8～1.7	
2	四路桩厢垫工	长	87	8 852.254	12	坝顶挑做大工	长	134	964.934
		坝埽宽	3～5				顶宽	2.5	
		土柜宽	7				底宽	5.5～7.5	
		高	0.7～1.8				高	0.6～1	
3	六路桩厢垫工	长	30	7 921.23	13	月坝	长	65	9 834.931
		坝埽宽	5				软厢坝宽	7～16	
		土柜宽	1.4				土柜宽	1	
		高	1.8～2.5				高	2.5～4.6	
4	中间进占工	长	15	2 925.71	14	月坝上大堤	长	65	363.74
		软厢坝宽	5				顶宽	2.5	
		土柜宽	1.4				底宽	5～14	
		高	2.5～3.9				高	5～9	

① 以上引文均见：朱批奏折，奏为由津入京杨村一带运河决口饬委记名提督何永盛等堵筑情形事，光绪朝，档号：04-01-30-0343-008。

② 清德宗实录：卷376（光绪二十一年九月壬寅）. 影印本. 北京：中华书局，1985：912.

③ 清德宗实录：卷576（光绪三十三年七月癸巳）. 影印本. 北京：中华书局，1985：621.

续表

序号	名称	长宽高（单位：丈）		耗银（单位：两）
5	龙门口工	长	5	2 925.71
		软厢坝宽	5	
		高	3.9	
6	临河厢筑边工	长	96	5 472.84
		埽宽	1	
		高	1.8～3.9	
7	坝后厢筑边埽	长	78	3 307.72
		埽宽	8	
		高	1.6～3.7	
8	挑挖引河	长	430.5	6 453. 71
		坝宽	15	
		深	4～6	
9	堵闭旧河筑坝两道	长	60	6 584. 782
		坝宽	1.8～2.5	
		土柜宽	7	
		高	0.8～1.2	
10	补还原堤	长	104	9 190. 879
		顶宽	3	
		底宽	10.25～11.2	
		高	1.45～1.46	
	筑边埽	长	40	
		宽	1	
		高	1	
	堵串沟	长	265.7	
		顶宽	2～3	
		底宽	4～13.8	
		高	4～2.16	

序号	名称	长宽高（单位：丈）		耗银（单位：两）
15	水坝工	长	30.8	4 328.138
		坝宽	1.6	
		高	3～3.6	
16	筑养水盆	长	82	5 143.74
		软厢坝宽	2.5	
		柜宽	6	
		高	0.8～1.2	
17	水旱22道[1]	长	411.5	25 678
		均宽	2.4～4.8	
		高深	0.5～1.1	
	培筑后仓	均宽	1.3～2.8	
		高深	0.4～1	
	大堤	顶宽	2	
		底宽	5～6	
		高	6～8	
	边埽	长	26.5	
		宽	3～5	
		高	4～9	
18	水旱口门43道[2]	长	1 181.9	59 423.68
	培筑后仓	均宽	2.2～4.2	
		高深	0.5～1.1	
		宽	2～3	
	大堤	高深	0.4～1	
		顶宽	2	
		底宽	5～6.5	
		高	6～9	

1　西岸自庞家嘴蒲口以下，东岸自张家湾子以下。

2　庞家嘴、张家湾子以上。

资料来源：录副奏折，直隶总督王文韶，呈北运河红庙等处决口及善后另案土埽各工银数简明清单，光绪二十二年五月初八日，档号：03-9613-030。

红庙堵筑过程中，还自孤山、牛栏山购运块石 3 450 万斤，抛条砖 1 279 860 块，加上运力价银，共支用银 27 181.1 两（18 632.4＋8 548.7），沉剥船 4 只，发银 450 两。以上共用工料、方价等银 203 154.43 两，其中除去练军兵勇所挑土方不给方价银 7 418.544 两外，实用银 195 735.886 两，赔四银 78 294.354 4 两。另外，两岸御水各工，培堤工长 12 863.1 丈，顶宽 1.5～3 丈，底宽 4.2～8 丈，高 0.4～1 丈。又蛰陷埽段加厢工长 194.3 丈，均宽 1 丈，加高 6～9 尺不等。共用工料方价等银 40 376.956 43 两，津钱 3 284 千文。津贴练军兵勇堵筑红庙漫口筐锹柴草等银 1 769.3 两。

至光绪二十二年（公元 1896 年）春，清廷对北运河险工段又加以维护和修筑。其中，民修西岸大堤，自牛牧屯至庞庄村，工长 19 770.45 丈，顶宽 4.8～9 丈，高 0.45～1.2 丈；新险处添筑埽段工长 417.2 丈，均宽 0.7～1.2 丈，高 1.3～1.9 丈不等，共用工料方价等银 77 810.826 15 两。筑武清县境杨村街灰土板泊岸工长 33.6 丈，灰土宽 0.4～1 丈，素土宽 0.5～2 丈，高深共 1.7 丈，共用工料等银 2 064.163 22 两。筑天津县境霍家嘴碎石砖坝，共长 55.2 丈，顶宽 3～5 尺，底宽 1.9～2.1 丈不等，共用工料等银 5 670.268 75 两。至于练军兵勇挑筑北运河河工，主要是在下游东堤的汉口至白庙、西堤的庞家嘴至西沽，择要修筑工长 4 722 丈，所筑顶宽 2～2.5 丈，底宽 4.6～10.3 丈，高 0.35～1.3 丈不等，共发津贴银 3 200 两。挑通州境内温榆河淤滩，自坝楼前起至露米场下首，工长 155 丈，水中挑挖宽 7～12 丈，深 5.6～8.5 尺不等，共用方价等银 1 712.245 两。通州、顺义俸伯村等处筑堤，箭杆河挑淤，通州境内培筑运河西堤，又港沟东西堤、张辛庄等处护堤，武清境内凤河上游东西堤修补残缺，香河县境内丁王庄后挑挖引河人，宝坻县境内修筑蓟运等河缺口，厂家窝等堤并开各大窑沽道各工，除顺天拨款不计外，由直隶发银 1 万两。

此次还组织人力兴建北运河河神庙正殿 3 间，东西耳房各 1 间，照壁 1 道，圈墙 10 丈，共用工料等银 790.975 5 两。以上共实用银 339 129.785 313 两，津钱 3 284 千文，内由直隶筹赈局发银 260 835.439 13 两，津钱 3 284 千文，通永道并厅汛各员应赔银 78 294.354 4 两。①

为利用北运河河道实施漕运，清廷经年不休地组织人力物力，付出财力开展剥运、建筑防水工程，相应地采取一系列政策制度，基本达到了南粮北运的目的，而整个京畿社会也付出了巨大的精力，显示了人类在利用水资源过程中趋利避害的周而复始的循环。②

---

① 据表 4-2 制表及各段数据统计。

② 苏绕绕，赵珍. 16 世纪末以来北运河水系演变及驱动因素. 地球科学进展，2021(4).

第五章　永定河治理与京南湿地生态

永定河是北京的母亲河，近些年来，有关其流域治理尤其是从全流域治理视野提升水资源的宜用性，越来越受到人们的关注。前文已述，永定河发源于山西宁武管涔山，其上游称为桑干河，与洋河在河北怀来一带汇合后始称永定河。河穿行于太行山脉间，地势落差大，流速较快，自卢沟桥起流经华北平原，地势平缓，流速大为减缓，经今廊坊地区后，在天津与子牙河、大清河等河流汇合形成海河，注入渤海。由于上游流经的山西北部大同盆地与河北西北部阳原、怀来盆地广泛分布着较厚且疏松的黄土，加之植被覆盖率低，河流常年泥沙平均含量超过每立方米 15 千克，为海河各支流之首。① 永定河的补给水源主要是华北平原天然降水，当地年降水量主要分布在夏秋两季，易形成连阴暴雨，以致河水短时骤涨，形成洪灾。卢沟桥以东，包括今河北廊坊一带的京南平原，为永定河在清代京畿地区的摆动范围，故该区域河道两岸深受季节性洪涝之患。

清廷在面对永定河无休止地泛滥溃决的过程中，寄希望于神灵护佑。自康熙年间起，于河畔建庙崇祀河神。乾隆十六年（公元 1751 年），赐名“惠济”，为河神封号。河两岸逐渐建有河神庙，供奉河神将军。光绪元年（公元 1875 年），继续加赐永定河安流惠济河神封号，敕赐将军。②

---

① 刘昌明．中国水文地理．北京：科学出版社，2014：521；尤联元，杨景春．中国地貌．北京：科学出版社，2013：406．

② 朱其诏，蒋廷皋．永定河续志：卷 14“奏议”//中国水利要籍丛编．第 4 集：第 32 册．台北：文海出版社，1970：1500．

顺治八年（公元1651年），永定河改道，经固安以西，南注大清河，水灾频发。康熙年间，始修筑河堤，杜绝河患，改名永定河。其后各朝无不以治理永定河为念，历时长久，耗费财力、人力、物力不知凡几，几乎没有停歇地在永定河流域开展由帝王主持的国家层面规模浩大的水利治理工程，给这一地区的水环境状况带来深远影响，尤其尾闾湖泊群因长期接收永定河泥沙而发生巨大变迁。与河道治理相伴随的是沿岸以农耕围垦为主要生产方式的人口逐年增加，社会经济日渐繁盛，为此利用水资源的趋利避害行为成为水环境变迁的重要影响因素。

河工建筑中制埽的秫秸成为御水护堤的重要原料后，清廷不得不通过调整征集方式、调节市场价格、拨付脚价银等措施，以应对秫秸短缺的局面。然而，由于永定河受汛期及人为治理等多因素影响，水生态危机日益加深，制埽所用秫秸之量增价高，成本加大，以致帑银消耗日增，社会纠纷不断，成为河工治理无以为继的主要原因之一，同时亦显示出秫秸这种农作物余料在人与社会常态运转中的价值演变以及所关涉的清廷应对河道治理能力的不断调适。嘉道以来，永定河决口频发，而清廷国力亦日趋衰落，无力开展大规模的治理活动，河道生态恶化与国家经济实力衰微发生共振。

只有从人类循环往复的治水实践中汲取经验，探索永定河流域治理的新模式，才能使传统人水文化的核心内容得以传承。如位于京东南永定河扇形冲击平原上的大兴区，在清代时有皇家苑囿南海子，该处既是清帝避暑理政的行宫所在地，又是“讲武演围”以保持“骑射技艺”的场所，属清代四大围场之一。[①] 为免遭永定河泛滥时南海子被水受灾，便深受官方重视与保护，这也是永定河治理被提升至国家层面的重要因素之一。因此，有必要以全流域、高质量治理与发展的文化视角作为切入点，俯瞰清代治理永定河的概况以及该行为对京南地区可持续发展的影响。

一、永定河筑堤与尾闾河湖湿地生态

据雍正年间所编《畿辅通志》，永定河在宛平看丹村南的三叉口分为

---

① 参见：赵珍．资源、环境与国家权力：清代围场研究．北京：中国人民大学出版社，2012。

两股：一股东流至通州高丽庄入白河，是为浑河；一股南流至霸县，与易水合。① 东流的浑河经花乡，直逼南苑。康熙初期，浑河呈现出“无尾闾”漫流状态，对此，康熙帝亦说：

> 即如浑河之水，数十年前其流淌在南苑中，未几渐徙而南，在县村落间，犹去南苑未远。今则分为二支，一支出新安，一支出霸州，其流愈远矣。②

故而，北京段的治理主要在宛平之卢沟桥，沿大兴西缘及南端，再延展至畿辅永清、武清一带，也就是北京城所在的小平原及其南部平原地区，本书简称为京南平原。

前文已述，由于永定河上游流经区域多为疏松而广泛分布的黄土层，且以灌溉农耕为主，水土流失严重，河流泥沙含量大，河道多有变迁，曾名“无定河”，也因其流经山西大同合浑水东北流，故又名“浑河”“小黄河”。永定河经直隶宣化境，东南入顺天府宛平界，迳卢师台下，始名“卢沟河”。③ 康熙三十七年（公元 1698 年）七月，清廷派人自卢沟桥以下，挑河筑堤，霸州新河成，康熙帝赐名为“永定河”，建河神庙。④ 是年起，清廷开始自国家层面规模化、全方位治理永定河。

清廷着手治理永定河的直接原因，在于汛期河水暴涨，危及京城。康熙七年（公元 1668 年）七月初十，泛滥的永定河水在卢沟桥东北面冲出河道，漫入护城河，两水汇合，顺护城河直冲诸城门，危及北京城。卢沟桥以下的长辛店、良乡，以及今河北境内的涿州、霸县、雄县等被淹。康熙帝令侍郎罗多等督造挑浚、立碑，自己还亲尝水藻，写诗立志，决定建堤束河，引水向南，以保京师无虞。⑤三十八年（公元 1699 年）十月，康熙帝前往巡视永定河工程，说道：“今永定河虽小，仿佛黄河，欲以水力刷浚之法试之，使河底得深”；且令直隶巡抚李光地等“将河身束之使狭，

---

① 唐执玉，李卫. 雍正《畿辅通志》卷 45“河渠”//景印文渊阁四库全书：第 505 册. 台北：台湾商务印书馆，1986：52.

② 清圣祖实录：卷 157（康熙三十一年十一月戊辰）. 影印本. 北京：中华书局，1985：731.

③⑤ 清史稿：卷 128“河渠三”. 北京：中华书局，1998：3803.

④ 清史稿：卷 7“圣祖本纪二”. 北京：中华书局，1998：249.

坚筑两边堤岸。若永定河行之有效，即以此法用之黄河”。康熙帝还说：“修筑方略，皆朕亲行指授，若事有参差，俱在朕躬。”四十二年（公元1703年），康熙帝南巡北返后，又说：“见今永定河，朕亲指示挑水坝，俱有裨益”①。

可见，清廷自国家层面直接主持的对永定河的治理活动，始于康熙三十七年（公元1698年）。是年，为护佑京师，拯救民生，清廷于河道两岸修筑河堤的同时导引河水注入三角淀。两年后，再加筑堤岸，导河入东淀，使河道在一段时期内保持相对稳定状态。② 至雍正年间，因注入东淀的河水泥沙含量加大，东淀出现淤积，影响京畿及附近水系畅流，不利于达津入海。为此，清廷再筑堤导水，复注入三角淀。久之，三角淀也因泥沙淤积而无泄洪功能。可是，永定河上游决溢频仍，汛期洪水无处宣泄。

（一）河道筑堤与郎城河淤废

郎城河，在康熙时期文献中作“狼城河”，位在永清县朱家庄。康熙年间，清廷第一次于永定河上开挖新河后，郎城河就成为永定河东流的排水河道。前文已述，明清之际，京南平原有着相对优良的河湖生态，京畿所在的今北京南部、天津西部以及河北廊坊东部的范围内水网密布，较有名的淀泊河湖有三角淀、水纹淀、文尔淀、大浪淀、桃花泊、会同河、磨汊港、哈喇港、西凉港、宋六口、得胜口、马家口、五道口、范瓮口、六道口、穆家口、东沽港、鄚川淀、淘河泊、莲花泊等。廊坊南水域广布，以致“二三百里尽为洼下水窟，其水村二十余处，皆在水中”。还如六道口，水域开阔，“止见茫茫滔滔之势已耳”③。大小淀泊既处于良好的水生

---

① 以上引文分别见：清圣祖实录：卷196（康熙三十八年十二月壬午）. 影印本. 北京：中华书局，1985：1071；清圣祖实录：卷197（康熙三十九年二月甲戌）. 影印本. 北京：中华书局，1985：2；清圣祖实录：卷211（康熙四十二年二月庚辰）. 影印本. 北京：中华书局，1985：142。

② 关于三角淀和东淀在明清时期的不同称呼与位置变迁，邓辉等人有过详细梳理，认为“东淀并不等于三角淀，鼎盛时期的东淀是包括了三角淀的”。邓辉，李羿. 人地关系视角下明清时期京津冀平原东淀湖泊群的时空变化. 首都师范大学学报（社会科学版），2018（4）.

③ 穆彰阿，潘锡恩，等. 嘉庆重修大清一统志：卷7“顺天府二·山川”//续修四库全书：第613册. 影印本. 上海：上海古籍出版社，2002：154-157.

态状况，又作为永定河下游两岸的泄水穴口，承载着河流的汛期涨水，避免上游河水泛滥。

进一步而言，永定河“北岸南至信安、王庆坨决河东南，连丁字沽、三角淀、海口，其西南连运河、黑狼口，俱邻永清、文安、静海、霸州等水”的淀泊作为河流的尾闾，相互沟通，可谓河网密布。如桃花泊，在东安县南 50 里，“浑河水所汇也，流入三角淀”。这里所谓的三角淀，位于永定河下游“武清县南八十里”①，明清时期变化较大。明代中后期时，白洋淀以东相连成片的湖泊，总称三角淀，面积广大。其大致方位与范围在明人的记载中描述得较为详细，即“三角淀在武清县南，周回二百余里。其源自范瓮口、王家陀河、掘河、越深河、刘道口河、鱼儿里河，诸水所聚，东汇叉沽港，入于海”②。入清后，三角淀的范围仍然“延袤霸州、文安、大成、武清、东安、静海之境，东西亘百六十余里，南北二三十里，或六七十里”，且依旧汇集周边的一如明代所密布的王家陀河等，诸水且东会汉沽港，入于海。③

众多的入淀河流呈现出一派漫无际涯的水乡泽国景观。只是，至清末时，三角淀位置已明显南移。光绪二十九年（公元 1903 年）日本人编写的《天津志》记载：

> 三角淀在天津的西面，以运河与其以西的白洋淀及杂淀相联结，作为通往保定的水路之一部分。三角淀的北面，有两个大湖。一个是在子牙河及南运河之间，进入永定河的湖沼；另一个是在杨村之南，汉沟之西，白河与凤河之间，取名为浑家水的一个延长的湖沼。④

这表明三角淀发生大的变迁，北部水域已经淤积为平地，而位于天津西部的湖泊也出现大面积缩减。民国初年纂修的《安次县志》于卷首“永定河

---

① 穆彰阿，潘锡恩，等. 嘉庆重修大清一统志：卷 7“顺天府二・山川”//续修四库全书：第 613 册. 影印本. 上海：上海古籍出版社，2002：157.

② 陈循，高谷，等. 寰宇通志：卷 1“京师”//中华再造善本・史部：第 155 册（2）. 中国人民大学图书馆藏：8.

③ 同①154-157.

④ 二十世纪初的天津概况（原名《天津志》）. 侯振彤，译. 天津：天津市地方史志编修委员会总编辑室，1986：8-9.

全图”详细绘制了今北京、天津、廊坊一带的形胜，即所谓京南平原的自然地理环境，其中显示水域湖泊亦已是寥寥无几①，与清初湖泊密布的状况大相径庭。此与清代对永定河的治理皆不无关联。

清初，永定河泛溢频繁，洪水逼近京郊，直接威胁京城安全。顺治九年（公元1652年），清廷组织人力修筑上游石景山南至卢沟桥的堤岸。康熙二十年（公元1681年），河决漫及霸州，导致其“东北三十余里，西南二十余里，俱被水淹”。次年，清廷对上游石景山至卢沟桥的堤防又加以修筑。三十一年（公元1692年），河趋北而流，“永清、霸州、固安、文安等处时被水灾，为民生之忧”②。康熙帝多次巡察河水泛溢区域，亲自尝用洪水期百姓果腹的水藻，体恤民生，并委直隶巡抚郭世隆疏浚永定河永清东故道，工长54里，修筑自固安至永清北河道故堤长72里。

康熙帝亲自主持对永定河的治理，起自三十七年（公元1698年）。是年二月，永定河沿岸“旗下及民人庄田，皆被淹没”③。康熙帝决意治水，经考察永定河与玉带河实情后指出，此两河汇流一处，势不能相容，尤至霸州以南水势浩大，以至泛滥成灾。遂决定开挖新河道，引河经固安、永清以北，使永定河与玉带河分离，“遏其南趋，使不与清水河会”④。此次筑堤导河工程历时四个月，工程完竣后改变了清初以来永定河的走向，导水东流。⑤

所筑河堤，南岸自良乡之老君堂村起，东南延伸至永清之郭家务止，北岸自良乡之张庙场起，东南扩展到永清之卢家庄止，长达180余里。自郭家务、卢家庄起，新掘河道140余里，至永清朱家庄会郎城河，由淀达津。⑥ 这便使永定河自郭家务以下沿郎城河东流，再经王庆坨入三角淀。

---

① 刘钟英，马中琇．民国《安次县志》卷1“地理志·序页·永定河全图”//中国方志丛书·河北省：第179号：第26～27页间插图页．

② 清圣祖实录：卷97（康熙二十年九月戊午）．影印本．北京：中华书局，1985：1226；清圣祖实录：卷154（康熙三十一年三月丁丑）．影印本．北京：中华书局，1985：707．

③ 清圣祖实录：卷187（康熙三十七年二月庚午）．影印本．北京：中华书局，1985：994．

④ 陈崇砥，陈福嘉．咸丰《固安县志》卷1“舆地”．咸丰九年刊本．

⑤ 清圣祖实录：卷189（康熙三十七年七月己亥）．影印本．北京：中华书局，1985：1008．

⑥ 陈琮．永定河志：卷1“初次建堤浚河图说”//续修四库全书：第850册．影印本．上海：上海古籍出版社，2002：65．

堤坝束水于河道，一时畅流。新筑堤坝有以下几个明显特点。

其一，河堤工程高大坚固。由于筑堤初衷为杜绝河道决溢，故康熙帝亲临河堤察看筑堤效果时，用器物测验堤岸边水情，并指示专责河工的王新命加帮增筑坍塌的近河旧堤，加固郭家务村南“卑矮可虞”之堤，并要求筑堤过程中不可取近堤之土，防止取土成沟，水流沟内，伤及堤根。又令坚修南岸夏庄水溢之处，加高赵村新开河囤装碇石，加固重要河段堤坝，确保堤岸的稳固与安全。康熙帝还特别嘱咐：“南堤之南，地最洼下，若随其洼下浚治，于掘出之土，即行钉桩筑堤坚固，则修理最易。抑且北堤三层，于河更属有益。”①

其二，河道堤坝间距窄狭。考虑到永定河泥沙含量大，为增强水流携带泥沙能力，筑堤时尽量缩小河道两岸堤坝间距，加束河身，使河道变窄，以加快河水流速。此即所谓“藉其奔注迅下之势，则河底自然刷深，顺道安流，不致泛滥”。该办法仿照明代潘季训“束水攻沙”策略，通过紧束河堤，提高水速，增强河水携沙能力，减少河床泥沙淤积，收到“水势迅急，沙自不至于停住”以及“顺道安流不致泛滥”的效果。②

其三，削弱了汛期河道两岸湿地的散水澄沙功能。所筑河堤，南北两岸分别止于郭家务、卢家庄。即河道在郭家务、卢家庄以上河段被束缚于堤岸，不至于外溢漫流，起到了“护佑京师”之效果，使京南平原大部分地区免受洪水之灾。

不可否认，筑堤束水在一定时期里收到了较好的效果，然而令人始料不及的是该做法却忽视了河流洪水期泄洪的散漫空间，以致广阔河流湿地净化水质的生态功效荡然无存，加之地势平缓，水缓势弱，水攻泥沙难以持久，且泥沙滞留于主河道，年深日久，河床抬高，一旦洪水涨发，溢出河道，冲毁堤坝，势在必然。由是，当永定河水携带泥沙流过郭家务、卢家庄，经新挑挖河道汇入郎城河后，泥沙滞留加重。加之郎城河流量小、水速慢，根本无法冲刷过量泥沙，不久，郎城河淤积严重，河床抬升，水

---

① 以上引文均见：清圣祖实录：卷 195（康熙三十八年十月丙子、戊寅、辛巳）. 影印本. 北京：中华书局，1985：1061-1062。

② 以上引文均见：清圣祖实录：卷 195（康熙三十八年十月甲戌、辛巳）. 影印本. 北京：中华书局，1985：1061-1062。

量锐减而逐渐淤塞，永定河下游排水不畅。

康熙三十九年（公元1700年），针对郎城河泥沙淤积问题，康熙帝率众臣沿河道进行考察，寻解决之策。一行人沿途乘坐小舟至郎城河时，已是“水浅舟不能进”，只好改乘小艇。然而小艇承载量有限，康熙帝“尽留诸大臣侍卫，止率数人前往”，对“郎城等淀淤浅之处，遍视之”，发现“郎城之河全被沙淤而垫高，至来年可耕为田”。淤沙阻挡来水，湿地干涸，田土显露，人占水地，永定河下游行水之路阻塞。面对此情，康熙帝又做出人为改变河道流向的决定，言“以朕观之，永定河下流，自三圣口，开至柳岔，无有善于此者”①。遂改河道南行。

（二）接筑新堤与东淀渐淤及对策

康熙三十九年（公元1700年），清廷自永定河南北两岸的郭家务、卢家庄起接筑新堤，并向南延伸至柳岔河口，导河至“辛章河，入东淀”②。由此，永定河下游在康熙帝“束水攻沙”方略的指导下，将河道束于再接续的新筑河堤之中，进一步缩短河道两岸相对的堤坝间距，提高水速与河水携沙能力。③ 同时，为保持河道通畅，又采取加固堤岸、裁弯取直、挑挖泥沙等措施。

可是，永定河下游的京南平原地势平坦，河水携沙能力并不明显，全凭河堤束水远远达不到理想的冲沙效果，加之河流入枯水期后上游来水量大减，下游时常断流，泥沙极易淤积河道。为此，康熙帝提出“借清刷浑”方案，即通过引入牤牛河清澈水流，注入永定河道，冲刷泥沙。④ 牤牛河发源于西山，流经良乡东南，汇集西山众多小河流，水量相对充足。该河入京南平原后，“南流经赵家庄老君堂，又西南经陶村官庄，至涿属入琉璃河”。所以，位于老君堂段牤牛河与永定河仅相隔5里，距离最近，

---

① 以上引文均见：清圣祖实录：卷197（康熙三十九年二月甲戌、乙亥）．影印本．北京：中华书局，1985：5。

② 陈琮．永定河志：卷1“二次接堤改河图说”//续修四库全书：第850册．影印本．上海：上海古籍出版社，2002：66.

③ 陈琮．永定河志：卷11“奏议二”//续修四库全书：第850册．影印本．上海：上海古籍出版社，2002：298.

④ 清圣祖实录：卷203（康熙四十年三月己酉）．影印本．北京：中华书局，1985：77.

便于导水入永定河道冲刷泥沙。[①]

康熙四十年（公元1701年），清廷组织人力在老君堂一带挑挖出连接牤牛河与永定河的小清河，河长697.5丈，河面窄处2.5～2.6丈，宽处至4丈，河道底宽0.83丈至3丈不等，水深六七尺至0.9丈不等，是上宽下窄的梯形水道。为控制自牤牛河引入永定河的水量，还于小清河口设立闸坝，“俟永定河将干时，将牤牛河水逼入永定河接济冲刷”[②]。以此实现了“借清刷浑”的目的，效果良好。

一年后，康熙帝说道：“观新挑河道，水流既直，出柳岔口亦顺，河岸较前甚高，而河亦深，此皆被莽牛河水冲刷之故”。为加大牤牛河水冲刷泥沙之力，谕令“隆冬冰结之时，莽牛河口著照常开泄，清水流于冰下，则水为冰所逼，向下冲刷，河底自然愈深”[③]。如此的束水攻沙、借清刷浑等措施，一定程度上增强了永定河水携带泥沙的能力，有助于减缓泥沙沉积于河道。然而，牤牛河只是自西山东下之小河，水量有限，单依赖牤牛河水冲刷永定河泥沙，很难彻底解决永定河泥沙停滞、淤积问题，也无法扭转河水携带泥沙淤积下游淀泊河湖的趋势，尤其很难避免有着汇聚华北众多水系之功的东淀的淤垫。

导引牤牛河及新堤接筑，使永定河经辛章河注入东淀。此所谓东淀是相对西淀而言，清代时，直隶中南部大小河流北向汇于西淀，即今白洋淀，又北出西淀，“经霸州之苑家口、会同河，会子牙、永定二河之水，汇为东淀，盖群水之所潴蓄也”[④]。所以，东淀是大清河及其各支流尾闾的一大淀泊，是直隶中南部众多河流尾闾淀泊群的总称[⑤]，自西北来的永定河、西南来的子牙河均汇入其中。东淀也是众多河流达津汇入海河，注

---

① 陈嵋，黄儒荃．光绪《良乡县志》卷1“舆地志・山川”．光绪十五年刻本．

② 陈琮．永定河志：卷10“奏议一”//续修四库全书：第850册．影印本．上海：上海古籍出版社，2002：277．

③ 莽牛河，即牤牛河。参见：王先谦．东华录．“康熙六十七”//续修四库全书：第370册．影印本．上海：上海古籍出版社，1995：409。

④ 王履泰．畿辅安澜志：清河卷上“东西两淀附”//续修四库全书：第849册．影印本．上海：上海古籍出版社，2002：368．

⑤ 关于东淀湖泊群的演变，参见：邓辉，李羿．人地关系视角下明清时期京津冀平原东淀湖泊群的时空变化．首都师范大学学报（社会科学版），2018（4）。

入渤海的必经之路。东淀面积广阔，延袤霸州、文安、大城、武清、东安、静海之境，“东西亘百六十余里，南北二三十里至六七十里不等”，“盖七十二清河之所汇潴也”①。辛章河、胜芳淀等都是东淀的组成部分。

永定河水注入东淀后，由于含沙量高，泥沙沉积东淀，淀泊淤垫严重。康熙五十六年（公元1717年）二月二十二日，值永定河汛期，河道分司齐苏勒乘船自柳岔口南下，考察尾闾水道，并奏称：

> 查勘永定河水由柳叉口南二十里，会入新章大河，转迤东南，向杨芬港泻流。从前由新章通褚河港之河道，今间段淤塞，船不能行。自西沽所来盐货船只，俱由褚河港之南、杨芬港大河行走，杨芬港系数河交会之要口，现离永定河浑水不远，相去运河不过十五里。圣主深虑洞见者甚是。倘由褚河港以南渐渐淤去，目下虽属无妨，日久恐于运河有碍。②

这里的运河就是指北运河。可见，至康熙末时，时人已经验证了束水攻沙等办法的弊端，显示前期治理失效，泥沙淤垫东淀趋势持续加重。雍正三年（公元1725年），大清河经东淀之水“几无达津之路”③。又因“东淀一区所以蓄直隶全局之水，游衍而节宣之，乃永定浊流填淤梗噎于其间，则上游之泛滥者将安归乎”④。河道泥沙沉积淀泊，汛期河湖流水不畅，危及直隶全局水生态系统。

乾隆二年（公元1737年），大学士鄂尔泰言，子牙河下游的东、西两淀泊汇集畿辅泉流，“干流支港经纬贯串，原无阻滞”，因永定河流水携带泥沙入，淀河淤浅，“始而病淀，继且病河”，“盖淀不能多受，河不能安流，亦其势然矣”。鄂尔泰对东、西淀泊的两支来水河道演变情形加以分析，指出：白沟正流本不入西淀，自淀北之龙湾、马务头、洪

---

① 李梅宾，程凤文．乾隆《天津府志》卷17“河渠下”．乾隆四年刻本．

② 陈琮．永定河志：卷10“奏议一”//续修四库全书：第850册．影印本．上海：上海古籍出版社，2002：288．

③ 陈琮．永定河志：卷13“奏议四”//续修四库全书：第850册．影印本．上海：上海古籍出版社，2002：374．

④ 陈仪．直隶河渠志//景印文渊阁四库全书：第579册．台北：台湾商务印书馆，1986：788．

城至霸州之吴家台入中亭河，此一故道也。自新城之王祥湾，迳王槐而南，抵涞河村而东，至望驾台，迤逦东南，过神机营而出茅儿湾，此又一故道也。“今之入大湾口而行淀中者，乃其决口耳”。并进而言出：

若于二道中择其便且易者，开疏而导引之坚寨、大湾口勿使复决，然后浚河门之浅涩，挑药王行宫之拗阻，则西下清流滔滔湍逝，而雄新安州诸邑之环淀而居者，永无漫决之患，亦探本清源之计也。

至于东淀，鄂尔泰继续分析道，以众河汇流之水，仅恃台头河一道，以资宣泄，即使疏浚深通，“恐终未能顺畅”，何况“查淀内干流支港，或淤浅，而河迹犹存；或中绝，而首尾尚在。如此者甚多，皆掩蔽于菰芦�草中，虽孤帆旅舶之所不经，而渔夫蒿工往往能称其名而指其处”。由是，鄂尔泰认为“似应于淀水消涸时，逐加查勘，酌量开通，使全淀之水，各路分消，则传送疾而宣泄利，于全局河道堤工或更有裨益矣”[①]。可见，此时东淀淤塞、河道不畅甚重。

为此，清廷采取对策，组织人力物力于淀泊内置垡船衩夫，捞泥清淤。清廷谕令打造垡船200只，分发东淀150只，西淀50只，先为安设。俟有实效，再将余船100只全行成造。乾隆四年（公元1739年）八月，将西淀垡船、把总、衩夫归并东淀。六年（公元1741年）十一月，改拨子牙河通判2员、外委10名，衩夫300名；又添设千总2员、垡船200只、衩夫600名，并将垡船、衩夫均分为二，一半隶津军厅管辖，一半隶保定河捕厅管辖。四厅各派把总1员、外委5员，其新设之千总中1员常驻东淀、1员常驻西淀，管理夫船。[②]

乾隆二十六年（公元1761年）五月，继续组织人力对淀河进行清淤，打造垡船200只，设立把总4员、外委20名，招募衩夫600名。其中，外委人员的经费发放查照永定河水关外委之例，支给马粮1分养廉，每名

① 以上引文均见：朱批奏折，大学士鄂尔泰，奏为遵议直隶总河顾琮请添设垡船以疏淀中河道一折事，乾隆二年九月初十日，档号：04-01-01-0020-025。

② 户科题本，直隶总督方观承，题为乾隆二十五年直隶三角淀千总外委衩夫应需俸饷扣存旷银两事，乾隆二十六年五月二十九日，档号：02-01-04-15393-010。

衩夫每岁支给工食银 6 两，遇闰加增银 5 钱，均从裁汰河兵饷银内支销。官弁以任事之日起支给，衩夫以募充之日起支给。[①] 然而，人工清淤进度抵不过永定河泥沙淤积速度，垡船衩夫管理每况愈下。至乾隆三十三年（公元 1768 年）六月时，直隶天津永定道属裁汰淀河垡船 240 只，其中有 160 只排造多年，经理 28 年修葺，加之雨淋日晒，多有糟朽，议奏估银裁汰。[②] 继之，囿于经费无着，从道光五年（公元 1825 年）起，自发商起息，即从水利大工存剩项下动拨冀州等州县发商，常年一分生息，按息批解，支用衩夫工食。该办法一直沿用至同治年间，维系着东、西两淀垡船衩夫捞挖淤泥的进行。自咸丰三年（公元 1853 年）起至同治九年（公元 1870 年），各管官对河道经费挪亏严重，积欠费用计 2 907 余两。[③] 挑挖淤泥已经几乎不可能进行，东淀淤塞也日甚一日。

（三）三角淀淤垫及清廷的无奈

雍正初期，清廷更加注重直隶水系治理，而永定河治理是其中的重要组成部分。清廷派怡亲王允祥、大学士朱轼等考察永定河状况。雍正四年（公元 1726 年），怡亲王允祥奏道：

> 今日之淀，较之昔日淤几半矣。淀池多一尺之淤，即少受一尺之水。淤者不能浚之，复深复围而筑之，使盛涨之水不得蔓衍于其间，是与水争地矣。下流不畅，容纳无所，水不旁溢，将安之乎？是故，借淀泊所淤之地，为民间报垦之田，非计之得者也。[④]

允祥还指出东淀淤积的根本原因是永定河水浊泥多，以致东淀逼窄，不能容纳，直隶中南部河流下游排水不畅，河流冲突奔腾，漭泱无际，引发水患，恶性循环。

---

① 户科题本，直隶总督方观承，题为乾隆二十五年直隶三角淀千总外委衩夫应需俸饷扣存旷银两事，乾隆二十六年五月二十九日，档号：02-01-04-15393-010。

② 录副奏折，直隶总督方观承，奏报估变垡船旧料银两事，乾隆三十三年二月二十八日，档号：03-1082-014。

③ 户科题本，直隶总督李鸿章，题为查明深州元吉当商人任元吉革书王玉山方欠垡船衩夫生息银两无力完缴请豁免事，同治十年八月初八日，档号：02-01-04-21923-007。

④ 李光昭，周琰．乾隆《东安县志》卷 15“河渠志”//中国方志丛书·华北地方·河北省：第 130 号．台北：成文出版社，1966：324．

经过多方考察，清廷同意允祥提出的“清浑分流”方案，使永定河水不再注入东淀，改而从柳岔口接筑新堤，向东延伸，绕王庆坨之东北入三角淀。即如前文所述，三角淀亦为永定河下游尾闾湖泊，位于东淀东北方向，即武清县南80里，“一名笥沟，一名苇淀，周围二百余”[①]，“为众淀之归宿，容蓄广而委输疾”[②]，亦完全可以容纳涨水，承接永定河洪水，可谓筑改道引河新堤的较好选择。

然而，雍正帝并没有完全采纳怡亲王所提自柳岔口导引，所筑新堤绕开永清冰窖村以南康熙年间所筑河堤，而自冰窖村改筑新堤南岸，向东延伸至武清县王庆坨止，再自卢家庄接筑新堤北岸，经冰窖村北至武清县范瓮口止，导引永定河水流注三角淀。[③] 以此使永定河与东淀分离。

从冰窖村、卢家庄到王庆坨、范瓮口，其间经过淘河泊、六道口等淀泊，这里河湖纵横，与三角淀相连成片，是很好的散水澄沙之处。然而，三角淀与东淀一样，亦属华北平原冀中凹陷带的浅水湖泊，长期接收永定河泥沙，难免不被泥沙淤垫。清廷避开东淀，选择往三角淀泄水，虽然一时缓解了东淀淤垫堵塞而影响直隶全局良好水生态系统的问题，不能不说是趋利避害的较好选择，但是却忽视了长此以往三角淀难保不被淤废的可能性。

清廷为实现永定河“别由一道”，与东淀分离，还在淀内筑堤，“使河自河而淀自淀，河身务须深浚，常使淀水高于河水，仍设浅夫随时挑浚”[④]，同时修筑堤埝以围护三角淀[⑤]。可是，该做法又切断了三角淀与周边水域水源的互补通道，使永定河下游恃以停蓄而宣泄的三角淀只纳不

---

① 蔡寿臻，钱锡寀．光绪《武清县志》卷1“地理志·河渠”//中国地方志集成·天津府县志辑：第6册．南京：江苏古籍出版社，1998：11.

② 陈琮．永定河志：卷11“奏议二”//续修四库全书：第850册．影印本．上海：上海古籍出版社，2002：309.

③ 陈琮．永定河志：卷1“三次接堤改河图说”//续修四库全书：第850册．影印本．上海：上海古籍出版社，2002：67.

④ 李梅宾，程凤文．乾隆《天津府志》卷33“艺文”．乾隆四年刻本．

⑤ 陈琮．永定河志：卷13“奏议四”//续修四库全书：第850册．影印本．上海：上海古籍出版社，2002：404.

吐，逐渐被泥沙填积淤塞。雍正十二年（公元1734年），直隶河道总督顾琮奏称："淘河以南，渐积填淤"[1]，三角淀淤垫程度有增无减。与此同时，三角淀周边河流有如"头道、二道等河，月城、黄花等套，自南而北，日渐淤平"[2]。

乾隆元年（公元1736年），直隶总督李卫勘察永定河下游水势，偕同河臣刘勷"由三角淀王庆坨后面而进"，发现永定河尾闾"俱成断港"，大船无法航行，二人只得各乘一叶小舟，"拖泥挡浅，逆行七十余里"。事后，李卫奏报三角淀淤塞实情，指出：永定河枯水期"河底细流无多"，三角淀承接泥沙也不多；而至丰水期或洪水期时则水势充足，往往"横宽数十里，浩瀚湍急，力猛势迅，漫溢冲刷"，且河水流经之处土质疏松，河水冲刷且挟带大量泥沙进入三角淀。尽管自雍正四年（公元1726年）以来清廷就很重视对淀泊淤泥的疏浚挖浅，可是实际效果有限，加之河员虚应故事，敷衍疏浚事务，以致三角淀"日渐填塞"。原先还有水自淀泊流往三岔口，此时三岔口所承接的"只有些微清水渗漏而来"[3]。

可见，雍乾之际，三角淀淤塞已经十分严重，永定河下游之水无处可泄。乾隆二年（公元1737年）七月，值永定河汛期，水势浩大，张客、铁狗两段河堤决口，河水外溢。清廷委派顾琮考察河堤决口实情。从顾琮的奏报中可知，永定河尾闾"三角淀、王庆坨等处，业已淤平"，"水缓沙沉，不得畅流，以致永定河身同堤内，两岸渐次垫长，较之堤外平土，转觉水底高于民田"[4]。由于三角淀淤淀抬高加重，永定河下游排水不畅，泥沙沉积河道，河床逐渐抬高，变成了"地上河"，河道两岸堤坝岌岌可危。

永定河在没有修筑河堤前无河道束缚，水流基本处于散漫流淌之状，河水挟带泥沙沉积两岸平原沼泽，形成以河道为中心的河漫滩，也就是生态学中所谓的河流湿地。而自康熙年间以来清廷所实行的束水攻沙之策，

---

① 陈琮．永定河志：卷12"奏议三"//续修四库全书：第850册．影印本．上海：上海古籍出版社，2002：353.

② 刘钟英，马中琇．民国《安次县志》卷1"地理志"//中国方志丛书·河北省：第179号：78.

③ 陈琮．永定河志：卷13"奏议四"//续修四库全书：第850册．影印本．上海：上海古籍出版社，2002：368.

④ 同③374.

是于河道两岸筑堤，使得河水束缚在堤岸之中，汛期不能散漫流淌，两岸河流湿地也失去了散水匀沙的生态功能，泥沙无法沉积在河流两岸的河滩湿地，只有随河道输冲往下游淀泊，加之借清刷浑等措施的实施增强了河水的携沙能力，淀泊承接与沉积泥沙愈来愈多。

所以，至乾隆时期，清廷也有十分清醒的认识，重视淀泊水域治理，专门设置三角淀通判管理河道，亦组织衩夫、设置垡船，时常捞泥清淤。然而，效果暂短不能持久。为应对淀泊水生态变迁，清廷对衩夫、垡船数额及银两拨付数目亦随增随减。乾隆十四年（公元 1749 年）十月二十五日，奉准工部咨，三角淀衩夫随船裁汰 60 名。二十五年（公元 1760 年），三角淀千总、外委、衩夫等应需俸饷等银削减。[①] 至三十三年（公元 1768 年）六月时，永定道属三角淀属仅有垡船 80 只、土槽船 20 只。[②]

再说东淀、三角淀等永定河下游尾闾淀泊均为水面广阔的浅水湖泊[③]，在生态学上亦被看作湖泊湿地，具有散水匀沙的生态功能，可是长期大量容纳泥沙超出了淀泊所能承载的限量，同时湖泊容水量大为缩减，一旦河流与湖泊割裂，淀泊的湿地生态功效必将全无，如此则泥沙就只能大量沉积在河道里，汛期大水之时排水不畅的问题就会显现，从而造成水灾。这就是自乾隆时期以来永定河堤出现决口的重要根源所在。

二、永定河湿地生态恢复

康雍以来，清廷对永定河进行的大规模治理并没有彻底消除泥沙淤积抬高河床、汛期决堤冲毁两岸庄田村落以及尾闾湖泊淤垫的窘境，反而改道频繁，给当地民众生产生活带来不利影响。至乾隆时期，清廷委员多方考察，永定河治理理念与实践活动较康雍时期有了新的变化。学界对此多有关注，既有成果或对人物治理贡献进行探讨，或对工程建设进行分析，

---

① 户科题本，直隶总督方观承，题为乾隆二十五年直隶三角淀千总外委衩夫应需俸饷扣存旷银两事，乾隆二十六年五月二十九日，档号：02-01-04-15393-010。

② 录副奏折，直隶总督方观承，奏报估变垡船旧料银两事，乾隆三十三年二月二十八日，档号：03-1082-014。

③ 关于清代东淀湖泊群示意图，参见：邓辉，李羿．人地关系视角下明清时期京津冀平原东淀湖泊群的时空变化．首都师范大学学报（社会科学版），2018（4）：99。

或对尾闾淀泊变迁进行论述，或对河道管理制度进行梳理。① 然而，受时代局限与对水环境认知程度及现代学科发展的限制，乾隆朝永定河治理思想和实践活动的内涵尚需进一步挖掘。兹从水生态系统“湿地”概念的视角，对乾隆朝的永定河治理特点及人地矛盾中“人占水地”的问题加以梳理和考察。②

诚然，湿地是一个现代概念。该概念先由美国环保组织提出，其后逐渐推广开来。20 世纪末，中国也将一般研究机构名称从概念上替代为原先的沼泽、河漫滩等。③ 湿地依水而成，是介于水体和陆地之间的生态交错区，被称作“地球之肾”，具有极为重要的生态价值，其类型多种多样。河湖湿地是指长期或暂时枯水期覆盖水深不超过 2 米，或定期洪水泛滥的洪泛平原，其湖滨总面积不低于 8 万平方米，也包括浅而广的河漫滩。④由于湿地具有开放性特征，原有的湿地退化或消失，通过工程建造进行修复或重建，再现干预前的结构和功能，称为湿地恢复。⑤ 调节径流、改善水质是湿地多种功能中与河湖紧密关联的重要方面。⑥ 清代在利用和治理

---

① 侧重探讨孙嘉淦、方观承等治理贡献成果的主要有：王建革．传统社会末期华北的生态与社会．北京：生活·读书·新知三联书店，2009：15-16；宋开金．从金门闸看清代永定河治理思想的演变．北华大学学报（社会科学版），2015（3）；汪宝树．方观承治理永定河．水利天地，1992（2）。探讨工程建设的研究成果较多，其中有些涵盖乾隆时期永定河工程建设的，如：吴文涛．北京水利史．北京：人民出版社，2013：146；陶桂荣．清代康乾时期永定河治理方略和实践分析．海河水利，2015（4）。有关尾闾淀泊变迁成果中涉及乾隆时期的主要有：王建革．清浊分流：环境变迁与清代大清河下游治水特点．清史研究，2001（2）；王长松，尹钧科．三角淀的形成与淤废过程研究．中国农史，2014（3）。管理制度成果中与乾隆时期治理关系较为密切的主要有：赵卫平，王培华．清代乾隆时期永定河垡船设置考．兰台世界，2015（33）；赵卫平．论清代永定河岁修制度管理体系及运作模式．江西社会科学，2017（7）。

② 该部分内容参见：赵珍，崔瑞德．清乾隆朝京南永定河湿地恢复．清史研究，2019（1）。

③ 1954 年，由美国的环保组织提出，此后内涵不断完善。1971 年《拉姆萨尔公约》（《湿地公约》）中提出国际公认的湿地概念。此时，中国的研究机构名称仍在使用“沼泽”等字样的湿地涵盖概念。如中国科学院长春地理研究所（今名中国科学院东北地理与农业生态研究所，1973 年最早给出三江平原沼泽和沼泽化荒地定义和基本特征）、东北师范大学地理系沼泽研究室（今名东北师范大学泥炭沼泽研究所）。直到 1992 年中国加入《拉姆萨尔公约》后，湿地概念才广泛使用，有了中国科学院湿地生态与环境重点实验室与湿地学学科。

④ 陆健健，何文珊，等．湿地生态学．北京：高等教育出版社，2006：7，27，30.

⑤ 崔保山，杨志峰．湿地学．北京：北京师范大学出版社，2006：244.

⑥ 同④1.

京南小平原永定河及其众多淀泊水系的过程中所采取的治理理念和实践办法，很大程度上具有湿地恢复的含义，对此加以梳理和考察，有益于环境史学科建设及传统思想文化精华的提炼传承。

（一）散水匀沙的治理新理念与实践

北京以南的永定河流域是土质疏松的缓坡平原，亦称北京小平原。清初，永定河于此“波流湍激，或分或合，迁徙靡常”[①]。枯水期时，水势微弱，甚而出现断流。丰水期时，水势浩大，肆意汪洋，形成水浅至数尺且面积广阔的河漫滩沼泽，属季节性河流湿地。丰水时节，河水散漫而流，无拘无束，自上游挟带山西黄土高原而来的大量泥沙，沉积于河流两岸宽阔的平原上，并不会影响河道下游尾闾淀泊。这就是广阔京南小平原湿地系统净化水质功能的重要性体现。

然而，丰水期的永定河汪洋弥漫，时常发生水患，波及人口增加后居住地不断扩展的周边村庄。所以，康熙年间，清廷采取“束水攻沙”方案加束河身以提高水速，增强永定河挟沙能力。[②] 康熙帝亲自主持修筑了永定河堤[③]；后又在所筑河堤的基础上接筑新堤，导引永定河水注入东淀[④]。只是“束水攻沙”将河水束于固定的堤岸之中，久之，不仅河流漫滩生态功能退化乃至消失，河流泥沙也大量沉积于下游的东淀。至雍正三年（公元1725年），由于泥沙淤积，东淀之水“几无达津之路”[⑤]。

东淀是由流经雄县、霸州等十余县的六十余条河水汇集之处。[⑥] 入清

---

① 周振荣，章学诚．乾隆《永清县志》图三“水道图第三”．乾隆四十四年刻本．

② 清圣祖实录：卷195（康熙三十八年十月甲戌）．影印本．北京：中华书局，1985：1061.

③ 清圣祖实录：卷187（康熙三十七年三月辛卯）．影印本．北京：中华书局，1985：996.

④ 陈琮．永定河志：卷1“二次接堤改河图说”//续修四库全书：第850册．影印本．上海：上海古籍出版社，2002：66.

⑤ 朱批奏折，总理事务王大臣允禄、总理事务王大臣允礼，奏为遵旨会议筹办永定等河堤工决口应行抢修事宜事，乾隆二年八月初三日，档号：04-01-01-0019-031。

⑥ 陈琮．永定河志：卷11“奏议二”//续修四库全书：第850册．影印本．上海：上海古籍出版社，2002：307.

后，三角淀来水减少，大约至清中期，已分割为五个淀泊。[①] 故在清代文献中，不仅有了东淀名称，三角淀也较明代有了具体方位和明确界定，只是有时也沿袭传统称三角淀为东淀，或曰鼎盛时期的东淀包括三角淀，而东淀特指霸州东部的水域。[②] 东淀一旦淤积严重，便会影响直隶全局水系生态系统。因此，雍正四年（公元 1726 年），清廷再筑河堤，导引永定河水注入三角淀[③]，以缓解东淀来水泥沙淤积。至乾隆元年（公元 1736 年），三角淀承受泥沙至极限，亦"日渐填塞"[④]，以致永定河流向该处之水无法畅泄，引发上游堤岸决口。次年，永定河张客、铁狗两处堤岸溃决，河水外泄，"转致无水归槽"，永定河治理陷入困境。

乾隆二年（公元 1737 年）七月，协办吏部尚书事务顾琮奉命实地勘察永定河决口情形后，在奏报中陈述了治理理念，强调淀泊及河漫滩在泄洪清沙、改善水质等方面的功能，对前朝"束水攻沙"的做法提出异议。顾琮说，河筑堤前，"设遇水大，散漫于数百里之远，深处不过尺许，浅止数寸，及至到淀，清浊相荡，沙淤多沉于田亩，而水与淀合流，不致淤塞淀池"。而康熙时筑堤"束水攻沙"，河道周围漫滩泄洪功能消失，河水挟带泥沙直接汇入淀泊，使"下源之三角淀、王庆坨等处业已淤平，而水缓沙沉，不得畅流，以致永定河身同堤内两岸渐次垫长"，逐渐变成"地上河"，"稍有漫溢，则冲出之水势若建瓴，每岁为患"。因此，顾琮认为，要避免淀泊淤积，必须恢复河道周围的泄洪滞沙区，也就是今人意义上的

---

① 王长松，尹钧科. 三角淀的形成与淤废过程研究. 中国农史，2014（3）.

② 《永定河志》记载：康熙三十九年（公元 1700 年），永定河由柳岔口注大城县辛章河，入东淀。参见：陈琮. 永定河志：卷 1"二次接堤改河图说"//续修四库全书：第 850 册. 影印本. 上海：上海古籍出版社，2002：66。又乾隆二年（公元 1737 年）时，鄂尔泰言，子牙河下游东、西淀泊等的来水河道演变及淤塞情形时，总称为"淀泊"，细分为东、西淀。参见：朱批奏折，大学士鄂尔泰，奏为遵议直隶总河顾琮请添设垡船以疏淀中河道事，乾隆二年九月初十日，档号：04-01-01-0020-025。至乾隆二十八年时，"大清河自雄入，曰玉带河，迳张青口，口西西淀，东东淀"。参见：清史稿：卷 54"地理一". 北京：中华书局，1998：1899；又穆彰阿，潘锡恩，等.《嘉庆重修大清一统志》卷 7"顺天府二·山川"//续修四库全书：第 613 册. 影印本. 上海：上海古籍出版社，2002：157。

③ 陈琮. 永定河志：卷 1"三次接堤改河图说"//续修四库全书：第 850 册. 影印本. 上海：上海古籍出版社，2002：67.

④ 陈琮. 永定河志：卷 13"奏议四"//续修四库全书：第 850 册. 影印本. 上海：上海古籍出版社，2002：368.

湿地恢复。

可问题是，自康熙年间河道筑堤后，永定河河道周围泄洪漫滩已经或开辟为农地、或为百姓散居，想要完全恢复至筑堤之前河水散漫于数百里之辽阔状态已不可能。因此，顾琮提出了较为保守的“十里遥堤”方案。即：

> 将鹅房村、南大营之下张客水口之北，接筑大堤，由东安、武清二县之南至鱼坝口抵官修民埝加帮，一律为永定之北岸，使下流并入清河与诸水会流。将金门闸之上堵筑横堤，联络东岸，以旧有两堤并淤高之河形，俱作为南岸。颇属宽厚，连新改河身，共留宽十里内外。

当然，顾琮对工程实施过程中可能危及民生之处也有考虑。指出：

> 相度形势，将大镇村庄但可圈于堤北，自当生法绕过，其必不能让出之村庄，或可垫高地基，或愿迁移堤外，量为拨给房间拆费。虽地在堤内，间被水长漫溢。从此可免冲决之患，亦无甚害。

很显然，顾琮的治水理念实质上就是用建筑遥堤的办法为河水漫流澄沙提供必要空间。

然而，该方案遭到大学士鄂尔泰等人的反对。鄂尔泰认为，“徒以堵筑为事，恐下之宣泄未畅，上之淤垫依然，纵河身加广，倍以遥堤，犹属筑墙束水之计，亦难保其永远无患也”。况且建造遥堤需要让当地百姓搬迁，势必产生“民间坟墓、田园，世世相守，千家万户，作何安插”等一系列社会问题。[①] 乾隆帝也认为顾琮的方案有不可行之处，令其再“详加相度”，重新考察后再报。[②] 很快，乾隆帝否决了十里遥堤方案，指出其“尚非探本清源之论”，改派鄂尔泰主要负责永定河治理方案的筹划。[③]

---

① 以上引文均见：朱批奏折，总理事务王大臣允禄、总理事务王大臣允礼，奏为遵旨会议筹办永定等河堤工决口应行抢修事宜事，乾隆二年八月初三日，档号：04-01-01-0019-031。

② 清高宗实录：卷48（乾隆二年八月己未）. 影印本. 北京：中华书局，1985：822-823.

③ 清高宗实录：卷49（乾隆二年八月甲戌）. 影印本. 北京：中华书局，1985：832.

按照传统的治水办法，“河身垫高，自应浚治下口”。可是，鄂尔泰在经过实地考察后提出了既不同于顾琮又不完全按照旧有办法的治理思路。鄂尔泰认为：

现在河身下口反高于上游，河身已平淤堤岸，俯视堤外，高可有一丈八九尺、一丈四五尺不等，而回顾堤内，高于水面才四五尺或八九尺耳。从来治水先治低处，上游始可施工，今下流之去路横阻，上流之浊流方来，纵使不惜劳费，一律挑挖，旋浚旋淤，终何补益。

窃思永定河之所以为患者，独以上游曾无分泄，下口不得畅流，径行一路，中梗旁薄，以故拂其性而激之变耳。①

将鄂尔泰的思路转化成具体措施，便是在永定河“南北两岸分建滚水石坝四座，各开引河一道”，使永定河上游之水有所分泄，则下游自然畅通。

该筑减水坝与开挖引河相结合的方案，具体是在永定河南北两岸建造张客、金门闸、郭家务、寺台四座滚水石坝，每座滚水石坝开一条引河，分泄水势，解决河道淤塞问题。② 这一方案得到乾隆帝及大多数朝臣认可，最终付诸实践。③

这四座减水坝如下：一是永定河北岸张客水口。张客水口是乾隆二年（公元1737年）永定河泛滥时溃堤之处，即以所冲水道为引河。二是南岸寺台。以民间泄水旧渠入小清河者为引河。三是南岸金门闸。“以浑河故道接牤牛河为引河”。四是南岸郭家务，“以旧河身为引河”。这四处建坝地点的选择，既顺应了永定河水势，又充分利用了原有的工程建设基础。

在减水坝及引河工程的建设中，人们遇到未曾料想到的实际困难。鄂尔泰便对减水坝选址与建筑方式加以调整，将所选择的寺台地点改为曹家

---

① 朱批奏折，大学士鄂尔泰、工部尚书来保等，奏为遵旨会议直隶河道总督朱藻等奏自半截河以下开宽北堤宣畅下流议建滚水坝四座事，乾隆三年二月二十五日，档号：04-01-05-0003-032。

② 陈琮. 永定河志：卷13“奏议四”//续修四库全书：第850册. 影印本. 上海：上海古籍出版社，2002：378，402.

③ 清高宗实录：卷53（乾隆二年闰九月己卯）. 影印本. 北京：中华书局，1985：894-895.

务。这是由于寺台“地势较高，泄水稍难，且堤外荒地不过数里，村庄亦属稠密”，如果在寺台建减水坝，“仍恐开坝分泄，容受无多”。然而，曹家务“以下数十里内，俱系不毛之土，并无民居，地面宽阔可以容水”[①]。相比于寺台，曹家务更具有建坝的优势。在工程进展中，鄂尔泰又将郭家务、张客与曹家务原计划的石坝改建为草坝。缘由是：石坝建筑费力耗时，一旦赶工不及，便难以抵御当年伏秋汛涨水；而筑草坝，物力财力等项投入较少，也省时。当然，草坝建筑也充分兼顾对减水坝的安全稳固性的考虑。

以郭家务草坝为例，郭家务石坝改草坝后，设计的坝宽为 40 丈，实际建造时，改口门为 30 丈，“以淤高之旧河身酌留为天然滚水，以利分泄”。为此，在草坝“两边预先刨槽，卷下大埽，密钉长桩，多贮物料，以备加镶”[②]。同时，开挖坝外引河，用于分泄草坝减下的水流。所开挖的坝外引河，自“东稍北，归于下口”。引河新挑 131 丈，浚旧河身 41 段，长 2 320 丈。“自马家铺接挑新引河，至三河头”，长 7 920 丈，面宽八九丈至十丈不等，底宽六丈，均深四尺。[③] 问题是，郭家务引河以南是东淀，为了避免引河之水漫及东淀，又将所挖该引河之土就近堆积于引河南岸，用石硪夯筑坚固，作为隔绝引河与东淀的屏障。该屏障就是所谓的“隔淀之坦坡埝”[④]。乾隆三年（公元 1738 年）十月，郭家务草坝及引河建造完成。使分泄的河水顺轨而行。

另外，金门闸引河“所挖之土俱于两岸照泄潮埝式作拉沙坝”，促使永定河泥沙沉积，达到“出浑入清”的效果。由于金门闸上游不远处是乾隆二年（公元 1737 年）七月发生决堤的张客、铁狗，两处最易溃决，故仍按原计划建设石坝。为了避免“水未至金门闸，而先于铁狗、张客冲溃夺溜”，先在金门闸以北“圈筑月堤一道”以作为防护措施。建筑过程中，

---

① 以上引文均见：朱批奏折，大学士鄂尔泰、工部尚书来保等，奏为遵旨会议直隶河道总督朱藻等奏自半截河以下开宽北堤宣畅下流议建滚水坝四座事，乾隆三年二月二十五日，档号：04-01-05-0003-032。

②④ 陈琮．永定河志：卷 13“奏议四”//续修四库全书：第 850 册．影印本．上海：上海古籍出版社，2002：389.

③ 王履泰．畿辅安澜志：永定河卷 8“修治”//续修四库全书：第 848 册．影印本．上海：上海古籍出版社，2002：281.

鄂尔泰等发现之前这里经常决口，造成铁狗、金门闸以外“数里之内，刨深几尺，俱系浮沙”，遂“择其地之有老土者，方可下桩砌石，安筑坝基”，至于“浮沙最甚之处，酌量加灰坚筑”，同时保证“灰干汁老”后再展开下一道工序，故整个建筑过程颇费周折。①

金门闸引河长120里，其沿用顺治八年（公元1651年）至康熙三十七年（公元1698年）间“永定河合清河之故道”②，再稍加修整后，将金门闸引河接通牤牛河，继延伸至牛坨，“南接挑黄家河，达于胜芳河，开至河头之北”，与永定河道汇合。金门闸引河与郭家务引河相似，南与东淀比邻。为防止引河之水淤积东淀，鄂尔泰在金门闸引河之南修筑遥堤，隔绝东淀，“使泛溢极大之水，亦有所捍御，可保无南注淤淀之患”③。乾隆五年（公元1740年）九月十六日，孙嘉淦开堤放水恢复的永定河故道，就是鄂尔泰所挑挖的金门闸引河。

将张客石坝改建为草坝，坝外引河修筑拉沙埝，当“水大出槽”时，促使引河之水泥沙沉积。张客草坝就是在乾隆二年（公元1737年）七月决口之处稍加修筑而成，引河也基本上以决口时的河水冲刷河道为基础展开建设。由于引河以北地区人烟稠密，为防止引河之水漫溢成灾，在引河之北修筑拉沙埝，又在“拉沙埝外大营、庞村、东安之南建筑遥堤”，以“保护京畿而无北溢之虞”④。

如上所述，原计划在寺台建石坝，后改在曹家务建草坝⑤，就是看中这一带地广人稀，且距离东淀较远，故而，相较其余三处，曹家务草坝与引河的建设相对容易得多。乾隆四年（公元1739年），草坝、引河完工。该坝

---

① 朱批奏折，大学士鄂尔泰、工部尚书来保等，奏为遵旨会议直隶河道总督朱藻等奏自半截河以下开宽北堤宣畅下流议建滚水坝四座事，乾隆三年二月二十五日，档号：04-01-05-0003-032。

② 王履泰．畿辅安澜志：永定河卷3“故道”//续修四库全书：第848册．影印本．上海：上海古籍出版社，2002：218.

③ 朱批奏折，大学士鄂尔泰、工部尚书来保等，奏为遵旨会议管理直隶总河印务顾琮奏治理永定河宜用匀沙之法事，乾隆三年十月初八日，档号：04-01-05-0005-003。

④ 陈琮．永定河志：卷13“奏议四”//续修四库全书：第850册．影印本．上海：上海古籍出版社，2002：401.

⑤ 朱批奏折，大学士鄂尔泰、工部尚书来保等，奏为遵旨会议管理直隶总河印务顾琮奏半截河建坝挑河事，乾隆三年十一月初四日，档号：04-01-05-0005-002。

"金门宽二十丈，入深五丈"①，泄水的曹家务引河长 1 700 丈，挑挖在"曹家务以下由郭家务小梁村等处"数十里荒地间，"使浑水淤地，清水归淀"②。

可见，以上四处堤坝、引河相关处所建筑的拉沙坝、拉沙埝的功用，均在于减缓水速，沉积泥沙，使引河之水"散漫不加迫束"③，实现了"出浑入清"的效果，一定程度上实现了河水漫流，有利于永定河湿地的局部恢复。乾隆四年（公元 1739 年）以后，清廷又相继修建长安城草坝、双营草坝、求贤村草坝、胡林店草坝、小惠家庄草坝和半截河草坝等减水坝，减水坝已遍布永定河堤，以"减泄泛涨之水"④，清理淤积，对永定河的治理起到了积极作用。永定河排水通畅，"堤坝各工俱获平稳"。十多年后，直隶总督方观承在奏章中说："近年以来，因两岸各设有减水闸坝以资分泄，而下口沙淀、叶淀之去路尚未至于遍淤。"⑤ 减水坝及引河等工程取得减轻永定河河道堤岸压力，减缓尾闾淀泊淤积的成效。

不过，就在鄂尔泰方案完工的同时，直隶总督孙嘉淦对永定河工提出一些看法，并对清初以来永定河治理实践加以评析。孙嘉淦认为：康熙时期采取的筑堤束水办法不能消除永定河水患；顾琮所建议的缺点在于留给永定河漫流的空间不足，且又面临迁移遥堤内村庄民众的问题；鄂尔泰的方案尽管得以实施，但是存在坝底过高、引河不够深广等弊端。因此，孙嘉淦提出了一个比顾琮"十里遥堤"更大胆的"恢复故道、不设提防"方案。

孙嘉淦说道，永定河筑堤之前流经固安、霸州一带，呈自然漫流状态，所以，河水中的"泥留田间，而清水归淀，间有漫淹不为大害。自筑堤束水以来，始有溃淤之患"。其字里行间显示着希冀恢复河道周围宽广

---

① 王履泰. 畿辅安澜志：永定河卷 6"堤防"//续修四库全书：第 848 册. 影印本. 上海：上海古籍出版社，2002：248.

② 陈琮. 永定河志：卷 13"奏议四"//续修四库全书：第 850 册. 影印本. 上海：上海古籍出版社，2002：414.

③④ 陈琮. 永定河志：卷 14"奏议五"//续修四库全书：第 850 册. 影印本. 上海：上海古籍出版社，2002：446.

⑤ 沙淀，即沙家淀，乾隆十五年（公元 1750 年）事，参见：陈琮. 永定河志：卷 15"奏议六"//续修四库全书：第 850 册. 影印本. 上海：上海古籍出版社，2002：468.

泄洪漫滩的理念，几乎同于今人湿地恢复生态观念。孙嘉淦认为应该完全恢复筑堤前永定河的漫流状态，使泥沙沉积于宽广的田野中，这样才能避免永定河溃淤之患和淀泊淤塞之难。具体办法就是利用永定河筑堤前故道上修筑完成的金门闸及其引河，使河水全由金门闸引河南下，且引河两岸不设堤防。如此，一旦河水“汛水涨发”，即可“散入田野”，避免淤积于淀泊。[①] 同时，采取“低洼之村庄围堤以保护，迁零落之居民附大村以自固”的措施，使百姓免于洪水危险。[②]

该方案得到乾隆帝大力支持。[③] 乾隆五年（公元 1740 年）九月，在孙嘉淦主持下，金门闸开堤放水，河水全由金门闸引河南下。但是效果并不理想。次年初，乾隆帝承认漫流办法失败，称：“昨因永定河放水经理未善，以致固安、良乡、新城、涿州、雄县、霸州各境内村庄地亩多有被淹之处，难以耕种，且居民迁移不无困乏。朕与孙嘉淦不能辞其责也。”对此，鄂尔泰评道：“从前野旷人稀，可以顺其弥漫，今则野无旷土，人烟稠密，势有不得不为之堤防者。”[④] 道出了人占水地的根本。二月，金门闸新开堤口被堵筑，永定河又重新被束缚于堤岸之中，孙嘉淦的治水理念在实践中遭遇失败。

由上可知，顾琮、鄂尔泰和孙嘉淦的治水理念有一个共同特点，即：都希望通过恢复永定河周围的河漫滩地，使洪水期的浑浊河水能够散漫流淌于周边田野，避免河水将泥沙挟入淀泊，达到清水归淀的目的。只不过在具体操作上，治理力度不同，在筑堤与破堤之间有异议。就乾隆帝本人而言，其不仅在行动上支持了鄂尔泰和孙嘉淦，在思想上也流露出以疏为主的治理理念。其曾作诗曰：“水由地中行，行其所无

---

① 朱批奏折，保和殿大学士鄂尔泰、保和殿大学士张廷玉，奏为永定河归复故道事，乾隆五年九月初四日，档号：04-01-01-0057-002。

② 朱批奏折，大学士鄂尔泰、大学士张廷玉等，奏为遵旨会议协办户部尚书纳亲等奏永定沙之半截河六工以下河身隆起酌筹治理事，乾隆三年十一月初八日，档号：04-01-05-0004-004。

③ 朱批奏折，直隶总督孙嘉淦、北河总督顾琮，奏为永定全河已归故道事，乾隆五年九月十六日，档号：04-01-01-0057-008。

④ 陈琮. 永定河志：卷 14“奏议五”//续修四库全书：第 850 册. 影印本. 上海：上海古籍出版社，2002：433.

事。要以禹为师，禹贡无堤字。”十五年（公元 1750 年）八月，又作诗曰：“过此为桑干，古以不治治。”[①] 所以，恢复河漫滩湿地成为乾隆初年治理永定河的主流思想，与康雍时期的筑堤束水理念相比，有了新的变化。

（二）冰窖湿地修筑与维护

实际上，自乾隆初年以来，仅仅依赖减水坝及引河实现治理永定河泥沙淤积问题已不太可能。所以，恢复河流湖泊湿地以达到清除河水泥沙目的的理念逐渐上升为主流。乾隆十五年（公元 1750 年）三月，直隶总督方观承分析道：

> 永定一河受束于两堤之中，浊流淤垫易高，而其下口又必有散置泥沙宽广之地，然后沙停水出，所受之河，始免于淤。使下游稍有阻隔，则上游益多淤垫。

并于九至十一月间连续提出建议，先是说在永定河北岸半截河改移下口，“以畅就下之势”；继之，又觉得“八工以下之叶淀、沙淀一带北埝，包束宽广，埝外亦复地阔村稀”，是容蓄泥沙的理想区域。就在半截河改移下口还是维持原有八工段河道放水的意见议而未决之际，永定河水汛期来临。

乾隆十六年（公元 1751 年）四月，凌汛，修建不久的冰窖草坝因“过水势猛”，“坝口以下之河身吸刷宽深，以致全河趋下”。凌汛过后，议而未决的方观承之建议有了答案。河道七、八等工，泥沙淤积严重，已无维持河道必要，而河道自冰窖下口的条件稍好，“由坦坡埝之尾，东北导入叶淀，去路愈加宽广，地广则停淤”。由是，清廷决定以冰窖作为永定河新下口，使河水散漫停淤，恢复清淤排沙之旷野，亦即本书前文所称的冰窖湿地。

冰窖下口，原先筑有草坝，“在南岸上七工之尾，旧下口之旁，地势本低”。同年六月，将“冰窖草坝以东之堤身开宽五十丈”，扩大冰窖下口，以使

---

① 《阅永定河堤因示直隶总督方观承・过卢沟桥》，参见：陈琮．永定河志：卷首“宸章纪”//续修四库全书：第 850 册．影印本．上海：上海古籍出版社，2002：33。

河水更为通畅地进入冰窖湿地。[①] 其建筑范围广阔，四至大致如图 5-1 所示。

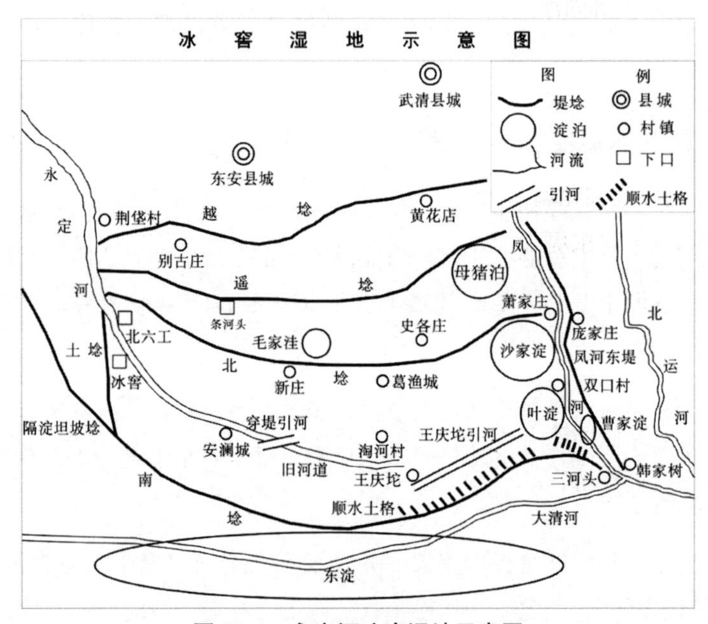

图 5-1 永定河冰窖湿地示意图

资料来源：据陈琮《永定河志》等相关文字资料的描述绘制。

西界。如前文所述，乾隆三年（公元 1738 年）时，在郭家务引河南岸修筑隔淀坦坡埝。此埝位于冰窖下口以南，自郭家务坝口先向东南延伸，后转向东北，接连叶淀，东到三河头，长达 80 里。而此次清廷决意以冰窖为永定河新下口后，为了防止河水自冰窖下口西流，遂在下口与隔淀坦坡埝之间"拦筑土埝，御水倒漾"[②]。该土埝就成为冰窖湿地的西界。

南界。隔淀坦坡埝自与土埝交界之处起，东至三河头，长达 60 里。这一段坡埝便是冰窖湿地的南界，称作南埝。南埝之外是东淀。为了防止河水越过南埝，淤积东淀，人们将南埝"一律帮宽二丈，加高二尺，仍照旧制作成坦坡之形，底宽七丈，顶宽一丈五尺。其外临淀水处所约长二十

① 陈琮. 永定河志：卷 15"奏议六"//续修四库全书：第 850 册. 影印本. 上海：上海古籍出版社，2002：468，470，479，480.

② 同①488.

里，应再加高一尺，以资隔别清浑”。时隔三年后，再将南埝“自中汛第九号起，至下汛第五号止，计长三千六十丈，随其形势加高一二三尺不等”①，进一步巩固冰窖湿地的南界。

冰窖湿地北界，与乾隆四年（公元1739年）永定河北岸所筑北堤有关。北堤西起北岸六工，东达新庄东，长37里。北堤以东，有北埝一道，西起新庄东，东达凤河西岸萧家庄，长47里。北堤与北埝在新庄东相接，共长84里，统称北埝。

东界以凤河东堤为限。永定河水自冰窖而下经叶淀东注凤河。凤河位于北运河以西，两河距离较近，都自北而南达津归海。为了“障束永定全河之水，使不得阑入北运”，遂在凤河东岸修筑堤防，将凤河与北运河分隔开来，作为冰窖湿地的东界。

对于恢复后的冰窖湿地而言，凤河东堤是极其关键的工程，因为冰窖湿地的北埝、土埝、南埝与凤河东堤形成闭合区域。凤河东堤北起庞家庄，南达韩家树，“自西北斜迤东南”，长达26里。以凤河为界，冰窖湿地北埝东端的西岸为萧家庄，东岸是庞家庄，湿地南埝东端的西岸为三河头，东岸是韩家树。永定河水自冰窖下口进入恢复的湿地，再散漫流经北埝、南埝之间，在凤河东堤的阻隔下，由三河头、韩家树达津归海。也就是说，凤河东堤南端三河头与韩家树隔岸相望处，便是冰窖湿地的出水口。后因凤河东堤经风浪汕刷，“岁久残缺”，于乾隆十九年（公元1754年）加固维修，确保东堤稳固。

如是，整个冰窖湿地“东西约长八十余里，南北宽四五里至十五里不等，地面比旧河身低七八尺至丈余不等”，面积广阔，空间充足。为使湿地排水散淤功能最大化，清廷又在湿地内进行了局部规整，加强调控治理，主要表现在穿堤引河、王庆坨引河以及顺水土格等工程设施。这些均起到了泄洪清淤、散水匀沙的效果。

穿堤引河是为了调节永定河径流，利用旧河道以北区域散淤。永定河六工以下的七、八工段，为已废弃的旧河道，其横亘于南北埝之间，而冰

---

① 陈琮．永定河志：卷16“奏议七”//续修四库全书：第850册．影印本．上海：上海古籍出版社，2002：488，499．

窖下口在永定河南岸，河水自冰窖而下，流经旧河道以南。由于旧河道阻挡，其以北区域没有得到充分利用。因此，乾隆十七年（公元1752年），直隶总督方观承提出开挖穿堤引河方案，以便导引永定河水流向旧河道以北。方观承查明永定河自冰窖而下二十余里，流经“安澜城村东七里，旧南岸堤根之下”。此处旧河道“北岸低于南岸”，北岸“地面甚属空旷，且系向来未曾过水之区”。故在这段旧河身斜开引河一道，引部分河水自南注入北，至淘河村、葛渔城一带宣泄散漫，“俾南北埝水道皆得涨减沙匀，益资荡漾”。也就是要充分利用旧河道以北的空间发挥“散水匀沙”的生态功效。引河建成后的十九年（公元1754年）六月，永定河水盛涨，穿堤引河导引水流注入旧河身以北，以泄洪清淤。①

王庆坨引河是于王庆坨南开挖的引水工程，长22里，河水面宽6丈，底宽3丈，深二三四五尺不等，使永定河水沿七、八两工东流，“悉归王庆坨引河”，使“王庆坨村南之水不至过多”。河水在引河中“随路涣散停淤”，然后注入叶淀，又自叶淀“由双口村入凤河，而东漾于曹家淀一带，停泓输注于大清河”②。这就使得清水散淤，不淤塞下游淀泊。

顺水土格是为了减缓南埝东端直趋凤河水势，“不使缘堤直趋凤河”而实施的工程。其造法是用南埝外东淀所捞淤泥做成胶土，再用“胶土夹杂软草镶垫筑成”，“顺堤多为接筑”，“层层障御”。因建筑工序较为复杂，“非雇募民夫所能办”。方观承调用八九百名衩夫河兵，“力作于荒淀之中”，于乾隆十七年（公元1752年）秋汛起至九月间完成该工程。其规模“自南埝中汛十一号起，至下汛十号止，此二十里内共筑成顺水土格十五道，长二十丈至三四十丈不等，底宽二三丈，顶宽八九尺至一丈六尺，高出水面三四五尺不等”。结果“埝根之水已不通溜，下口水势全由三角淀引河归入叶淀，余水散漫于近埝苇地一带，悉已清流，已无缘堤直趋凤河之虑，且土内渐次受淤，南埝更资巩固”。由于南埝顺水土格清淤排沙的

① 陈琮．永定河志：卷16“奏议七”//续修四库全书：第850册．影印本．上海：上海古籍出版社，2002：500；陈琮．永定河志：卷15“奏议六”//续修四库全书：第850册．影印本．上海：上海古籍出版社，2002：479，491．

② 陈琮．永定河志：卷16“奏议七”//续修四库全书：第850册．影印本．上海：上海古籍出版社，2002：499，500；陈琮．永定河志：卷15“奏议六”//续修四库全书：第850册．影印本．上海：上海古籍出版社，2002：491，480．

效果十分明显，继之，在凤河下口西岸也建造了顺水土格，“俾西岸以上之水悉东北行，由叶淀一路停纾，以入于凤河”。其后，也多次进行加固。①

方观承提出了一系列冰窖湿地的管理办法。例如，将 60 里长的南埝“分为上中下三汛，每汛二十里”。北埝也分为上中下三汛，其中上汛 37 里，中汛 23 里，下汛 24 里。南埝三汛由东安、武清两县县丞管理，北埝三汛由东安、武清两县主簿管理。又由于土埝以西 20 里的隔淀坦坡埝是冰窖下口“水道之外障”，故将此一并归入南埝上汛，由东安县县丞管理。方观承的办法明确规定了南、北埝各汛官员的职责，即“带领河兵修补埝身、水沟、浪窝并栽种苇柳等事”，以及负责南北埝的日常维护。为了提高管理效率，清廷令由雍正十二年（公元 1734 年）设立的三角淀通判负责“督率各该汛员”，加强统一管理。乾隆十九年（公元 1754 年），还将原天津县辖的凤河东堤改由永定道管辖，并在凤河东堤设立“堡夫十三处，每堡拨兵二名”，“统以外委把总一员，令驻扎东堤适中之地”，主要职责为“遇有水沟、浪窝、汕刷、坍损之处，督率堡兵随时修补，并于双口以北查禁往来车辆，守护堤工”，加强对凤河东堤的维护。冰窖湿地的恢复效果，正如方观承所言：“南岸冰窖于乾隆十六年改为下口之后，连年水势畅顺，趋下甚速，上游河道深通，下汛修防裁省”②。

（三）冰窖湿地的改造

冰窖湿地恢复，立足于顺应永定河主河道自然流淌之势。恢复后的不断改造表现在新设下口北六工、条头河及堤埝，且均与冰窖下口河道地势变迁及河道北趋关联。细究原因，在于三点：一是湿地恢复之前，永定河旧河道以南较以北“低三四五六尺不等”，恢复后，因泥沙淤积加重。截至乾隆二十年（公元 1755 年）初，永定河旧河道以南地势比以北“转高五六

---

① 陈琮. 永定河志：卷 15“奏议六”//续修四库全书：第 850 册. 影印本. 上海：上海古籍出版社，2002：490-491.

② 陈琮. 永定河志：卷 15“奏议六”//续修四库全书：第 850 册. 影印本. 上海：上海古籍出版社，2002：481-482，485；陈琮. 永定河志：卷 16“奏议七”//续修四库全书：第 850 册. 影印本. 上海：上海古籍出版社，2002：501，503.

尺，安澜城以下为停淤最薄之地，亦已较北高二尺许”。二是冰窖湿地恢复后，河水进入冰窖下口“即皆涣散，泥淤渐次停积”。至乾隆十九年（公元1754年），“汛水盈丈，挟沙直注”，冰窖“下口十里以内，旧积新淤，顿高八尺，以致阻塞去路”。三是尽管泥沙大多沉积冰窖下口一带，然南埝中汛以下区域“虽有停淤，而地面广宽，仍可以资容蓄”，尤其是沙家淀以东的北埝至南埝三十余里，河水“就下之势，或分或合，弥漫一片，原足任其荡漾也”①。

因此，乾隆二十年（公元1755年）始，直隶总督方观承主持了永定河道改换下口工程。经过多次勘察，其选择永定河北岸六工洪字二十号埽工之尾作为新下口，“仍以南埝下汛为其归宿”，使永定河“循北埝导归沙淀，照旧以凤河为尾闾”②。方观承选择新下口的理由是：北六工以北“地势宽广，足资容纳，即水过淤停，在所不免，亦不至于旋浚旋淤，且北埝之外多属荒洼，将来并可以筹去路，不比南埝近淀为多妨碍”。由是，次年即“于北埝外筹筑遥埝一道，预为匀沙行水之地。自北埝上汛第一号起，东北圈至母猪泊止，共长八十六里，底宽三丈，顶宽一丈，高五七尺不等”。遥埝自西向东，与“北埝相距自二里许至七八里，渐宽至三十余里不等，既以备将来下口迁改之用”。同时，又“接筑凤河东堤，北过遥埝之尾，长三十二里，底宽二丈，顶宽一丈，均高五尺”，使遥埝与凤河东堤相连。这实际上就是将原来冰窖湿地北部的界限向北延伸，再与东界相连，形成新的闭合系统。遥埝建成之后“分交北埝上中下汛员经管，遍栽柳株，随时修葺”，作为北埝之外的屏障。乾隆二十八年（公元1763年），又在遥埝以北，自“永清县之荆垡起，至武清县之黄花店止，添筑越埝一道”。越埝以北是东安、武清两县城，人口稠密，限制了湿地向北延展，故越埝成为冰窖湿地北扩的极限。③

---

① 陈琮．永定河志：卷16“奏议七”//续修四库全书：第850册．影印本．上海：上海古籍出版社，2002：503-504.

② 以上引文均见：录副奏折，直隶总督方观承，奏复改移永定河下口水道事，乾隆二十年正月初二日，档号：03-0990-001。

③ 陈琮．永定河志：卷16“奏议七”//续修四库全书：第850册．影印本．上海：上海古籍出版社，2002：504，519-520；陈琮．永定河志：卷17“奏议八”//续修四库全书：第850册．影印本．上海：上海古籍出版社，2002：557.

北六工开新下口以及遥埝、越埝的建筑，在一定程度上又使大部分河水分流向北，自然漫流，有利于泥沙沉积，澄清河水。但由于未能自永定河上游彻底解决水土流失问题，加之新开下口的水流区域地势低洼，历时既久，起初河水主要行经湿地南部，出现明显的北移趋势。加之“泥沙停积”，“南淤则北徙”更加明显。不久，河水北徙漫过北埝，漫流于北埝与遥埝之间，后又漫过遥埝，在越埝之内漫流。乾隆三十六年（公元1771年），河水又漫过越埝，波及东安、武清县城。为遏制永定河北徙趋势，次年，清廷在条河头开挖新河道，于“旧日已废之北埝十二号，筑拦水土埝，以遏其北徙之道”[①]，导引河水“从条河头出毛家洼，经葛渔城之下史各庄等处，入于沙家淀”。葛渔城、史各庄一带“地面宽广，足资容纳”，毛家洼、沙家淀等淀泊又能起到泄洪清淤的作用。[②] 新河道西自北岸六工，东至条河头，条河头在东安县西南25里[③]，距县城较近。

北岸六工至条河头的区域，由于容水空间有限，无法起到散水匀沙的功效，实际上已经不能算作湿地的一部分，这意味着条河头以东才是湿地的范围。条河头由此成为永定河新下口，所形成的湿地称为条河头湿地。无论如何，该湿地澄沙清水效果明显。乾隆三十八年（公元1773年）六月，直隶总督周元理上奏说，永定河洪水携带大量泥沙进入条河头后，“澄清之水俱从条河头以此散漫而下，所以沙淀竟不致受淤也”[④]。可见，条河头人工湿地消减了洪水，避免了沙家淀的淤积，生态效益较为显著。

条河头上承北六工，下达沙家淀，“仍是乾隆二十年所改下口经行之地”，其北界是越埝，南界是南埝。条河头开新口后，方观承将北界越埝改称为北埝。“北埝至南埝相距四五十里不等，地面宽广，听其荡漾，足

---

① 陈琮．永定河志：卷17“奏议八”//续修四库全书：第850册．影印本．上海：上海古籍出版社，2002：542，538.

② 同①542，543，548，556.

③ 王履泰．畿辅安澜志：永定河卷6“堤防”//续修四库全书：第848册．影印本．上海：上海古籍出版社，2002：253.

④ 朱批奏折，直隶总督周元理，奏为遵旨复奏永定河水势平稳并浚船办理各情事，乾隆三十八年六月初五日，档号：04-01-25-0200-022。

资散水匀沙”[①]。至此，冰窖湿地的扩展改造工程基本完成，而后，永定河湿地生态治理的主要精力放在湿地内泥沙的疏浚清淤方面。

乾隆三十七年（公元1772年），面对湿地内日益严重的泥沙淤积问题，除了湿地内引河、淀泊等的自然清淤功能外，工部尚书裘曰修提出了辅助以人工疏浚泥沙方案。即每当永定河汛期过后，“添设浚船并与以器具”，由人工挑挖泥沙，以减缓泥沙淤积。这一工程主要在条河头下口内实施。

采用浚船人工挑挖泥沙事务，有一套管理体系。由三角淀通判总管，并令其驻扎东安县别古庄，“董率各汛暨把总、外委查巡淤阻，分段挑挖”。同时，管河州判与南埝三汛汛官调往“条河头、毛家洼、葛渔城一带驻扎”，州判负责协助三角淀通判。要求各汛官员分管各汛内泥沙疏浚任务，并设立把总，负责管理浚船兵夫。又从河兵内选拔两名外委，负责分领各部兵夫。

用于挑挖泥沙的浚船，有“五舱船四只，三舱船三十只”。船由河兵撑驾，“每船五舱者须用兵四名，三舱者须用兵三名”。汛期后，河兵撑驾浚船挑挖淤泥。麦汛至白露间的80天里，河兵上堤防汛，雇佣民夫挑挖泥沙。雇佣民夫的银两拨付以挑挖泥沙多少与挑挖方式为标准。若所雇佣民夫“驾船捞浚”，定例挑挖泥沙，每方给银七分；枯水期，永定河往往断流，民夫进入河道挑挖泥沙，不需驾船，20日内完工，每方折银四分。[②] 为此，裘曰修制定了详细的劳务支付规则与奖惩制度。每年泥沙挑挖结束后，由永定河道进行查验，“以截滩多者记功，少者记过”。如若出现新生嫩滩，“能用浚船即时挖去者为功，嫩淤成滩者为过”。同时将各官功过上报直隶总督，作为升迁奖惩标准。其中“功多者准以次升转，尤多者特与保荐”。奖惩制度的设置，能够使河员“以河平无险为升转之阶”，起到激励作用。[③]

---

① 陈琮．永定河志：卷1“六次下口改河图说”//续修四库全书：第850册．影印本．上海：上海古籍出版社，2002：70；陈琮．永定河志：卷18“奏议九”//续修四库全书：第850册．影印本．上海：上海古籍出版社，2002：598．

② 陈琮．永定河志：卷17“奏议八”//续修四库全书：第850册．影印本．上海：上海古籍出版社，2002：549－550．

③ 陈琮．永定河志：卷17“奏议八”//续修四库全书：第850册．影印本．上海：上海古籍出版社，2002：544，548，549－552；陈琮．永定河志：卷19“附录”//续修四库全书：第850册．影印本．上海：上海古籍出版社，2002：625．

乾隆三十八年（公元1773年）五月二十一、六月初一等日，永定河两次汛期，发水极其迅猛：

> 上游各工幸得抢护平稳，而大溜汹涌奔腾，直趋下口，将中泓河底刷深三四尺，所有泥沙悉归条河头之旧河淤成平地，其澄清之水俱从条河头以此散漫而下，所以沙淀竟不致受淤也。①

事后，乾隆帝担心日久而致清理淤泥“徒有浚船之名而无挑浚之实”，责令直隶总督周元理“留心督办”，以防永定河水北徙，伤及民生。周元理亲往督勘，将湿地内“淤塞处所逐段勘丈，其小滩淤嘴，即令浚船河兵挑挖，如有工段必需估方开浚，亦即一体乘时赶办”。不久，周元理再次分派浚船挑挖泥沙，将出现“淤嘴以及稍有阻碍地方，复饬令在在裁切疏浚”。同年六月，周元理奏称因浚船挑挖泥沙初见成效，永定河“溜走中泓，直达下口”，尾闾排水通畅。乾隆帝对此稍有慰藉。②

冰窖湿地改造后，尤其是北岸六工洪字二十号开堤放水，改为下口，东入沙家淀，由凤河入大清河，达津归海。下口两岸有南堤、北堤以为保障，中宽四五十里不等，足以散水匀沙。直至乾隆五十二年（公元1787年）十二月，直隶总督刘峩称赞道：“至今三十余年，河南、河北岁获有秋，黎民乐业，洵万世永赖之利也”③。尽管此赞有溢美之嫌，但是，乾隆时期在永定河治理上的新转变，是有清一代较为突出的，取得了良好的效果。

三、湿地生态退化与清廷的应对

清廷在永定河治理过程中所形成的湿地内积极挑挖泥沙，同时限制湿地内村庄规模的扩大，甚至大量搬迁村庄居民。然而，湿地空间缩减的趋

---

① 朱批奏折，直隶总督周元理，报勘明永定河下口改流实在情形事，乾隆三十八年六月十六日，档号：04-01-05-0055-004。

② 朱批奏折，直隶总督周元理，奏为遵旨复奏永定河水势平稳并浚船办理各情事，乾隆三十八年六月初五日，档号：04-01-25-0200-022。

③ 乾隆三十八年（公元1773年），条河头湿地的南北埝改称为南北堤。参见：陈琮．永定河志：卷18“奏议九”//续修四库全书：第850册．影印本．上海：上海古籍出版社，2002：596-597。

势仍没有得到有效遏制，生态退化，河水漫溢加重。

（一）湿地淤废与河水漫溢

尽管在永定河治理过程中，乾隆朝君臣采用了在更广阔的河滩湿地散漫河水，使得泥沙沉积河滩等办法，可是，一到雨季汛期，河水暴涨，险工频发。为此，上游石景山段河工坚固与否，河水能否于河道畅流，以及能否人为尽最大能力深挖河道泥沙，对减少下游湿地泥沙淤垫至关重要。

故而，乾隆六年（公元1741年）二月，在酝酿建设下游湿地时，直隶河道总督顾琮奉旨组织人力财力赌闭金门闸以上堤口，盘筑坝台，将新河口以下至北蔡地方已经淤平的1 000余丈口挑为川字形，使“河导水易入”，再一律挑挖深通，并将各工淤塞之处共16段分别缓急择其紧要加以挑挖，同时又挑浚下口，进埽挑河。费时一个月，完成挑挖淤垫及两坝台进埽工程，下埽合拢，水归旧河，循轨而下，畅流无阻。①

然而，乾隆十五年（公元1750年）六月十四日，又发生了河水暴涨、堤坝冲决的险情。是日，上游石景山段“发水三尺，连底水共深七尺，金门闸过水二尺六寸三，工长安城草坝过水五尺，子时渐落”。次日，水落势平，直隶总督方观承等组织人力收拾厢埽，艰难地加固堤坝。彼时“西坝卷成大埽一个，甫坠坝台，尚未下水，因风雨忽又大作而止”。俟风雨停后，方于两坝各下一埽，再加镶边埽，以资稳固引河，开挑上下淤工。② 可是，是月暴雨连连：

> 六月二十八日，晚间大雨彻夜。二十九日，雨犹未止，午夜，复大雨彻夜。七月初一辰刻渐晴，河水即于辰刻长发，自辰至申，石景山上游共报长水四尺一寸三，工地方约长水五尺，连底水约深八尺余，汹涌奔腾，与上月二十二日水势相仿。西坝北面与东坝埽根皆为大溜，计所蛰深至丈余。盖下埽之时，水小沙停，埽易著

① 朱批奏折，直隶河道总督顾琮，奏报下埽合龙日期事，乾隆六年三月初六日，档号：04-01-01-0068-020。

② 朱批奏折，直隶总督方观承，奏为永定河石景山段发水情形并办堵筑事，乾隆十五年六月十五日，档号：04-01-01-0193-031。

> 底，一遇水发，则埽底停沙尽行搜刮一空。当其蛰时，埽镶出水缠一二三尺，其色甚险。然与蛰后绳桩不动，重加镶垫，又转得稳固也。

方观承等率兵夫人众抢护河工，直至石景山段“签报水落四寸，水势稍定，埽坝幸保无虞”①。

至乾隆三十八年（公元 1773 年），永定河“两次汛期，发水极其迅猛”，因水势湍急，“将中泓河底刷深三四尺”，经年沉积在上游河道的泥沙随洪水“奔腾直趋下口”②。之后，尽管清廷不断组织人力筑坝深通，极力恢复河湖湿地，然而，受水困扰之状况没有好转多少。存在的问题是，此时人占水地势头日盛，湿地内耕种形成气候。四十七年（公元 1782 年）初，直隶总督郑大进在实地勘察中发现条河头下口湿地内“居民共有五十余村，或因滩地尚未除粮，就耕守业，或因贪觅渔苇之利，聚居高阜，水涨即以船为家”③。五十五年（公元 1790 年）时，人占水地问题愈加严重，至十月，清廷发布谕旨称：直隶永定河两岸地方在堤内河滩居住者，经朕屡降谕旨饬禁，而地方官奉行不力，小民等又罔知后患，只图目前之利，以致村庄户口日聚日多。④

在此期间，乾隆帝考察永定河尾闾湖泊状况后，对湿地生态效益的持续发挥流露出悲观情绪，作有《观永定河下口入大清河处》诗：

> 乙亥阅永定，熟议移下口。南北仍存堤，不过遥为守。中余五十里，荡漾任其走。水散足容沙，凤河清流有。以浑会清南，入大清河受。幸此卅年来，无大潦为咎。然五十里间，长此安穷久。五字志惕

---

① 以上引文均见：朱批奏折，工部侍郎三和、直隶总督方观承，奏为七月一日间石景山上游及东西坝台等处水势情形事，乾隆十五年七月初一日，档号：04-01-01-0196-032。

② 朱批奏折，直隶总督周元理，奏为遵旨复奏永定河水势平稳并浚船办理各情事，乾隆三十八年六月初五日，档号：04-01-25-0200-022。

③ 陈琮．永定河志：卷 18“奏议九”//续修四库全书：第 850 册．影印本．上海：上海古籍出版社，2002：585.

④ 李逢亨．永定河志：卷首“谕旨”//中国水利要籍丛编·第 4 集：第 31 册．台北：文海出版社，1970：80；李逢亨：卷 26“奏议”//中国水利要籍丛编·第 4 集：第 31 册．台北：文海出版社，1970：1898.

怀，忸怩增自丑。①

在诗歌字里行间的注解里，乾隆帝梳理了湿地下口的历次改迁。其中，条河头湿地虽仍较广阔，可是自乙亥改移下口后的50里之地“不免俱有停沙，目下故无事，数十年后，殊乏良策”②。这种对于永定河携带大量泥沙不断沉积于尾闾湖泊，湿地内空间势必会被填淤的深深忧虑，显示出人水、人地关系中，人力无以为继的无奈。故而，不能解决永定河携带泥沙的弊病，长此以往，新造湿地便难免要失去散水匀沙的生态效益。

当然，占地趋势愈演愈烈，与永定河条河头下口泥沙淤积相关。乾隆五十年（公元1785年），直隶总督刘峩就说：“昔年下口（北六工）地面本属低洼，自乾隆二十年改移以来，历今三十载，水散沙停，日久渐成平陆”③。尤其是年以来，由于永定河不断北徙，水流主要行经越埝一带，南埝附近水退地涸，吸引百姓前来耕作。然而，越埝一带受水冲击，堤坝不保。随着永定河河床泥沙“日渐淤高”，每遇大水，河水盛涨，逼近堤根。④ 甚而“河流北趋，水漫堤根”⑤。即便如此，耕种之势也逼向此处。

延至嘉庆年间，这种人水矛盾愈演愈烈。此从官员们实施勘察后的奏章中有明显反映。嘉庆六年（公元1801年），侍郎那彦宝勘察下游后奏称：“查勘永定河下游河身内，并无急湍长流，附近居民在河身内高阜处所种植秫豆等物，其南岸堤外并有涸出地亩，赶种晚莜”⑥。且指出越埝以北亦人烟稠密，无法继续北扩空间；南埝一带“高仰已非一日”，百姓

① 李逢亨．永定河志：卷2“集考”//中国水利要籍丛编·第4集：第31册．台北：文海出版社，1970：281-282.

② 同①282.

③ 朱批奏折，直隶总督刘峩，奏为永定河下口淤滞请准动项兴工修筑新堤事，乾隆五十年十月十一日，档号：04-01-05-0064-013。

④ 李逢亨．永定河志：卷26“奏议”//中国水利要籍丛编·第4集：第31册．台北：文海出版社，1970：1869，1876.

⑤ 李逢亨．永定河志：卷27“奏议”//中国水利要籍丛编·第4集：第31册．台北：文海出版社，1970：1945.

⑥ 同⑤1956-1957.

于其间的作物种植挤占了条河头湿地泄洪空间，散水匀沙的生态功能已经削弱，且泥沙填淤与人占水地趋势不断加剧，同时泥沙淤塞河道，抬高河床，使周边堤埝相对“日形卑薄”，从而“频年冲溃，屡为近畿之患”[①]。二十年（公元1815年）八月，自南河总督迁礼部尚书的戴均元实地勘察河南六工以下旧河道，发现“旧河淤垫既久，自旧河头至尾闾，绵亘九十余里，附近居民私自迁移种植，俱成沃壤”。同年，直隶总督那彦成亦说：“自乾隆三十七年改移下口以来，历今四十余载，河水挟沙而行，到处淤积，而下口水势散漫之处，高仰尤为更甚，是以一遇盛涨，水势不能畅注，即有漫溢之虞”[②]。由于河流泥沙在条河头湿地内长期淤积，条河头部分不断缩小。[③] 所以，乾嘉之际，永定河又逐渐回到束缚于河堤之内的局面，泥沙淤积河道，下游排水不畅，河堤决口频繁。

嘉庆六年（公元1801年）六月，北京一带“大雨连旬，永定河水漫溢”，出现数十年来最严重的决堤，“南北两岸漫口十余处”，泛滥的大洪水从西而东，南苑一带一片汪洋。[④] 南苑吴甸、六圈地方马匹麸料被淹，尚有“被水难民聚集在彼”，而该管官员未及时奏报，遭嘉庆帝申斥。[⑤] 洪水直接威胁到南海子宫苑，形势危急。

嘉庆帝特派大员分道查勘，实施“发帑以振灾民，截漕以济困乏”的原则。与乾隆时期不同的是，嘉庆君臣在治理方式上不再挑挖泥沙，也没有寻求改换永定河新下口，而是准直隶总督胡季堂奏，令于下口一带“应疏浚者，挑挖疏浚，应培护者，即加筑培护，不必专心挑淤之例，亦不得逾岁修引河之费，额外多增”，从而加紧采购物料，加固堤防。实行间段择要加培，并于最险之处添筑越堤，以为保障。在易受冲击的关键河段，

① 朱批奏折，署理直隶总督温承惠，奏为详勘永定河情形查明岁修外尚有淤滩堤防等紧要各工事，嘉庆十二年二月十四日，档号：04-01-05-0116-019。

② 朱其诏，蒋廷皋．永定河续志：卷9//中国水利要籍丛编·第4集：第32册．台北：文海出版社，1970：840．

③ 朱其诏，蒋廷皋．永定河续志：卷9“奏议”//中国水利要籍丛编·第4集：第32册．台北：文海出版社，1970：848-849．

④ 朱批奏折，呈永定河决口后南苑一带水势情形图，嘉庆六年，档号：04-01-05-0265-041。

⑤ 朱批奏折，为南苑积水未奏绵懿富成分别革去上马四院职务并分别交宗人府内务府议处事，谕旨，嘉庆六年六月十四日，档号：04-01-03-0094-018。

多备料物，添筑埽段。[①] 也就是说，此时的清廷开始以加固堤岸作为永定河治理的主要途径。

嘉庆十年（公元1805年）六月间，北京地区又是“雨泽连宵达旦”，降水量大增，永定河河工再次面临险境。“因急雨连阴，汇聚下游，至水势涨发”，“南北两岸各工，在在露险，即平工无埽段之处，水势亦与堤相平”，在地势稍低的北岸三四两工发生决口。其中北岸二工“因水长甚骤”，“漫溢三十余丈”，情急势危。河道官员“多集人夫，无争昼夜”，加紧堵筑决口。[②] 孰料次年伏汛，河水暴涨，水无处泄，“坍塌堤身一百余丈”。清廷唯有“多集人夫，宽备物料，勒令上紧堵筑”[③]，既有湿地散水澄沙的功能荡然无存。

此时，上游情形也不乐观。因泥沙沉积，自嘉庆六年（公元1801年）以来的六七年间，卢沟桥段“河底已淤高丈余”，卢沟桥以下河段“高坎嫩滩，不一而足，兼有鸡心滩挺峙河心，分溜顶冲，堤工必致吃重”，以致“河工守护，全在堤防”[④]。各种筑堤深挖难有特殊成效，唯有疲于应付。十二年（公元1807年）入伏后，大雨倾注，河水“陡长三尺有余，卢沟桥连前底水，计深一丈零八寸”，北岸六工发生决口，形成浩瀚汪洋，北岸七工也出现决口，而且各工在在危险。[⑤]

嘉庆十五年（公元1810年）七月，京畿“大雨连绵，水势接续”，河之“涨水高于堤顶”，“各工遂同时漫溢”。决口而溢的洪水挟带泥沙奔流。水势减缓后，泥沙加速沉积，以致决口的“每处皆积淤高仰，几与堤平”[⑥]。二十四年（公元1819年），“溢水漫入南苑”，大兴、宛平二县村

---

① 李逢亨. 永定河志：卷27“奏议”//中国水利要籍丛编·第4集：第31册. 台北：文海出版社，1970：1948.

② 朱批奏折，署理直隶总督熊枚，奏报永定河涨水北岸漫溢过水现在赶紧堵筑情形并星驰到工日期事，嘉庆十年六月二十二日，档号：04-01-05-0104-016。

③ 录副奏折，署直隶总督裘行简，奏报永定河北岸五工十号被水漫溢事，嘉庆十一年七月十九日，档号：03-2119-011。

④ 朱批奏折，署理直隶总督温承惠，奏为详勘永定河情形查明岁修外尚有淤滩堤防等紧要各工事，嘉庆十二年二月十四日，档号：04-01-05-0116-019。

⑤ 朱批奏折，署理直隶总督温承惠，奏为永定河水势随长随消南北两岸抢护平稳事，嘉庆十二年七月初三日，档号：04-01-05-0114-005。

⑥ 李逢亨. 永定河志：卷30“奏议”//中国水利要籍丛编·第4集：第31册. 台北：文海出版社，1970：2166，2168.

庄被水，漫水分为两路，“大溜由黄村一带向东南下注，分溜由南苑溃墙向西红门迤西流注，其南苑红墙以西村庄具被水围，逃难村民无路可通”。清廷谕令“有村民逃赴苑内者，勿庸阻拦”。该管官员“即于苑内距行宫较远高埠处所，搭盖棚场数处，令各难民暂行栖止就食”①。另一路北趋的河水，“由草桥、马家堡、南顶等处栅子口入凉水河一带流注”，以致“马家堡迤东迤西、海子西北围墙坍塌约十五六丈”②。总之，河水泛滥，“溜势猛骤，冲成旱口及刷塌河身不可胜计”，“漫水下注，下游各州县被淹”③。面对河患频仍泛滥，清廷除了采买物料全力堵塞决口外，唯寄希望于“河神默佑”④。不过，在此期间，嘉庆君臣也试图重新恢复旧日之湿地，希望凭藉湿地的生态功效缓解困境。

（二）治水争议与治理方式的循环往复

嘉庆二十年（公元 1815 年），直隶总督那彦成在永定河流域实地考察后，指出河决症结在于“下口水势散漫之处，高仰尤为更甚，是以一遇盛涨，水势不能畅注，即有漫溢之虞”。为了改变下游排水不畅的局面，那彦成试图沿用乾隆时期建设湿地的做法，寻找新下口，散漫河水，遂将目光集中在南岸六工，提出以南岸六工十九号为新下口，并言这一地带“堤外有旧河形”，是“南岸六工十九号紧对乾隆二十年北岸洪字二十号改移下口处所”，且“比现在正河地势较低”。这里所说的北岸洪字二十号就是指乾隆时期的北岸六工下口，与南岸六工十九号“相隔约有二十余里”，与冰窖下口距离也不远。⑤ 若在南岸六工十九号开堤放水，所形成的湿地与冰窖湿地大体相同。这是那彦成恢复湿地的设想。

---

① 朱批奏折，奏为遵旨安插南苑被灾村民勿令滋事，嘉庆二十四年，档号：04-01-05-0285-043。

② 朱批奏折，步军统领英和，奏为永定河浑水涨泛冲坏海子墙垣现办赈抚附近被水难民情形事，嘉庆二十四年七月二十六日，档号：04-01-05-0285-032。

③ 朱批奏折，直隶总督方受畴，奏为永定河漫水下游各州县被淹遵旨约计应放大赈银米数目事，嘉庆二十四年八月十一日，档号：04-01-02-0081-012。

④ 朱批奏折，直隶总督方受畴，奏为恭报永定河秋汛安澜事，嘉庆二十三年八月十六日，档号：04-01-05-0150-010。

⑤ 朱其诏，蒋廷皋. 永定河续志：卷 9“奏议”//中国水利要籍丛编 · 第 4 集：第 32 册. 台北：文海出版社，1970：840-841.

对此，嘉庆帝极为谨慎，派专人前往考察改移下口的可行性。领命的礼部尚书戴均元、郎中温承惠等经实地勘察后，报告南岸六工十九号以下淤垫已久，自旧河头至尾间绵亘九十余里，附近居民私自迁移种植，俱成沃壤，难有泄水澄沙空间，而且“其中村庄户口，除零星小庄不计外，其有名大村九处，自一二百户及四五千户并八九千户不等”，且“间有沙埂填塞之处，俱种树木、芦苇，根荄盘结，起除亦非易”。由于受“民舍田庐，在在蕃殖，一时迁移为难”等主要因素的限制，那彦成所设想的改移下口“实有建瓴之势，工费不多，既不难办，土性亦好”方案实施的可能性锐减，戴均元等人奏报了“毋庸办理”的结论，嘉庆帝深表赞同。①

道光三年（公元 1823 年），直隶总督颜检反思嘉庆以来的治理办法，继承了那彦成的治理思路，认为治河陷入困境的根源仍然在于：

> 永定有泄水之区，而无去沙之路，此其所有难治也。所恃以容沙者，惟四十余里之下口，可以任其荡漾。然而，历年既久，南淤则水从北泛，北淤则水向南归，凡低洼之区可以容水者，处处壅塞，已无昔日畅达之机，下口淤高，上游河身亦随之而高，两岸堤工遂行卑矮，难资捍御。

限于以上情形，永定河“一经大汛，则旧沙甫去，新沙又满”，因此“去全河之沙”才是良策。可实际上，“淤沙不能挑除，则惟有将两岸堤工加高培厚，并添建新埽，增高旧埽，以资捍卫”②。然而，虽然颜检有意重开下口，再造湿地，无奈下游已无容水空间，永定河治理似乎只能不断加固堤防，别无他法。

就在颜检难以施展治理办法的节骨眼上，京南平原的汛期来临，也即同年六月，“大雨倾注”，河堤决口，“各工均甚危险”③。属于平

---

① 朱其诏，蒋廷皋. 永定河续志：卷 9“奏议”//中国水利要籍丛编·第 4 集：第 32 册. 台北：文海出版社，1970：848-849.

② 以上引文均见：朱其诏，蒋廷皋. 永定河续志：卷 10“奏议”//中国水利要籍丛编·第 4 集：第 32 册. 台北：文海出版社，1970：961-962。

③ 朱批奏折，直隶总督蒋攸铦，奏为永定河北三工及南二工各处漫口情形事，道光三年六月十六日，档号：04-01-01-0647-017。

工的北上汛四五号原距河 20 余丈，“因水势异涨，河形顶冲，卷下埽由随下随淌坎挂大柳，随挂随漂”，以致堤溃 230 丈。水后测得残存堤身长 90 丈，宽五六七尺至一二丈不等，还有“堤身全行溃完，仅存外坡三四尺者，凑长一百四十丈”①。颜检组织人力加紧抢修，“一面放手赶购正杂料物，抢下新埽二十六段，一面帮做后戗二百三十丈，赶筑越堤一百七十丈”。至九月，各处决口陆续合拢。② 此次抢修，花费河道库要工银 6 500 两。③

此次决口，使清廷君臣更加意识到单凭加固堤防不能从根本上解决洪水期间河水决口外溢问题。继颜检之后，侍郎张文浩又提出“改移下口”，认为“旋挑旋淤，终归无济”，“筑不如疏，似宜先挑下口”，若改移下口，可达“不治之法治之”的目的。张文浩经勘察可能改移的下口，发现东安、永清一带已是人口稠密之区，“时势所不能行”，遂将目光移向上游石景山一带，提出再次开通旧金门闸引河，作为河水“宣泄之路”④。不过，该方案在清廷朝中亦引发争议。

细究张文浩的方案，所挑挖之金门闸引河位在乾隆时期改筑的金门闸西南向，长达 3 460 丈，自此至涿州境之大辛庄以下归清河。⑤ 然而，该方案遭到御史陈沄的反对。陈沄认为，张文浩开金门闸减水坝之做法“与当日孙嘉淦之所为无异”，不仅会殃及当地百姓，而且清河河道被堵塞后会危及直隶水系全局。⑥ 对此，侍郎程含章则极力支持张文浩，主张开挖金门闸引河。道光帝在权衡利弊后决定重建金门闸，开挖引河。修建后的金门闸引河在汛期水深不过二三尺，且“历时不过一半日，水落即行断

---

①③　朱批奏折，直隶总督蒋攸铦，奏为赶筑永定河北上汛四五号甲工复被冲溃堤埽完竣事，道光三年六月二十八日，档号：04-01-01-0647-012。

②　朱批奏折，直隶总督蒋攸铦，奏为永定河北三工及南二工各处漫口情形事，道光三年六月十六日，档号：04-01-01-0647-017。

④　朱其诏，蒋廷皋．永定河续志：卷 10“奏议”//中国水利要籍丛编·第 4 集：第 32 册．台北：文海出版社，1970：992.

⑤　同④994.

⑥　录副奏折，陕西道监察御史陈沄，奏为敬陈永定河闸坝减河情形事，道光四年四月十二日，档号：03-9883-036。

流”，“村民皆知水过时，可收一水一麦之利，并无异词”①。而且该长3 400余丈、水深不过二三尺的减水闸坝所形成的小规模河滩湿地有利于河流湿地恢复，一定程度上缓解了永定河治理危机。可是，堵闭金门闸引河的声音从未停息。

道光四年（公元1824年）闰七月，御史陈沄仍奏请堵闭金门闸引河。道光帝使陈沄会同程含章等实地勘察，以断是非。诸位官员勘察后了解到的实际情况是“新建灰坝，本年过水六寸及一尺不等，坝下一片荒草，绵长数十里，向来不产粮食，得浊水肥淤可以耕种，民间方以为喜，毫无妨碍”②。新建金门闸引河也能发挥改善土质的生态功效，化瘠为肥。陈沄所担心的危及百姓、堵塞大清河河道等弊端均未出现。程含章反驳陈沄“不谙河务”。可是，陈沄依旧“固执己见”，对程含章所言“不以为然”。此举引怒程含章再度上奏，历数实地勘察过程中陈沄呵斥道厅官员，诱使百姓谎报房屋被引河之水冲塌等劣迹，“意在必申其说以求胜”，“总欲堵闭”金门闸引河“以实其言”③。道光帝以陈沄“哓哓致辩”“擅作威福”，“实属阻挠国政，谬妄之至”，罢免其职。④

道光十年（公元1830年）秋汛以来，“河水又复骤长八次，其最大者七月初旬，长至一丈六尺九寸，拍岸盈堤，处处险要”，“实非常盛涨”，金门闸引河“过水宣泄”，大大缓解了永定河堤岸的压力。十八年（公元1838年）闰四月，清廷对永定河上游石景山南、北岸三角淀等处加培内、外帮，加高堤堰，其中石景山同知所属北上汛十一、二号二段，工长290丈，培外帮、加高堤顶等运送土方数量可观。另外，培外帮、加高堤坝的还有北中、下汛与北二上、中、下汛，以及北三、四、五、六工，南上、下汛，南二、三、四、五、六、七工，南八上汛等，共耗银约25 485两。⑤ 总之，道光

① 朱其诏，蒋廷皋．永定河续志：卷10“奏议”//中国水利要籍丛编·第4集：第32册．台北：文海出版社，1970：1006-1007.

② 同①1016-1017.

③ 同①1026-1027.

④ 朱其诏，蒋廷皋．永定河续志：卷首“谕旨”//中国水利要籍丛编·第4集：第32册．台北：文海出版社，1970：82-85.

⑤ 录副单，署直隶总督琦善，呈永定河石景山南北岸海淀另案加培堤堰等工段丈尺土方银数清单，道光十八年闰四月二十二日，档号：03-3547-045。

初期，金门闸引河在朝臣的激烈争议中得以重新筑建，有助于河流湿地生态功效的发挥。

然而，仅仅依靠金门闸引河不足以解除永定河溃堤的困境，还需要从下口着手，促进湿地大面积的恢复。回溯道光初年，永定河下游自然改道，南注东淀，“骎骎乎淤至杨芬港矣”。为了避免泥沙加重对东淀的淤积，程含章曾倡议修复且增高培厚“永定河南七工以下遥堤”，试图“导引永定河水由凤河口以会入大清河”①。这实际上是对恢复乾隆时期河流湿地的尝试。可是，程含章“以复旧制”的倡议因预算的耗费财力繁多，可能鲜有成效而未被采纳。

所以，道光四年（公元 1824 年）以后，永定河“一连五年，庆洽安澜，实为数十年来所未有”②。八年（公元 1828 年）秋汛，“叠涨陡生新险，又为数年所未有”，河却仍然“得以庆洽安澜”，这恐怕不是由于“皇上福庇，河神默佑”，也不仅仅因为河道官员“不遗余力，奋勉抢护”③。其原因在于，下游注入东淀，泥沙沉积淀内，减缓河道淤塞，上游又有金门闸引河分泄洪水，使道光前期永定河的治理出现良好的转机。

（三）尾闾湖泊淤垫与迭次无效治理

道光前期沿用置修闸坝减河以分洪流举措的实施，并没有彻底改变年深日久的河流泥沙淤塞河道与尾闾湖泊的症结，永定河泥沙淤积东淀越发严重。东淀“淤垫日甚”，完全依赖人工而挑挖东淀，“旋挑旋淤，无济于事”。道光十年（公元 1830 年）四月，永定河南徙入淀，冲刷东淀长堤，“净受其害，恐妨运道”。且杨芬港以下逐渐淤塞，致大清河之水与永定河浑水合而为一，均由杨芬港之岔河经杜家道沟归韩家树正河行走，直逼千里长堤，堤出水面仅三尺许。直隶总督那彦成“恐风期长水，难资保护”，且指出“涨水对于运道、民田、庭仓”均有关碍，遂于十四日

---

① 朱批奏折，署理工部左侍郎程含章、直隶总督蒋攸铦，奏为陈明直隶治水大纲请发银办理事，道光四年六月二十日，档号：04-01-01-0664-042。

② 朱批奏折，护理直隶总督屠之申，奏报永定河秋汛安澜事，道光八年九月初二日，档号：04-01-01-0699-031。

③ 录副奏折，直隶总督那彦成，奏报永定河秋汛安澜并请鼓励守护三汛尤为出力各员事，道光九年九月初七日，档号：03-3581-073。

乘坐小船自天津杜家道沟起逆河而上，测量河水，直抵大清河下口；次日，复由双口至王庆坨查看水情，发现永定河旧下口淤垫严重。对此，那彦成说道：

> 缘永定河自乾隆年间，入凤河、归大清河，归北道运河入海，迨凤河淤塞，浑水从南堤缺口直注三河头，为淤淀之始。嗣后，浑水日往南徙，东北愈形高仰。道光三年，由王元淀入大清河。近年由三合角口道沟一带横漫而出，以致直冲杜家道沟，杨芬港以东大清河节节淤浅，弥漫一派，并无一定河身，东、西二淀之水，均取道于分河水沟沟出。杜家道沟本系堤内水沟，面宽仅四丈，堤出水面仅三尺，堤根正被汕刷，一交大汛，永定河水汹涌而至，堤不能御，势必直灌子牙河，横穿南运河，运河受淤，漕船阻滞。其时再等疏浚，费帑愈多，补求无效。

因而，那彦成建议：

> 惟自杜家道沟堤身大加帮培，以防漫溃，多厢埽段，以御风浪，请于当城村起，至哈鸣窑止，堤工一千六百余丈内分别帮顶帮坡加筑子埝，一律做成堤出水面八尺五寸，又于极险之处厢做防风埽段，又于次险之处堤根汕刷捲埽挡护，撙节估计。

预计所需土方秸料耗银共约 39 090 两，以为目前补救之法。继之，清廷修筑新堤隔绝永定河与东淀，又修补南遥埝，添筑埽坝。是年九月，永定河“大汛期内，入淀之水不过三四分，其余六七分大溜均已东注，再加疏注，可冀河流复归故道”①。

道光十一年（公元 1831 年）三月，永定河尾闾“全归故道”，不再注入东淀。② 然而，恢复故道的永定河在经历了其后多年的“庆洽安澜”后，因失去东淀为其散水匀沙，汛期内河水复又盛涨，堤岸再度发生决口。十九年（公元 1839 年）伏秋两汛，水势“盛涨逾常”，为抢护堤岸，

---

① 以上引文均见：录副奏折，直隶总督那彦成，奏为勘明永定河浑水淤淀刷堤估办土埽各工以防南溢妨运事，道光十年四月十八日，档号：03-3521-044。

② 朱其诏，蒋廷皋. 永定河续志：卷 10“奏议”//中国水利要籍丛编・第 4 集：第 32 册. 台北：文海出版社，1970：1061，1071.

地方将上年所储备的250万束秸料“具已用罄”[①]。二十二年（公元1842年），“永定河堤岸逐渐淤高，全藉金门闸分泄大溜”[②]。之后的几年里，“故道业已淤垫断流”[③] 的永定河，险情不断，“水势倒漾北趋”，堤岸“处处报险”[④]，河堤漫口几十丈，又陷入决溢频仍之境。

咸丰三年（公元1853年）六月，永定河“水势猛骤，人力难施”，南岸三工出现决口。[⑤] 五年（公元1855年）夏季，“盛涨频仍，各工均形吃重”[⑥]。六年（公元1856年）六月，“连日大雨不止，河水叠次增长，自一丈八尺三寸至二丈一尺二寸不等，以致各汛堤埽纷纷被冲”[⑦]。面对频频决口的堤岸，已深陷内忧外患之中的清廷“经费支绌，筹款维艰”。是年，需购买秸料堵塞决口，由于资金匮乏，直隶总督桂良倡“司、道、府、州亦各量力随捐”，勉强凑够一万两，以解燃眉之急。[⑧] 七年（公元1857年）六月，“连朝大雨，河水四次增长至一丈八尺四寸之多”，其中“南四工九号埽段冲塌”[⑨]。九年（公元1859年）夏季，堤岸再度出现决口。可是因“库款不敷，屡次均归在外捐办”，且“少借少还”，加之“河工领项减半，而又以半银半钞给发，约计只银二万余两，河兵人等大半有名无实，平素工程已不堪问，一有盛涨，抢险又无工料，所以年年溃决”[⑩]。咸丰君臣束手无策，治河局面进一步恶化。

同治元年（公元1862年），顺天府尹石赞清上奏说，道光初年所修“金门闸龙骨已坏，水由闸上漫溢出槽，直注西淀各州县”，“西淀近日已属淤浅，久则愈淤愈甚”。而乾隆年间所兴修的“南北宽约四五十里，东

---

① 朱其诏，蒋廷皋．永定河续志：卷10“奏议”//中国水利要籍丛编·第4集：第32册．台北：文海出版社，1970：1132.

② 朱其诏，蒋廷皋．永定河续志：卷11“奏议”//中国水利要籍丛编·第4集：第32册．台北：文海出版社，1970：1134.

③ 同②1141.

④ 同②1151.

⑤ 朱其诏，蒋廷皋．永定河续志：卷12“奏议”//中国水利要籍丛编·第4集：第32册．台北：文海出版社，1970：1195.

⑥ 同⑤1210.

⑦ 同⑤1215.

⑧ 同⑤1220.

⑨ 同⑤1235.

⑩ 同⑤1254-1255，1264.

西长约五六十里”的散水匀沙的湿地，早已被“附近乡村顽劣生监等所种”，“迄今尽成膏腴之地”，“约有四五千顷”①。加之“河势北趋，凤河淤垫，以致尾闾无工处所倒漾，水绕越浸灌”，直隶总督刘长佑指出，“必须于河身另择旧有河形之处，从新挑挖，引溜南趋，方可除倒漾之病”②。

然而，由于人口的增长，挑挖引河必将侵占田土庐舍。刘长佑此议一出，便引起武清县百姓抗议。先有乡民马凤兆等聚集多人“赴工求缓”，后有士绅杨冠瀛等“赴京呈请”，要求改变既定挑挖河道的方案。③ 然而，刘长佑顶住舆情不顺和资金缺乏的压力，挑挖永定河尾闾引河。同治三年（公元1864年）九月，自柳坨至张砣，再自张砣至胡家房，再至天津沟，历经东安、武清、天津三县，长达40余里的引河挑挖完毕。纵观“永定河历届大工引河，从无挑挖如此之长者，即下游抽沟，亦无抽至天津沟地面者”。可以说，此次挑挖引河是旧日湿地废弃后规模较大的补救措施，短时期内达到了清廷所期望的“水势自必畅达顺流，即遇伏秋大汛，盛涨出槽，亦断不致久淹为患”的效果④，取得了一定的生态效益。

当然，刘长佑所采取的补救措施仍不能从根本上扭转永定河泥沙淤塞河道与尾闾湖泊的困境。同治六年（公元1867年）七月，“雨大风狂，水势猛骤”，北岸三工五号堤岸决口。⑤ 次年七月，“大溜一涌而过，口门刷坍十余丈”⑥。自八年（公元1869年）始至十二年（公元1873年）的每年伏汛，沿河各工几乎水灾不断，大致而言，有“北四下汛五号，水越埝顶，刷塌口门十余丈”⑦，南五工十七号“刷开口门十余丈”，南二工“业经夺溜，口门约三四十丈，无可挽救”，北二下汛十七号刷开“口门约宽

① 朱其诏，蒋廷皋．永定河续志：卷12“奏议”//中国水利要籍丛编·第4集：第32册．台北：文海出版社，1970：1264-1266.

② 同①1278-1279.

③ 同①1280.

④ 同①1281-1283.

⑤ 录副奏折，直隶总督刘长佑，奏为永定河北三工河水漫溢请旨将防护不力道员徐继镛等分别革职及革职留任事，同治六年七月十六日，档号：03-9577-044。

⑥ 朱其诏，蒋廷皋．永定河续志：卷13“奏议”//中国水利要籍丛编·第4集：第32册．台北：文海出版社，1970：1326.

⑦ 录副奏折，直隶总督曾国藩，奏为永定河暴涨道厅抢护新工北四下汛漫溢请将臣等分别交部议处事，同治八年六月十一日，档号：03-9580-002。

六七十丈，无可挽回”，南四工发生决口。所以，整个同治朝后半期，永定河“全河受病已久，下口太高，无尾闾可以宣泄，中泓太浅，无河身可以畅流”[①]，已废弃的湿地无力兴复，下游排水不畅，上游决口频频。

光绪初年，为了减缓永定河决口危局，直隶总督李鸿章主持修复同治五年（公元 1866 年）被废弃的金门闸石坝，又重修求贤灰坝，挑挖求贤坝引河。为保障在尾闾有限的空间内泄水，李鸿章再度严令，禁止于河的下口私筑土埝，将有碍河流畅流之私埝一律平毁，而且禁止在尾闾插箔捕鱼[②]，并立碑警戒，“倘敢故违，立即拿交各该地方官衙门，按律惩办，决不宽贷”。光绪五年（公元 1879 年），永定河道朱其诏再度奏请修整沿河两岸已废弃的灰坝，指出“从前灰草各坝不下十余处，取其多泄盛涨，实即未筑堤以前，任其散漫，一水一麦之意”[③]。灰草坝的建设有利于河流湿地的恢复，可是由于规模较小，实际效果仍然较为有限。光绪三十三年（公元 1907 年）六月中旬以来，“大雨时行，山水暴涨”，永定河漫口夺溜，“河水陡涨，南五工等处漫口”，“口门各宽至二三十丈”，人力难施，地方被灾。清廷以各管官“疏于防范”，予以处置。[④]

纵观永定河治理史实，其告诫我们，自然水情与社会治理相互纠缠，水情影响人类社会生产与生活，社会治理对水环境也产生了一定的干预，更表明了自然与人类构成不可分的具有动态的结构性关系的巨系统。

四、永定河工秫秸利用与社会治理能力

秫秸是一种普通农作物余料，民间俗称高粱秆或秸料[⑤]，是永定河河

---

① 朱其诏，蒋廷皋．永定河续志：卷 13“奏议”//中国水利要籍丛编·第 4 集：第 32 册．台北：文海出版社，1970：1378，1399，1446-1445，1480.

② 插箔捕鱼是华北湿地环境中传统的捕鱼方式。箔是由芦苇织成的矩形苇片，将箔插到浅而广的湿地水域中，形成复杂的布局，鱼游进去后，往往困入其中，渔夫进而将鱼收捕。

③ 朱其诏，蒋廷皋．永定河续志：卷 15“附录”//中国水利要籍丛编·第 4 集：第 32 册．台北：文海出版社，1970：1593.

④ 清德宗实录：卷 576（光绪三十三年七月癸巳）．北京：中华书局，1986：620.

⑤ 程瑶田．九谷考：卷 2“稷”//丛书集成续编：第 165 册．影印本．上海：上海书店，1994：597.

工重要的建筑材料，清人视其为“御水护堤最要之物”①。治河筑坝添埽对秫秸需求量很大，直接影响到沿河周边作物种植结构、人口生计乃至社会治理。由于永定河治理是从国家层面入手，在秫秸的收集与调拨问题上有着集中收购和统一调拨的优越性，但也存在着不少弊端，诸如由于过量利用所产生的社会矛盾以及收集过程中官方对秫秸需求加大后的市场估价与调控、国帑拨付购置秫秸的投入不断加大等，均检验了清廷的社会治理与应对能力，反映了资源利用与社会多种矛盾激化和难以解决的症结。

关于清代治水工程中物料的利用，学界自社会经济、生态系统视角多有关注，不论是海塘建筑中木桩与石料的利用，还是黄河治理中柳梢、秸秆的使用，均为秫秸利用问题的展开提供了理论依据，具有密切关联②，体现了环境史研究中资源利用的核心价值层面。③ 凡此，亦为本书从秫秸这种农作物下脚料作为河工治理中的重要资源的使用价值与市场价值深入展开讨论提供了依据。同时，本书以永定河工档案为史料基础，从生态史视角对永定河工秫秸利用加以考察。

(一) 河工用埽与秫秸

清代治理永定河的过程中利用秫秸制埽护堤防洪。治河名臣靳辅就

① 朱批奏折，直隶总督蒋攸铦，奏请照旧添备永定河工预防秸料事，道光五年九月二十二日，档号：04-01-01-0675-046。

② 1988年，彭慕兰在其博士学位论文中就论及民国初年山东运河民埝利用秫秸量与价银（第435～445页），亦可参见其《腹地的构建——华北内地的国家、社会和经济（1900—1937)》（中译本，社会科学文献出版社，2005）。2008—2013年间，李德楠就河工用料问题有系列研究，参见其《试论明清时期河工用料的时空演变——以黄运地区的软料为中心》（载《聊城大学学报》，2008年第6期）、《清代河工物料的采办及其社会影响》（载《中州学刊》，2010年第5期)、《黄河治理与作物种植结构的变化——以光绪〈丰县志〉所载“免料始末”为中心》（载《中国农史》，2013年第2期），其系列论文的相关内容集结于《明清黄运地区的河工建设与生态环境变迁研究》第七章第一节（中国社会科学出版社，2018，第237～248页)。另外，从环境史视角展开论述的有：赵珍．清同治年间浙江海塘建筑与资源利用．东亚问题，2011 (1)；高元杰．环境史视野下清代河工用秸影响研究．史学月刊，2019 (2)。

③ 赵珍在《资源、环境与国家权力——清代围场研究》（中国人民大学出版社，2012）中提出该观点。张伟然为该书所作题为《环境史研究的核心价值》的书评中也阐释了这一观点，参见《中华读书报》2012年6月20日第8版。

言：护堤、塞决之用，莫善于埽。[1] 康熙帝对治理永定河中埽的利用十分关注，曾谕大学士等曰：

> 朕观河道已治，河道总督张鹏翮及河工官员俱甚效力，黄河一切工程，朕知之最悉。先是永定河用埽，甚有裨益，是以朕谕张鹏翮，黄河亦宜用埽。张鹏翮回奏，永定河势小，可以用埽，黄河势大，难以用埽。朕谕姑试用之，张鹏翮因而用埽，河堤今果坚固。[2]

这里所说埽的样式名称各异。《河工要义》记载了不同尺寸与形状的埽，约有 20 种，如“顺埽”就属其中之一种。顺埽指的是依堤顺水而下者，又称边埽，或鱼鳞埽。在永定河两岸，顺埽与鱼鳞埽不分。[3]

清代制造埽的主要原料因不同河道沿岸周边植物生长情形而异。黄河、大运河治理的早期制埽用料是秫秸、柳枝、绠绳、麻绳、杨木桩等。就黄河河工而言，雍正二年（公元 1724 年）河南布政使田文镜主持河工制埽，专用秸料。乾隆五年（公元 1740 年），工部尚书韩光基因制埽用料以秫秸替代芦苇而降低了防洪质量，则强调要以“芦苇为河工第一紧要材料”，并详解道：

> 盖以其（芦苇）原系水中所生，且其质外实内空，空则不郁热生火而霉烂，实则不沁湿引潮而蛰陷。秫秸之性正与相反，而以之代用者，特取其价值甚廉，购运甚易，且其体轻质大，堆积之数似倍于芦苇，甚可饰观，非若芦苇之必隔年预备，仓卒难办也。

从中指出了制埽所用芦苇与秫秸的不同特性，同时说道：“河工加厢并下埽堤工，向用芦苇。近年以来，杂以秫秸代用，不知秫秸之易于霉烂、易于蛰陷下也”。用秫秸替代芦苇，图一时之省便，然河工却陷入“堤面虽若金城，堤根已同瓦解”的窘境。因而，韩光基奏请“严禁河工用秫秸代

---

① 靳辅．治河奏绩书：卷 4“酌用芦草”//景印文渊阁四库全书：第 579 册．影印本．台北：台湾商务印书馆，1986．

② 清圣祖实录：卷 213（康熙四十二年十月戊寅）．影印本．北京：中华书局，1985：164．

③ 章晋墀，王乔年．河工要义・第 1 编“工程纪略”．铅印本．永定河工研究所，1918：11-13．

芦苇”，建议消除积弊，以期巩固工程。朱批：大学士九卿议奏。[①] 可是，继之而后，由于河工需料“浩繁”[②]，芦苇供给困难，不得不用秫秸替代，且秫秸利用量越来越大，以致经乾隆末直至嘉道以降，秫秸成为制埽护堤的主要物料。

永定河两岸堤坝防洪堵口制埽，就是以秫秸为主要物料。一般的埽高两米，实芯，质地坚硬柔韧，有埽厢、埽眼。据清人王履泰所记可知，永定河工埽以高度不同而有区分，最低为 4 尺，最高为 1 丈。制造不同尺寸的埽，秫秸用量不同。一个高 4 尺、长 1 丈的埽，需用秫秸 53 束，而高、长各 1 丈的埽厢，则需用秫秸 330 束，埽眼用秫秸 54 束。细读王履泰的记载，凡高 5 尺以上、长 1 丈的埽，均分记有埽厢与埽眼。[③] 再翻检永定河河工档案，实际运作中，各工所制埽的体积基本据河段河工护堤堵塞决口的需求而定，普遍埽高在 8～9 尺，长宽不定，最长为 5 丈，最短为 3.6 丈，宽则 1～1.25 丈不等，详见表 5-1。埽以秫秸为主要用料，辅之有柳枝、稻草、绠绳、麻绳以及木桩、尖橛木等料物。[④]

由于永定河两岸大堤“土性纯沙”，“工段绵长，埽厢林立”，“每届伏秋大汛，溜势汹涌”，所以“全赖埽镶（厢）工程，以资保护”[⑤]。乾隆九年（公元 1744 年），河北岸三工庄河系河溜顶冲之处，向有埽工 30 余丈，七月初七，“水长大溜，上堤埽工以上河滩塌卸，渐逼堤根”，

---

① 朱批奏折，工部尚书韩光基，奏为请严禁河工用秫秸代芦苇之积弊巩固工程事，乾隆五年四月二十日，档号：04-01-01-0056-062。

② 朱批奏折，大学士阿桂，奏为委员购办大工需用秫秸事，乾隆四十九年，档号：04-01-30-0489-007。

③ 王履泰．畿辅安澜志：永定河卷 9“经费”//续修四库全书：第 848 册．影印本．上海：上海古籍出版社，2002：310.

④ 全国图书馆文献缩微复制中心．清代永定河工档案：第 1 册．影印本．新华书店北京发行所，2008：35；王履泰．畿辅安澜志：永定河卷 9“经费”//续修四库全书：第 848 册．影印本．上海：上海古籍出版社，2002：310.

⑤ 清代文献中，“镶”同“厢”，也有“全赖埽厢挡护”之语言。参见：朱批奏折，直隶河道总督顾琮、直隶总督孙嘉淦，奏为饬令署天津道六格添办秫秸等项物料以备修防抢护埽镶工程事乾隆四年九月初一日，档号：04-01-01-0044-013；朱批奏折，方受畴，奏为陈明永定河今昔不同请准预添备防秸料事，嘉庆二十五年九月二十三日，档号：04-01-01-0601-039。

该管官速添建护堤埽厢 20 余丈。[1] 乾隆二十四年（公元 1759 年）六月二十六、二十七日，石景山段节次涨水 6.5 尺，南岸金门闸过水 1.8 尺，长安城草坝过水 1 尺，水至四工所，涨至 2.7 尺，“连底水，共四尺六寸”，北岸求贤草坝过水 0.4 尺。水势迅猛，两岸全凭“堤埽各工，在在稳固”[2]。有时为了达到护堤目的，也采用“沉船垫埽”法，以船满载足量之“埽”，强力堵御决口。[3] 故而，清代治理永定河过程中筑堤固岸，完全依赖秸料所制之埽。

随着永定河河堤频繁垮塌与治理难度加大，秸料制埽相应增多，尤其是嘉道时期，用埽量猛增。嘉庆二十二年（公元 1817 年），岁抢修秸料备用达“四百余万束之多”[4]。二十五年（公元 1820 年），伏秋大汛，动用“秸料二百余垛”。据嘉庆年间的治河官员统计，永定河原有旧埽 1 430 余段，二十四年（公元 1819 年）、二十五年（公元 1820 年）新添新埽 300 余段，共计 1 730 余段，岁修正项秫秸 340 万束，防御险工预备秸料 180 万束。[5] 至道光四年（公元 1824 年），又添新埽 651 段，故“尤赖料物充裕”，加之本年伏秋大汛，“河水节次猛涨，叠生新险”，又添新埽 49 段，添备秸料 250 万束。这表明，相较于嘉庆二十四年（公元 1819 年）后的约五年时间里，河岸“计续添新埽七百段之多”。至道光五年（公元 1825 年）时，不仅“原设岁抢修钱粮断不敷用”，且两岸各汛如北上等七汛、南上等五汛各工，河流逼近堤根，“仍需添埽之处甚多”，河工官员奏请添备秸料 220 万束。[6]

梳理嘉庆末年至道光初年的五六年间永定河两岸新添埽段，可知埽的

---

① 朱批奏折，直隶总督高斌，奏为遵查永定河三工庄河下埽之处已甚稳固各处堤埽各工亦俱稳固无虞事，乾隆九年七月初十日，档号：04-01-01-0114-024。

② 朱批奏折，直隶总督方观承，奏报永定河水涨势两岸堤埽各工稳固事，乾隆二十四年六月二十九日，档号：04-01-05-0217-014。

③ 李逢亨. 永定河志：卷 26“奏议”//中国水利要籍丛编·第 4 集：第 31 册. 台北：文海出版社，1970：1921.

④ 朱批奏折，直隶总督方受畴，奏为查明永定河岁修购买秸料加增运脚银两未能停止据实具奏事，嘉庆二十一年八月二十七日。档号：04-01-05-0143-008。

⑤ 朱批奏折，直隶总督方受畴，奏为陈明永定河今昔不同请准预添备防秸料事，嘉庆二十五年九月二十三日，档号：04-01-01-0601-039。

⑥ 朱批奏折，直隶总督蒋攸铦，奏请照旧添备永定河工预防秸料事，道光五年九月二十二日，档号：04-01-01-0675-046。

使用呈逐年增加态势，制埽秫秸也相应增量。仅道光五年（公元 1825 年），永定河“两岸堤埽各工，每多溃蛰，并生新险，全藉备防秸料，随时加埽抢厢”[①]。为防御险工，在河两岸 400 余里长的工程段上，筑埽尤多。道光三年（公元 1823 年）永定河伏汛期内就新添埽段 38 段，共长 169.3 丈，用银 2 268.668 两[②]（详见表 5-1）。所以，随着永定河河堤频繁垮塌与治理难度加大，用埽量与秸料利用相应增多。

表 5-1　　道光三年永定河伏汛期内新添埽段概表

新添埽河段	新添埽段	新添埽河段数的情形	新添埽的规模
南上汛第八号	1	段长 3.6 丈，宽 1.1 丈	埽高 8 尺，加厢 11 层
南上汛第十二号	1	段长 2.7 丈，宽 1.1 丈	埽高 8 尺，加厢 11 层
南四工第十三号	3	第一段长 5 丈，宽 1.2 丈	埽高 9 尺，加厢 12 层
		第二段长 5.5 丈，宽 1.2 丈	埽高 9 尺，加厢 12 层
		第三段长 5 丈，宽 1.25 丈	埽高 9 尺，加厢 12 层
南五工第十五号	4	第一段长 5 丈，宽 1.1 丈	埽高 9 尺，加厢 14 层
		第二段长 5 丈，宽 1.1 丈	埽高 9 尺，加厢 14 层
		第三段长 4 丈，宽 1 丈	埽高 9 尺，加厢 13 层
		第四段长 4.5 丈，宽 1 丈	埽高 9 尺，加厢 13 层
南六工上汛第十四号	2	第一段长 5 丈，宽 1 丈	埽高 8 尺，加厢 14 层
		第二段长 5 丈，宽 1 丈	埽高 8 尺，加厢 14 层
北中汛第九号	10	第一段长 4.5 丈，宽 1.2 丈	埽高 9 尺，加厢 13 层
		第二段长 4.6 丈，宽 1.25 丈	埽高 9 尺，加厢 13 层
		第三段长 4 丈，宽 1.25 丈	埽高 9 尺，加厢 12 层
		第四段长 3.2 丈，宽 1.3 丈	埽高 9 尺，加厢 14 层
		第五段长 6.6 丈，宽 1.25 丈	埽高 9 尺，加厢 12 层
		第六段长 3.5 丈，宽 1.2 丈	埽高 9 尺，加厢 13 层
		第七段长 3.7 丈，宽 1.2 丈	埽高 9 尺，加厢 12 层
		第八段长 5 丈，宽 1.2 丈	埽高 9 尺，加厢 13 层
		第九段长 5 丈，宽 1.25 丈	埽高 9 尺，加厢 13 层
		第十段长 6 丈，宽 1.2 丈	埽高 9 尺，加厢 12 层

① 朱批奏折，直隶总督蒋攸铦，奏请照旧添备永定河工预防秸料事，道光五年九月二十二日，档号：04-01-01-0675-046。

② 录副奏折，直隶总督蒋攸铦，呈永定河本年伏汛期内新添埽段长宽丈尺约计银数清单，道光三年九月初一日，档号：03-9857-069。

续表

新添埽河段	新添埽段	新添埽河段数的情形	新添埽的规模
北下汛第三号	4	第一段长5丈，宽1.2丈	埽高9尺，加厢12层
		第二段长5.2丈，宽1.2丈	埽高9尺，加厢12层
		第三段长3.9丈，宽1.2丈	埽高9尺，加厢11层
		第四段长6.1丈，宽1.2丈	埽高9尺，加厢11层
北二工第七号	2	第一段长5丈，宽1.2丈	埽高9尺，加厢13层
		第二段长5丈，宽1.2丈	埽高9尺，加厢13层
北四工第九号	2	第一段长2丈，宽1.2丈	埽高9尺，加厢13层
		第二段长3.5丈，宽1.25丈	埽高9尺，加厢12层
北四工第十号	5	第一段长2.2丈，宽1.2丈	埽高9尺，加厢13层
		第二段长4.3丈，宽1.25丈	埽高9尺，加厢11层
		第三段长5丈，宽1.2丈	埽高9尺，加厢12层
		第四段长2.8丈，宽1.25丈	埽高9尺，加厢12层
		第五段长4丈，宽1.2丈	埽高9尺，加厢11层
北四工第十五号	3	第一段长2.5丈，宽1.2丈	埽高9尺，加厢13层
		第二段长4.3丈，宽1.25丈	埽高9尺，加厢12层
		第三段长5.5丈，宽1.2丈	埽高9尺，加厢11层
北四工第十六号	1	长6丈，宽1.25丈	埽高9尺，加厢14层
两岸各汛共计	38	共长169.3丈，用银2 268.668两	

资料来源：根据《中国统计年鉴》数据整理。

（二）秫秸制埽量价齐增与命案的关联

永定河治理工程自康熙年间着手展开后，继之历朝治理可谓循环往复，且随着治理频率提升与力度加大，每年正项岁修与遇汛抢修之埽量增多，相应所需秸料大增。还由于“秫秸做工易于断裂，四五年之后即成霉苴”①，通常以三年为期更换旧埽，无形中亦更加大了秫秸用量，尤其当伏秋水涨河入汛期，“工蓄料物用罄，新险迭生，不得不搜罗新料以资抢护者，则临时割用附堤官民青苇，或其青秫秸、玉蜀秸等，以应工用”②。故而，秫秸成为治河重要且紧要的物资，清廷不得不动帑集中购办，以致

① 凌江. 河工料宜//盛康. 皇朝经世文续编：卷105“工政二”. 台北：文海出版社，1972：4891.

② 章晋墀，王乔年. 河工要义·第2编“物料纪略”. 铅印本. 永定河工研究所，1918：36.

国帑开支加大，延展为社会经济问题。

乾隆三年（公元1738年）七月，因格于额定银两，永定河河工购备物料并不充足，而汛前所制埽厢仅高出水面三四尺上下，一俟汛水涨发，“埽工势必蛰陷”，必需抢修。可是，所存秸料无几，即便“急为购办，又值农忙之候，买运维艰”。各管官只得请准拨天津道库预备银两作为“买运”银，“乘此新料登场之际，上紧购办，按汛堆贮”备料。此次共拨银34 831两，采办秫秸等料130余万束。[①] 然而，受汛期影响，河工用料急增。如乾隆四十九年（公元1784年），因春夏得雨较迟，沿河周边州县百姓需要补种晚秋荞豆，“所有应用秫秸俱于远处采买”，遂经大学士阿桂奏准，“于司库酌拨耗羡银两遴委员四路官为购办”[②]。如此，秫秸成为沿河两岸治河的紧俏物资，供需错位，颇费帑项。

嘉庆末至道光初的五六年间，永定河汛期水涨，新制埽料秫秸的用银陡增。嘉庆二十五年（公元1820年），伏汛期河两岸各汛新添埽52段，共长232.3丈，用银2 916.58两。[③] 道光元年（公元1821年），永定河秋汛内新添埽16段，计长72.5丈，用银875.29两[④]；伏汛内两岸新添埽45段，长217.3丈，用银2 814.628两。[⑤] 三年（公元1823年），伏汛期新添埽段38段。[⑥] 四年（公元1824年），南北两岸各汛新添埽71段，共长321.7丈，加上运脚，共用银4 530两。[⑦] 延至咸丰七年（公元1857年），北四上汛漫口堤坝，共修筑沿河边埽、两头厢长护埽高低埽工23

---

① 朱批奏折，直隶河道总督顾琮、直隶总督孙嘉淦，奏为饬令署天津道六格添办秫秸等项物料以备修防抢护埽镶工程事，乾隆四年九月初一日，档号：04-01-01-0044-013。

② 朱批奏折，大学士阿桂，奏为委员购办大工需用秫秸事，乾隆四十九年，档号：04-01-30-0489-007。

③ 朱批奏折，直隶总督方受畴，呈永定河本年伏汛期内两岸各汛新添埽段长宽银数清单，嘉庆二十五年七月初二日，档号：04-01-05-0282-035。

④ 录副奏折，直隶总督方受畴，呈永定河本年秋汛内新添埽段长宽尺寸约计银数清单，道光元年九月初七日，档号：03-9800-022。

⑤ 录副奏折，直隶总督方受畴，呈永定河伏汛期内两岸各汛新添埽段长宽丈尺银数清单，道光元年七月十一日，档号：03-9800-015。

⑥ 录副奏折，直隶总督蒋攸铦，呈永定河本年伏汛期内新添埽段长宽丈尺约计银数清单，道光三年九月初一日，档号：03-9857-069。

⑦ 录副奏折，直隶总督蒋攸铦，呈永定河本年秋汛内两岸各汛新添埽段长宽丈尺约计银数清单，道光四年八月初五日，档号：03-9884-030。

段，计长116丈，前后总共用秫秸422 436束，每束连同运价银8厘，用银3 379.488两。此外，还利用了豆秸软草828万斤，每千斤连同运价银1两，用银8 280两；柳枝12 300束，每束连同运价银6厘，用银73.8两；稻草88 560斤，每10斤连同运价银1分6厘，用银141.696两；麻92 910斤，每斤连同运价银1分8厘，用银1 672.38两。[①] 其中尚不包括一定规格的桩木、柳木桩、柳木橛料的用银。而且所有抢办大工之用秫秸“具在远处购买”，照例加添运脚价银，这也成为购买秸料银增加的重要原因。

由于秫秸制埽于治河护堤的重要性，其量价不断攀升，秫秸几乎成了永定河两岸种田百姓经济生活中赚钱的贵重物，百姓间常因秫秸的归属而产生纠纷，甚而酿成命案。仅乾隆十八年（公元1753年），河两岸临近区村舍间就因秫秸被盗而发生两起命案。五月，定州村民因秫秸被窃互殴，亦致人身死。[②] 十月，宁晋县民在购买秫秸过程中起衅而致人死亡。[③] 二十四年（公元1759年）十一月，通州地方僧官园住民杨美春以王大偷拔自家篱笆的秫秸，将王大殴打致伤死亡。[④] 二十九年（公元1764年），迁安县民之间也因索讨所借秫秸争殴而酿成命案。[⑤] 嘉庆七年（公元1802年）四月，曲周县村民间因偷窃秫秸而发生互殴，致一人死亡。[⑥] 道光二年（公元1822年）二月，盐山县村民间因一方随意搬运另一方所拥有的秫秸而引发互殴，酿成命案。[⑦] 二十年（公元1840年）七月，房山县民人

---

① 全国图书馆文献缩微复制中心. 清代永定河工档案：第1册. 影印本. 新华书店北京发行所，2008：21-22.

② 刑科题本，署理刑部尚书阿克敦、刑部尚书刘统勋，题为会审直隶定州民赵全因秫秸被窃殴伤孟魁学身死一案依律拟绞监候请旨事，乾隆十八年五月二十三日，档号：02-01-07-05197-003。

③ 刑科题本，直隶总督方观承，题为审理宁晋县民赵进忠因买秫秸不允起衅咬伤高耀宗抽风身死案依例杖流请旨事，乾隆十八年十月二十二日，档号：02-01-07-05232-013。

④ 刑科题本，刑部尚书鄂弥达、秦蕙田，题为会审直隶通州民杨美春因篱笆秫秸被拔伤毙王大一案依律拟绞监候请旨事，乾隆二十六年二月二十二日，档号：02-01-07-05758-001。

⑤ 刑科题本，直隶总督方观承，题为审理迁安县民杨继敖因索讨秫秸争殴伤毙朱喜一案依律拟绞监候请旨事，乾隆二十九年九月二十五日，档号：02-01-07-05996-018。

⑥ 刑科题本，暂署直隶总督熊枚，题为审理曲周县拿获逃凶王三因拦阻偷取秫秸殴伤赵赞身死案依律拟绞监候请旨事，嘉庆七年四月十九日，档号：02-01-07-08927-010。

⑦ 录副奏折，奏署直隶总督松筠，为审拟盐山县民人李明山控告朱训携去秫秸殴伤其母致死贿嘱捏报垫伤一案事，道光二年二月十七日，档号：03-3697-033。

刘海因抽取他人堆置的秫秸，引发纠纷，争殴致人身亡。[①] 二十五年（公元1845年），雄县民人蔡有等因索赔秫秸起衅而伤人致死。[②]

上述诸多民间纠纷，甚而致人死亡之事件，均围绕秫秸而生，凸显出永定河河道治理中的秫秸之需已演变为沿岸的社会问题，使得清廷不得不适时地调整治理办法。

（三）秫秸收集方式与市价调整

纵观清代永定河工的秫秸制埽的收集，分为科派与购买两种方式。就前者而言，自康熙三十七年（公元1698年）清廷开始治理永定河至清末的时段里，以嘉庆四年（公元1799年）为节点，之前为科派式的征收，其后改为购买式的。而整个清代，无论是科派还是购买秫秸，其市场价格又有标准价与议价两种。

康熙中期以来，随着秫秸用量增加与需求加大，其与沿岸社会民生及经济关联度也愈加紧密，进而演变成永定河两岸百姓的税科。时固安县"岁供秫秸至数十万"[③]，至乾隆元年（公元1736年），武清知县陈惕言，科派秫秸"实沿河居民之一大累也"，州县"不但本任公事旷废，兼之赔累难堪"[④]。至嘉庆年间，随着治河秫秸用量加大，临近永定河两岸农耕种植结构发生改变，秫秸科派难度加大，清廷不得不调整征集方式。自嘉庆四年（公元1799年）始，一改既往按户科征和官员差事而为拨帑购置，并由河道治水官员办理。[⑤] 其中将秫秸征收自科派税则转化为货币价值，有其值得肯定的近代性，的确在某种程度上提高了征调效率，有益于大型水利设施建设的展开，同时也是清廷河工行政治理能力在河道官员层面得

---

① 刑科题本，大学士管理刑部事务王鼎，刑部尚书阿勒清阿，题为会审直隶房山县民刘海因抽取秫秸纠纷争殴致冯坦跌碰身死案依律拟绞监候请旨事，道光二十一年十一月十五日，档号：02-01-07-09955-007。

② 刑科题本，直隶总督讷尔经额题为审理雄县民人蔡有等因索赔秫秸起衅伤毙王成碌一案分别按例定拟并援减免请旨事，道光二十五年六月二十四日，档号：02-01-07-11789-014。

③ 陈崇砥，陈福嘉．咸丰《固安县志》卷5"官师"．咸丰九年刊本．

④ 陈惕．备陈采办秫秸累民详文//乾隆《武清县志》卷10"艺文志"．乾隆七年刻本．

⑤ 李逢亨．永定河志：卷27"奏议"//中国水利要籍丛编·第4集：第31册．台北：文海出版社，1970：1979．

以提高的体现。

秫秸集中途径与州县官脱节，改由河道官员直接过问价格，并从市场上购置，这就有利于秫秸购买时节与制埽需求相衔接，也更有益于河道官员自主考量治河秫秸制埽用量与提高施工效率。嘉庆二十年（公元 1815 年）七月河漫堤决后，直隶总督那彦成明确提出："刻下新料尚未登场"，不必急议堵筑，"一俟新料登场"，农闲之时，"再制埽筑堤"①。那彦成此言，道出永定河沿岸高粱收获和秫秸上场时节与市场价格的关系。其个中原因在于，秫秸上市大约于白露前后，比永定河伏秋大汛约晚一月，此时物料充足，市价稍低，为制埽堵筑坍塌堤坝的较宜时机；反之，则只能"不惜重资，分别给赏，撒钱跑买"②，以致"多靡帑项"，加大购置成本。③

延至清末，秫秸收集更加困难，成本飙升在所难免。同治六年（公元 1867 年）九月，兴办大工之时正值灾荒之岁，"秸料无收，即此一宗，已较往年昂贵数倍"④。光绪十六年（公元 1890 年），直隶总督李鸿章针对永定河制埽秫秸采办与经费拨付问题，亦言："向来堵口大工，总在秋深水涸，秸料刈获之际，购办较易，省费亦多。"⑤ 这也是为了在秫秸收获价格相对便宜时购料制埽筑堤，以节约帑银。所以，一俟新料登场，河道官就会请帑大量囤购秫秸，以备来年制埽治水之需。

道光二年（公元 1822 年）"新料登场之际"，河道官乘势采买秫秸 200 万束，"分拨两岸，另垛存贮，以备工需"⑥。然而，永定河京畿段两

---

① 朱批奏折，直隶总督那彦成，奏请永定河工添备秸料事，嘉庆二十年七月初五日，档号：04-01-05-0103-002；朱其诏，蒋廷皋．永定河续志：卷 9"奏议"//中国水利要籍丛编・第 4 集：第 32 册．台北：文海出版社，1970：834.

② 朱其诏，蒋廷皋．永定河续志：卷 13"奏议"//中国水利要籍丛编・第 4 集：第 32 册．台北：文海出版社，1970：1322.

③ 朱其诏，蒋廷皋．永定河续志：卷 9"奏议"//中国水利要籍丛编・第 4 集：第 32 册．台北：文海出版社，1970：837.

④ 朱其诏，蒋廷皋．永定河续志：卷 12"奏议"//中国水利要籍丛编・第 4 集：第 32 册．台北：文海出版社，1970：1297.

⑤ 中国第一历史档案馆．光绪朝朱批奏折・第 98 辑．影印本．北京：中华书局，1996：662，860.

⑥ 朱批奏折，直隶总督屠之申，奏请照旧添备永定河工来岁预防秸料事，道光八年十一月十六日，档号：04-01-05-0166-007。

岸高粱种植与秫秸收获量毕竟有限，远不能满足河堤修筑用量需求，加之秸秆亦是当地民生日常之必需，即如时人吴其濬所言：

> 簿之坚于苇撍，以柴而床焉；篱之密于竹樊，于圃而壁焉；煨炉则掘其根为榾柮，搓棉则断其梢为莩轴，联之为筐则栉比而方，妇红所赖以盛也；析之为簸，则棂踈而皙，稚子所戏以笼也。印田足谷之家如崇如墉，盖有不可一日阙者。①

可见，秫秸被引入市场后，其稀缺性与使用价值进一步增强，常常供不应求，利用其调控市场价格就成为官方的一种强力手段。

前文所述，永定河制埽原料秫秸科派与购买的市场价格，大致有两种：一种是清廷规定的标准价，或称为例价；另一种则是买卖双方协商的议价，或称市价。② 例价反映了清廷调控市场的平均水平，也是能够接受的合适成本价，并以此确保能够收购到秫秸，保障秫秸来源相对稳定。以市价购买秫秸，则是清廷的不得已之举。

翻检史料，雍正三年（公元 1725 年），清廷明确规定：按户征收秫秸，每束银 1 分，是为例价，不敷使用时，再以市价采购补充。只是这种补充不能超出例价太多，不能太离谱。实际上，清廷所规定的例价每束银 1 分，也因耗帑过量不能保证，而降为每束 8 厘。③ 尤其自嘉庆四年（公元 1799 年）起秫秸征集改由市场购办后，制埽秫秸全赖拨帑，使清廷治河经费和秫秸购置成本大增。若是水势平缓年份，清廷还能勉强维持。一旦汛期水势过猛，河道溃决，治河用埽量加大，采办秫秸银两便陡增，这时不仅国帑难以支出，还面临无秫秸可购的尴尬局面。

嘉庆六年（公元 1801 年），永定河大水，京畿被灾，“百物无不昂贵”，河工所用秫秸标准价以“目下之市价核计，大相悬殊。若用市价采买，而照例价报销，其不敷银，实属无从着落”。在河道官的不断诉苦声

---

① 吴其濬．植物名实图考：卷 1“蜀秫”//续修四库全书：第 1117 册．影印本．上海：上海古籍出版社，2002：514.

② 李逢亨．永定河志：卷 27“奏议”//中国水利要籍丛编·第 4 集：第 31 册．台北：文海出版社，1970：1979.

③ 陈琮．永定河志：卷 11“奏议二”//续修四库全书：第 850 册．影印本．上海：上海古籍出版社，2002：305.

中，清廷追加100万两帑银，照依市价购办。① 可是，灾后“料价日昂，额设银两，益觉购办艰难”。至十四年（公元1809年），清廷不得不于每年治河正项经费中再增加专购秫秸银5 000两，以保障秫秸采办。又因沿河两岸旧埽厢“多须拆做”，主管官奏请“恳恩”赏银8 000两，以便多购料100万束贮工，以资应用。②

然而，河堤频频溃决，治理难见起色，制埽无有虚日，购办秫秸银量愈加攀升。嘉庆二十三年（公元1818年），清廷“在要工项下动拨银三千两”，为永定河北七、北八堤防“预买秸料，以备应用”③。之后的道光三年（公元1823年）至十八年（公元1838年）间，每年用于备防秸料所用银，少则19 000两，多则29 000两。其中仅五年（公元1825年）时，于来年岁抢修秸料正额之外，预添备防秸料220万束，每束例价银8厘，加运脚银2.5厘，共需银23 100两。④ 所以，自道光十九年（公元1839年）始，永定河备防秸料采购量稳定在240万束，用银24 000两上下。⑤

实际上，越到后期，即便是河道官员手握银两，也很难如期称心采购到秫秸。这是由于尽管高粱作物具有耐水耐旱的特性，可是伴随河道溃决频仍，灾害连年，秫秸种植愈形困难，尤其是永定河汛期水量过大，决溢漫淹田土，高粱减产成为常态，秫秸供应量也降低。所以，同治六年（公元1867年），永定河汛期大水，直隶总督刘长佑奏称：“兴办大工，全凭料物。现值灾荒之岁，秸料无收，即此一宗，已较往年昂贵数倍”⑥。不

---

① 李逢亨．永定河志：卷27“奏议”//中国水利要籍丛编·第4集：第31册．台北：文海出版社，1970：1979，1982.

② 李逢亨．永定河志：卷30“奏议”//中国水利要籍丛编·第4集：第31册．台北：文海出版社，1970：2210.

③ 朱批奏折，直隶总督方受畴，奏为永定河北七八工预买防险秸料动用库贮银两事，嘉庆二十三年十月二十四日，档号：04-01-05-0150-033。

④ 朱批奏折，直隶总督蒋攸铦，奏请照旧添备永定河工预防秸料事，道光五年九月二十二日，档号：04-01-01-0675-046。

⑤ 录副奏折，直隶总督琦善，奏请永定河岁修秸料请增加运脚银两事，道光十九年十月初一日，档号：03-3552-001。

⑥ 朱其诏，蒋廷皋．永定河续志：卷12“奏议”//中国水利要籍丛编·第4集：第32册．台北：文海出版社，1970：1297.

仅治河成本加大，而且秫秸来源减少，无制埽原料，筑堤堵口难上加难。

（四）秫秸运输成本攀升与河道治理弱化

永定河治理中，护堤御水制埽的原料秫秸及时、充足地供应是治理得以顺利进行的保障，随着乾隆年间散水澄沙的河湖湿地建设逐渐展开与实现，部分工程完竣，近河两岸百姓大量被迁徙至距河较远之处，以致能够就近便捷征收秫秸的局面发生改变。至嘉庆年间，清廷不得不扩大秫秸采办范围，以满足河工之需。然而，由于永定河长期散漫流淌，河岸周边道路不便运输，加之雇车难易与运输成本各要素叠加，又成为永定河治理得以有效运转面临的难题。

由于永定河河道长期变换不定，两岸多河水漫滩，几无大道，近似水乡，道路运输与车辆雇觅并不理想。该河下游的固安、永清、东安、武清等县，道路交通更为不佳。如永清"县处偏隅，不通大道"[①]；武清境则多河汊，"水陆交错"，秫秸运输需涉水渡河，难度更大[②]。嘉庆十四年（公元1809年），直隶总督那彦成就称："分委员弁，多雇大车，拨给邻汛正杂料物，星夜拉运赴工，并赴四乡广为购觅。"[③] 一旦遇到阴雨天气，运输无望。嘉庆二十四年（公元1819年），永定河沿岸"连日阴雨，道路泥泞，暂时搬运维难"[④]。同治七年（公元1868年）五月，更是因"无车可雇"，秸料难以运至工所，堤防抢护"一时未能成事"[⑤]。

运输距离由近变远，成为秫秸采办的限制因素。康乾时期，永定河两岸田土肥沃，近堤村庄逐河泥而居，秫秸征调较为方便。即如乾隆初期任直隶总督的方观承所言，永定河"所经漫衍停淤，无大患害，亦未致尽失

---

① 周振荣，章学诚．乾隆《永清县志》书六"户书第二"．乾隆四十四年刻本．

② 陈惕．备陈采办秫秸累民详文//乾隆《武清县志》卷10"艺文志"．乾隆七年刻本．

③ 李逢亨．永定河志：卷29"奏议"//中国水利要籍丛编·第4集：第31册．台北：文海出版社，1970：2144．

④ 朱其诏，蒋廷皋．永定河续志：卷9"奏议"//中国水利要籍丛编·第4集：第32册．台北：文海出版社，1970：909．

⑤ 朱其诏，蒋廷皋．永定河续志：卷12"奏议"//中国水利要籍丛编·第4集：第32册．台北：文海出版社，1970：1306．

农业，且期渐臻增卑为高，化瘠为腴之利”①。然而，由于建设河流湿地，百姓被迫搬迁，近河两岸村庄分布稀疏，秫秸交易距离南北堤防较远。据陈琮《永定河志》所载，永定河道两岸方圆 10 里范围内，计有村庄 512 个，平均位距堤防约 4.25 里，其中大多数距离堤防在五六里以上，而距河岸较近、直接坐落于堤防下的村庄仅为少数。② 至嘉庆时，因永定河多次决口漫溢，形成“泥勤沙懒”之象，沙砾沉降，多在近堤。河泥散漫，距堤较远。沙砾沉积之处，土质沙碱，难以农耕。临河村民俱搬移至土壤肥沃之处，离河道越来越远。嘉庆六年（公元 1801 年），大水之后，永定河下游两岸沙砾沉积加重，土质日趋恶化，“近堤村庄既多迁移，地亩亦被沙压，所产秸料甚属无几”。治河所需秫秸不得不往“远处村庄购买，以敷应用。购买愈远，运脚愈多”③。

如此，要保障秫秸征收顺利，就需要清廷承担和拨付运输费用，无形中增加了秫秸征收成本。嘉庆八年（公元 1803 年），永定河上游八汛所采办秸料，不得不于每束加“运脚银二厘五毫”。此与以往岁修采办秫秸 340 万束相较，则“约计加增运脚银八千五百余两”④。这便使原本收支形绌的清廷财政愈加捉襟见肘，只得削减治河投资。咸丰四年（公元 1854 年），清廷将每岁正项额定征收秫秸减少一半，相应收购价格降低至四分之一，年拨脚价银 4 250 两。然而，秫秸购置依旧十分困难。咸丰七年（公元 1857 年）三月，永定河南七、北三、北四等工“先后漫溢”，究其原因，全在于“料物未能应手，以致人力难施”⑤，显示清廷河道治理能力弱化。

与此同时，秸料市场价格居高不下，清廷无力维持，陷入水涨堤坏，

① 陈琮. 永定河志：卷 15“奏议六”//续修四库全书：第 850 册. 影印本. 上海：上海古籍出版社，2002：480.

② 陈琮. 永定河志：卷 6“工程考·南北两岸工程”//续修四库全书：第 850 册. 影印本. 上海：上海古籍出版社，2002：159-179；陈琮. 永定河志：卷 7“工程考·三角淀工程”//续修四库全书：第 850 册. 影印本. 上海：上海古籍出版社，2002：197-208.

③ 李逢亨. 永定河志：卷 28“奏议”//中国水利要籍丛编·第 4 集：第 31 册. 台北：文海出版社，1970：2045.

④ 同③2046-2047.

⑤ 朱其诏，蒋廷皋. 永定河续志：卷 12“奏议”//中国水利要籍丛编·第 4 集：第 32 册. 台北：文海出版社，1970：1227.

无银征收秫秸，抑或无秫秸可征的恶性循环。同治九年（公元 1870 年），在永定河治理无以为继的困境下，直隶总督李鸿章采取相应措施整顿秫秸市场，以达到降低秫秸购置成本的目的。其令辖下各州县出示晓谕，“不准任意抬价”，从中酌定秫秸买卖。[①] 然而无济于事。李鸿章奏称：每年沿河地亩水冲沙压，“产料甚少，仍须远处购运，来年岁抢修秸料，应照章添给运脚”，所增运费“实银八千五百两，一并全数拨发，以济工需”[②]。至光绪十二年（公元 1886 年），清廷不得不再次修正秫秸购办价格，恢复至嘉道年间的市价，也恢复维持和承担相应的运输费用。[③]

至清末时，秸料运输费用依旧高昂，成为永定河治理中一笔不小的开支。仅光绪三十二年（公元 1906 年），岁修大堤正项防护实际用银 21 997.19 两，而秸料输运费为 4 865.526 25 两，占岁修用银的 22.12%。汛期抢修实际用银 25 873.048 两，运输用银则为 4 761.425 75 两，占抢修实际用银的 18.40%。两项相加，秸料运输用银达 9 626.952 两，较嘉道时的 8 500 两多出 1 126.952 两[④]，使原本陷入财政危机的清廷财政雪上加霜。

综上，秫秸是清代永定河治理中御水护堤之埽制造的重要原料。清廷在收集秫秸用于治河的过程中，采取调整征集方式、调节市场价格、拨付脚价银等措施，以应对秫秸用量加大，甚而种植短缺，乃至不得不远途运输的不堪局面。然而，由于永定河水生态危机日益加深，用埽增加连带着秫秸利用量加大，牵扯出收购艰难无着、运输成本提高、帑银消耗日增、民间纠纷频发、社会矛盾激化、沿河种植作物结构改变、河工治理无以为继等一系列问题，显示治水工程中的秫秸利用在人与社会关系常态运转中

---

① 朱批奏折，直隶总督李鸿章，酌议变通永定河工章程折，同治十二年八月二十七日，档号：04-01-06-013-028。

② 中国第一历史档案馆．光绪朝朱批奏折·第 98 辑．影印本．北京：中华书局，1996：443，656，799；中国第一历史档案馆．光绪朝朱批奏折·第 99 辑．影印本．北京：中华书局，1996：263，383，508；中国第一历史档案馆．光绪朝朱批奏折·第 100 辑．影印本．北京：中华书局，1996：24，199，308.

③ 中国第一历史档案馆．光绪朝朱批奏折·第 98 辑．影印本．北京：中华书局，1996：460.

④ 中国第一历史档案馆．光绪朝朱批奏折·第 100 辑．影印本．北京：中华书局，1996：884-886.

的价值演变，以及这种演变所涉及的清廷应对社会转变与民生问题的能力；表明永定河河工治理不是人为简单兴建、维护抵御河道变化的水利工程，实则是人利用自然资源为己所用过程中牵涉到的一系列社会矛盾的反映，是人与自然资源利用关系系统相互调试的结果。人利用资源的各种社会与生产活动，遵循趋利避害原则，适应水环境变迁亦是如此。在清代永定河治理过程中，社会各种力量利用资源的方式，循环往复，个中更关联政治治理与经济社会层面，尤与民生紧密相连。如何有效处理人与自然的关系，实现和谐可持续发展，这应该是历史研究汲取的精华所在。

结　语

人类利用资源遵循趋利避害的原则，对于能够浮天载地的水资源的利用也不例外。人类治水，一为生产与生活，二为免遭水患。很多时候，水资源的利用属于国家或集团行为。清代西山人工水系构建、利用北运河的漕粮运输、永定河治理，乃至稻米种植、城市供水等水资源利用，就是一种国家行为，即国家层面的治理，旨在充分利用水利、水运与免遭水患，以及避免在治理过程中造成二次灾害：例如，因水流搬运泥沙积淀而导致流域水流不畅，尾间淀泊淤填，乃至水体消失、水生态恶化。为此，清廷组织与投入大量人力、物力和财力，筑渠导引，筑堤筑坝，束水防洪，修筑湿地，以处理人水关系。这种利用自然水环境的“治水”行为历来也被理解为社会层面的“治政”①，是国家政治治理的内容，有着可资传承的文化内涵与重要作用。

对京畿水环境的考察与讨论，呈现了人与自然这一生态巨系统中的复杂动态关系。人类在利用水资源过程中所遵循的趋利避害的原则与水生态系统的各种典型非线性的关联，告诫人类在当下乃至未来的生产与生活，乃至人类生活的主要圈层即城市发展中，必须要遵循适宜人水关系的一些客观规律，唯有如此，才能使人类社会的可持续发展，人类文明的传承、弘扬与发展成为可能。水是地球的血脉，水资源对人类的重要性犹如人体

① 康熙帝言：“官不清，则为民害；水不清，亦无利于民。天下之浊者皆如此也。不清之官，朕有法以正之。不清之水，朕有策以治之。”参见：清圣祖实录：卷195（康熙三十八年十月乙亥）．北京：中华书局，1986：1061。

之血脉，血流人活，水畅才有绿水青山，才有人类美好家园。水资源要利用，可是，如何利用？如何有效利用？这些是必须深思反省和需要回答的问题。京畿水资源对人类所做出的无声贡献，水给人类带来的痛苦灾难，抑或人类利用水资源以优化家园、利用水资源动力替代人力的教训与经验，更警醒我们要从中吸收与传承值得光大与弘扬的成分，提升水资源利用的前瞻性，有效且辩证地处置人水关系。

清代的北京，作为都城，其发展过程中对水资源的利用与对水环境的改造，是时代社会经济进程中阶段特征的反映，是 18 世纪以来中国城市发展趋势与水环境关系的缩影，是正确认识和处理水资源现状与社会各种矛盾问题的典范。尤其京郊作为都城生态腹地，或者说是皇城贡地，在北京城市时空演变进程中扮演着重要的角色。其对城市发展的支撑作用不仅在于为城区拓展提供后备空间，更体现在对城市生活所需物质资料的供给与保障方面，使得居民生活消费逐渐呈现多元化趋势，居民对依赖水资源的优质农产品、观赏品及日常生活资料等的需求与日俱增。京郊作为与城区地理位置最接近的地方，其最先受到城市发展所带来的多元需求的辐射和带动效应影响，尤其立足区内优越的水资源环境，逐渐发展成为城市所需要的与水相关联的原材料、消费品的供应地或销售市场。

作为城市腹地的郊区在提供水资源支撑城市发展的同时，也受到城市经济发展的影响。特别是城市消费的多元化与消费方式的演变，日渐影响并主导着郊区资源开发的方式、类型及其管理；城市的生活和消费模式也开始在城郊地区蔓延。即如作为城市重要消费主体的内廷皇室，其日常所需中立足于水的生活资料，多半来自郊区。而一旦城市消费及相关需求涉及对腹地某些资源的必要利用乃至形成依赖，统治者往往会借助于国家权力与权威，对这些资源加以行之有效的管理和调控，使其向着满足城市自身需求的方向发展，并加大建设和投入，这又在客观上保证了京郊水资源利用与开发的可持续性。终清一代，京郊玉泉山等处御稻经营的有序进行即是如此。还有作为人工水库的昆明湖以及皇家园林等的发展与存续，都成为国家治理与关注的主要对象，于今成为世界物质文化遗产，成为文明传承的典范。

为满足京城粮食需求，清廷对于横贯南北大运河上的漕运的组织调配以及政策的制定，紧紧围绕河道水势和沿岸气候等诸要素而展开。北运河作为清代漕粮运输南上的终端河道，肩负着重要的运输任务，由此也使清廷更加关注该河段的水环境状况。从清代漕运的全局与全时期里的长时段考量、考察和厘清北运河水环境状况、漕运河道和仓场建设及其内在脉络，清晰地表明，清代的内河漕运经历了从建立恢复、发展繁荣到逐步走向衰落的进程。顺康时期，清廷整治漕政，兴修水利，恢复农业生产，漕粮恢复到明末以来的额征 400 万石的水平。雍乾时期，清廷进一步改善运输条件，完善仓储建设与制度，以致起运交仓漕粮和京通各仓积贮都达到了顶峰。嘉道之后，由于社会动荡影响经济生产，加之黄河溃堤对大运河的威胁以及运河本身的淤塞加重，河道运输受限，内河漕运走向衰落；且在道光时期实行海运，各省漕船不再驶入北运河。纵观清代漕运，乾隆朝最为兴盛，仓储最为殷实。以这一时段为重心进行梳理，更能把握整个清代的漕运与水环境的关系及其演变，乃至嘉道之后漕粮海运的必然性。当然，为实现漕运顺畅而展开的一系列辅助且必要手段、一系列制度与政策的制定以及措施和办法的实施，显示了清廷高度集权的治理策略与统一调配及不断调适的应对状态。

就永定河全流域而言，治水关乎北京城的安危，关乎京师民众的生存。治水的目的就是护佑京师，“保护京畿而无北溢之虞”①，控制水的流向与摆动，更避免洪水影响到北运河漕运、影响到南苑围场。故而，在清代的大部分时间里，永定河河道不断变迁，而对其的治理自始即从国家层面展开，也涌现出一批治水有方的技术官僚。

康乾二帝的治水理念体现了历史进程中清人的治理理念，标识出当时人对水环境的认识阶段与认识程度，是国家治水的典范，具有文化传承的重要作用。康熙帝以明代治河专家潘季驯的“以堤束水，借水攻沙”治河理论为依据，主张“束水攻沙”，修筑堤防，固水于河道，人为引导水的走向，认为坚筑河堤使水不致四溢，如此“水行沙刷，永无壅决”，“沙去

① 陈琮．永定河志：卷 13“奏议四”//续修四库全书：第 850 册．影印本．上海：上海古籍出版社，2002：401.

河深，堤岸益可无虞”。乾隆帝则提倡“散水匀沙”，遵循大禹治水时所运用的“以疏而非堵”的原则，且完成了永清冰窖以南湿地的恢复与维护。纵观永定河的整个治理趋势，自卢沟桥起，向南及东南延展。

在实践康乾二帝治水理念的过程中，主要官员有于成龙、李光地、鄂尔泰、孙嘉淦、顾琮、方观承等人，这些人在对永定河段大兴及其以南平原区的治理上做出了非常大的贡献。康熙三十八年（公元 1699 年），直隶巡抚李光地受康熙帝委命，经与专管永定河工的王新命实地勘察后，提出“自郭家务至堤尽处”筑堤挑河方案，将原本自宛平卢沟桥石堤以下起所筑两岸大堤，“改南岸为北岸”，南岸接筑西堤，自郭家务起，北岸接筑东堤，自何麻子营起，均至霸州柳岔口止。西堤 56 里，东堤 55.7 里。[①]

乾隆初年，大学士鄂尔泰主持筑减水坝、开挖引河工程，分流泄洪，共开引河四条，与今大兴区南苑有关的是张客，相临的有大兴区东南部的永清郭家务以及源自南苑的凤河及其下游。乾隆二年（公元 1737 年）六月，永定河水涨，漫南岸镇河铁狗及北岸张客等村 40 余处，夺溜由张客决口下归凤河。吏部尚书顾琮察勘实情后，认为康熙年间筑堤“将河夹拢，不留水发容留之余地”，将水自“柳岔口引入胜芳淀，每岁渐次沙淤，仍旧为患内地”[②]，故而提出“十里遥堤”方案。继之，鄂尔泰在南北岸建滚水石坝，各开引河，合清隔浊。其中，北岸张客水口建坝，即以决口洪水所冲水道为引河，东汇凤河。张客引河以北人烟稠密，为防止引河之水漫溢为灾，又修筑拉沙埝，埝外大营、庞村、东安之南建筑遥堤，以“保障京师”[③]。乾隆三年（公元 1738 年）十月，南岸郭家务草坝及引河建造完成。如果说鄂尔泰筑草坝与引河是为了分减永定河上游水势，那么直隶总督方观承则重在对下游水流的疏导，为解决大量泥沙淤积堵塞淀泊问题，建冰窖湿地。该湿地以今永清冰窖村为中心，将永定河洪水区的泥

---

① 乾隆《永清县志》图三“水道图第三”，第 16 页；清圣祖实录：卷 195（康熙三十八年十月丙子）. 北京：中华书局，1986：1061.

② 朱批奏折，总理事务王大臣允禄、总理事务王大臣允礼，奏为遵旨会议筹办永定等河堤工决口应行抢修事宜事，乾隆二年八月初三日，档号：04-01-01-0019-031。

③ 陈琮. 永定河志：卷 13“奏议四”//续修四库全书：第 850 册. 影印本. 上海：上海古籍出版社，2002：388.

沙沉淀在京南广阔的冲积平原上。

至清中叶时，清廷君臣已经能够从永定河全流域考察水文特征。嘉庆五年（公元1800年），直隶总督胡季堂奏“前闻桑干河有断流之信”，经至河工处询问各级官吏及弁兵，佥称：

> 永定河即桑干河，传说于桑椹熟时，间有断流之事，亦非年年必见干涸。今年闰四月十二、二十等日，自卢沟桥以东，间或断流，至五月初二日，大雨后河水通流。并云桑干河断流，主伏秋汛水盛涨等语。（朱批：朕亦闻有此说。）

在该奏折中，胡季堂对以上官弁所言“传说”进行了分析，其言：

> 此河既有桑干之名，则桑椹熟时，河水干涸，固系常事。至春夏之交，雨泽稀少，则夏秋以后，或虞淫潦，亦理所应虑。今岁既已显露干涸，又有系主伏秋水盛涨之说，更不可不防其漫溢。①

从而表明清人对河流洪水期与枯水期的认知程度。

为了更好地熟悉水性，积累经验，有效地预防应对河道水情变迁，清廷在北运河、永定河上也制定有“报水”制度，亦称“签报”制度。就永定河而言，即在其大汛之期于卢沟桥两岸各汛点及下口“各立水志，各备报水单，量明底水尺寸，专委妥人，日夜守看。每日按子午酉三时，填明河水长落”。再由各汛点呈报道厅及石景山、三角淀厅各处。每三天给总督、石景山厅呈报一次。各汛点昼夜查看水志，并预备报水大签，遇水涨至1尺至1尺以上时，则填明大签，一面派人沿河岸各工飞递至河道公馆，另派专差驰禀总督，另一面继续将大签传递至下口，不得有片刻迟误。遇水落也同样以上明下晓的大签形式传递消息，以此来应对水情和调整防御措施。② 同时，为适应永定河南北摆动而相应调整人事管理系统，废黜一些原设职官。如调整置于永定河专管疏浚的已经“名不副实”的把总，而改为凤河东堤把总，并移驻东堤，专办修防并管下口疏浚；凤堤外

① 李逢亨．永定河志：卷27“奏议”//中国水利要籍丛编·第4集：第31册．台北：文海出版社，1970：1943-1944.

② 李逢亨．永定河志：卷9“工程”//中国水利要籍丛编·第4集：第31册．台北：文海出版社，1970：723-724.

委则移驻石景山汛卢沟桥，“专司汛期内报水之事”①。又嘉庆十一年（公元1806年）、道光四年（公元1824年），永定河北八、北九两汛置官，“因河流全向南趋，无须修守”，先后奏明裁汰。②

清廷充分利用水环境，践行于国家治理方面。而行水围，则便是清帝巡幸与考察社情的重要活动。康熙时期，清廷组织兵士在京畿周边淀泊水域行水围，后来间断。乾隆十三年（公元1748年）二月初十，乾隆帝拟循照康熙时期路线和规制，策划与制定行水围办法，委直隶总督那苏图将天津、河间、保定三府淀河并康熙帝行水围路线与远近距离查明绘图。接旨的那苏图遂由南苑行至赵北口一带详查后，将东、西两淀上下全局详细绘画，且回奏了康熙年间行幸往返驻跸一切营盘道路基址和经由水陆道路，尤其详明了康熙帝行幸水围时在西淀一带预备驻跸之所四处，只是“今查其旧制附近庙宇房屋过少，地面亦狭，兼之历年久远，类皆坍颓”。当然，奏文中也提到了难于辨识的一些信息和要素。即唯沿途设营之处，“缘历年已久，旧日经见之人无多，难以逐一查询”。那苏图将旧日西淀水围情形及康熙帝的驻跸之所方位总绘一图，以为参照。

值得一提的是，那苏图的奏报中指出一个重要信息，即“圣祖行围，水乡辽阔，必当有驻跸之地，若简略湫隘，亦非所以昭臣下之诚敬”③。这显示乾隆时期的某些做法尽管是对祖上行水围旧踪的寻觅保护行为，然而从中亦反映了在两三代人的半个多世纪间，京畿地区水环境发生了极大的变迁，水乡湿地世界由“辽阔”渐变为“湫隘”。

治水犹如治政，关乎民生与水的矛盾的处理，又是在人与自然结合之中必须去关照的方面。在治水过程中如何安顿民生，如何处理人与水之间的矛盾，是执政的重要层面，也是治理理念的实践，而所采取的利用和适应水资源的实践活动在很大程度上亦会引发人水矛盾。水进人退，人进

---

① 李逢亨．永定河志：卷26“奏议”//中国水利要籍丛编·第4集：第31册．台北：文海出版社，1970：1913-1914.

② 朱其诏，蒋廷皋．永定河续志：卷12“奏议”//中国水利要籍丛编·第4集：第32册．台北：文海出版社，1970：1278.

③ 朱批奏折，直隶总督那苏图，奏为恭进水围图样事，乾隆十三年闰七月二十六日，档号：04-01-01-0165-033。

水退。

一是有关人水、人地矛盾的水进人退。随着永定河下游不断淤积，人口增加与土地开发进程加快，显示出农耕扩展的全过程。为此，清廷从治水出发，予以整治调控。康熙七年（公元1668年），清廷谕令“禁止浑河堤岸处所庄佃私开沟口”①，以防永定河一旦泛滥而殃及农舍民地。至乾隆时期，河流湿地的建造与维护又不可避免地圈入村庄农舍。可是，河水在湿地内漫流，散水匀沙，迁徙不定。而百姓为自身安危计，往往“筑围打坝”，以防水患。被统称为“打坝”的民埝、民堤占据湿地空间，不利于河流湿地工程的恢复。清廷考虑到“河身多一村庄，即水势少一分容纳”，便组织人力，对人工湿地内的村庄，一方面限制其规模的扩大，另一方面对部分村庄进行搬迁。如对冰窖湿地内南埝附近的28个村庄，搬迁11个村庄，其余的17个村“迁去六百三十二户”，未迁去的人户“不许其添盖房间”。北埝附件范瓮口等4村及凤河沿岸的16个村，“一并查明户口房间，预为限制”②。搬迁过程中，由官府给予相应的搬迁补偿及一定的资助。

治河过程中，清廷关注对河岸周边人地关系的处理，限制无干人员侵占河岸有限地亩。乾隆三十一年（公元1766年），清廷专门派人查办河岸“淤滩”田地，照例允许附近贫民认领租种，规定占地的“每户不得过三十亩之限”，以防隐占。该政策的实施是缘于其时永定河旧下口一带及南北两岸淤出地亩，被“旗庄人等”以及“地棍影射胥役串通”侵占冒认，而应该得地的那些贫民却“不占实惠”肥沃地亩。为此，查办委员按工普行丈量，彻底清理。经查“除堤身内外各十丈，留为种柳取土之地，其新旧淤滩”隶永清、东安两县者，共地289.30顷，固安、霸州、涿州、良乡、宛平五州县者，共地72.92顷，两项共计362.22顷，故而奏请将地亩分给守堤护堤的贫苦之人。查办委员奏道：

查永定河每届伏汛之时，附近两堤十里内村庄，例应按里派拨民

---

① 清圣祖实录：卷26（康熙七年七月辛酉）. 影印本. 北京：中华书局，1985：366.

② 陈琮. 永定河志：卷16“奏议七”//续修四库全书：第850册. 影印本. 上海：上海古籍出版社，2002：528.

夫上堤防守，此等民户贫苦无业者居多，前项淤地与其另招贫民认种，以致借名隐占，何如即分给守堤村民之无业者，俾其领种输租，即可资其生计，又以系其身心，更属公私兼益。

经统计，永清、东安两县守堤贫民，共有 3 831 户。清廷准将淤滩地各于所居村庄就近拨给守堤贫民，每户拨地 6.5 亩，宛、良、涿、固、霸五州县，由于户多地少，每户拨地 5 亩，并以所余分拨龙神庙，每处一、二、三、四顷不等，以供香火。

清廷规定，领到地亩的守堤民户，“具照原定租数，一例征收报解，所拨地亩，户给执照。仍令地临五人互保，以杜盗卖吞并等弊”。并饬各该州县，分别界址，造具鱼鳞图册，做到一旦遇到“地亩之坍长、花户之故绝认退，皆可按籍而稽”。此后凡有淤出之地，悉照此办理，“不特有益公役”，并可永杜争端。清廷对于河沿两岸越堤内的“淤涸”可种之地，也予以规定，即“除实在本系旗民地亩，未经拨补者，仍听本人领种外，余具令厅汛等督率河兵栽种苇柳，以益工需”。对此，乾隆帝指出：越堤非正堤，尚可。各正堤内则断不可也，有如此者乎，查明奏来。① 这就得以从制度上保障河道两岸有足够的泄水空间。

二是有关人水、人地矛盾的水退人进。乾隆年间，湿地建成后，由于永定河河水泛滥冲刷，淤泥沉积，土地肥沃，便形成了“连岁丰稔”“一水一麦”的农耕景象。湿地对百姓具有很强的吸引力，曾经搬出者又私返湿地重建家园，且呼吁请愿：“恳求皇上恩典，准民人等暂回原处耕种，房间暂停拆毁，如水道复又经由，立即搬移，不敢再领房价，情愿预行出具甘结存案。”面对人多地少、民生艰难的现实，清廷默许了百姓返回湿地内耕种、定居的行为，只是发出“不得任他处村民滥行搭盖窝铺房间”的限制令。② 然而，为防洪水冲击民舍庄田，清廷也时常对私闯湿地种田者加以干预，严禁人占水地。如令武清、东安县令督促境内村庄人口迁出湿地。由于条河头、葛渔城等四十多个村庄“均与现在河身相离较远”，

---

① 以上引文均见：朱批奏折，直隶总督方观承，奏为查办永定河淤滩地亩事，乾隆二十三年二月初五日，档号：04-01-23-0027-005。

② 陈琮．永定河志：卷 16“奏议七”//续修四库全书：第 850 册．影印本．上海：上海古籍出版社，2002：528，529.

因此允许这些村庄仍然留于原处，“但须禁其添盖房间，叠筑围坝，以杜占居填塞之弊，俟将来河流又有迁改。如果逼近，应迁再行，随时查明，妥协办理”①。

乾隆五十五年（公元1790年）十一月，直隶总督梁肯堂对湿地内情形进行整顿，查得自乾隆四十七年（公元1782年）以来，柳坨等11村庄旗民208户、草土房720间陆续被全行迁出，使“旧基已为空地”，仅有“自六工以下，共有村庄一百二十余处，或离河稍远，或系修筑越埝围入，各有碑碣册籍可考，尚无私占填塞情事”，此一百二十余个村庄②在数年之内亦已“计迁去一千六百三十九户，减去瓦土房一万一千三百七十八间”，其余留在湿地内的村庄不许添建房屋，定时有官员清查。③ 然而，余留在湿地内的村庄户口“除零星小庄不计外，其有名大村九处，自一二百户及四五千户，并八九千户不等”④。这仅仅是当地百姓占据冰窖湿地中条河头部分的记录。显见，人占水地问题愈加严重。

当然，一些水地由于河流改道以及泥沙淤积抬高也逐渐变为旱田，适合耕种。乾隆三十一年（公元1766年），直隶总督方观承对永定河苇地改种收租事宜加以整顿，明确指出“七工旧河身内”有坐落武清县属范翁口淤滩苇地46.77顷，该地为雍正四年（公元1726年）改河案内“官买民地，为筑堤行水之用”。又续次在苇户刘元照侵占官地案内丈出河淤余地1.9顷，共计地47.86顷。其中除“河身起土坑荡并堤坝压占及栽柳空隙地”，计8.91顷，实存地38.94顷。原将该项地亩用于河工蓄养苇柳麻斤，并以余租充河神各庙香火。问题是，这些地亩随永定河改道淤塞而远离水源，原本种植作物的属性已不能适应水地变迁，不得不改种其他作物。为此，方观承指出：

> 苇与麻，均是喜湿之物。数年以来，范翁口一带因节次受淤，已

---

① 录副奏折，直隶总督郑大进，奏报遵旨勘明永定河下口应迁村庄情形事，乾隆四十七年正月二十七日，档号：03-1018-014。

② 此处村庄120余处，在另一奏折中亦写作“一百十二村”“一百一十二村”。

③ 李逢亨．永定河志：卷26“奏议”//中国水利要籍丛编·第4集：第31册．台北：文海出版社，1970：1900-1901，1906.

④ 朱其诏，蒋廷皋．永定河续志：卷9“奏议”//中国水利要籍丛编·第4集：第32册．台北：文海出版社，1970：848.

> 成高滩，不仅距河已远，并少余沥停润所，有苇地十七顷七亩，产苇渐稀，且短细不堪适用，又别无蓄养之法，有日久荒芜之势。

另外，方观承还指出，有的地亩“因河远水涸，变洼湿为亢燥，非苇性所宜之故也”。也有与苇地相近处，“原有产麻收租隙地 21.86 顷，麻性喜湿，近亦因水远改种。今若将苇地招垦改种禾稼，一并定额征租，以充官用，庶可收随时经理之益”。为此，方观承奏准“于今冬收毕苇草之后，将苇地交于地方官丈量明确招民认垦”，又鉴于“苇根纠结，工本较费”，规定“初种之年禾稼亦不旺发，应稍宽其租数”，于乾隆三十二年（公元 1767 年）为始，将新旧地租等次分别详报立案，至一二年后，渐成熟地即可普行酌定租额。

因水环境变迁而导致的耕地利用方式与种植作物改变后，所耕种地亩上征收的租赋如何归入国家财政，以及银两如何分配使用，也必须自制度层面加以强调。故而，方观承进一步核计了旱地租银征收和使用原则。其道：以每亩租银二三钱约略核计，略合地亩 38.94 顷，每年可收租银 1 000 余两，由该县批解永定道库银报明衙门，使上下皆有案。据此项租银，除汛后惠济庙四处酬神演剧并南北两岸下口八处庙宇一切祭费，照向来核定之数，共需银 240 两外，约可余银七八百两，应悉存储道库，遇有河防公务，如修葺沿河庙宇及堤埝汛房等项，核其应需实数，奏明动用。仍于具奏时，将每年租银开明收除各数，使有稽考。至下口遥埝、越埝间有应用苇柳等料防护之处，除柳枝采用外，余应于抢修节省料物内通融动拨核销，无须将租银购备抵用，以免牵混合并，陈明所有。①

清廷在应对京畿水环境变迁的过程中，投入了大量财力。仅就永定河而言，自康熙三十七年（公元 1698 年）着手治理，至嘉庆十九年（公元 1814 年）间，投入的银两逐年增加，且趋于更加专门和细化。如自康熙年间起始时，岁拨抢修款并无定额，一般而言，岁修拨款三四万两，另案疏浚加筑随时奏拨银七八万两。至雍正四年（公元 1726 年），额设岁修银 1.5 万两，一旦有险，再允许请拨 1 万余两。五年后，奏准每年增设岁修

---

① 朱批奏折，直隶总督方观承奏报筹办永定河苇地改种收租事，乾隆三十一年十月初三日，档号：04-01-35-0595-014。

疏浚下口银 0.5 万两。乾隆十五年（公元 1750 年），增加 0.5 万两。三年后，奏定河之南、北两岸岁修银 1 万两，抢修银 1.2 万两，疏浚中泓银 0.5 万两，另有石景山岁修银 0.2 万两，疏浚下口银 0.5 万两。如此，每年共额定银 3.4 万两。嘉庆七年（公元 1802 年），奏准加增岁抢修银 2.2 万两；次年起，奏准每岁加运脚银 0.85 万两。且应水势，随时奏报拨款。① 道咸以来，每年投入岁修银 3.39 万余两，抢修银 2.7 万两，备防银 2.5 万两，加增运脚银 0.85 万两。至咸同年间，军需浩繁，各项银两减半，先是半银半钞，同治二年（公元 1863 年）以半银实拨。② 凡此，不尽详述。

由此可知，在水资源的利用过程中，人为水投入巨资巨力，人和水的斗争呈现出水进人退、水退人进的一个动态过程，这期间也夹杂着耕地性质、植物属性的改变，凸显出河流沿岸田地与植物的关系发生变迁，而在该过程中清廷不失时机地通过行政手段实现经济效益的现象。毋庸讳言，康熙帝的束水以及乾隆帝对湿地的恢复在特定的情况下都起到了非常重要的有益作用。可是，至嘉庆六年（公元 1801 年），永定河泛滥，发生了经年不遇的大洪水，河水从西而来，南苑一带汪洋一片，直接威胁到南海子。光绪六年（公元 1880 年），永定河发大水，南海子围墙被冲塌，“多半倾圮，民间车辆往来纷纷穿越”③，清廷谕令严查整饬。水灾面前，避免水患仍是主旨，永定河仍需治理，治水循环往复。

所以，我们必须强调，人类治水需要适应自然、遵循水性、保护生态，汲取文化养分，可持续发展，这是文化传承的核心价值。人类在与自然相处的过程中，战天斗地是一种精神，和谐相处是一种情怀，要持续不断地汲取经验，继往开来。只是，在文化的继承中绝对不能缺少改善民生这个非常重要的环节。清代京畿水资源利用与水环境治理中，蕴含着改善民生的要求与顺应自然的理念，反映出时人利用水资源为自己造福的举

---

① 李逢亨. 永定河志：卷 10“经费”//中国水利要籍丛编·第 4 集：第 31 册. 台北：文海出版社，1970：729-768.

② 朱其诏，蒋廷皋. 永定河续志：卷 12“奏议”//中国水利要籍丛编·第 4 集：第 32 册. 台北：文海出版社，1970：1268，1271.

③ 录副谕旨，著为南海子后围墙倾圮民间车辆往来穿越著奉宸苑顺天府严申禁令等事谕旨，光绪七年，档号：03-5668-076。

措，抵御水灾更是维护稳定、发展生产、护卫家园的行动，国家治理调控与实践行为反映了古人顺应自然规律、发挥主观能动性的必然要求，治理理念利弊互现，具有一定的历史与现实意义。今人要实现水资源的有效利用与治理，营造良好的水生态，就应该顺应自然，遵循水性，保护湿地生态，增强可持续发展，这些是京畿大地上的重要文化内容，是需要传承的核心价值。

主要征引及参考文献

官书·政书·档案

管子．校注本．北京：中华书局，2004.

汉书．点校本．北京：中华书局，1962.

辽史．点校本．北京：中华书局，1974.

金史．点校本．北京：中华书局，1975.

元史．点校本．北京：中华书局，1976.

明史．点校本．北京：中华书局，1974.

清史稿．点校本．北京：中华书局，1977.

清世祖实录．影印本．北京：中华书局，1985.

清圣祖实录．影印本．北京：中华书局，1985.

清高宗实录．影印本．北京：中华书局，1985.

清仁宗实录．影印本．北京：中华书局，1985.

清文宗实录．影印本．北京：中华书局，1985.

清穆宗实录．影印本．北京：中华书局，1985.

清德宗实录．影印本．北京：中华书局，1985.

康熙《御制文集》//景印文渊阁四库全书：第1298～1299册．影印本．台北：台湾商务印书馆，1986.

乾隆《御制诗集》//景印文渊阁四库全书：第1303～1311册．影印本．台北：台湾商务印书馆，1986.

乾隆《御制乐善堂全集定本》//景印文渊阁四库全书：第1300册．

影印本．台北：台湾商务印书馆，1986.

康熙《大清会典》//沈云龙．近代中国史料丛刊三编：第711～730册．影印本．台北：文海出版社，1991—1992.

雍正《大清会典》//沈云龙．近代中国史料丛刊三编：第761～790册．影印本．台北：文海出版社，1991—1992.

乾隆《大清会典》//景印文渊阁四库全书：第619册．台北：台湾商务印书馆，1986.

乾隆《大清会典则例》//景印文渊阁四库全书：第620～625册．台北：台湾商务印书馆，1986.

嘉庆《大清会典》//沈云龙．近代中国史料丛刊三编：第631～640册．影印本．台北：文海出版社，1991.

嘉庆《大清会典事例》//沈云龙．近代中国史料丛刊三编：第699册．影印本．台北：文海出版社，1991.

光绪《大清会典事例》//续修四库全书：第800～814册．影印本．上海：上海古籍出版社，2002.

故宫博物院．清代各部院则例・总管内务府现行则例//故宫珍本丛刊：第306～310册．影印本．海口：海南出版社，2000.

杨锡绂．漕运则例纂，乾隆三十五年刻本//四库未收书辑刊：第23册．影印本．北京：北京出版社，1997.

托津，福克旌额，等．嘉庆《户部漕运全书》．影印本．台北：成文出版社，2005.

潘世恩，等．道光《户部漕运全书》//故宫珍本丛刊：第319～321册．影印本．海口：海南出版社，2000.

载龄，福祉，等．光绪《户部漕运全书》//续修四库全书：第836～838册．影印本．上海：上海古籍出版社，2002.

张廷玉，纪昀，等．清朝文献通考．影印本．上海：商务印书馆，1936.

王先谦．东华录//续修四库全书：第370册．影印本．上海：上海古籍出版社，2002.

琴川居士．皇清奏议//续修四库全书：第473册．影印本．上海：上海古籍出版社，2002.

贺长龄．皇朝经世文编//沈云龙．近代史料丛刊正编．第74辑：第731册．影印本．台北：文海出版社，1991.

盛康．皇朝经世文续编．影印本．台北：文海出版社，1972.

中国第一历史档案馆．乾隆帝起居注．影印本．桂林：广西师范大学出版社，2002.

中国第一历史档案馆．咸丰同治两朝上谕档．影印本．桂林：广西师范大学出版社，2000.

中国第一历史档案馆．嘉庆道光两朝上谕档．影印本．桂林：广西师范大学出版社，2000.

中国第一历史档案馆．光绪朝朱批奏折．影印本．北京：中华书局，1996.

中国第一历史档案馆，故宫博物院．清宫内务府奏销档．影印本．北京：故宫出版社，2014.

全国图书馆文献缩微复制中心．清代永定河工档案．影印本．新华书店北京发行所，2008.

水利水电科学研究院水利史研究室．清代海河滦河洪涝档案史料．影印本．北京：中华书局，1981.

北京市档案馆，等．北京自来水公司档案史料．北京：北京燕山出版社，1986.

国家清史工程数据库·清朝·宫中档朱批奏折.

国家清史工程数据库·清朝·军机处录副奏折.

国家清史工程数据库·清朝·军机处寄信档.

国家清史工程数据库·清朝·内阁户科及刑科题本.

国家清史工程数据库·清朝·随手登记档.

国家清史工程数据库·清朝·灾赈档.

国家清史工程数据库·清朝·顺天直隶等地雨雪粮价单.

国家清史工程数据库·清朝·北运河各汛水位单.

国家图书馆藏样式雷图文档案史料.

台湾内阁大库档案.

地方史志

杨行中. 嘉靖《通州志略》. 嘉靖二十八年刻本.

吴仲. 通惠河志//续修四库全书：第850册. 影印本. 上海：上海古籍出版社，2002.

陈循，高谷. 寰宇通志//中华再造善本·史部：第155册，中国人民大学图书馆藏.

穆彰阿，潘锡恩，等. 嘉庆重修大清一统志//续修四库全书：第613册. 影印本. 上海：上海古籍出版社，2002.

福隆安. 八旗通志. 点校本. 长春：吉林文史出版社，2002.

刘深. 康熙《香河县志》. 康熙十七年刻本.

唐执玉，李卫. 雍正《畿辅通志》//景印文渊阁四库全书：第504～506册. 台北：台湾商务印书馆，1986.

和珅，梁国治，等. 乾隆《热河志》//景印文渊阁四库全书：第495册. 台北：台湾商务印书馆，1986.

李梅宾，程凤文. 乾隆《天津府志》. 乾隆四年刻本.

张志奇，吴延华. 乾隆《天津县志》. 乾隆四年刻本.

李光昭，周琰. 乾隆《东安县志》//中国方志丛书·华北地方·河北省：第130号. 台北：成文出版社，1966.

周振荣，章学诚. 乾隆《永清县志》. 乾隆四十四年刻本.

高天凤，金梅. 乾隆《通州志》. 乾隆四十八年刻本.

陈崇砥，陈福嘉. 咸丰《固安县志》. 咸丰九年刊本.

高建勋，王维珍，陈镜清. 光绪《通州志》. 光绪五年刻本.

陈嵋，黄儒荃. 光绪《良乡县志》. 光绪十五年刻本.

沈家本，徐宗亮. 光绪《重修天津府志》//续修四库全书：第690册. 影印本. 上海：上海古籍出版社，2002.

蔡寿臻，钱锡寀. 光绪《武清县志》//中国地方志集成·天津府县志辑：第6册. 南京：江苏古籍出版社，1998.

李鸿章，黄彭年. 光绪《畿辅通志》//续修四库全书：第632册. 影印本. 上海：上海古籍出版社，2002.

周家楣，缪荃孙. 光绪《顺天府志》//续修四库全书：第683～684

册．影印本．上海：上海古籍出版社，2002.

洪亮吉．乾隆府厅州县图志．嘉庆八年刻本．

顾祖禹．读史方舆纪要．北京：中华书局，1955.

杨守敬，熊会贞．水经注疏．南京：江苏古籍出版社，1989.

靳辅．治河奏绩书//续修四库全书：第579册．影印本．上海：上海古籍出版社，2002.

王履泰．畿辅安澜志//续修四库全书：第848～849册．影印本．上海：上海古籍出版社，2002.

吴邦庆．畿辅河道水利丛书．校注本．北京：农业出版社，1964.

赵一清，戴震．直隶河渠书//刘兆佑．中国史学丛书三编．台北：台湾学生书局，2003.

陈仪．直隶河渠志//景印文渊阁四库全书：第579册．影印本．台北：台湾商务印书馆，1986.

陈琮．永定河志//续修四库全书：第850册．上海：上海古籍出版社，2002.

李逢亨．永定河志//沈云龙．中国水利要籍丛编．第4集：第31册．台北：文海出版社，1970.

朱其诏，蒋廷皋．永定河续志//中国水利要籍丛编．第4集：第32册．台北：文海出版社，1970.

刘钟英，马中琇．民国《安次县志》//中国方志丛书·河北省：第179号。

北京市门头沟区文化文物局．门头沟文物志．北京：北京燕山出版社，2001.

北京市海淀区地方志编纂委员会．北京市海淀区志．北京：北京出版社，2004.

颐和园管理处．颐和园志．北京：中国林业出版社，2006.

北京市气象局气候资料室．北京气候志．北京：北京出版社，1987.

北京市政协文史资料研究委员会，北京市崇文区政协文史资料委员会．花市一条街．北京：北京出版社，1990.

政协北京市丰台区委员会文史资料委员会．丰台文史资料选编．第1

辑，1987.

北京东城区园林局. 北京庙会史料通考. 北京：北京燕山出版社，2002.

西城区政协文史委. 胡同春秋. 北京：中国文史出版社，2002.

古人论著

朱国祯. 涌幢小品. 北京：中华书局，1959.

刘侗，于奕正. 帝京景物略. 北京：北京古籍出版社，1980.

陆深. 俨山续集//景印文渊阁四库全书：第1268册. 台北：台湾商务印书馆，1986.

石珤. 熊峰集//景印文渊阁四库全书：第1259册. 台北：台湾商务印书馆，1986.

史玄. 旧京遗事. 北京：北京古籍出版社，1986.

陶汝鼐. 荣木堂诗集//《四库禁毁书丛刊》编纂委员会. 四库禁毁书丛刊·集部：第85册. 北京：北京出版社，1997.

郑明选. 郑候升集//《四库禁毁书丛刊》编纂委员会. 四库禁毁书丛刊·集部：第75册. 北京：北京出版社，2000.

陈全之. 蓬窗日录. 上海：上海书店出版社，2009.

袁宏道. 袁中郎全集. 影印本. 上海：世界书局，1935.

蒋一葵. 长安客话. 北京：北京古籍出版社，1982.

孙承泽. 天府广记. 北京：北京古籍出版社，1983.

孙承泽. 春明梦余录. 北京：北京古籍出版社，1992.

彭孙贻. 客舍偶闻. 北京：北京燕山出版社，2013.

谈迁. 北游录. 北京：中华书局，1997.

王士禛. 居易录//王云五. 丛书集成初编. 上海：商务印书馆，1936.

刘献廷. 广阳杂记. 北京：中华书局，1997.

汪懋麟. 百尺梧桐阁集. 上海：上海古籍出版社，1980.

励宗万. 京城古迹考. 北京：北京古籍出版社，1981.

潘荣陛. 帝京岁时纪胜. 北京：北京古籍出版社，1981.

汪启淑. 水曹清暇录. 北京：北京古籍出版社，1998.

于敏中. 日下旧闻考. 北京：北京古籍出版社，1981.

金友理. 太湖备考. 南京：江苏古籍出版社，1998.

程瑶田. 九谷考//丛书集成续编：第165册. 影印本. 上海：上海书店，1994.

戴璐. 藤阴杂记. 北京：北京古籍出版社，1982.

吴长元. 宸垣识略. 北京：北京古籍出版社，1981.

高士奇. 金鳌退食笔记. 北京：中华书局，1985.

吴其浚. 植物名实图考//续修四库全书：第1117册. 影印本. 上海：上海古籍出版社，2002.

蓝鼎元. 鹿洲全集. 厦门：厦门大学出版社，1995.

毕沅. 灵岩山人诗集. 嘉庆四年刻本.

王庆云. 石渠余纪//沈云龙. 近代中国史料丛刊. 第8辑：第75册. 台北：文海出版社，1973.

吴熊光. 伊江笔录//续修四库全书：第1177册. 影印本. 上海：上海古籍出版社，2002.

吴振棫. 养吉斋丛录. 点校本. 北京：中华书局，2005.

李光庭. 乡言解颐. 北京：中华书局，1982.

麟庆. 鸿雪因缘图记. 北京：北京古籍出版社，1984.

佚名. 燕京杂记. 北京：北京古籍出版社，1986.

陈其元. 庸闲斋笔记. 北京：中华书局，1989.

龙顾山人. 十朝诗乘. 点校本. 福州：福建人民出版社，2000.

李慈铭. 越缦堂日记. 影印本. 扬州：广陵书社，2004.

魏源. 魏源全集. 长沙：岳麓书社，2004.

朱一新. 京师坊巷志稿. 北京：北京古籍出版社，1982.

翁同龢. 翁同龢日记. 北京：中华书局，1992.

康有为. 康有为政论集. 北京：中华书局，1981.

徐珂. 清稗类钞. 北京：中华书局，1984.

富察敦崇. 燕京岁时记. 北京：北京古籍出版社，1981.

震钧. 天咫偶闻. 北京：北京古籍出版社，1982.

近人论著·辑编

夏仁虎. 旧京琐记. 北京：北京古籍出版社，1986.

章晋墀，王乔年. 河工要义. 铅印本. 永定河工研究所，1918.

李家瑞. 北平风俗类征//国立中央研究院历史语言研究所专刊之十四. 上海：商务印书馆，1937.

杨米人. 清代北京竹枝词（十三种）. 北京：北京古籍出版社，1982.

雷梦水，等. 中华竹枝词. 北京：北京古籍出版社，1997.

孙殿起，雷梦水. 北京风俗杂咏. 北京：北京古籍出版社，1982.

雷梦水. 北京风俗杂咏续编. 北京：北京古籍出版社，1987.

丘良任，潘超，孙忠铨，等. 中华竹枝词全编. 北京：北京出版社，2007.

国家清史编纂委员会. 清代诗文集汇编. 上海：上海古籍出版社，2010.

来新夏. 清人笔记随录. 北京：中华书局，2004.

汤用彬. 旧都文物略. 点校本. 北京：华文出版社，2004.

唐鲁孙. 燕尘偶拾故园情. 桂林：广西师范大学出版社，2008.

寿儒. 把永定河水引进首都. 北京：北京出版社，1956.

赵天耀. 北京的气候. 北京：北京出版社，1958.

黄河水利委员会. 黄河埽工. 北京：中国工业出版社，1964.

竺可桢. 竺可桢全集. 上海：上海科技教育出版社，2004.

侯仁之. 步芳集. 北京：北京出版社，1962.

侯仁之. 北京历史地图集. 北京：北京出版社，1988.

侯仁之. 北京历史地图集·文化生态卷. 北京：文津出版社，2013.

侯仁之. 北京城市历史地理. 北京：北京燕山出版社，2000.

侯仁之. 历史地理学的视野. 北京：生活·读书·新知三联书店，2009.

侯仁之. 北京历史地图集（二集）. 北京：北京出版社，1997.

侯仁之. 北平历史地理. 邓辉，申雨平，毛怡，译. 北京：外语教学与研究出版社，2013.

侯仁之. 历史地理研究：侯仁之自选集. 北京：首都师范大学出版社，2010.

谭其骧. 中国历史地图集. 北京：中国地图出版社，1982.

中国科学院《中国自然地理》编辑委员会. 中国自然地理·历史自然地理. 北京：科学出版社，1982.

刘昌明. 中国水文地理. 北京：科学出版社，2014.

邹逸麟，张修桂. 中国历史自然地理. 北京：科学出版社出版，2013.

尤联元，杨景春. 中国地貌. 北京：科学出版社，2013.

邹逸麟. 黄淮海平原历史地理. 合肥：安徽教育出版社，1997.

杨达源. 自然地理学. 北京：科学出版社，2006.

郑度. 中国自然地理总论. 北京：科学出版社，2015.

张丕远. 中国历史气候变化. 济南：山东科学技术出版社，1996.

葛全胜，等. 中国历朝气候变化. 北京：科学出版社，2010.

满志敏. 中国历史时期气候变化研究. 济南：山东教育出版社，2009.

张德二. 中国三千年气象记录总集. 南京：凤凰出版社，2004.

李俊清. 森林生态学. 北京：高等教育出版社，2006.

崔保山，杨志峰. 湿地学. 北京：北京师范大学出版社，2006.

陆健健，何文珊，等. 湿地生态学. 北京：高等教育出版社，2006.

吴吉春，张景飞. 水环境化学. 北京：中国水利水电出版社，2009.

李冬，张杰. 水健康循环导论. 北京：中国建筑工业出版社，2009.

尉永平，张志强. 社会水文学理论、方法与应用. 北京：科学出版社，2017.

李磊，王亚男，黄磊. 生态需要及其应用研究. 北京：中国环境出版社，2014.

蒋志学，邓士谨. 环境生物学. 北京：中国环境科学出版社，1989.

李杲. 食物本草. 北京：中国医药科技出版社，1990.

赵德馨. 中国经济史辞典. 武汉：湖北辞书出版社，1990.

《环境科学大辞典》编辑委员会. 环境科学大辞典. 北京：中国环境

科学出版社，1991.

罗肇鸿，王怀宁，等. 资本主义大辞典. 北京：人民出版社，1995.

夏征农，陈至立. 大辞海·建筑水利卷. 上海：上海辞书出版社，2011.

周振鹤. 中国地方行政制度史. 上海：上海人民出版社，2005.

李孝聪. 中国城市的历史空间. 北京：北京大学出版社，2015.

王建革. 传统社会末期华北的生态与社会. 北京：生活·读书·新知三联书店，2009.

赵珍. 资源、环境与国家权力：清代围场研究. 北京：中国人民大学出版社，2012.

李文治，江太新. 清代漕运. 北京：中华书局，1995.

彭云鹤. 明清漕运史. 北京：首都师范大学出版社，1995.

吴琦. 漕运与中国社会. 武汉：华中师范大学出版社，1999.

倪玉平. 清代漕粮海运与社会变迁. 上海：上海书店出版社，2005.

郑民德. 明清京杭运河沿线漕运仓储系统研究. 北京：中国社会科学出版社，2015.

李德楠. 明清黄运地区的河工建设与生态环境变迁研究. 北京：中国社会科学出版社，2018.

陈喜波. 漕运时代北运河治理与变迁. 北京：商务印书馆，2018.

李俊丽. 天津漕运研究（1368—1840）. 天津：天津古籍出版社，2012.

于德源. 北京漕运和仓场. 北京：同心出版社，2004.

韩光辉. 北京历史人口地理. 北京：北京大学出版社，1996.

尹钧科，于德源，吴文涛. 北京历史自然灾害研究. 北京：中国环境科学出版社，1997.

于德源. 北京灾害史. 北京：同心出版社，2008.

霍亚贞. 北京自然地理. 北京：北京师范学院出版社，1989.

高善明. 北京自然环境与都城变迁. 北京：气象出版社，2007.

王伟杰，等. 北京环境史话. 北京：地质出版社，1989.

蔡蕃. 北京古运河与城市供水研究. 北京：北京出版社，1987.

蔡蕃．元代水利家郭守敬．北京：当代中国出版社，2011.

尹钧科，吴文涛．历史上的永定河与北京．北京：北京燕山出版社，2005.

孙冬虎．北京近千年生态环境变迁研究．北京：北京燕山出版社，2007.

吴文涛．北京水利史．北京：人民出版社，2013.

张士峰．北京水资源研究．北京：中国水利水电出版社，2016.

李成燕．清代雍正时期的京畿水利营田．北京：中央民族大学出版社，2011.

王培华．元明清华北西北水利三论．北京：商务印书馆，2009.

冯丽娅．当代北京饮用水史话．北京：当代中国出版社，2010.

李裕宏．当代北京城市水系史话．北京：当代中国出版社，2013.

段天顺．燕水古今谈．北京：北京燕山出版社，1991.

孙靖国．桑干河流域历史城市地理研究．北京：中国社会科学出版社，2015.

袁熹．北京城市发展史・近代卷．北京：北京燕山出版社，2008.

吴建雍．北京城市发展史・清代卷．北京：北京燕山出版社，2008.

吴建雍，等．北京城市生活史．北京：开明出版社，1997.

齐大芝，任安泰．北京近代商业的变迁．北京：首都经济贸易大学出版社，2014.

尹钧科．北京古代交通．北京：北京出版社，2000.

马芷庠．老北京旅行指南．北京：北京燕山出版社，1997.

黄成彦．颐和园昆明湖3500余年沉积物研究．北京：海洋出版社，1996.

张宝章．京西名园探踪．北京：中央文献出版社，2011.

高大伟，孙震．颐和园生态美营建解析．北京：中国建筑工业出版社，2011.

高大伟．诗意的栖居北京西北郊城市湿地的保护与发展．北京：煤炭工业出版社，2011.

樊志斌．三山考信录．北京：中央文献出版社，2015.

张泽，郤国勋，刘金声，王仁训．四方荟萃．天津：天津人民出版社，1992.

章镇，王秀峰．园艺学总论．北京：中国农业出版社，2003.

林基中．燕行录全集．首尔：东国大学校出版部，2001.

魏特夫．东方专制主义：对于极权力量的比较研究．徐式谷，奚瑞森，邹如山，译．北京：中国社会科学出版社，1989.

彭慕兰．腹地的构建：华北内地的国家、社会和经济（1853—1937）．马俊亚，译．北京：社会科学文献出版社，2005.

马立博．中国环境史：从史前到现代．关永强，高丽洁，译．北京：中国人民大学出版社，2015.

李明珠．华北的饥荒：国家、市场与环境退化（1690—1949）．石涛，李军，马国英，译．北京：人民出版社，2016.

中国驻屯军司令部．二十世纪初的天津概况（原名《天津志》）．明治四十二年（1909 年）九月印行．天津市地方史志编修委员会总编辑室，1986.

GUNDERSON L H，HOLLING C S. Panarchy：understanding transformations in human and natural systems，2002，Island Press，Washington Covelo London.

近人论文

竺可桢．直隶地理的环境和水灾．科学，1927（12）.

竺可桢．华北之干旱及其前因后果．李良骐，译．地理学报，1934（2）.

侯仁之．北平金水河考．燕京学报，1946（30）.

侯仁之．北京海淀附近的地形、水道与聚落．地理学报，1951（1—2）.

侯仁之．北京都市发展过程中的水源问题．北京大学学报（哲学社会科学版），1955（1）.

钱昂．关于北京市地下水补给来源问题的讨论．水文地质工程地质，1958（5）.

侯仁之．昆明湖的变迁．前线，1959（16）.

许大龄．明代北京的经济生活．北京大学学报（哲学社会科学版），1959（4）．

唐锡仁，薄树人．河北省明清时期干旱情况的分析．地理学报，1962（1）．

杨持白．海河流域解放前250年间特大洪涝史料分析．水利学报，1965（3）．

竺可桢．中国近五千年来气候变迁的初步研究．考古学报，1972（1）．

黄盛璋，钮仲勋．昆明湖．地理知识，1973（6）．

段天顺．谈谈北京历史上的水患．中国水利，1982（3）．

王永谦．清代乾隆中、晚期的潞河漕运——《潞河督运图卷》的初步研究．中国历史博物馆馆刊，1983（5）．

龚高法，张丕远，张瑾瑢．北京地区气候变化对水资源的影响//环境变迁研究．第1辑．北京：海洋出版社，1984．

北京市文物管理处写作小组．北京地区的古瓦井//北京考古集．北京：北京出版社，2000．

陈志一．康熙皇帝与江苏双季稻//农史研究．第5辑．北京：农业出版社，1985．

丁进军．康熙帝与永定河．史学月刊，1986（6）．

谭其骧．海河水系的形成与发展//历史地理．第4辑．上海：上海人民出版社，1986．

邹逸麟．历史时期华北大平原湖沼变迁述略//历史地理．第5辑．上海：上海人民出版社，1987．

邢嘉明，王会昌．京津唐地区自然环境演变与区域开发过程//地理集刊：第18号“古地理与历史地理”．北京：科学出版社，1987．

尹钧科．应该深入研究历史上北京的水．北京水利史志通讯，1989（2）．

李文海，等．晚清的永定河患与顺、直水灾．北京社会科学，1989（3）．

侯仁之．北京历代城市建设中的河湖水系及其利用//环境变迁研究．

第2/3合辑. 北京：北京燕山出版社，1989.

张德二. 华北历史时期干旱问题研究的回顾//旱涝气候研究进展——灾害性气候研究进展. 北京：气象出版社，1990.

王绍武. 公元1380年以来我国华北气温序列的重建. 中国科学，1990（5）.

汪宝树. 方观承治理永定河. 水利天地，1992（2）.

吴琦. 清代漕粮在京城的社会功用. 中国农史，1992（2）.

张修桂. 海河流域平原水系演变的历史过程. 历史地理. 第11辑. 上海：上海人民出版社，1993.

张时煌，张丕远. 降水日数、降水等级与北京260年降水序列的重建//张翼，张丕远，张厚瑄，等. 气候变化及其影响. 北京：气象出版社，1993.

李辅斌. 清代直隶地区的水患和治理. 中国农史，1994（4）.

于希贤. 北京市历史自然环境变迁的初步研究. 中国历史地理论丛，1995（1）.

邹逸麟. 明清时期北部农牧过渡带的推移和气候寒暖变化. 复旦学报（社会科学版），1995（1）.

郑景云，张丕远. 近500年冷暖变化对我国旱涝分区的影响. 地理科学，1995（2）.

张芳. 明清时期海河流域的农田水利. 中国历史地理论丛，1995（4）.

尹钧科. 清代北京地区特大自然灾害. 北京社会科学，1996（3）.

王建革. 清浊分流：环境变迁与清代大清河下游治水特点. 清史研究，2001（2）.

韩光辉，贾宏辉. 从封建帝都粮食供给看北京与周边地区的关系. 中国历史地理论丛，2001（3）.

张德二，刘月巍. 北京清代“晴雨录”降水记录的再研究——应用多因子回归方法重建北京（1724—1904年）降水量序列. 第四纪研究，2002（3）.

谭徐明. 海河流域水环境的历史演变及其主要影响因素研究. 水利发

展研究，2002（12）.

尹钧科．论永定河与北京城的关系．北京社会科学，2003（4）.

张德二．1743年华北夏季极端高温：相对温暖气候背景下的历史炎夏事件研究．科学通报，2004（21）.

邱仲麟．水窝子：北京的供水业者与民生用水（1368—1937）//李孝悌．中国的城市生活．北京：新星出版社，2006.

缪祥流．颐和园昆明湖的历史和生态功能．城乡建设，2006（6）.

周春燕．明清华北平原城市的民生用水//王利华．中国历史上的环境与社会．北京：生活·读书·新知三联书店，2007.

吴文涛．历史上永定河筑堤的环境效应初探．中国历史地理论丛，2007（4）.

吴文涛．清代永定河筑堤对北京水环境的影响．北京社会科学，2008（1）.

李德楠．试论明清时期河工用料的时空演变——以黄运地区的软料为中心．聊城大学学报，2008（6）.

尹钧科．北京河湖的盛衰兴替．地图，2009（C1）.

李德楠．清代河工物料的采办及其社会影响．中州学刊，2010（5）.

王越．清末北京水井分布考：兼证“井就在胡同里”之说有误．北京档案史料，2009（1）.

田玲玲．简析清末京师自来水公司的创立．首都师范大学学报（社会科学版），2009（1）.

侯仁之．北京城最早的水库昆明湖//侯仁之．北京城的生命印记．北京：生活·读书·新知三联书店，2009.

李巨澜．略论明清时期的卫所漕运．社会科学战线，2010（3）.

杜丽红．知识、权力与日常生活：近代北京饮水卫生制度与观念嬗变．华中师范大学学报（人文社会科学版），2010（4）.

赵珍．清同治年间浙江海塘建筑与资源利用．东亚问题，2011（1）.

吴文涛．还永定河生机莫忘防洪治理：关于历史上治理永定河的几点思考．北京联合大学学报（人文社会科学版），2011（4）.

于淼，等．永定河（北京段）水资源、水环境的变迁及流域社会经济发展对其影响. 环境科学学报，2011 (9).

邓辉，罗潇. 历史时期分布在北京平原上的泉水与湖泊. 地理科学，2011 (11).

张艳丽. 方观承治理永定河的思想与实践. 兰台世界，2011 (28).

高福美. 清代直隶地区的营田水利与水稻种植. 石家庄学院学报，2012 (1).

严火其，陈超. 历史时期气候变化对农业生产的影响研究：以稻麦两熟复种为例. 中国农史，2012 (2).

潘威，满志敏，庄宏忠，叶盛. 清代黄河中游、沁河和永定河入汛时间与夏季风强度. 水科学进展，2012 (5).

葛全胜，郑景云，郝志新，刘浩龙. 过去 2000 年中国气候变化的若干重要特征. 中国科学，2012 (6).

胡梦飞. 近十年来国内明清运河及漕运史研究综述 (2003—2012). 聊城大学学报 (社会科学版)，2012 (6).

岳升阳. 海淀环境与园林建设. 圆明园学刊，2012 (12).

刘京，宋晓程，郭亮. 城市河流对城市热气候影响的研究进展概况. 中国工程院第 155 场中国工程科技论坛——城市可持续发展研讨会论文. 哈尔滨，2012.

潘威，萧凌波，闫芳芳. 1766 年以来永定河汛期径流量与太平洋年代际振荡. 中国历史地理论丛，2013 (1).

吴琦，王玲. 一种有效的应急机制：清代的漕粮截拨. 中国社会经济史研究，2013 (1).

陈喜波，韩光辉. 明清北京通州运河水系变化与码头迁移研究. 中国历史地理论丛，2013 (1).

李德楠. 黄河治理与作物种植结构的变化：以光绪《丰县志》所载“免料始末”为中心. 中国农史，2013 (2).

蔡向民，等. 北京城湖泊的成因. 中国地质，2013 (4).

方修琦，萧凌波，魏柱灯. 18—19 世纪之交华北平原气候转冷的社会影响及其发生机制. 中国科学，2013 (5).

吴琦. 清代漕运行程中重大问题：漕限、江程、土宜. 华中师范大学学报（人文社会科学版），2013（5）.

潘威，郑景云，萧凌波，闫芳芳. 1766年以来黄河中游与永定河汛期径流量的变化. 地理学报，2013（7）.

邓辉.《水经注》时期以来北京平原河湖水系的变化. 北京论坛（2013）文明的和谐与共同繁荣——回顾与展望："水与可持续文明"圆桌会议论文. 北京，2013.

钞晓鸿. 环境与水利：清代中期北京西山的煤窑与区域水循环//戴建兵. 环境史研究. 第2辑. 天津：天津古籍出版社，2013.

王长松，尹钧科. 三角淀的形成与淤废过程研究. 中国农史，2014（3）.

吴文涛. 昆明湖水系变迁及其对北京城市发展的意义. 北京社会科学，2014（4）.

叶瑜，等. 1801年永定河水灾救灾响应复原与分析. 中国历史地理论丛，2014（4）.

毛海颖，冯仲科，巩垠熙，于景鑫. 多光谱遥感技术结合遗传算法对永定河土壤归一化水体指数的研究. 光谱学与光谱分析，2014（6）.

夏成钢. 大承天护圣寺、功德寺与昆明湖景观环境的演变（上）. 中国园林，2014（8）.

夏成钢. 大承天护圣寺、功德寺与昆明湖景观环境的演变（中）. 中国园林，2014（12）.

夏成钢. 大承天护圣寺、功德寺与昆明湖风景区的演变（下）. 中国园林，2015（3）.

赵连稳. 清代三山五园地区水系的形成. 北京联合大学学报（人文社会科学版），2015（1）.

高元杰. 20世纪80年代以来漕运史研究综述. 中国社会经济史研究，2015（1）.

兰宇，郝志新，郑景云. 1724年以来北京地区雨季逐月降水序列的重建与分析. 中国历史地理论丛，2015（2）.

宋开金. 论康熙朝永定河治理问题. 华北水利水电大学学报（社会科学版），2015（2）.

宋开金. 从金门闸看清代永定河治理思想的演变. 北华大学学报（社会科学版），2015（3）.

陶桂荣. 清代康乾时期永定河治理方略和实践分析. 海河水利，2015（4）.

周健. 仓储与漕务：道咸之际江苏的漕粮海运. 中华文史论丛，2015（4）.

鲁春霞. 北京城市扩张过程中的供水格局演变. 资源科学，2015（6）.

王培华. 清代乾隆时期永定河垡船设置考. 兰台世界，2015（33）.

陈喜波，邓辉. 明清北京通州城漕运码头与运河漕运之关系. 中国历史地理论丛，2016（2）.

钟贞. 乾隆清漪园与北京西郊水利建设研究. 中国园林，2016（6）.

王培华. 清代永定河下游的沧桑之变. 河北学刊，2017（5）.

吴文涛. 永定河：从水脉到文脉. 前线，2017（6）.

赵卫平. 论清代永定河岁修制度管理体系及运作模式. 江西社会科学，2017（7）.

李潇，郝春雨. 气候变化对水文水资源的影响分析. 科学与财富，2017（7）.

王洪波. 清代康乾年间永定河治理理念与实施. 河北师范大学学报（社会科学版），2018（3）.

邓辉，李羿. 人地关系视角下明清时期京津冀平原东淀湖泊群的时空变化. 首都师范大学学报（社会科学版），2018（4）.

赵珍. 清代北运河漕运与张家湾改道. 史学月刊，2018（3）.

赵珍，聂苏宁. 清乾隆朝北京西郊水资源利用的生态效益//北京史学：2018年秋季刊（总第8辑）. 北京：社会科学文献出版社，2019.

赵珍，崔瑞德. 清乾隆朝京南永定河湿地恢复. 清史研究，2019（1）.

高元杰. 环境史视野下清代河工用秸影响研究. 史学月刊，2019（2）.

赵珍，刘赫宇. 清代北京西山人工水系与生态恢复力. 山东社会科学，2021（1）.

苏绕绕，赵珍. 16世纪末以来北运河水系演变及驱动因素. 地球科学进展，2021（4）.

赵珍，苏绕绕. 清代北运河杨村剥运与水环境. 中国历史地理论丛，2021（4）.

HOLLING C S. Resilience and stability of ecological systems. Annual Review of Ecology and Systematics，1973.

PIMM S L. The complexity and stability of ecosystems. Nature，1984.

熊远报. 清代民國時期における北京の水賣業と「水道路」. 社会经济史学，2000（2）.

SZABÓ P. Historical ecology：past，present and future，Published in final edited form as：Biol Rev Camb Philos Soc. 2015 November：90（4）：997-1014. doi：10. 1111/brv. 12141.

京师水利. 申报. 光绪元年（公元1875年）三月廿一日.

京都水贵. 申报. 光绪元年（公元1875年）六月初十日.

方颐积. 北平市之井水调查. 顺天时报，1929-03-02.

张伟然. 环境史研究的核心价值. 中华读书报，2012-06-20.

邓辉. 永定河与南海子之缘. 北京日报，2018-12-20.

硕博论文

丁蕊. 清代北京西郊皇家园林对环境的影响. 北京：中国人民大学，2004.

陈茂山. 海河流域水环境变迁与水资源承载力的历史研究. 北京：中国水利水电科学研究院，2005.

高大伟. 生态视野下的颐和园保护研究. 天津：天津大学，2010.

潘明涛. 海河平原水环境与水利研究（1360—1945）. 天津：南开大学，2014.

董延强. 清代京郊资源与城市：以水资源为中心的考察. 北京：中国人民大学，2013.

郑敬明. 清乾隆朝京畿漕运、仓场与水环境. 北京：中国人民大学，2017.

聂苏宁. 清代北京城市供水格局与水环境. 北京：中国人民大学，2019.

崔瑞德. 清代京南湿地生态与永定河治理. 北京：中国人民大学，2019.

后　记

年届花甲，个人完成了这么一部费时七八年的小册子，甘苦得失自知。不过，还是要唠叨一点缘起与过程，作为后记。

近二十年来，伴随中国环境史研究的日益展开与深入，个人在该领域的耕耘也小有收获，特别是能够从人类利用自然资源的视角对人与自然生态系统的变迁及其驱动因素等层面有所思考，更对中国北部城市发展中缺水问题越来越关注。2012 年前后，个人便以清代北京水资源利用问题为主题，集中梳理史料，同时也从教学与培养研究生入手，围绕京郊作为都城生态腹地的实际，于次年指导完成了一篇关于京郊水资源与都城供给关系的硕士学位论文。继后的时间里，对以北京为中心的水环境问题持续关注且申报课题，先后指导完成三篇硕士学位论文和几篇相关学术论文，所谓教学相长。目下所呈现的既是多年来个人思考和携团队考察讨论、撰写研究以及在教学过程中所做的功课和积淀的成果，也是北京市哲学社会科学重点项目成果（2015 年）。因受疫情影响，2020 年 9 月结项鉴定成果送审，获良好等级。后期经修订完善，得到本校“百家廊”项目出版资助。

必须特别说明的是，本书自课题申报至完成，个人在其中的主导组织与学术理念的阐发以及档案资料的爬梳整理和大量运用补充等自不待言，可是成果也基于团队合作之上。参与阶段性成果研究的研究生如苏绕绕、郑敬明、崔瑞德、聂苏宁、董延强、许瑶等诸君，参与编辑了常见文献的资料长编，或在相关论题的论文撰写以及个别文献核对中付出了努力与辛苦，对本书前期写作功不可没，在此一并致谢。当然，本书完成过程中，个人利用了在指导研究生完成论文中所贡献的思想和史料，对既有引文或存在个别未经核查，或版本有别，或出自二手等状况，亦均加以辨别求证、核查纠谬，若尚有讹误错漏，文责自负。

另外，由于课题费时多年，个人在一些问题上的学术观点，在档案史料搜集整理中的浅见心得，已在相关学术会议与专题讲座或课堂授业、已刊学术论文、课题结项送审等情形中有所阐发与讨论，得以公开。又鉴于学术观点与史料使用等学术规范，还有本书一些观点表达及相关内容刊出的滞后，难免与学界相关问题和成果“纯属巧合”，或有相似之处，抑或不可避免地存在征引缺失或交叉。再囿于出版前诸多原则的限制，删除部分示意图。凡此，敬请学界相关师友同人知之见谅。十分感谢人大出版社编辑给予本书出版的热情帮助。

最后，谨向本书的写作和出版过程中给予过帮助和贡献的师生同道、亲朋好友，一并致以谢意！

赵　珍

辛丑初夏于京城西郊时雨园

图书在版编目（CIP）数据

浮天载地：清代京畿水环境/赵珍著. --北京：
中国人民大学出版社，2022.5
（百家廊文丛）
ISBN 978-7-300-30615-5

Ⅰ. ①浮… Ⅱ. ①赵… Ⅲ. ①京畿-水环境-研究-
清代 Ⅳ. ①X143

中国版本图书馆 CIP 数据核字（2022）第 086444 号

百家廊文丛
浮天载地：清代京畿水环境
赵 珍 著
Futian Zaidi：Qingdai Jingji Shuihuanjing

出版发行	中国人民大学出版社		
社　　址	北京中关村大街 31 号	**邮政编码**	100080
电　　话	010－62511242（总编室）		010－62511770（质管部）
	010－82501766（邮购部）		010－62514148（门市部）
	010－62515195（发行公司）		010－62515275（盗版举报）
网　　址	http://www.crup.com.cn		
经　　销	新华书店		
印　　刷	唐山玺诚印务有限公司		
规　　格	160 mm×230 mm　16 开本	**版　　次**	2022 年 5 月第 1 版
印　　张	22.75 插页 1	**印　　次**	2022 年 5 月第 1 次印刷
字　　数	345 000	**定　　价**	69.00 元